国家电网
STATE GRID

电网企业专业技能考核题库

无人机巡检工

国网宁夏电力有限公司　编

中国电力出版社
CHINA ELECTRIC POWER PRESS

内 容 提 要

本书编写依据国家职业技能鉴定、电力行业职业技能鉴定与国家电网有限公司技能等级评价（认定）相关制度、规范、标准，立足宁夏电网生产实际，融合新型电力系统构建及新时代技能人才发展目标要求。本书主要内容为电网企业技能人员技能等级认定与评价实操试题，包含技能笔答及技能操作两大部分，其中技能笔答主要以问答题形式命题，技能操作以任务书形式命题，均明确了各个环节的考核知识点、标准答案和评分标准。

本书为电网企业生产技能人员的培训教学用书，可供从事相应职业（工种）技能人员学习参考，也可作为电力职业院校教学参考书。

图书在版编目（CIP）数据

无人机巡检工 / 国网宁夏电力有限公司编. —北京：中国电力出版社，2022.9（2023.6 重印）
电网企业专业技能考核题库
ISBN 978-7-5198-6910-6

Ⅰ. ①无… Ⅱ. ①国… Ⅲ. ①无人驾驶飞机–应用–输电线路–巡回检测–职业技能–鉴定–习题集 Ⅳ. ①TM726-44

中国版本图书馆 CIP 数据核字（2022）第 121537 号

出版发行：中国电力出版社
地　　址：北京市东城区北京站西街 19 号（邮政编码 100005）
网　　址：http://www.cepp.sgcc.com.cn
责任编辑：马　丹　高　畅
责任校对：黄　蓓　李　楠　郝军燕
装帧设计：郝晓燕
责任印制：钱兴根

印　　刷：固安县铭成印刷有限公司
版　　次：2022 年 9 月第一版
印　　次：2023 年 6 月北京第二次印刷
开　　本：889 毫米×1194 毫米　16 开本
印　　张：26
字　　数：745 千字
定　　价：102.00 元

《电网企业专业技能考核题库　无人机巡检工》

编　委　会

《电网企业专业技能考核题库　无人机巡检工》

编　写　组

主　　编　杨剑锋

副 主 编　曹　凯　潘伟峰　罗宏洋

编写人员　李　宁　白　陆　刁志文　郝金鹏　房子祎

　　　　　王海默　杨　凯　丁建强　王　磊　岳靖飞

　　　　　王纯玮　孟庆成　贺　岩

审稿人员　严南征　康文军　杨新勇　吴建宁　郑　仟

前　言

国网宁夏电力有限公司以国家职业技能鉴定、电力行业职业技能鉴定与国家电网有限公司技能等级评价（认定）相关制度、规范、标准为依据，主要针对电网企业各类技能工种的初级工、中级工、高级工、技师、高级技师等人员，以专业操作技能为主线，立足宁夏电网生产实际，结合新型电力系统构建要求，编写了《电网企业专业技能考核题库》丛书。丛书在编写原则上，以职业能力建设为核心；在内容定位上，突出针对性和实用性，涵盖了国家电网有限公司相关政策、标准、规程、规定及现代电力系统新设备、新技术、新知识、新工艺等内容。

丛书的深度、广度遵循了“适应发展需求、立足实践应用”的工作思路，全面涵盖了国家电网有限公司技能等级评价（认定）内容，能够为国网宁夏电力有限公司实施技能等级评价（认定）专业技能考核命题提供依据，也可服务于同类电网企业技能人员能力水平的考核与认定。本套丛书可供电网企业技能人员学习参考，可作为电网企业生产技能人员的培训教学用书，也可作为电力职业院校教学参考用书。

由于时间和水平有限，难免存在疏漏之处，恳请各位专家和读者提出宝贵意见。

前言

目 录

第一部分
初级工

第一章　无人机巡检工初级工技能笔答

Jb0001531001　架空输电线路的结构组成元件有哪些？（5分）

考核知识点： 架空输电线路的结构组成

难易度： 易

标准答案：

架空输电线路的结构元件有导线、地线、接地装置、杆塔、绝缘子、拉线、金具及其他附件。

Jb0001531002　常用的线路金具有哪类？（5分）

考核知识点： 线路金具的类别

难易度： 易

标准答案：

（1）线夹类金具。

（2）连接金具。

（3）接续金具。

（4）保护金具。

（5）调节金具。

Jb0001531003　输电线路金具重点检查哪些缺陷情况？（5分）

考核知识点： 输电线路金具重点检查缺陷

难易度： 易

标准答案：

线夹断裂、裂纹、磨损、销钉脱落或严重锈蚀；均压环、屏蔽环烧伤、螺栓松动；防振锤跑位、脱落、严重锈蚀、阻尼线变形、烧伤；间隔棒松脱、变形或离位；各种连接板、连接环、调整板损伤、裂纹等。

Jb0001531004　电力线路上工作，保证安全的组织措施应包括哪些内容？（6分）

考核知识点： 保证安全的组织措施

难易度： 易

标准答案：

（1）现场勘察制度。

（2）工作票制度。

（3）工作许可制度。

（4）工作监护制度。

（5）工作间断制度。

（6）工作终结和恢复送电制度。

Jb0001531005　电力线路上工作应按哪些方式进行？（5分）

考核知识点： 电力线路工作方式

难易度： 易

标准答案：

（1）填用电力线路第一种工作票。

（2）填用电力电缆第一种工作票。

（3）填用电力线路第二种工作票。

（4）填用电力电缆第二种工作票。

（5）填用电力线路带电作业工作票。

（6）填用电力线路事故紧急抢修单。

（7）口头或电话命令。

Jb0001531006　无人机巡检作业人员的基本条件有哪些？（5分）

考核知识点： 无人机巡检作业人员的基本条件

难易度： 易

标准答案：

（1）经医师鉴定，无妨碍工作的病症（体格检查每两年至少一次）。

（2）具备必要的电气、机械、气象、航线规划等巡检飞行知识和相关业务技能，熟悉 Q/GDW 1799.2—2013《国家电网公司电力安全工作规程　线路部分》和 Q/GDW 11399—2015《架空输电线路无人机巡检作业安全工作规程》，并经考试合格。

（3）具备必要的安全生产知识，学会紧急救护法。

Jb0001531007　架空输电线路进行无人机巡检作业工作票制度有哪些？（5分）

考核知识点： 无人机巡检作业工作票制度

难易度： 易

标准答案：

对架空输电线路进行无人机巡检作业，应按下列方式进行：

（1）填用架空输电线路无人机巡检作业工作票。

（2）填用架空输电线路无人机巡检作业工作单。

Jb0001531008　民用无人驾驶航空器系统活动计划包括哪些？（5分）

考核知识点： 民用无人驾驶航空器系统活动计划

难易度： 易

标准答案：

民用无人驾驶航空器系统活动计划，包括飞行活动类型或目的、飞行规则（目视或仪表飞行）、操控方式（视距内或超视距，无线电视距内或超无线电视距等）、预订的飞行日期、起飞地点、降落地点、巡航速度、巡航高度、飞行路线和空域、飞行时间和次数。

Jb0001531009　《民用无人驾驶航空器系统空中交通管理办法》（MD–TM–2016–004）中对无线电管理的要求有哪些？（5分）

考核知识点： 无线电管理要求

难易度： 易

标准答案：

（1）民用无人驾驶航空器系统活动中使用无线电频率、无线电设备应遵守国家无线电管理法规和规定，且不得对航空无线电频率造成有害干扰。

（2）未经批准，不得在民用无人驾驶航空器上发射语音广播通信信号。

（3）使用民用无人驾驶航空器系统应遵守国家有关部门发布的无线电管制命令。

Jb0001531010　什么是视距内运行？（5分）

考核知识点：视距内运行的定义

难易度：易

标准答案：

无人机驾驶员或无人机观测员与无人机保持直接目视视觉接触的范围内运行，且该范围为目视视距内，半径不大于500m，人、机相对高度不大于120m。

Jb0001531011　什么是无人机系统驾驶员？（5分）

考核知识点：无人机驾驶员定义

难易度：易

标准答案：

无人机系统驾驶员。是指由运营人指派对无人机的运行负有必不可少的职责，并在飞行期间适时操纵飞行的人。

Jb0001531012　什么是无人机系统机长？（5分）

考核知识点：无人机系统机长的定义

难易度：易

标准答案：

无人机系统的机长，是指在系统运行时间内负责整个无人机系统运行和安全的驾驶员。

Jb0001531013　无人机按飞行平台构型可分为哪些类别？（最少列三类）（5分）

考核知识点：无人机飞行平台构型理解

难易度：易

标准答案：

按飞行平台构型分类，无人机可分为固定翼无人机、旋翼无人机、无人飞艇和扑翼无人机等。

Jb0001531014　军用无人机按用途分包括哪些类别？（最少列三类）（5分）

考核知识点：军用无人机分类

难易度：易

标准答案：

军用无人机按用途分可分为侦察无人机、诱饵无人机、电子对抗无人机和通信中继无人机等。

Jb0001531015　民用无人机按用途分包括哪些类别？（最少列三类）（5分）

考核知识点：民用无人机分类

难易度：易

标准答案：

民用无人机按用途分可分为巡查/监视无人机、农用无人机、气象无人机和勘探无人机等。

Jb0001531016　无人机按尺寸分可分为哪些类别？（5分）

考核知识点：无人机尺寸分类

难易度：易

标准答案：

无人机按尺寸分可分为微型无人机、轻型无人机、小型无人机及大型无人机。

Jb0001531017　无人机按活动半径分可分为哪些类别？（5分）

考核知识点：无人机分类

难易度：易

标准答案：

无人机按活动半径分可分为超近程无人机、近程无人机、短程无人机、中程无人机及远程无人机。

Jb0001531018　无人机按任务高度分可分为哪些类别？（5分）

考核知识点：无人机分类

难易度：易

标准答案：

无人机按任务高度分可分为超低空无人机、低空无人机、中空无人机、高空无人机及超高空无人机。

Jb0001531019　简述典型的无人驾驶航空器系统的构成。（5分）

考核知识点：无人机系统构成

难易度：易

标准答案：

典型的无人驾驶航空器系统由飞行器平台、控制站、通信链路以及批准的型号设计规定的任何其他部件组成的系统。

Jb0001531020　航空器依据获得升力的方式可分成哪两大类？（5分）

考核知识点：无人机动力构成

难易度：易

标准答案：

航空器依据获得升力的方式不同分为两大类：一类是轻于空气的航空器，依靠空气的浮力飘浮于空中，如气球、飞艇等；另一类是重于空气的航空器，包括非动力驱动和动力驱动两种类型。

Jb0001531021　从飞行器平台技术本身来讲，无人机和有人机并无质的区别，但无人机系统飞行器平台更加“简单”。这主要体现在哪些方面？（最少列三条）（5分）

考核知识点：无人机飞行平台

难易度：易

标准答案：

（1）无须生命支持系统，平台规模尺度较小，更加简化；

（2）无须考虑过载、耐久等人为因素，平台更加专用化；

（3）为降低采购价格，相对于有人机在一定程度上放宽可靠性指标；

（4）对场地、地面保障等依赖减小；
（5）训练可大量依赖于模拟器，节省飞行器实际使用寿命。

Jb0001531022　典型固定翼飞机都包括哪些结构组件？（最少列五个）（5分）
考核知识点：无人机飞行平台
难易度：易
标准答案：
典型固定翼飞机包括机身、机翼、尾翼、起落架和发动机等。

Jb0001531023　现代旋翼航空器包括哪些类别？（最少列两类）（5分）
考核知识点：无人机类别
难易度：易
标准答案：
现代旋翼航空器包括直升机、旋翼机和变模态旋翼机三种类型。

Jb0001531024　什么是多轴飞行器，其与一般直升机的主要区别是什么？（5分）
考核知识点：无人机类别
难易度：易
标准答案：
多轴飞行器是具有三个及以上旋翼轴的特殊的直升机。其通过每个轴上的电动机转动，带动旋翼，从而产生升推力。旋翼的总距固定，不像一般直升机那样可变。

Jb0001531025　与传统直升机相比，多轴飞行器具有哪些优点？（5分）
考核知识点：无人机类别
难易度：易
标准答案：
旋翼角度固定，结构简单；每个旋翼的叶片比较短，叶片末端的线速度慢，发生碰撞时冲击力小，不容易损坏，对人也更安全，有些小型四轴飞行器的旋翼有外框，避免磕碰。

Jb0001533026　简达自转旋翼机的飞行原理及相对传统直升机的优点。（5分）
考核知识点：无人机原理
难易度：难
标准答案：
自转旋翼机简称旋翼机或自旋翼机，是旋翼航空器的一种。它的旋翼没有动力装置驱动，仅依靠前进时的相对气流吹动旋舞自转以产生升力。旋翼机大多由独立的推进或拉进螺旋桨提供飞行动力，用尾舵控制方向。旋翼机必须像固定翼航空器那样滑跑加速才能起飞，少数安装有跳飞装置的旋翼机能够原地跳跃起飞，但旋翼机不能像直升机那样进行稳定的垂直起降和悬停。与直升机相比，旋翼机的结构非常简单、造价低廉、安全性也较好，一般用于通用航空或运动类飞行。

Jb0001531027　列举无人机使用的动力装置有哪些？（最少列三种）（5分）
考核知识点：无人机动力装置

难易度：易

标准答案：

无人机使用的动力装置主要有活塞式发动机、涡喷发动机、涡扇发动机、涡桨发动机、涡轴发动机、冲压发动机、火箭发动机和电动机等。

Jb0001531028 民用无人机使用的动力装置主要包括哪些？（5分）

考核知识点：无人机动力装置

难易度：易

标准答案：

目前主流的民用无人机所采用的动力系统通常为活塞式发动机和电动机两种。

Jb0001531029 电动动力系统主要包括哪三部分？（5分）

考核知识点：无人机动力装置

难易度：易

标准答案：

电动力系统包括电机、电源和调速系统。

Jb0001531030 微型无人机使用的动力电动机主要包括哪两类？（5分）

考核知识点：无人机类别

难易度：易

标准答案：

微型无人机使用的动力电动机包括有刷电动机和无刷电动机。

Jb0001531031 电动机的型号主要以尺寸为依据，试问有刷370电动机代表什么意思？（5分）

考核知识点：无人机类别

难易度：易

标准答案：

有刷370电机是指它不包括轴的长度是37mm。

Jb0001531032 Q/GDW 11399—2015《架空输电线路无人机巡检作业安全工作规程》规定：在架空输电线路上进行无人机巡检作业，应按哪些方式进行？（5分）

考核知识点：电力安全工作规程

难易度：易

标准答案：

应填用架空输电线路无人机巡检作业工作票；填用架空输电线路无人机巡检作业工作单。

Jb0001531033 Q/GDW 11399—2015《架空输电线路无人机巡检作业安全工作规程》规定：保证安全的组织措施有哪些？（5分）

考核知识点：电力安全工作规程

难易度：易

标准答案：

保证安全的组织措施有空域申报制度、现场勘察制度、工作票制度、工作许可制度、工作监护制度、工作间断制度、工作票的有效期与延期、工作终结制度。

Jb0001532034　Q/GDW 11399—2015《架空输电线路无人机巡检作业安全工作规程》规定：工作票（单）的使用应满足哪些要求？（5分）

考核知识点：电力安全工作规程

难易度：中

标准答案：

一张工作票（单）只能使用一种型号的无人机巡检系统。使用不同型号的无人机巡检系统进行作业，应分别填写工作票（单）；一个工作负责人不能同时执行多张工作票（单）。在巡检作业工作期间，工作票（单）应始终保留在工作负责人手中；对多个巡检飞行架次，但作业类型相同的连续工作，可共用一张工作票（单）。

Jb0001532035　Q/GDW 11399—2015《架空输电线路无人机巡检作业安全工作规程》规定：工作票签发人应满足哪些要求？（5分）

考核知识点：电力安全工作规程

难易度：中

标准答案：

工作票签发人应由熟悉人员技术水平、熟悉线路情况、熟悉无人机巡检系统、熟悉Q/GDW 11399—2015《架空输电线路无人机巡检作业安全工作规程》，并具有相关工作经验的生产领导人、技术人员或经本单位分管生产领导批准的人员担任。

Jb0001532036　Q/GDW 11399—2015《架空输电线路无人机巡检作业安全工作规程》规定：工作班成员应满足哪些要求？（5分）

考核知识点：电力安全工作规程

难易度：中

标准答案：

工作班成员应由熟悉线路情况、熟悉无人机巡检系统、熟悉Q/GDW 11399—2015《架空输电线路无人机巡检作业安全工作规程》，取得无人机巡检系统培训合格证，并具有相关工作经验的人员担任。

Jb0001532037　Q/GDW 11399—2015《架空输电线路无人机巡检作业安全工作规程》规定：工作票签发人的安全责任应满足哪些要求？（5分）

考核知识点：电力安全工作规程

难易度：中

标准答案：

负责审查工作的必要性和安全性；负责审查工作内容和安全措施等是否正确完备；负责审查所派工作负责人和工作班成员是否适当和充足。

Jb0001532038　Q/GDW 11399—2015《架空输电线路无人机巡检作业安全工作规程》规定：工作终结报告应包含哪些内容？（5分）

考核知识点：电力安全工作规程

难易度： 中

标准答案：

工作终结报告应简明扼要，并包括下列内容：工作负责人姓名、工作班组名称、工作任务（说明线路名称、巡检飞行的起止杆塔号等）已经结束，无人机巡检系统已经回收，工作终结。

Jb0001532039　简述架空输电线路不同区域线路（区段）巡视周期的规定。（5 分）

考核知识点： 架空输电线路的巡视

难易度： 中

标准答案：

（1）城市（城镇）及近郊区域的巡视周期一般为 1 个月。

（2）远郊、平原等一般区域的巡视周期一般为 2 个月。

（3）高山大岭、沿海滩涂、戈壁沙漠等车辆人员难以到达区域的巡视周期一般为 3 个月。

（4）以上应为设备和通道环境的全面巡视，对特殊区段宜增加通道环境的巡视次数。

Jb0001532040　输电线路特殊区段有哪些？（5 分）

考核知识点： 特殊区段输电线路管理

难易度： 中

标准答案：

（1）大跨越。

（2）多雷区。

（3）重污区。

（4）重冰区。

（5）微地形。

（6）气象区。

（7）采动影响区。

Jb0001532041　简述一般地区各级电压导线的边线保护区的范围。（5 分）

考核知识点： 电力设施保护区管理

难易度： 中

标准答案：

（1）66～110kV 边线外距离 10m。

（2）220～330kV 边线外距离 15m。

（3）500kV 边线外距离 20m。

（4）750kV 边线外距离 25m。

Jb0001531042　输电线路的缺陷分为哪几类？（5 分）

考核知识点： 架空输电线路缺陷管理

难易度： 易

标准答案：

（1）本体缺陷。

（2）附属设施缺陷。

（3）外部隐患。

Jb0001531043　输电线路的各类缺陷按其严重程度分为哪几级？（5分）

考核知识点：架空输电线路缺陷管理

难易度：易

标准答案：

（1）危急缺陷。

（2）严重缺陷。

（3）一般缺陷。

Jb0001531044　简述输电线路对不同级别缺陷的处理时限。（5分）

考核知识点：架空输电线路缺陷管理

难易度：易

标准答案：

（1）一般缺陷的处理，最迟不应超过一个检修周期。

（2）严重缺陷的处理，一般不超过一周（最多一个月）。

（3）危急缺陷的处理，通常不应超过24h。

Jb0001531045　安全工器具分为哪两大类？（5分）

考核知识点：安全工器具管理

难易度：易

标准答案：

安全工器具分为绝缘安全工器具和一般防护安全工器具两大类：

（1）绝缘安全工器具又分为基本绝缘安全工器具和辅助绝缘安全工器具。

（2）一般防护用具是指防护工作人员发生事故的工器具。

Jb0001531046　简述多旋翼飞机的主要阻力。（5分）

考核知识点：民用无人驾驶航空器基础知识

难易度：易

标准答案：

（1）摩擦阻力。

（2）压差阻力。

（3）诱导阻力。

（4）干扰阻力。

Jb0001531047　影响升力大小的相关因素有哪些？（5分）

考核知识点：民用无人驾驶航空器基础知识

难易度：易

标准答案：

（1）升力与机翼面积成正比。

（2）升力和飞机速度的平方成正比。

（3）升力与机翼翼型的升力系数有关。

（4）升力与空气密度有关。

Jb0001531048 简述固定翼失速的概念，什么是临界迎角？（5分）

考核知识点：民用无人驾驶航空器基础知识

难易度：中

标准答案：

固定翼在某一恒定速度下，随着迎角的增加升力也会随之增大，但当迎角增大一定程度时，气流将会从机翼前缘开始分离，在机翼后部会出现一个较大的涡流区，这时升力突然下降，阻力迅速增加，使飞机状态瞬间停滞向下坠落。这种现象称为失速。失速刚出现时的迎角称为临界迎角。

Jb0001531049 什么叫翼型，简述机翼是怎样产生升力的。（5分）

考核知识点：民用无人驾驶航空器基础知识

难易度：易

标准答案：

翼型是机翼或尾翼的弦向剖面形状。机翼产生升力使气流通过翼面时，上表面部分流速加快，压强减小；下表面部分流速减慢，压强加大，机翼上下压力差形成升力。

Jb0002532050 DL/T 1578—2016《架空输电线路无人直升机巡检系统》中规定飞行功能应满足什么要求？（5分）

考核知识点：飞行功能应满足的要求

难易度：中

标准答案：

（1）应具备全自主起降功能。

（2）一般应具备手动、增稳和全自主三种飞行模式，三种飞行模式应能自由切换。

（3）飞行状态和任务模式可灵活设置，设置内容包括但不限于飞行航线、高度、速度，起飞和降落方式，安全策略等，且在地面站上应有参数设置界面。

（4）应具备任务规划功能，一般宜具备在飞行过程中实时修改航路点的功能。

（5）飞行任务可保存，支持重复调用和编辑。

（6）应具备一键返航功能。

Jb0002532051 DL/T 1482—2015《架空输电线路无人机巡检作业技术导则》中无人机巡检作业维护保养有什么要求？（5分）

考核知识点：无人机巡检作业中维护保养的要求

难易度：中

标准答案：

（1）作业后，作业人员应如实记录无人机状态和作业情况。

（2）无人机巡检系统及油料应妥善保管，设备电池应定期进行充、放电工作，确保电池性能良好。

（3）应严格按照无人机正常周期进行零件维修更换和大修保养，定期对无人机进行检查、清洁、润滑、紧固，确保设备状态正常。

（4）无人机如长时间不用，应定期启动，检查设备状态。如有异常现象，应及时调整、维修。

Jb0002531052 无人机巡检前应做哪些工作？（5分）

考核知识点：无人机巡检前的作业准备工作

难易度： 易

标准答案：

巡检前，作业人员应明确无人机巡检作业流程，进行现场勘查，确定作业内容和无人机起、降点位置，了解巡检线路情况、海拔、地形地貌、气象环境、植被分布、所需空域等，并根据巡检内容合理制订巡检计划。

Jb0002533053　数字万用表使用前注意事项有哪些？（5分）

考核知识点： 数字万用表使用前的注意事项

难易度： 难

标准答案：

（1）使用前应仔细阅读数字万用表的说明书，熟悉各种功能及量程开关、功能量程开关、功能键等作用。还应了解数字万用表的极限参数，检查表笔的绝缘性。

（2）数字万用表的准确度只有在标准条件下才有效。使用前一定要装好电池。

（3）应避免操作失误，如用电流挡测量电压等，以免损坏数字万用表。

（4）测量前必须清楚测量的对象、测量的物理量，尤其要想好测试方法，然后选择合适的量程。

（5）不要在高温、高湿、强磁等复杂环境下使用或保存。

（6）测量前如无法估计被测量的大小，应先使用最高量程测量，然后根据实际测量情况调整到合适量程。

（7）测量完毕，应及时关闭电源，并且把量程开关拨至最高电压挡。

Jb0002532054　列出0级到12级的相应风速范围。（5分）

考核知识点： 风速分级相关知识

难易度： 中

标准答案：

0级：0.0～0.2（m/s）；1级：0.3～1.5（m/s）；2级：1.6～3.3（m/s）；3级：3.4～5.4（m/s）；4级：5.5～7.9（m/s）；5级：8.0～10.7（m/s）；6级：10.8～13.8（m/s）；7级：13.9～17.1（m/s）；8级：17.2～20.7（m/s）；9级：20.8～24.4（m/s）；10级：24.5～28.4（m/s）；11级：28.5～32.6（m/s）；12级：32.7～36.9（m/s）。

Jb0002531055　简述无人机设备台账内容。（5分）

考核知识点： 无人机设备台账

难易度： 易

标准答案：

无人机设备台账内容一般包括无人机设备购置台账、无人机设备使用台账、无人机设备维护保养台账、无人机设备报废台账及无人机配件使用台账等。

Jb0002531056　简述无人机设备台账的作用。（5分）

考核知识点： 无人机设备台账

难易度： 易

标准答案：

无人机设备台账可实现对无人机各部件的使用情况和设备状态追溯，督促操作人员正确使用设备，按时保质维护保养设备，保证其正常运行，防止设备故障和事故的发生，延长设备使用寿命，充分发挥设备性能创造更高的经济效益。

Jb0002531057 根据 DL/T 1482—2015《架空输电线路无人机巡检作业技术导则》，什么是无人机手动操作飞行？（5分）

考核知识点：无人机使用

难易度：易

标准答案：

由无人机操作人员通过遥控器直接控制姿态执行模块，从而调整无人机飞行的飞行模式称为手动操作飞行。

Jb0002531058 根据 DL/T 1482—2015《架空输电线路无人机巡检作业技术导则》，什么是无人机自动飞行？（5分）

考核知识点：无人机使用

难易度：易

标准答案：

由飞行控制系统按照预先规划的航线自动控制无人机飞行的飞行模式称为自动飞行。

Jb0002531059 根据 DL/T 1482—2015《架空输电线路无人机巡检作业技术导则》，小型旋翼无人机巡检系统的功能要求有哪些？（5分）

考核知识点：无人机使用

难易度：易

标准答案：

小型旋翼无人机巡检系统应能发现销钉级设备缺陷，应能用于较短距离线路或者单个杆塔的可见光或红外设备巡检工作。

Jb0002531060 多旋翼飞行器由哪几个部分组成？（5分）

考核知识点：多旋翼飞行器组成部分

难易度：易

标准答案：

（1）机身。

（2）动力系统。

（3）起落架。

（4）控制和稳定系统。

Jb0002531061 什么是翼弦和翼展？（5分）

考核知识点：多旋翼飞行器组成部分

难易度：易

标准答案：

连接机翼前后缘的线段叫翼弦，机翼左右翼尖之间的直线距离叫翼展。

Jb0002531062 什么是电子调速器？（5分）

考核知识点：多旋翼飞行器组成部分

难易度：易

标准答案：

电子调速器是控制电动机的转速设备。

Jb0002531063　锂聚合物电池上标示的C指的是什么？（5分）

考核知识点：锂聚合物电池基础知识

难易度：易

标准答案：

是该电池的放电倍率。

Jb0002531064　多旋翼飞机空中参与定高度的有哪些传感器？（5分）

考核知识点：多旋翼飞机基础知识

难易度：易

标准答案：

GPS、惯性测量单元、指南针、三轴陀螺、三轴加速度。

Jb0002531065　多旋翼靠什么实现各种动作？（5分）

考核知识点：多旋翼飞机基础知识

难易度：易

标准答案：

改变电动机的转速来实现各种动作，4轴、8轴多旋翼两两相对桨叶转向相同，6轴多旋翼两两相对桨叶转向相反。

Jb0002531066　简述电池串联，电压和电容量的变化。（5分）

考核知识点：多旋翼飞机基础知识

难易度：易

标准答案：

电压升高，电容量不变。

Jb0002531067　简述电池并联，电压和电容量的变化。（5分）

考核知识点：多旋翼飞机基础知识

难易度：易

标准答案：

电压不变，电容量升高。

Jb0002531068　简述有刷电机和无刷电机的区别。（5分）

考核知识点：架空输电线路无人机巡检影像拍摄指导手册的内容

难易度：易

标准答案：

（1）有刷电机是把磁铁固定在电机外壳或者基座上，成为定子，然后将线圈缠绕成为转子。

（2）无刷电机是把线圈缠绕在定子之上，然后把磁铁做成转子。

Jb0002531069　简述无人机电池的维护保养基础知识。（5分）

考核知识点： 无人机电池的维护保养

难易度： 易

标准答案：

（1）不过放。

（2）不过充。

（3）不满电保存。

（4）不损坏外皮。

（5）不短路。

（6）不着凉。

Jb0003531070　无人机巡检中，红外巡检主要任务包括哪些？（5分）

考核知识点： 红外巡检的内容

难易度： 易

标准答案：

包括导线、线夹、引流线、绝缘子、耐张压接管、导线接续管等及其他连接点。

Jb0003532071　DL/T 1482—2015《架空输电线路无人机巡检作业技术导则》中要求，使用无人机巡检通道及电力保护区，对建（构）筑物、树木（竹林）、交叉跨越进行特殊巡检时，巡检内容及设备有什么要求？（5分）

考核知识点： 无人机巡检作业中维护保养的要求

难易度： 中

标准答案：

（1）建（构）筑物巡检时，巡检内容应检查是否有违章建筑，检查导线与之安全距离是否满足等，巡检设备应使用可见光相机/摄像机、激光扫描仪。

（2）树木（竹林）巡检时，巡检内容应检查是否有超高树木（竹林），检查导线与之安全距离不足等，巡检设备应使用可见光相机/摄像机、激光扫描仪。

（3）交叉跨越巡检时，巡检内容应检查是否出现新建或改建电力及通信线路、道路、铁路、索道、管道等，巡检设备应使用可见光相机/摄像机、激光扫描仪。

Jb0003531072　无人机巡检作业中，什么情况下应填写架空输电线路无人机巡检作业现场勘察记录单？（5分）

考核知识点： 现场勘查制度

难易度： 易

标准答案：

工作票签发人或工作负责人认为有必要进行现场勘察的作业场所，应根据工作任务组织现场勘察，并填写架空输电线路无人机巡检作业现场勘察记录单，现场勘察由工作票签发人或工作负责人组织。

Jb0003531073　填用架空输电线路无人机巡检作业工作单的工作有哪些？（5分）

考核知识点： 架空输电线路无人机巡检作业工作单

难易度： 易

标准答案：

使用小型无人直升机巡检系统开展的线路巡检、通道环境巡视、线路勘察和灾情巡视等工作；在突发自然灾害或线路故障等情况下需紧急使用无人机巡检系统开展的工作。

Jb0003531074　DL/T 1482—2015《架空输电线路无人机巡检作业技术导则》适用于何种无人机的巡检作业？（5分）

考核知识点：架空输电线路无人机巡检作业

难易度：易

标准答案：

本标准适用于采用固定翼无人机、旋翼无人机对架空输电线路进行的巡检作业。

Jb0003531075　根据DL/T 1482—2015《架空输电线路无人机巡检作业技术导则》，简述什么是无人机巡检？（5分）

考核知识点：架空输电线路无人机巡检

难易度：易

标准答案：

以无人机为平台，搭载可见光、红外、紫外等任务传感器对线路本体、附属设施以及线路通道进行巡视和检测。

Jb0003531076　根据DL/T 1482—2015《架空输电线路无人机巡检作业技术导则》，无人机按照机型具体可以分为哪几类？（5分）

考核知识点：架空输电线路无人机巡检机型

难易度：易

标准答案：

按照机型分类，无人机可以分为固定翼无人机和旋翼无人机。旋翼无人机又可细分为单旋翼带尾桨型式无人机、共轴反桨型式无人机和多旋翼无人机。

Jb0003531077　根据DL/T 1482—2015《架空输电线路无人机巡检作业技术导则》，简述无人机巡检系统的组成。（5分）

考核知识点：架空输电线路无人机巡检作业系统

难易度：易

标准答案：

无人机巡检系统应包括无人机分系统、任务载荷分系统和综合保障分系统。

Jb0003531078　根据DL/T 1482—2015《架空输电线路无人机巡检作业技术导则》，简述无人机分系统的组成？（5分）

考核知识点：架空输电线路无人机巡检机分系统

难易度：易

标准答案：

无人机分系统由无人机平台、通信系统和地面站系统组成。

Jb0003531079 根据 DL/T 1482—2015《架空输电线路无人机巡检作业技术导则》，简述无人机地面站系统的组成。（5 分）

考核知识点：架空输电线路无人机巡检地面站

难易度：易

标准答案：

地面站系统包括飞行控制软件、飞行操控器等硬件设备和地面测控车辆。

Jb0003531080 根据 DL/T 1482—2015《架空输电线路无人机巡检作业技术导则》，简述无人机巡检系统的无人机平台应装载什么设备。（5 分）

考核知识点：架空输电线路无人机平台

难易度：易

标准答案：

飞行指示灯、机载追踪器、飞行记录仪。

Jb0003531081 根据 DL/T 1482—2015《架空输电线路无人机巡检作业技术导则》，大、中型旋翼无人机巡检系统的任务设备包括哪些？（5 分）

考核知识点：架空输电线路无人机巡检系统的任务设备

难易度：易

标准答案：

可见光检测设备、红外检测设备、紫外检测设备。

Jb0003531082 根据 DL/T 1482—2015《架空输电线路无人机巡检作业技术导则》，地面保障设备应包括哪些设备？（5 分）

考核知识点：架空输电线路无人机巡检地面设备

难易度：易

标准答案：

供电设备、燃油箱、抽油泵、备用电池、充电器、测频仪和专用工器具等。

Jb0003531083 根据 DL/T 1482—2015《架空输电线路无人机巡检作业技术导则》，简述大、中型无人机巡检系统与小型无人机巡检系统在车辆使用要求上的区别。（5 分）

考核知识点：架空输电线路无人机巡检车辆使用

难易度：易

标准答案：

大、中型无人机巡检系统需配备专用储运车辆，小型无人机巡检系统可根据需要配备储运车辆。

Jb0003531084 根据 DL/T 1482—2015《架空输电线路无人机巡检作业技术导则》，简述大型无人机巡检系统应具备的功能。（5 分）

考核知识点：大型无人机巡检系统

难易度：易

标准答案：

大型旋翼无人机巡检系统应能同时搭载多种传感器进行输电线路巡检，应具备长距离的可见光、红外设备巡检能力，应能发现销钉级设备缺陷，可进行长距离的巡检工作。

Jb0003531085　根据 DL/T 1482—2015《架空输电线路无人机巡检作业技术导则》，简述中型无人机巡检系统应具备的功能。（5 分）

考核知识点：中型无人机巡检系统

难易度：易

标准答案：

中型旋翼无人机巡检系统应能发现销钉级设备缺陷，可搭载可见光或红外设备巡检。

Jb0003531086　根据 DL/T 1482—2015《架空输电线路无人机巡检作业技术导则》，简述小型无人机巡检系统应具备的功能。（5 分）

考核知识点：小型无人机巡检系统

难易度：易

标准答案：

小型旋翼无人机巡检系统应能发现销钉级设备缺陷，应能用于较短距离线路或单个杆塔的可见光或红外设备巡检。

Jb0003531087　根据 DL/T 1482—2015《架空输电线路无人机巡检作业技术导则》，大、中型固定翼无人机巡检系统的功能要求是什么？（5 分）

考核知识点：大、中型固定翼无人机巡检系统

难易度：易

标准答案：

大、中型固定翼无人机巡检系统应能用于输电线路走廊普查工作，可迅速对线路走廊和线路本体进行状态评估，适用于长距离的通道巡检、应急巡检和灾害巡检。

Jb0003531088　根据 DL/T 1482—2015《架空输电线路无人机巡检作业技术导则》，开展无人机巡检作业的人员要求是什么？（5 分）

考核知识点：无人机巡检作业的人员要求

难易度：易

标准答案：

（1）专业人员均应具有三年及以上高压输电线路运行维护工作经验，熟悉航空、气象、地理等必要知识。掌握 DL/T 741—2019《架空输电线路运行规程》有关专业知识并熟悉 GB 26859—2011《电力安全工作规程　电力线路部分》的相关规定。

（2）操作人员应熟悉无人机巡检作业方法和技术手段，通过相应机型的操作培训，考试合格后持证上岗。

Jb0003531089　根据 DL/T 1482—2015《架空输电线路无人机巡检作业技术导则》，无人机起降点和起降航线的安全要求是什么？（5 分）

考核知识点：无人机起降安全要求

难易度：易

标准答案：

（1）无人机起降点应与输电线路和其他设施、设备保持足够的安全距离，且风向有利，具备起降条件。

（2）工作地点、起降点及起降航线上应避免无关人员干扰，必要时可设置安全警示区。

Jb0003531090 根据 DL/T 1482—2015《架空输电线路无人机巡检作业技术导则》，无人机巡检作业现场应远离哪些危险点？（5 分）

考核知识点：架空输电线路无人机巡检作业

难易度：易

标准答案：

作业现场应远离爆破、射击、烟雾、火焰、机场、人群密集、高大建筑、军事管辖和无线电干扰等可能影响无人机飞行的区域，无人机不宜从变电站、电厂上空穿越。

Jb0003531091 根据 DL/T 1482—2015《架空输电线路无人机巡检作业技术导则》，无人机巡检作业现场应采取哪些消防安全措施？（5 分）

考核知识点：架空输电线路无人机巡检作业

难易度：易

标准答案：

作业现场应做好灭火等安全防护措施，严禁出现吸烟和出现明火，带至现场的油料应单独存放。

Jb0003531092 根据 DL/T 1482—2015《架空输电线路无人机巡检作业技术导则》，无人机起飞和降落时的安全注意事项有哪些？（5 分）

考核知识点：架空输电线路无人机起飞和降落时的安全注意事项

难易度：易

标准答案：

无人机起飞和降落时作业人员应与其始终保持足够的安全距离，不应站在起飞和降落的方向前，不应站在无人机巡检航线的正下方。

Jb0003531093 根据 DL/T 1482—2015《架空输电线路无人机巡检作业技术导则》，无人机巡检作业的天气条件是什么？（5 分）

考核知识点：架空输电线路无人机巡检作业天气条件

难易度：易

标准答案：

作业宜在良好天气下进行。雾、雪、大雨、大风、冰雹等恶劣天气不利于巡检作业的情况时不应开展无人机巡检作业。

Jb0003531094 根据 DL/T 1482—2015《架空输电线路无人机巡检作业技术导则》，无人机巡检作业人员数量配置要求是什么？（5 分）

考核知识点：架空输电线路无人机巡检作业人员数量配置

难易度：易

标准答案：

应根据巡检任务和所用机型合理配置人员，小型机需操作人员 2～3 名，中型机需操作人员 3～4 名，大型机需操作人员 5～8 名。

Jb0003531095 根据 DL/T 1482—2015《架空输电线路无人机巡检作业技术导则》，无人机巡检作业前工作负责人应向作业人员告知哪些内容？（5 分）

考核知识点：架空输电线路无人机巡检作业

难易度： 易

标准答案：

作业前应对全体作业人员进行安全技术交底，交代工作内容、方法、流程及安全要求并确认每一名人员都已知晓。

Jb0003533096　什么情况下宜采取单侧巡检方式进行无人机巡检作业？（5分）

考核知识点： 架空输电线路无人机巡检作业

难易度： 难

标准答案：

（1）对500kV及以下电压等级的交、直流单回或同塔双回输电线路在无人机传感器视场能够覆盖巡检目标且目标间无明显遮挡时宜采取单侧巡检方式。

（2）较抖山坡线路区段采取单侧巡检方式，无人机应处于山坡、线路外侧。

（3）其他不宜开展双侧巡检工作的线路区段，仅在线路的可巡检侧采取单侧巡检方式。

Jb0003533097　什么情况下宜采取双侧巡检方式进行无人机巡检作业？（5分）

考核知识点： 架空输电线路无人机巡检作业

难易度： 难

标准答案：

（1）对500kV及以下电压等级的交、直流同塔三回及以上的输电线路及500kV以上电压等级的交、直流输电线路，在无人机传感器视场无法覆盖巡检目标或目标间有明显遮挡，无法区分时，应采取双侧巡检方式。

（2）对500kV及以下电压等级的交、直流单回或同塔双回输电线路，有特殊巡检需求时，宜采取双侧巡检方式。

Jb0003532098　什么情况下宜采取上方巡检方式进行无人机巡检作业？（5分）

考核知识点： 架空输电线路无人机巡检作业

难易度： 中

标准答案：

（1）采用固定翼无人机进行通道巡检时，宜采用上方巡检方式。

（2）采取上方巡检方式时，巡检高度一般至少为线路地线上方100m。

Jb0003532099　在进行杆塔巡检时，大、中型无人机在进行杆塔巡检时的安全距离分别是多少？（5分）

考核知识点： 架空输电线路无人机巡检作业

难易度： 中

标准答案：

巡检作业时，大型无人机巡检系统距线路设备空间距离不小于50m、水平距离不小于30m，距周边障碍物距离不小于70m；巡检作业时，中型无人机巡检系统距线路设备空间距离不小于30m、水平距离不小于25m，距周边障碍物距离不小于50m。

Jb0003532100　在进行档中巡检时，大、中、小型无人机的安全距离分别是多少？（5分）

考核知识点：架空输电线路无人机巡检作业

难易度：中

标准答案：

中、大型无人机与巡检侧边导线的水平距离分别不小于30、50m；小型无人机与巡检侧边导线的水平距离一般不宜小于10m，距离值可根据无人机性能、线路电压等级和巡检经验调整。

Jb0003531101　精细巡检适用于什么线路？（5分）

考核知识点：架空输电线路无人机巡检作业

难易度：易

标准答案：

精细巡检适用于在首次开展无人机巡检的线路、存在缺陷或异常的线路以及需要开展精细化巡检的线路。

Jb0003532102　精细巡检是如何开展的？（5分）

考核知识点：架空输电线路无人机巡检作业

难易度：中

标准答案：

精细巡检要求利用可见相机/摄像机、红外热像仪、紫外成像仪等装置对线路设备、设施进行详细的档中巡检和杆塔巡检。

Jb0003531103　简述通道巡检方式中快速巡检的要求。（5分）

考核知识点：架空输电线路无人机通道巡检作业

难易度：易

标准答案：

快速巡检要求利用可见光/相机、红外热像仪、紫外成像仪等装置，对线路设备及线路走廊进行快速检查，主要巡检对象包括导地线异物、杆塔异物、通道下方树木、违章建筑、违章施工、通道环境等，适用于没有特殊运维需要线路的巡检。

Jb0003531104　简述故障巡检的概念。（5分）

考核知识点：架空输电线路无人机通道巡检作业

难易度：易

标准答案：

（1）线路故障后，根据故障信息，确定重点巡检区段、部位和巡检内容，采用无人机巡检作业和精细检查。

（2）故障巡检主要是查找或确认故障点，检查设备受损和其他异常情况。

Jb0003531105　简述特殊巡检的概念。（5分）

考核知识点：无人机特殊巡检作业

难易度：易

标准答案：

（1）在特殊情况下（如发生地震、泥石流、火山、严重覆冰等自然灾害后）或根据特殊需要，采用无人机进行灾情检查和其他专项巡检。

（2）灾情检查主要是对受灾区域内的输电线路设备状态和通道环境进行检查和评估。

（3）其他专项巡检主要是专项任务，搭载相应设备对架空输电线路进行巡检。

Jb0003531106　无人机巡检内容有哪些？（5 分）

考核知识点：架空输电线路无人机巡检作业

难易度：易

标准答案：

（1）无人机巡检时，根据线路运行情况、巡检要求，选择搭载可见光相机/摄像机、红外摄像仪、紫外成像仪、三维激光扫描仪等设备对输电线路设备、设施等进行检查。

（2）无人机巡检对象主要包括线路本体、附属设施、通道及电力保护区四大部分。

Jb0003532107　无人机对线路本体进行巡检时的巡检对象有哪些？（5 分）

考核知识点：架空输电线路无人机巡检作业

难易度：中

标准答案：

（1）地基与基面。

（2）杆塔基础。

（3）杆塔。

（4）接地装置。

（5）绝缘子。

（6）导线、地线、引流线、OPGW。

（7）线路金具。

Jb0003531108　无人机对附属设施进行巡检时的巡检对象有哪些？（5 分）

考核知识点：架空输电线路无人机巡检对象

难易度：易

标准答案：

（1）防雷装置。

（2）防鸟装置。

（3）监测装置。

（4）航空警示器材。

（5）防舞防冰装置。

（6）ADSS 光缆。

（7）杆号、警告、防护、指示、相位等标志。

Jb0003531109　无人机对通道及电力保护区进行巡检时的巡检对象有哪些？（5 分）

考核知识点：架空输电线路无人机巡检对象

难易度：易

标准答案：

（1）建（构）筑物。

（2）树木（竹林）。

（3）交叉跨越变化。

（4）山火及火灾隐患。
（5）违章施工。
（6）防洪、排水、基础保护设施。
（7）自然灾害。
（8）道路、桥梁。
（9）污染源。
（10）采动影响。
（11）其他。

Jb0003531110　无人机巡检检查防雷装置时应注意哪些方面？（5分）
考核知识点：架空输电线路无人机巡检防雷装置
难易度：易
标准答案：
（1）线路避雷器异常。
（2）计数器受损，引线松脱。
（3）放电间隙变化、烧伤等。

Jb0003531111　无人机巡检检查航空警示器材时应注意哪些方面？（5分）
考核知识点：架空输电线路无人机巡检作业
难易度：易
标准答案：
（1）高塔警示灯是否有缺失、损坏等。
（2）跨江、线彩球是否有缺失、损坏、失灵等。

Jb0003531112　无人机巡检检查防鸟装置时应注意哪些方面？（5分）
考核知识点：架空输电线路无人机巡检作业
难易度：易
标准答案：
（1）固定式：破损、变形、螺栓松脱等。
（2）活动式：动作失灵、褪色、破损等。
（3）电子、光波、声响式：损坏。

Jb0003531113　无人机巡检检查交叉跨越变化时应注意哪些方面？（5分）
考核知识点：架空输电线路无人机巡检作业
难易度：易
标准答案：
无人机巡检检查交叉跨越变化时应注意是否出现新建或改建电力及通信线路、道路、铁路、索道、管道等。

Jb0004532114　在架空输电线路多旋翼无人机巡检影像拍摄指导手册中，无人机巡检拍摄照片过程中，单回路耐张塔与双回路耐张塔的拍摄原则是什么？（5分）
考核知识点：无人机巡检耐张塔照片拍摄原则

难易度：中

标准答案：

（1）单回耐张塔：面向大号侧先拍左相再拍中相后拍右相，先拍小号侧再拍跳线串后拍大号侧。小号侧先拍导线端后拍横担端，跳线串先拍横担端后拍导线端，大号侧先拍横担端后拍导线端。

（2）双回耐张塔：面向大号侧先拍左回后拍右回，先拍下相再拍中相后拍上相（对侧先拍上相再拍中相后拍下相，∩形顺序拍摄），先拍小号侧再拍跳线后拍大号侧，小号侧先拍导线端后拍横担端，跳线串先拍横担端后拍导线端，大号侧先拍横担端后拍导线端。

Jb0004532115　在架空输电线路多旋翼无人机巡检影像拍摄指导手册中，无人机巡检拍摄照片过程中，拉线塔中相导线端挂点无人机拍摄位置、拍摄角度以及拍摄质量要求是什么？（5分）

考核知识点：拉线塔无人机巡检拍摄规则

难易度：中

标准答案：

无人机拍摄位置应与挂点高度平行，小角度斜侧方拍摄。拍摄角度为平视。拍摄质量要求能够清晰分辨螺栓、螺母、锁紧销等小尺寸金具及防振锤。设备相互遮挡时，采取多角度拍摄。每张照片至少包含一片绝缘子。

Jb0004531116　在图像分析工作中，对缺陷图像及缺陷命名有什么要求？（5分）

考核知识点：无人机巡检图像分析及规范命名

难易度：易

标准答案：

发现缺陷后应编辑图像，对图像中缺陷进行标注，并将图像重命名，命名规范如下："电压等级+线路名称+杆号"-"缺陷简述"-"该图片原始名称"。

Jb0004533117　架空输电线路缺陷有哪几类？定义分别是什么？（5分）

考核知识点：缺陷的分类

难易度：难

标准答案：

线路缺陷分为本体缺陷、附属设施缺陷和外部隐患三类：

（1）本体缺陷指组成线路本体的全部构件、附件及零部件缺陷，包括基础、杆塔、导线、地线（OPGW）、绝缘子、金具、接地装置、拉线等发生的缺陷。

（2）附属设施缺陷指附加在线路本体上的线路标识、安全标志牌、各种技术监测或具有特殊用途的设备（如在线监测、防雷、防鸟装置等）发生的缺陷。

（3）外部隐患指外部环境变化对线路的安全运行已构成某种潜在性威胁的情况，如在线路保护区内违章建房、种植树竹、堆物、取土及各种施工作业等。发现缺陷后应编辑图像，对图像中缺陷进行标注，并将图像重命名，命名规范如下："电压等级+线路名称+杆号"-"缺陷简述"-"该图片原始名称"。

Jb0004531118 架空输电线路中，线路的各类缺陷按其严重程度分为哪几类缺陷？其中碗头挂板锁紧销缺损缺陷如何分类？（5分）

考核知识点：缺陷的分类与定级

难易度：易

标准答案：

线路的各类缺陷按其严重程度分为危急、严重、一般缺陷。碗头挂板锁紧销锈蚀、变形属于一般缺陷，锁紧销断裂、缺失、失效属于危急缺陷。

Jb0004531119 简述《架空输电线路无人机巡检影像拍摄指导手册》中拍摄原则的基本原则。（5分）

考核知识点：架空输电线路无人机巡检影像拍摄指导手册的内容

难易度：易

标准答案：

面向大号侧先左后右，从下至上（对侧从上至下），先小号侧后大号侧。

Jb0004532120 简述《架空输电线路无人机巡检影像拍摄指导手册》中直线塔拍摄原则。（5分）

考核知识点：架空输电线路无人机巡检影像拍摄指导手册的内容

难易度：中

标准答案：

单回直线塔：面相大号侧先拍左相再拍中相后拍右相，先拍小号侧后拍大号侧；

双回直线塔：面向大号侧先拍左回后拍右回，先拍下相再拍中相后拍上相（对侧先拍上相再拍中相后拍下相，∩形顺序拍摄），先拍小号侧后拍大号侧。

Jb0004532121 《架空输电线路无人机巡检影像拍摄指导手册》中交流线路单回直线猫头塔共计拍摄哪些部位？（5分）

考核知识点：架空输电线路无人机巡检影像拍摄指导手册的内容

难易度：中

标准答案：

共计18处拍摄部位，根据拍摄顺序分别为：① 塔全貌；② 塔头；③ 塔身；④ 杆号牌；⑤ 塔基；⑥ 左相导线端挂点；⑦ 左相绝缘子串；⑧ 左相横担挂点；⑨ 左侧地线；⑩ 中相横担挂点；⑪ 中相绝缘子串；⑫ 中相导线端挂点；⑬ 右侧地线；⑭ 右相横担端挂点；⑮ 右相绝缘子串；⑯ 右相导线端挂点；⑰ 小号侧通道；⑱ 大号侧通道。

Jb0004533122 《架空输电线路无人机巡检影像拍摄指导手册》中标准化作业流程是什么？（5分）

考核知识点：架空输电线路无人机巡检影像拍摄指导手册的内容

难易度：难

标准答案：

（1）资料查阅。

（2）航线规划。

（3）空域申请。

（4）工作票办理。
（5）出库检查。
（6）工作许可。
（7）现场勘查/交底。
（8）布置作业现场。
（9）系统检查。
（10）无人机起飞。
（11）巡检飞行。
（12）返航降落。
（13）航后撤收。
（14）设备入库。
（15）数据分析。
（16）工作总结。
（17）资料归档。

Jb0004532123　简述《架空输电线路无人机巡检影像拍摄指导手册》中直线塔拍摄部位及对应的拍摄重点。（5分）

考核知识点：架空输电线路无人机巡检影像拍摄指导手册的内容

难易度：中

标准答案：

（1）塔概况：塔全貌、塔头、塔身、杆号牌、塔基。
（2）绝缘子串：绝缘子。
（3）悬垂绝缘子横担端：绝缘子碗头销、保护金具、铁塔挂点金具。
（4）悬垂绝缘子导线端：导线线夹、挂板、联板等金具。
（5）地线悬垂金具：地线线夹、接地引线下连接金具、挂板。
（6）通道：小号侧通道、大号侧通道。

第二章 无人机巡检工初级工技能操作

Jc0002541001 万用表使用。(100 分)

考核知识点：设备使用与维护保养

难易度：易

技能等级评价专业技能考核操作工作任务书

一、任务名称

万用表使用。

二、适用工种

无人机巡检工初级工。

三、具体任务

考核万用表的使用方法。

四、工作规范及要求

（1）工作准备、工作许可、工作结束、工作终结汇报满足考场要求。

（2）熟练掌握万用表的使用方法、工作原理。

（3）场地、设备、工具和材料：万用表。

（4）危险点和安全措施。

1）危险点：测量电阻时万用表短接。

2）安全措施：做好安全监督工作。

五、考核及时间要求

本考核操作时间为 15 分钟。

技能等级评价专业技能考核操作评分标准

工种	无人机巡检工					评价等级	初级工
项目模块	设备使用与维护保养—保障设备使用				编号	Jc0002541001	
单位			准考证号			姓名	
考试时限	15 分钟		题型	单项操作		题分	100 分
成绩		考评员		考评组长		日期	
试题正文	万用表使用						
需要说明的问题和要求	（1）熟练掌握万用表的使用方法和工作原理。 （2）使用时应做好安全监督工作，防止危险点发生。 （3）考生须在 15 分钟之内完成万用表的使用						

序号	项目名称	质量要求	满分	扣分标准	扣分原因	得分
1	工作准备					
1.1	安全劳动防护用品的准备	正确佩戴安全帽，穿全套工装，包括工作服、绝缘鞋、棉手套等	5	未按规定正确佩戴安全帽、穿工作服、绝缘鞋、戴棉手套每项扣 2 分，扣完为止		
1.2	工器具的准备	熟练正确使用各种工器具	5	未正确使用一次扣 1 分，扣完为止		

续表

序号	项目名称	质量要求	满分	扣分标准	扣分原因	得分
1.3	工器具的选用	考试开始前自行挑选和检查所用工器具，正确挑选出合格，性能良好的工器具	5	挑选错误一次扣1分，扣完为止		
2	工作许可					
2.1	许可方式	向考评员示意准备就绪，申请开始工作	5	未申请开始考试扣5分		
3	工作步骤及技术要求					
3.1	万用表外观检查	检查万用表外观有无破损现象	5	不检查者扣5分		
3.2	万用表的功能	对万用表可以实现的功能进行描述	5	描述错误1个扣2分，扣完为止		
3.3	使用万用表测通断	能够正确使用万用表测量通断	10	使用错误者扣10分		
3.4	使用万用表测电阻	能够正确使用万用表测量电阻	10	使用错误者扣10分		
3.5	使用万用表测电压	能够正确使用万用表测量电压	10	使用错误者扣10分		
3.6	使用万用表测电流	能够正确使用万用表测量电流	10	使用错误者扣10分		
3.7	准确读数	准确读出万用表测得的结果	5	读数错误的扣5分		
3.8	时间	必须在规定的时间内完成考核任务	5	超出10秒扣1分，扣完为止		
4	工作结束					
4.1	安全工器具	安全工器具恢复原位	2	安全工器具未放到原位扣2分		
4.2	工器具装箱	工器具装箱恢复原位	3	工器具设备未轻拿轻放扣3分		
5	工作终结汇报	向考评员报告工作已结束，场地已清理	5	未汇报扣5分		
6	其他要求					
6.1	动作要求	动作熟练顺畅	5	动作不正确扣5分		
6.2	安全要求	严格遵守“四不伤害”原则，不得损坏工器具和设备	5	损坏工器具扣5分		
合计			100			

Jc0002541002　测高仪使用。（100分）

考核知识点： 设备使用与维护保养

难易度： 易

技能等级评价专业技能考核操作工作任务书

一、任务名称

测高仪使用。

二、适用工种

无人机巡检工初级工。

三、具体任务

考核测高仪的使用方法。

（1）完成被测物体的高度测量。

（2）写下测量高度。

四、工作规范及要求

（1）熟练掌握测高仪工作原理和主要技术性能指标。

（2）熟练掌握测高仪的功能和使用方法。

（3）场地、设备、工具和材料：测高仪、被测物体、纸笔若干等。

五、考核及时间要求

本考核操作时间为 30 分钟。

技能等级评价专业技能考核操作评分标准

工种	无人机巡检工				评价等级	初级工	
项目模块	设备使用与维护保养—保障设备使用			编号	Jc0002541002		
单位		准考证号			姓名		
考试时限	30 分钟	题型	单项操作		题分	100 分	
成绩		考评员		考评组长		日期	
试题正文	测高仪使用						
需要说明的问题和要求	（1）着装情况、工器具及材料准备检查。 （2）考生须在 30 分钟之内完成测高仪的使用						

序号	项目名称	质量要求	满分	扣分标准	扣分原因	得分
1	工作准备					
1.1	安全劳动防护用品的准备	正确佩戴安全帽，穿全套工装，包括工作服、绝缘鞋、棉手套等	5	未按规定正确佩戴安全帽、穿工作服、绝缘鞋、戴棉手套每项扣 2 分，扣完为止		
1.2	工器具的选用、准备	考试开始前自行挑选和检查所用工器具，正确挑选出合格，性能良好的工器具。熟练正确使用各种工器具	5	挑选错误一次扣 1 分；未正确使用一次扣 1 分，扣完为止		
2	工作许可					
2.1	许可方式	向考评员示意准备就绪，申请开始工作	5	未申请开始考试扣 5 分		
3	工作步骤及技术要求					
3.1	测高仪外观检查	检查测高仪外观有无破损现象	15	不检查者扣 15 分		
3.2	被测物体的选择	按照指定的被测物进行测量	10	不满足者扣 10 分		
3.3	测高仪的操作	正确操作测高仪对被测物进行测量	20	操作有误的扣 20 分		
3.4	准确读数	能够正确读出被测物的高度	10	读数错误者扣 10 分		
3.5	时间	必须在规定的时间内完成考核任务	5	超出 10 秒扣 5 分		
4	工作结束					
4.1	安全工器具	安全工器具恢复原位	5	安全工器具未放到原位扣 5 分		
4.2	工器具装箱	工器具装箱恢复原位	5	工器具设备未轻拿轻放扣 5 分		
5	工作终结汇报	向考评员报告工作已结束，场地已清理	5	未汇报扣 5 分		
6	其他要求					
6.1	动作要求	动作熟练顺畅	5	动作不正确扣 1～5 分		
6.2	安全要求	严格遵守“四不伤害”原则，不得损坏工器具和设备	5	损坏工器具扣 5 分		
合计			100			

Jc0002541003　风速仪的使用。(100分)

考核知识点：保障设备使用

难易度：易

技能等级评价专业技能考核操作工作任务书

一、任务名称

风速仪的使用。

二、适用工种

无人机巡检工初级工。

三、具体任务

(1) 使用风速仪测量现场风速，并说明该风速的风力等级。

(2) 能正确填写测量记录。

四、工作规范及要求

(1) 工作准备、工作许可、工作结束、工作终结汇报满足考场要求。

(2) 熟练掌握风速仪的使用方法、工作原理。

(3) 场地、设备、工具和材料：风速仪。

五、考核及时间要求

本考核操作时间为15分钟，时间到停止考评。

技能等级评价专业技能考核操作评分标准

工种	无人机巡检工					评价等级	初级工
项目模块	设备使用与维护保养—保障设备使用				编号	Jc0002541003	
单位			准考证号			姓名	
考试时限	15分钟		题型	单项操作		题分	100分
成绩		考评员		考评组长		日期	
试题正文	风速仪的使用						
需要说明的问题和要求	(1) 着装情况、工器具及材料准备检查情况。 (2) 操作应注意安全，按照标准化作业书的技术安全说明做好安全措施						

序号	项目名称	质量要求	满分	扣分标准	扣分原因	得分
1	工作准备					
1.1	安全劳动防护用品的准备	正确佩戴安全帽，穿全套工装，包括工作服、绝缘鞋、棉手套等	5	未按规定正确佩戴安全帽、穿工作服、绝缘鞋、戴棉手套每项扣2分，扣完为止		
1.2	工器具的准备	熟练正确使用各种工器具	5	未正确使用一次扣1分，扣完为止		
1.3	工器具的选用	考试开始前自行挑选和检查所用工器具，正确挑选出合格，性能良好的工器具	5	挑选错误一次扣1分，扣完为止		
2	工作许可					
2.1	许可方式	向考评员示意准备就绪，申请开始工作	5	未申请开始考试扣5分		
3	工作步骤及技术要求					
3.1	现场相关工器具材料的准备与摆放	工器具材料的准备与摆放能够规整有序，现场不凌乱	10	现场凌乱，摆放不整齐，准备不到位扣10分		

续表

序号	项目名称	质量要求	满分	扣分标准	扣分原因	得分
3.2	风速仪的使用	使用风速仪测量现场风速，并说明该风速的风力等级	30	测量数值不准确，扣 30 分，测量过程中不规范，扣 15 分		
3.3	能正确填写测量记录	测量的电池容量与风速填写到指定表格记录内	20	表格内数据填写有误一项，扣 10 分，扣完为止		
4	工作结束					
4.1	安全工器具	安全工器具恢复原位	2	安全工器具未放到原位扣 2 分		
4.2	工器具装箱	工器具装箱恢复原位	3	工器具设备未轻拿轻放扣 3 分		
5	工作终结汇报	向考评员报告工作已结束，场地已清理	5	未汇报扣 5 分		
6	其他要求					
6.1	动作要求	动作熟练顺畅	5	动作不正确扣 5 分		
6.2	安全要求	严格遵守“四不伤害”原则，不得损坏工器具和设备	5	损坏工器具扣 5 分		
合计			100			

Jc0002541004 电池电压检测仪使用。（100 分）

考核知识点：设备使用与维护保养

难易度：易

技能等级评价专业技能考核操作工作任务书

一、任务名称

电池电压检测仪使用。

二、适用工种

无人机巡检工初级工。

三、具体任务

对无人机所使用的电池进行电压检测。

（1）完成电池电压检测。

（2）读出当前电压读数。

四、工作规范及要求

（1）熟练掌握电池电压检测仪的使用。

（2）准确读出电池电压。

（3）场地、设备、工具和材料：电池电压检测仪、锂电池、灭火器等。

（4）危险点、安全措施和注意事项。

1）危险点：锂电池自燃。

2）安全措施：测量应在空旷地带，疏散周围人群，一旦发生电池自燃现象应立即用灭火器扑灭。

3）注意事项：注意锂电池状态，鼓包漏液的锂电池禁止使用。

五、考核及时间要求

本考核操作时间为2分钟。

技能等级评价专业技能考核操作评分标准

工种	无人机巡检工					评价等级	初级工
项目模块	设备使用与维护保养—保障设备使用				编号	Jc0002541004	
单位			准考证号			姓名	
考试时限	2分钟		题型	单项操作		题分	100分
成绩		考评员		考评组长		日期	
试题正文	电池电压检测仪使用						
需要说明的问题和要求	（1）鼓包漏液的锂电池禁止使用。 （2）测量应在空旷地带，疏散周围人群，一旦发生电池自燃现象应立即用灭火器扑灭。 （3）考生须在2分钟之内完成电池电压检测。 （4）本考核总成绩满分为100分						

序号	项目名称	质量要求	满分	扣分标准	扣分原因	得分
1	工作准备					
1.1	安全劳动防护用品的准备	正确佩戴安全帽，穿全套工装，包括工作服、绝缘鞋、棉手套等	5	未按规定正确佩戴安全帽、穿工作服、绝缘鞋、戴棉手套每项扣2分，扣完为止		
1.2	工器具的选用	考试开始前自行挑选和检查所用工器具，正确挑选出合格，性能良好的工器具	5	挑选错误一次扣1分，扣完为止		
2	工作许可					
2.1	许可方式	向考评员示意准备就绪，申请开始工作	5	未申请开始考试扣5分		
3	工作步骤及技术要求					
3.1	锂电池外观检查	检查锂电池有无鼓包现象	10	不检查者扣10分		
3.2	灭火器的检查	检查灭火器是否合格	5	不检查者扣5分		
3.3	场地的选择	应选择空旷的场地	5	场地选择不恰当扣5分		
3.4	检测仪的选取	选择相对应规格的电池电压检测仪	10	不满足要求的，扣10分		
3.5	检测仪的使用	能够正确将仪器与电池连接	10	连接错误的，扣10分		
3.6	准确读数	准确读出检测仪上的电压读数	10	读数错误的，扣10分		
3.7	时间	必须在规定的时间内完成考核任务	10	超出10秒扣1分，扣完为止		
4	工作结束					
4.1	安全工器具	安全工器具恢复原位	5	安全工器具未放到原位扣5分		
4.2	工器具装箱	工器具装箱恢复原位	5	工器具设备未轻拿轻放扣5分		
5	工作终结汇报	向考评员报告工作已结束，场地已清理	5	未汇报扣5分		
6	其他要求					
6.1	动作要求	动作熟练顺畅	5	动作不正确扣1～5分		
6.2	安全要求	严格遵守“四不伤害”原则，不得损坏工器具和设备	5	损坏工器具扣5分		
合计			100			

Jc0002541005 无人机操控遥控器的天线摆放方式。（100分）

考核知识点： 多旋翼无人机巡检系统结构、原理

难易度： 易

技能等级评价专业技能考核操作工作任务书

一、任务名称

无人机操控遥控器的天线摆放方式。

二、适用工种

无人机巡检工初级工。

三、具体任务

现场进行遥控器的天线摆放并进行简述。

四、工作规范及要求

（1）工作准备、工作许可、工作结束、工作终结汇报满足考场要求。

（2）工作步骤及技术要求按规定完成无人机遥控器的摆放方式工作。

五、考核及时间要求

本考核操作时间为10分钟，时间到停止考评。

技能等级评价专业技能考核操作评分标准

工种	无人机巡检工					评价等级	初级工
项目模块	设备使用与维护保养—多旋翼无人机巡检系统结构、原理				编号	Jc0002541005	
单位			准考证号			姓名	
考试时限	10分钟		题型	单项操作		题分	100分
成绩		考评员		考评组长		日期	
试题正文	无人机操控遥控器的天线摆放方式						
需要说明的问题和要求	（1）要求单人操作，完成无人机在遥控器正上方飞行时的遥控器的天线摆放。 （2）要求单人操作，完成无人机在遥控器前方飞行时的遥控器的天线摆放。 （3）操作应注意安全，按照标准化作业书的技术安全说明做好安全措施						

序号	项目名称	质量要求	满分	扣分标准	扣分原因	得分
1	工作准备					
1.1	安全劳动防护用品的准备	正确选择佩戴安全帽，穿全套工装，包括工作服、绝缘鞋、棉手套等	5	未按规定正确佩戴安全帽、穿工作服、绝缘鞋、戴棉手套等每项扣2分，扣完为止		
1.2	无人机起飞前准备	熟练地做好无人机起飞前的检查与准备工作	5	未正确检查，检查漏一项扣1分，扣完为止		
2	工作许可					
2.1	许可方式	向考评员示意准备就绪，申请开始工作	5	未申请开始考试扣5分		
3	工作步骤及技术要求					
3.1	无人机飞行遥控器正上方时，天线的摆放方式	无人机飞行遥控器上方时，能按要求正确将天线摆放呈直线型摆放，并进行简短描述	30	无人机未飞行起来扣10分； 无人机天线摆放错误扣10分； 未进行简短描述扣10分		
3.2	无人机飞行遥控器正前方时，天线的摆放方式	无人机飞行遥控器前方时，能按要求正确将天线摆放呈90°弯折摆放，并进行简短描述	30	无人机未飞行起来扣10分； 无人机天线摆放错误扣10分； 未进行简短描述扣10分		

续表

序号	项目名称	质量要求	满分	扣分标准	扣分原因	得分
4	工作结束					
4.1	安全劳动防护用品	安全劳动防护用品恢复原位	5	安全劳动防护用品未放到原位扣5分		
4.2	恢复现场	将遥控器恢复原样	5	设备未轻拿轻放，恢复不彻底扣5分		
5	工作终结汇报	向考评员报告工作已结束，场地已清理	5	未汇报扣5分		
6	其他要求					
6.1	动作要求	动作熟练顺畅	5	动作不正确扣5分		
6.2	安全要求	严格遵守“四不伤害”原则，不得损坏工器具和设备	5	损坏工器具扣5分		
合计			100			

Jc0002541006　无人机遥控器开机前与开机后的检查。(100分)

考核知识点：多旋翼无人机巡检系统结构、原理

难易度：易

技能等级评价专业技能考核操作工作任务书

一、任务名称

无人机遥控器开机前与开机后的检查。

二、适用工种

无人机巡检工初级工。

三、具体任务

现场对无人机进行开机前的检查与开机后的检查，并进行描述。

四、工作规范及要求

（1）工作准备、工作许可、工作结束、工作终结汇报满足考场要求。

（2）工作步骤及技术要求按规定完成无人机遥控器开机前的检查项目与开机后检查项目。

五、考核及时间要求

本考核操作时间为15分钟，时间到停止考评。

技能等级评价专业技能考核操作评分标准

<table>
<tr><td>工种</td><td colspan="5">无人机巡检工</td><td>评价等级</td><td>初级工</td></tr>
<tr><td>项目模块</td><td colspan="4">设备使用与维护保养—多旋翼无人机巡检系统结构、原理</td><td>编号</td><td colspan="2">Jc0002541006</td></tr>
<tr><td>单位</td><td colspan="3"></td><td>准考证号</td><td></td><td>姓名</td><td></td></tr>
<tr><td>考试时限</td><td colspan="2">15分钟</td><td>题型</td><td colspan="2">单项操作</td><td>题分</td><td>100分</td></tr>
<tr><td>成绩</td><td></td><td>考评员</td><td></td><td>考评组长</td><td></td><td>日期</td><td></td></tr>
<tr><td>试题正文</td><td colspan="7">无人机遥控器开机前与开机后的检查</td></tr>
<tr><td>需要说明的问题和要求</td><td colspan="7">（1）按要求完成遥控器开机前准备工作，说明要准备的内容。
（2）按要求完成遥控器开机后准备工作，说明要准备的内容。
（3）操作应注意安全，按照标准化作业书的技术安全说明做好安全措施</td></tr>
</table>

续表

序号	项目名称	质量要求	满分	扣分标准	扣分原因	得分
1	工作准备					
1.1	安全劳动防护用品的准备	正确选择佩戴安全帽，穿全套工装，包括工作服、绝缘鞋、棉手套等	5	未按规定正确佩戴安全帽、穿工作服、绝缘鞋、戴棉手套等每项扣2分，扣完为止		
1.2	无人机起飞前准备	熟练地做好无人机起飞前的检查与准备工作	5	未正确检查，检查漏一项扣1分，扣完为止		
2	工作许可					
2.1	许可方式	向考评员示意准备就绪，申请开始工作	5	未申请开始考试扣5分		
3	工作步骤及技术要求					
3.1	遥控器开机前准备工作	能按要求正确进行遥控器开机前的准备工作，能够检查天线、功能开关、油门杆位设置	30	少检查一项扣10分，扣完为止		
3.2	遥控器开机前准备工作	能按要求正确进行遥控器开机前的准备工作，能够检查遥控器电池电压、模型名称、舵机监控	30	少检查一项扣10分，扣完为止		
4	工作结束					
4.1	安全劳动防护用品	安全劳动防护用品恢复原位	5	安全劳动防护用品未放到原位扣5分		
4.2	恢复现场	将遥控器恢复原样	5	设备未轻拿轻放，恢复不彻底扣5分		
5	工作终结汇报	向考评员报告工作已结束，场地已清理	5	未汇报扣5分		
6	其他要求					
6.1	动作要求	动作熟练顺畅	5	动作不正确扣5分		
6.2	安全要求	严格遵守“四不伤害”原则，不得损坏工器具和设备	5	损坏工器具扣5分		
合计			100			

Jc0002542007 无人机飞行前检查。（100分）

考核知识点：多旋翼无人机使用

难易度：中

技能等级评价专业技能考核操作工作任务书

一、任务名称

无人机飞行前检查。

二、适用工种

无人机巡检工初级工。

三、具体任务

进行无人机飞行前检查。

（1）工作状态为模拟220kV线路停电，工作内容为线路保护定检。

（2）工作任务：

1）检查无人机球头，检查连杆是否滑快。

2）检查无人机旋翼，尾桨松紧度。

3）检查螺栓螺母是否松动。

4）油动无人机检查无人机油量及润滑油；电动无人机检查电池电量（包括电动机电池电量、遥控器电池电量、机载电池电量、地面站设备相关电量）。

5）检查航电设备是否正常。

6）检查地面站运转是否正常。

7）检查各个电源与信号线安装是否合适。

四、工作规范及要求

（1）工作准备、工作许可、工作结束、工作终结汇报满足考场要求。

（2）工作步骤及技术要求按规定完成无人机飞行前检查项目。

五、考核及时间要求

（1）本考核操作时间为 30 分钟，时间到停止考评，包括试验接线和报告整理时间。同一类现象故障不限一处故障点。

（2）故障查找和排除过程中，如确实不能查找出故障，可向考评员申请排除故障，该项故障项目不得分，但不影响其他项目。

（3）按照技能操作记录单的操作要求进行操作，正确记录操作结果，试验记录项目包括动作元件、相别、动作出口时间等。

技能等级评价专业技能考核操作评分标准

工种	无人机巡检工					评价等级	初级工
项目模块	设备使用与维护保养—多旋翼无人机使用				编号	Jc0002542007	
单位			准考证号			姓名	
考试时限	30 分钟		题型	单项操作		题分	100 分
成绩		考评员		考评组长		日期	
试题正文	无人机飞行前检查						
需要说明的问题和要求	（1）按要求完成无人机飞行前的检查项目，不得出现遗漏。 （2）检查过程中要检查一项说明一项。 （3）操作应注意安全，按照标准化作业书的技术安全说明做好安全措施						

序号	项目名称	质量要求	满分	扣分标准	扣分原因	得分
1	工作准备					
1.1	安全劳动防护用品的准备	正确选择佩戴安全帽，穿全套工装，包括工作服、绝缘鞋、棉手套等	4	未按规定正确佩戴安全帽、穿工作服、绝缘鞋、戴棉手套等每项扣 2 分，扣完为止		
1.2	无人机的选用	考试开始前自行挑选和检查所用无人机，正确挑选出合格、性能良好的无人机、电池、螺旋桨等	3	挑选错误一次扣 1 分，扣完为止； 由自行挑选工器具导致无法进行考试，或者出现重大失误考试成绩为 0 分		
1.3	无人机飞行前的准备	熟练正确组装无人机，对无人机进行必要的调试工作	3	组装不正确，调试不成功，飞控参数不合格一次扣 1 分，扣完为止		
2	工作许可					
2.1	许可方式	向考评员示意准备就绪，申请开始工作	5	未申请开始考试扣 5 分		
3	工作步骤及技术要求					
3.1	无检查无人机球头	无检查无人机球头，检查连杆是否滑快	10	未检查到位扣 10 分		
3.2	检查无人机旋翼，尾桨松紧度	检查无人机旋翼，检查尾桨松紧度	10	未检查到位扣 10 分		

续表

序号	项目名称	质量要求	满分	扣分标准	扣分原因	得分
3.3	检查螺钉、螺母	对无人机螺栓螺母进行检查，检查其是否出现松动	10	未检查到位扣 10 分		
3.4	油动无人机检查无人机油量及润滑油；电动无人机检查电池电量	油动无人机检查无人机油量及润滑油；电动无人机检查电池电量（包括电动机电池电量、遥控器电池电量、机载电池电量、地面站设备相关电量），检查其是否出现缺油或缺电	10	未检查到位扣 10 分		
3.5	检查航电设备	检查航电设备是否正常	10	未检查到位扣 10 分		
3.6	检查地面站	检查地面站运转是否正常	5	未检查到位扣 5 分		
3.7	检查各个电源与信号线	检查各个电源与信号线安装是否合适，是否出现松动或虚接	5	未检查到位扣 5 分		
4	工作结束					
4.1	安全劳动防护用品	安全劳动防护用品恢复原位	5	安全劳动防护用品未放到原位扣 5 分		
4.2	无人机和设备恢复	无人机放置到位，拆卸电池和螺旋桨	5	无人机、设备未轻拿轻放，扣 5 分		
5	工作终结汇报	向考评员报告工作已结束，场地已清理	5	未汇报扣 5 分		
6	其他要求					
6.1	动作要求	动作熟练顺畅	5	动作不正确扣 5 分		
6.2	安全要求	严格遵守“四不伤害”原则，不得损坏工器具和设备	5	损坏工器具扣 5 分		
合计			100			

Jc0002541008　无人机起降。（100 分）

考核知识点：多旋翼无人机使用

难易度：易

技能等级评价专业技能考核操作工作任务书

一、任务名称

无人机起降。

二、适用工种

无人机巡检工初级工。

三、具体任务

被考核人员独立完成无人机的起飞和降落。

四、工作规范及要求

（1）熟练掌握无人机的起飞和降落技能。

（2）起飞要果断、快速，不能有大晃动。

（3）降落应平稳、缓慢，落地瞬间应平稳，不能有弹跳。

（4）场地、设备、工具和材料：无人机一架，无人机起飞场地。

（5）危险点、安全措施和注意事项。

1）危险点：无人机机械故障、无人机装机障碍物、无人机伤及人员。

2）安全措施：无人机起飞降落应在空旷场地；无人机操作区域应装设围栏，操作区距起降区距离不小于 5m；飞行时实时关注无人机电池电量；遇有 5 级及以上大风，雷、雨、大雾等天气情况立即停止飞行；无人机一旦遇到紧急情况则立即返航。

3）注意事项：时刻观察周围环境、无人机飞行姿态，做好应急准备。

五、考核及时间要求

本考核操作时间为 10 分钟。

技能等级评价专业技能考核操作评分标准

工种	无人机巡检工					评价等级	初级工
项目模块	设备使用与维护保养—多旋翼无人机使用				编号	Jc0002541008	
单位			准考证号			姓名	
考试时限	10 分钟		题型	单项操作		题分	100 分
成绩		考评员		考评组长		日期	
试题正文	无人机起降						
需要说明的问题和要求	（1）熟练掌握无人机的起飞和降落技能。 （2）起飞要果断、快速，不能有大晃动。 （3）降落应平稳、缓慢，落地瞬间应平稳，不能有弹跳。 （4）考生须在 10 分钟之内完成无人机起飞降落。 （5）本考核总成绩满分为 100 分						

序号	项目名称	质量要求	满分	扣分标准	扣分原因	得分
1	工作准备					
1.1	安全劳动防护用品的准备	正确选择佩戴安全帽，穿全套工装，包括工作服、绝缘鞋、棉手套等	5	未按规定正确佩戴安全帽、穿工作服、绝缘鞋、戴棉手套等每项扣 2 分，扣完为止		
1.2	无人机起飞前准备	熟练地做好无人机起飞前的检查与准备工作	5	未正确检查，检查漏一项扣 1 分，扣完为止		
2	工作许可					
2.1	许可方式	向考评员示意准备就绪，申请开始工作	5	未申请开始考试扣 5 分		
3	工作步骤及技术要求					
3.1	飞行前无人机检查	检查无人机桨叶安装是否正确，电池是否安装到位	5	不检查者扣 5 分		
3.2	电池电量检查	检查电池电量是否充足	5	不检查者扣 5 分		
3.3	飞行安全	飞行过程中服从考官指令，不得出现失控情况	10	不服从命令者扣 10 分		
3.4	起飞时	起飞要果断、快速，不能有大晃动	10	起飞时不果断，有晃动扣 5 分		
3.5	飞行中	飞行过程中姿态平稳，不能出现吊高现象	10	飞行中姿态不平稳者扣 5 分		
3.6	降落时	降落应平稳、缓慢，落地瞬间应平稳，不能有弹跳	10	降落时不平稳，有弹跳者扣 5 分		
3.7	时间要求	必须在规定的时间内完成考核任务	10	超出时间者每 10 秒扣 1 分，扣完为止		
4	工作结束					
4.1	安全劳动防护用品	安全劳动防护用品恢复原位	5	安全劳动防护用品未放到原位扣 5 分		
4.2	恢复现场	将遥控器恢复原样	5	设备未轻拿轻放，恢复不彻底扣 5 分		

续表

序号	项目名称	质量要求	满分	扣分标准	扣分原因	得分
5	工作终结汇报	向考评员报告工作已结束，场地已清理	5	未汇报扣 5 分		
6	其他要求					
6.1	动作要求	动作熟练顺畅	5	动作不正确扣 1～5 分		
6.2	安全要求	严格遵守“四不伤害”原则，不得损坏工器具和设备	5	损坏工器具扣 5 分		
合计			100			

Jc0002541009　无人机水平 360° 原地自旋。（100 分）

考核知识点：基础能力

难易度：易

技能等级评价专业技能考核操作工作任务书

一、任务名称

无人机水平 360° 原地自旋。

二、适用工种

无人机巡检工初级工。

三、具体任务

被考核人员在 2 分钟之内完成无人机水平 360° 原地自旋动作。

四、工作规范及要求

（1）原地自旋应平稳匀速，不能有停顿。

（2）速度不能过快。

（3）旋转偏移量不能超过 20cm，高度偏差不能超过 20cm。

（4）场地、设备、工具和材料：无人机一架，无人机起飞场地，围栏、安全警示牌等。

（5）危险点、安全措施和注意事项。

1）危险点：无人机机械故障、无人机装机障碍物、无人机伤及人员。

2）安全措施：无人机起飞降落应在空旷场地；无人机操作区域应装设围栏，操作区距起降区距离不小于 5m；飞行时实时关注无人机电池电量；遇有 5 级及以上大风，雷、雨、大雾等天气情况立即停止飞行；无人机一旦遇到紧急情况则立即返航。

3）注意事项：时刻观察周围环境、无人机飞行姿态，做好应急准备。

五、考核及时间要求

本考核要求无人机空中悬停后在 2 分钟之内完成水平 360° 原地自旋动作。

技能等级评价专业技能考核操作评分标准

<table>
<tr><td>工种</td><td colspan="5">无人机巡检工</td><td>评价等级</td><td>初级工</td></tr>
<tr><td>项目模块</td><td colspan="4">基础能力—多旋翼无人机水平 360° 原地自旋</td><td>编号</td><td colspan="2">Jc0002541009</td></tr>
<tr><td>单位</td><td colspan="3"></td><td>准考证号</td><td></td><td>姓名</td><td></td></tr>
<tr><td>考试时限</td><td colspan="2">2 分钟</td><td>题型</td><td colspan="2">单项操作</td><td>题分</td><td>100 分</td></tr>
<tr><td>成绩</td><td></td><td>考评员</td><td></td><td>考评组长</td><td></td><td>日期</td><td></td></tr>
</table>

续表

试题正文	无人机水平360°原地自旋
需要说明的问题和要求	（1）熟练掌握多旋翼无人机的水平旋转技能。 （2）不得出现只旋转不前进或只前进不旋转的现象。 （3）水平旋转不应出现错舵现象

序号	项目名称	质量要求	满分	扣分标准	扣分原因	得分
1	工作准备					
1.1	安全劳动防护用品的准备	正确选择佩戴安全帽，穿全套工装，包括工作服、绝缘鞋、棉手套等	5	未按规定正确佩戴安全帽、穿工作服、绝缘鞋、戴棉手套等每项扣2分，扣完为止		
1.2	无人机起飞前准备	熟练地做好无人机起飞前的检查与准备工作	5	未正确检查，检查漏一项扣1分，扣完为止		
2	工作许可					
2.1	许可方式	向考评员示意准备就绪，申请开始工作	5	未申请开始考试扣5分		
3	工作步骤及技术要求					
3.1	飞行前无人机检查	检查无人机桨叶安装是否正确，电池是否安装到位	5	不检查者扣5分		
3.2	电池电量检查	检查电池电量是否充足	5	不检查者扣5分		
3.3	飞行安全	飞行过程中服从考官指令，不得出现失控情况	10	不服从命令者扣10分		
3.4	起飞时	起飞要果断、快速，不能有大晃动	10	起飞时不果断，有晃动扣5分		
3.5	飞行中	飞行过程中姿态平稳，不能出现掉高现象	10	飞行中姿态不平稳者扣5分		
3.6	水平360°原地自旋	飞行过程中姿态平稳，不能出现掉高、上升现象	10	原地自旋过程中出现掉高、上升现象扣10分		
3.7	降落时	降落应平稳、缓慢，落地瞬间应平稳，不能有弹跳	5	降落时不平稳，有弹跳者扣3分		
3.8	时间要求	必须在规定的时间内完成考核任务	5	超出时间者每10秒扣1分，扣完为止		
4	工作结束					
4.1	安全劳动防护用品	安全劳动防护用品恢复原位	5	安全劳动防护用品未放到原位扣5分		
4.2	恢复现场	将遥控器恢复原样	5	设备未轻拿轻放，恢复不彻底扣5分		
5	工作终结汇报	向考评员报告工作已结束，场地已清理	5	未汇报扣5分		
6	其他要求					
6.1	动作要求	动作熟练顺畅	5	动作不正确扣1～5分		
6.2	安全要求	严格遵守“四不伤害”原则，不得损坏工器具和设备	5	损坏工器具扣5分		
合计			100			

Jc0002541010　无人机 5m 正方形路线飞行。(100 分)

考核知识点：基础能力

难易度：易

技能等级评价专业技能考核操作工作任务书

一、任务名称

无人机 5m 正方形路线飞行。

二、适用工种

无人机巡检工初级工。

三、具体任务

被考核人员在 6 分钟之内完成无人机沿着 5m 的正方形路线飞行。

四、工作规范及要求

（1）飞行过程中姿态平稳，不能有停顿。

（2）速度不能过快。

（3）水平偏移量不能超过 20cm，高度偏差不能超过 20cm。

（4）转弯后应为 90° 垂直角度，机头方向与飞行方向一致。

（5）场地、设备、工具和材料：无人机一架，无人机起飞场地，围栏、安全警示牌等。

（6）危险点、安全措施和注意事项。

1）危险点：无人机机械故障、无人机装机障碍物、无人机伤及人员。

2）安全措施：无人机起飞降落应在空旷场地；无人机操作区域应装设围栏，操作区距起降区距离不小于 5m；飞行时实时关注无人机电池电量；遇有 5 级及以上大风，雷、雨、大雾等天气情况立即停止飞行；无人机一旦遇到紧急情况则立即返航。

3）注意事项：时刻观察周围环境、无人机飞行姿态，做好应急准备。

五、考核及时间要求

本考核要求无人机在空中悬停后 6 分钟之内沿着 5m 的正方形路线飞行。

技能等级评价专业技能考核操作评分标准

工种	无人机巡检工					评价等级	初级工
项目模块	基础能力—无人机 5m 正方形路线飞行				编号	Jc0002541010	
单位			准考证号			姓名	
考试时限	6 分钟	题型		单项操作		题分	100 分
成绩		考评员		考评组长		日期	
试题正文	无人机 5m 正方形路线飞行						
需要说明的问题和要求	（1）飞行速度应平稳。 （2）要求着装正确						

序号	项目名称	质量要求	满分	扣分标准	扣分原因	得分
1	工作准备					
1.1	安全劳动防护用品的准备	正确选择佩戴安全帽，穿全套工装，包括工作服、绝缘鞋、棉手套等	5	未按规定正确佩戴安全帽、穿工作服、绝缘鞋、戴棉手套等每项扣 2 分，扣完为止		
1.2	无人机起飞前准备	熟练地做好无人机起飞前的检查与准备工作	5	未正确检查，检查漏一项扣 1 分，扣完为止		

续表

序号	项目名称	质量要求	满分	扣分标准	扣分原因	得分
2	工作许可					
2.1	许可方式	向考评员示意准备就绪，申请开始工作	5	未申请开始考试扣5分		
3	工作步骤及技术要求					
3.1	无人机检查	检查无人机桨叶安装是否正确，电池是否安装到位	5	不检查者扣5分		
3.2	电池电量检查	检查电池电量是否充足	5	不检查者扣5分		
3.3	飞行安全	飞行过程中服从考官指令，不得出现失控情况	10	不服从命令者扣10分		
3.4	起飞时	起飞要果断、快速，不能有大晃动	5	起飞时不果断，有晃动扣5分		
3.5	沿5m的正方形路线飞行	飞行过程中姿态平稳，不能出现掉高、上升现象，转弯后应为90°垂直角度	20	飞行过程中出现掉高、上升现象扣10分，转弯后角度不垂直扣10分		
3.6	降落时	降落应平稳、缓慢，落地瞬间应平稳，不能有弹跳	5	降落时不平稳，有弹跳者扣5分		
3.7	时间要求	必须在规定的时间内完成考核任务	10	超出时间者每10秒扣1分，扣完为止		
4	工作结束					
4.1	安全劳动防护用品	安全劳动防护用品恢复原位	5	安全劳动防护用品未放到原位扣5分		
4.2	恢复现场	将遥控器恢复原样	5	设备未轻拿轻放，恢复不彻底扣5分		
5	工作终结汇报	向考评员报告工作已结束，场地已清理	5	未汇报扣5分		
6	其他要求					
6.1	动作要求	动作熟练顺畅	5	动作不正确扣1～5分		
6.2	安全要求	严格遵守“四不伤害”原则，不得损坏工器具和设备	5	损坏工器具扣5分		
合计			100			

Jc0004542011　无人机飞行结束后的具体操作与注意事项。（100分）

考核知识点：多旋翼无人机使用

难易度：中

技能等级评价专业技能考核操作工作任务书

一、任务名称

无人机飞行结束后的具体操作与注意事项。

二、适用工种

无人机巡检工初级工。

三、具体任务

无人机飞行结束后，进行相关规范操作，并口述注意事项。

四、工作规范及要求

（1）工作准备、工作许可、工作结束、工作终结汇报满足考场要求。

（2）工作步骤及技术要求按规定完成无人机飞行结束后的具体操作与注意事项。

五、考核及时间要求

（1）本考核操作时间为20分钟，时间到停止考评，包括试验接线和报告整理时间。同一类现象故障不限一处故障点。

（2）故障查找和排除过程中，如确实不能查找出故障，可向考评员申请排除故障，该项故障项目不得分，但不影响其他项目。

（3）按照技能操作记录单的操作要求进行操作，正确记录操作结果，试验记录项目包括动作元件、相别、动作出口时间等。

技能等级评价专业技能考核操作评分标准

工种	无人机巡检工					评价等级	初级工
项目模块	设备使用与维护保养—多旋翼无人机使用				编号	Jc0004542011	
单位			准考证号			姓名	
考试时限	20 分钟	题型	单项操作			题分	100 分
成绩		考评员		考评组长		日期	
试题正文	无人机飞行结束后的具体操作与注意事项						
需要说明的问题和要求	（1）按要求进行无人机飞行结束后的相关规范操作。 （2）对飞行结束后的操作注意事项进行口述。 （3）操作应注意安全，按照标准化作业书的技术安全说明做好安全措施						

序号	项目名称	质量要求	满分	扣分标准	扣分原因	得分
1	工作准备					
1.1	安全劳动防护用品的准备	正确选择佩戴安全帽，穿全套工装，包括工作服、绝缘鞋、棉手套等	5	未按规定正确佩戴安全帽、穿工作服、绝缘鞋、戴棉手套等每项扣 2 分，扣完为止		
1.2	无人机起飞前准备	熟练地做好无人机起飞前的检查与准备工作	5	未正确检查，检查漏一项扣 1 分，扣完为止		
2	工作许可					
2.1	许可方式	向考评员示意准备就绪，申请开始工作	5	未申请开始考试扣 5 分		
3	工作步骤及技术要求					
3.1	无人机飞行结束后的相关规范操作	完成无人机飞行结束后的相关规范操作，需要做到： （1）飞行器降落后，确保遥控器油门杆位拉至底部，电动机停转。 （2）先切断飞行器的各类电源，再切断地面站、遥控器的电源。 （3）进行电量检查、飞行器检查、机载设备检查。 （4）相关设备放置得当	40	少操作一项扣 10 分，扣完为止		
3.2	对飞行结束后的注意事项进行口述	对结束后的注意事项进行口述	20	未进行注意事项口述的扣 20 分；口述内容不全面的扣 10 分		
4	工作结束					
4.1	安全劳动防护用品	安全劳动防护用品恢复原位	5	安全劳动防护用品未放到原位扣 5 分		
4.2	恢复现场	将遥控器恢复原样	5	设备未轻拿轻放，恢复不彻底扣 5 分		
5	工作终结汇报	向考评员报告工作已结束，场地已清理	5	未汇报扣 5 分		
6	其他要求					
6.1	动作要求	动作熟练顺畅	5	动作不正确扣 5 分		
6.2	安全要求	严格遵守“四不伤害”原则，不得损坏工器具和设备	5	损坏工器具扣 5 分		
合计			100			

Jc0004542012　对现场进行勘察，并填写现场勘察记录。（100 分）

考核知识点：无人机巡检作业现场勘查

难易度：中

技能等级评价专业技能考核操作工作任务书

一、任务名称

对现场进行勘察，并填写现场勘察记录。

二、适用工种

无人机巡检工初级工。

三、具体任务

规定一个指定的输电线路现场，对现场进行勘察，并填写现场勘察记录。

四、工作规范及要求

（1）能进行现场勘察，准确、完整描述现场情况。

（2）能根据现场情况正确制订保证作业安全和质量的技术措施和安全措施。

（3）能正确填写“无人机巡检作业现场勘查记录单”。

五、考核及时间要求

本考核操作时间为15分钟，时间到停止考评。

技能等级评价专业技能考核操作评分标准

工种	无人机巡检工					评价等级	初级工
项目模块	无人机巡检作业—现场勘察				编号	Jc0004542012	
单位			准考证号			姓名	
考试时限	15分钟		题型	单项操作		题分	100分
成绩		考评员		考评组长		日期	
试题正文	对现场进行勘察，并填写现场勘察记录						
需要说明的问题和要求	（1）要求单人操作，能进行现场勘察，准确、完整描述现场情况。 （2）要求单人操作，能根据现场情况正确制订保证作业安全和质量的技术措施和安全措施。 （3）能正确填写“无人机巡检作业现场勘查记录单”。 （4）操作应注意安全，按照标准化作业书的技术安全说明做好安全措施						

序号	项目名称	质量要求	满分	扣分标准	扣分原因	得分
1	工作准备					
1.1	安全劳动防护用品的准备	正确选择佩戴安全帽，穿全套工装，包括工作服、绝缘鞋、棉手套等	5	未按规定正确佩戴安全帽、穿工作服、绝缘鞋、戴棉手套等每项扣2分，扣完为止		
1.2	无人机起飞前准备	熟练地做好无人机起飞前的检查与准备工作	5	未正确检查，检查漏一项扣1分，扣完为止		
2	工作许可					
2.1	许可方式	向考评员示意准备就绪，申请开始工作	5	未申请开始考试扣5分		
3	工作步骤及技术要求					
3.1	能根据现场情况正确制订保证作业安全和质量的技术措施和安全措施	安全技术措施制订全面，符合现场实际	30	未制订安全技术措施的扣30分； 制订不全面的扣15分		
3.2	填写现场勘察记录	对现场勘察情况及现场制订的安全技术措施进行填写，填写一份完整的现场勘察记录	30	勘察记录内容填写不规范，有错误的一处扣5分； 填写内容不全面的一处扣10分； 未填写的扣30分； 以上扣分，扣完为止		
4	工作结束					

续表

序号	项目名称	质量要求	满分	扣分标准	扣分原因	得分
4.1	安全劳动防护用品	安全劳动防护用品恢复原位	5	安全劳动防护用品未放到原位扣5分		
4.2	恢复现场	将遥控器恢复原样	5	设备未轻拿轻放，恢复不彻底扣5分		
5	工作终结汇报	向考评员报告工作已结束，场地已清理	5	未汇报扣5分		
6	其他要求					
6.1	动作要求	动作熟练顺畅	5	动作不正确扣5分		
6.2	安全要求	严格遵守“四不伤害”原则，不得损坏工器具和设备	5	损坏工器具扣5分		
合计			100			

Jc0003541013　编制多旋翼无人机巡检标准化作业指导书。（100分）

考核知识点：架空输电线路精细化巡检

难易度：易

技能等级评价专业技能考核操作工作任务书

一、任务名称

编制多旋翼无人机巡检标准化作业指导书。

二、适用工种

无人机巡检工初级工。

三、具体任务

规定一个指定的输电线路现场，编制无人机巡检标准化作业指导书。

四、工作规范及要求

（1）标准化作业指导书内所有内容要完善，并符合现场实际。

（2）标准化作业指导书内的安全措施、工器具准备等相关内容应具体，并满足安规要求。

（3）指导书内作业分工等按照本单位情况进行填写。

五、考核及时间要求

本考核操作时间为20分钟，时间到停止考评。

技能等级评价专业技能考核操作评分标准

工种	无人机巡检工					评价等级	初级工
项目模块	无人机巡检作业—架空输电线路精细化巡检				编号	Jc0003541013	
单位			准考证号			姓名	
考试时限	20分钟		题型	单项操作		题分	100分
成绩		考评员		考评组长		日期	
试题正文	编制多旋翼无人机巡检标准化作业指导书						
需要说明的问题和要求	（1）熟练掌握架空输电线路直线塔各部位拍摄的要点，合适的拍摄角度；合理规划拍摄航线，确保巡检路径简洁，无过多往返、交叉等重复路线；确保巡检过程中与直线塔各拍摄部位保持足够安全距离。 （2）拍摄出的照片清晰度需达到总照片量的80%，并确保每个部位的照片均有1张清晰照						

序号	项目名称	质量要求	满分	扣分标准	扣分原因	得分
1	工作准备					
1.1	安全劳动防护用品的准备	正确选择佩戴安全帽，穿全套工装，包括工作服、绝缘鞋等	10	未按规定正确佩戴安全帽、穿工作服、绝缘鞋等每项扣2分		

续表

序号	项目名称	质量要求	满分	扣分标准	扣分原因	得分
2	工作许可					
2.1	许可方式	向考评员示意准备就绪，申请开始工作	5	未申请开始考试扣5分		
3	工作步骤及技术要求					
3.1	根据作业内容及模板编制本次多旋翼无人机巡检作业指导书	现场安全技术措施制定全面，符合现场实际	60	标准化作业指导书编制内容不符合现场实际的，一处扣10分； 安全措施及作业过程不全面的，扣30分； 未编写完成的，扣60分； 以上扣分，扣完为止		
3.2	填写与签发	作业指导书应用黑色或蓝色钢（水）笔或圆珠笔填写与签发，填写应清楚，不得随意涂改	10	未使用黑色或蓝色钢（水）笔或圆珠笔填写扣5分； 随意涂改扣5分		
4	工作终结汇报	向考评员报告工作已结束，编制完成	5	未汇报扣5分		
5	其他要求					
5.1	安全要求	严格遵守“三不伤害”原则，不得损坏工器具和设备	10	损坏工器具扣10分		
合计			100			

Jc0003541014　编制固定翼无人机巡检标准化作业指导书。（100分）

考核知识点：架空输电线路精细化巡检

难易度：易

技能等级评价专业技能考核操作工作任务书

一、任务名称

编制固定翼无人机巡检标准化作业指导书。

二、适用工种

无人机巡检工初级工。

三、具体任务

规定一个指定的输电线路现场，编制无人机巡检标准化作业指导书。

四、工作规范及要求

（1）标准化作业指导书内所有内容要完善，并符合现场实际。

（2）标准化作业指导书内的安全措施、工器具准备等相关内容应具体，并满足安规要求。

（3）指导书内作业分工等按照本单位情况进行填写。

五、考核及时间要求

本考核操作时间为30分钟，时间到停止考评。

技能等级评价专业技能考核操作评分标准

<table>
<tr><td>工种</td><td colspan="5">无人机巡检工</td><td>评价等级</td><td>初级工</td></tr>
<tr><td>项目模块</td><td colspan="4">无人机巡检作业—架空输电线路精细化巡检</td><td>编号</td><td colspan="2">Jc0003541014</td></tr>
<tr><td>单位</td><td colspan="3"></td><td>准考证号</td><td></td><td>姓名</td><td></td></tr>
<tr><td>考试时限</td><td colspan="2">30分钟</td><td>题型</td><td colspan="2">单项操作</td><td>题分</td><td>100分</td></tr>
<tr><td>成绩</td><td></td><td>考评员</td><td></td><td>考评组长</td><td></td><td>日期</td><td></td></tr>
<tr><td>试题正文</td><td colspan="7">编制固定翼无人机巡检标准化作业指导书</td></tr>
</table>

续表

需要说明的问题和要求	（1）标准化作业指导书内所有内容要完善，并符合现场实际。 （2）标准化作业指导书内的安全措施、工器具准备等相关内容应具体，并满足安规要求。 （3）指导书内作业分工等按照本单位情况进行填写

序号	项目名称	质量要求	满分	扣分标准	扣分原因	得分
1	工作准备					
1.1	安全劳动防护用品的准备	正确选择佩戴安全帽，穿全套工装，包括工作服、绝缘鞋等	10	未按规定正确佩戴安全帽、穿工作服、绝缘鞋等每项扣2分，扣完为止		
2	工作许可					
2.1	许可方式	向考评员示意准备就绪，申请开始工作	5	未申请开始考试扣5分		
3	工作步骤及技术要求					
3.1	根据作业内容及模板编制本次固定翼无人机巡检作业指导书	现场安全技术措施制定全面，符合现场实际	60	标准化作业指导书编制内容不符合现场实际的，一处扣10分； 安全措施及作业过程不全面的，扣30分； 未编写完成的，扣60分； 以上扣分，扣完为止		
3.2	填写与签发	作业指导书应用黑色或蓝色钢（水）笔或圆珠笔填写与签发，填写应清楚，不得随意涂改	10	未使用黑色或蓝色钢（水）笔或圆珠笔填写扣5分； 随意涂改扣5分		
4	工作终结汇报	向考评员报告工作已结束，编制完成	5	未汇报扣5分		
5	其他要求					
5.1	安全要求	严格遵守“三不伤害”原则，不得损坏工器具和设备	10	损坏工器具扣10分		
合计			100			

Jc0002541015　编制并终结架空输电线路无人机巡检作业工作单。（100分）

考核知识点：架空输电线路精细化巡检

难易度：易

技能等级评价专业技能考核操作工作任务书

一、任务名称

编制并终结架空输电线路无人机巡检作业工作单。

二、适用工种

无人机巡检工初级工。

三、具体任务

规定一个指定的输电线路现场，模拟使用小型无人机进行线路日常巡检，编制并终结架空输电线路无人机巡检作业工作单。

四、工作规范及要求

（1）工作单内所有内容要完善，并符合现场实际。

（2）工作单内的安全措施，空域范围等相关内容应具体，并满足安规要求。

（3）工作单内的工作人员与负责人可按照本单位人员进行填写。

五、考核及时间要求

本考核操作时间为30分钟，时间到停止考评。

技能等级评价专业技能考核操作评分标准

工种	无人机巡检工					评价等级	初级工
项目模块	无人机巡检作业—工作票使用				编号		Jc0002541015
单位			准考证号			姓名	
考试时限	30 分钟	题型		单项操作		题分	100 分
成绩		考评员		考评组长		日期	
试题正文	编制并终结架空输电线路无人机巡检作业工作单						
需要说明的问题和要求	（1）工作单内所有内容要完善，并符合现场实际。 （2）工作单内的安全措施，空域范围等相关内容应具体，并满足安规要求。 （3）工作单内的工作人员与负责人可按照本单位人员进行填写						

序号	项目名称	质量要求	满分	扣分标准	扣分原因	得分
1	工作准备					
1.1	安全劳动防护用品的准备	正确选择佩戴安全帽，穿全套工装，包括工作服、绝缘鞋等	10	未按规定正确佩戴安全帽、穿工作服、绝缘鞋等每项扣 2 分，扣完为止		
2	工作许可					
2.1	许可方式	向考评员示意准备就绪，申请开始工作	5	未申请开始考试扣 5 分		
3	工作步骤及技术要求					
3.1	根据作业内容及模板编制本次无人机巡检工作单	工作单填写规范，安全技术措施等制定全面，符合现场实际	50	工作单编制内容不符合现场实际的，一处扣 10 分； 安全措施及作业过程不全面的，扣 30 分； 未编写完成的，扣 50 分； 以上扣分，扣完为止		
3.2	终结本次无人机巡检工作单	终结流程规范，签字齐全	20	终结流程不规范，扣 20 分		
4	工作终结汇报	向考评员报告工作已结束，场地已清理	5	未汇报扣 5 分		
5	其他要求					
5.1	安全要求	严格遵守“四不伤害”原则，不得损坏工器具和设备	10	损坏工器具扣 10 分		
合计			100			

Jc0003542016　填写无人机巡检系统使用记录单。（100 分）

考核知识点：架空输电线路常见缺陷和隐患识别

难易度：中

技能等级评价专业技能考核操作工作任务书

一、任务名称

填写无人机巡检系统使用记录单。

二、适用工种

无人机巡检工初级工。

三、具体任务

规定一个指定的输电线路现场，模拟使用小型无人机进行线路日常巡检，填写无人机巡检系统使用记录单。

四、工作规范及要求

（1）填写的无人机巡检系统使用记录单所有内容要完善，并符合现场实际。

（2）无人机巡检系统使用记录单内的航线信息、系统状态等内容应具体。

（3）无人机巡检系统使用记录单内的人员信息可按照本单位人员进行填写。

五、考核及时间要求

本考核操作时间为 15 分钟，时间到停止考评。

技能等级评价专业技能考核操作评分标准

工种	无人机巡检工					评价等级	初级工
项目模块	无人机巡检作业—工作票使用				编号	Jc0003542016	
单位			准考证号			姓名	
考试时限	15 分钟		题型	单项操作		题分	100 分
成绩		考评员		考评组长		日期	
试题正文	填写无人机巡检系统使用记录单						
需要说明的问题和要求	（1）填写的无人机巡检系统使用记录单所有内容要完善，并符合现场实际。 （2）无人机巡检系统使用记录单内的航线信息、系统状态等内容应具体。 （3）无人机巡检系统使用记录单内的人员信息可按照本单位人员进行填写						

序号	项目名称	质量要求	满分	扣分标准	扣分原因	得分
1	工作准备					
1.1	安全劳动防护用品的准备	正确选择佩戴安全帽，穿全套工装，包括工作服、绝缘鞋、棉手套等	10	未按规定正确佩戴安全帽、穿工作服、绝缘鞋、戴棉手套等每项扣 2 分，扣完为止		
2	工作许可					
2.1	许可方式	向考评员示意准备就绪，申请开始工作	5	未申请开始考试扣 5 分		
3	工作步骤及技术要求					
3.1	根据作业内容及模板编制本次无人机巡检系统使用记录单	无人机巡检系统使用记录单填写规范，天气、风速、系统状态等信息填写全面，符合现场实际	70	无人机巡检系统使用记录单填写的内容不符合现场实际的，一处扣 10 分； 填写内容不全面的，扣 30 分； 未填写完成的，扣 70 分； 以上扣分，扣完为止		
4	工作终结汇报	向考评员报告工作已结束，场地已清理	5	未汇报扣 5 分		
5	其他要求					
5.1	安全要求	严格遵守“四不伤害”原则，不得损坏工器具和设备	10	损坏工器具扣 10 分		
合计			100			

Jc0004542017　杆塔缺陷隐患识别。（100 分）

考核知识点：架空输电线路常见缺陷和隐患识别

难易度：中

技能等级评价专业技能考核操作工作任务书

一、任务名称

杆塔缺陷隐患识别。

二、适用工种

无人机巡检工初级工。

三、具体任务

对无人机所拍摄的照片进行杆塔类缺陷隐患识别。

（1）被考核人员独立完成。
（2）利用计算机画图软件找出杆塔类缺陷并圈出。
（3）最终给出缺陷命名和缺陷等级。

四、工作规范及要求

（1）熟练掌握计算机画图软件的使用。
（2）缺陷命名的规则。
（3）缺陷等级分类知识。
（4）场地、设备、工具和材料：计算机一台、笔纸若干。

五、考核及时间要求

本考核操作时间为 10 分钟。

技能等级评价专业技能考核操作评分标准

工种	无人机巡检工					评价等级	初级工
项目模块	缺陷与隐患查找及原因分析—架空输电线路常见缺陷和隐患识别				编号	Jc0004542017	
单位			准考证号			姓名	
考试时限	10 分钟		题型	单项操作		题分	100 分
成绩		考评员		考评组长		日期	
试题正文	杆塔缺陷隐患识别						
需要说明的问题和要求	（1）熟练掌握计算机画图软件的使用。 （2）考生须在 10 分钟之内完成缺陷隐患识别						

序号	项目名称	质量要求	满分	扣分标准	扣分原因	得分
1	照片格式确认	确保所拍摄照片格式正确，能被计算机画图软件打开	20	照片打不开或打开错误扣 5 分		
2	计算机画图软件的使用					
2.1	应用计算机画图软件	能够熟练应用画图软件	10	不能熟练应用画图软件扣 5 分		
2.2	利用计算机画图软件找出杆塔类缺陷并圈出	能够准确找到缺陷部位并圈出	20	没有找到缺陷部位或找到的缺陷不足扣 15 分		
3	缺陷命名的规则	按照“相–侧–部–问”顺序进行命名	25	缺陷命名规则错误扣 10 分		
4	缺陷等级分类	按照“一般、严重、危急”进行缺陷等级分类	20	等级分类错误扣 10 分		
5	时间	必须在 10 分钟之内完成考核任务	5	超出 10 秒扣 1 分，扣完为止		
合计			100			

Jc0004542018 基础缺陷类隐患识别。（100 分）

考核知识点：架空输电线路常见缺陷和隐患识别

难易度：中

技能等级评价专业技能考核操作工作任务书

一、任务名称

基础缺陷类隐患识别。

二、适用工种

无人机巡检工初级工。

三、具体任务

对无人机所拍摄的照片进行基础类缺陷隐患识别。

（1）被考核人员独立完成。

（2）利用计算机画图软件找出基础类缺陷并圈出。

（3）最终给出缺陷命名和缺陷等级。

四、工作规范及要求

（1）熟练掌握计算机画图软件的使用。

（2）缺陷命名的规则。

（3）缺陷等级分类知识。

（4）场地、设备、工具和材料：计算机一台、笔纸若干。

五、考核及时间要求

本考核操作时间为10分钟。

技能等级评价专业技能考核操作评分标准

<table>
<tr><td>工种</td><td colspan="8">无人机巡检工</td><td>评价等级</td><td>初级工</td></tr>
<tr><td>项目模块</td><td colspan="7">缺陷与隐患查找及原因分析—架空输电线路常见缺陷和隐患识别</td><td>编号</td><td colspan="2">Jc0004542018</td></tr>
<tr><td>单位</td><td colspan="3"></td><td colspan="2">准考证号</td><td colspan="3"></td><td>姓名</td><td></td></tr>
<tr><td>考试时限</td><td colspan="2">10分钟</td><td colspan="2">题型</td><td colspan="4">单项操作</td><td>题分</td><td>100分</td></tr>
<tr><td>成绩</td><td></td><td>考评员</td><td colspan="2"></td><td colspan="2">考评组长</td><td colspan="2"></td><td>日期</td><td></td></tr>
<tr><td>试题正文</td><td colspan="10">基础类缺陷隐患识别</td></tr>
<tr><td>需要说明的问题和要求</td><td colspan="10">（1）熟练掌握计算机画图软件的使用。
（2）考生须在10分钟之内完成缺陷隐患识别</td></tr>
</table>

序号	项目名称	质量要求	满分	扣分标准	扣分原因	得分
1	照片格式确认	确保所拍摄照片格式正确，能被计算机画图软件打开	20	照片打不开或打开错误扣5分		
2	计算机画图软件的使用					
2.1	应用计算机画图软件	能够熟练应用画图软件	10	不能熟练应用画图软件扣5分		
2.2	利用计算机画图软件找出杆塔类缺陷并圈出	能够准确找到缺陷部位并圈出	20	没有找到缺陷部位或找到的缺陷不足扣15分		
3	缺陷命名的规则	按照“相－侧－部－问”顺序进行命名	25	缺陷命名规则错误扣10分		
4	缺陷等级分类	按照“一般、严重、危急”进行缺陷等级分类	20	等级分类错误扣10分		
5	时间	必须在规定的时间之内完成考核任务	5	超出10秒扣1分，扣完为止		
合计			100			

Jc0004542019　绝缘子类缺陷隐患识别。（100分）

考核知识点：架空输电线路常见缺陷和隐患识别

难易度：中

技能等级评价专业技能考核操作工作任务书

一、任务名称

绝缘子类缺陷隐患识别。

二、适用工种

无人机巡检工初级工。

三、具体任务

对无人机所拍摄的照片进行绝缘子类缺陷隐患识别。

（1）被考核人员独立完成。

（2）利用计算机画图软件找出绝缘子类缺陷并圈出。

（3）最终给出缺陷命名和缺陷等级。

四、工作规范及要求

（1）熟练掌握计算机画图软件的使用。

（2）缺陷命名的规则。

（3）缺陷等级分类知识。

（4）场地、设备、工具和材料：计算机一台、笔纸若干。

五、考核及时间要求

本考核操作时间为 10 分钟。

技能等级评价专业技能考核操作评分标准

工种	无人机巡检工					评价等级	初级工
项目模块	缺陷与隐患查找及原因分析—架空输电线路常见缺陷和隐患识别				编号	Jc0004542019	
单位			准考证号			姓名	
考试时限	10 分钟		题型	单项操作		题分	100 分
成绩		考评员		考评组长		日期	
试题正文	绝缘子类缺陷隐患识别						
需要说明的问题和要求	（1）熟练掌握计算机画图软件的使用。 （2）考生须在 10 分钟之内完成缺陷隐患识别						

序号	项目名称	质量要求	满分	扣分标准	扣分原因	得分
1	照片格式确认	确保所拍摄照片格式正确，能被计算机画图软件打开	20	照片打不开或打开错误扣 5 分		
2	计算机画图软件的使用					
2.1	应用计算机画图软件	能够熟练应用画图软件	10	不能熟练应用画图软件扣 5 分		
2.2	利用计算机画图软件找出杆塔类缺陷并圈出	能够准确找到缺陷部位并圈出	20	没有找到缺陷部位或找到的缺陷不足扣 15 分		
3	缺陷命名的规则	按照“相–侧–部–问”顺序进行命名	25	缺陷命名规则错误扣 10 分		
4	缺陷等级分类	按照“一般、严重、危急”进行缺陷等级分类	20	等级分类错误扣 10 分		
5	时间	必须在规定的时间内完成考核任务	5	超出 10 秒扣 1 分，扣完为止		
合计			100			

Jc0004542020　通道类缺陷隐患识别。（100 分）

考核知识点：架空输电线路常见缺陷和隐患识别

难易度：中

技能等级评价专业技能考核操作工作任务书

一、任务名称

通道类缺陷隐患识别。

二、适用工种

无人机巡检工初级工。

三、具体任务

对无人机所拍摄的照片进行通道类缺陷隐患识别。

（1）被考核人员独立完成。

（2）利用计算机画图软件找出通道类缺陷并圈出。

（3）最终给出缺陷命名和缺陷等级。

四、工作规范及要求

（1）熟练掌握计算机画图软件的使用。

（2）缺陷命名的规则。

（3）缺陷等级分类知识。

（4）场地、设备、工具和材料：计算机一台、笔纸若干。

五、考核及时间要求

本考核操作时间为 10 分钟。

技能等级评价专业技能考核操作评分标准

工种	无人机巡检工						评价等级	初级工
项目模块	缺陷与隐患查找及原因分析—架空输电线路常见缺陷和隐患识别					编号	Jc0004542020	
单位				准考证号			姓名	
考试时限	10 分钟		题型	单项操作			题分	100 分
成绩		考评员		考评组长			日期	
试题正文	通道类缺陷隐患识别							
需要说明的问题和要求	（1）熟练掌握计算机画图软件的使用。 （2）考生须在 10 分钟之内完成缺陷隐患识别							

序号	项目名称	质量要求	满分	扣分标准	扣分原因	得分
1	照片格式确认	确保所拍摄照片格式正确，能被计算机画图软件打开	20	照片打不开或打开错误扣 5 分		
2	计算机画图软件的使用					
2.1	应用计算机画图软件	能够熟练应用画图软件	10	不能熟练应用画图软件扣 5 分		
2.2	利用计算机画图软件找出杆塔类缺陷并圈出	能够准确找到缺陷部位并圈出	20	没有找到缺陷部位或找到的缺陷不足扣 15 分		
3	缺陷命名的规则	按照“相－侧－部－问”顺序进行命名	25	缺陷命名规则错误扣 10 分		
4	缺陷等级分类	按照“一般、严重、危急”进行缺陷等级分类	20	等级分类错误扣 10 分		
5	时间	必须在规定的时间内完成考核任务	5	超出 10 秒扣 1 分，扣完为止		
合计			100			

Jc0004542021　接地装置类缺陷隐患识别。（100 分）

考核知识点：架空输电线路常见缺陷和隐患识别

难易度：中

技能等级评价专业技能考核操作工作任务书

一、任务名称

接地装置类缺陷隐患识别。

二、适用工种

无人机巡检工初级工。

三、具体任务

对无人机所拍摄的照片进行接地装置类缺陷隐患识别。

（1）被考核人员独立完成。

（2）利用计算机画图软件找出接地装置类缺陷并圈出。

（3）最终给出缺陷命名和缺陷等级。

四、工作规范及要求

（1）熟练掌握计算机画图软件的使用。

（2）缺陷命名的规则。

（3）缺陷等级分类知识。

（4）场地、设备、工具和材料：计算机一台、笔纸若干。

五、考核及时间要求

本考核操作时间为 10 分钟。

技能等级评价专业技能考核操作评分标准

工种	无人机巡检工				评价等级	初级工
项目模块	缺陷与隐患查找及原因分析—架空输电线路常见缺陷和隐患识别			编号	Jc0004542021	
单位		准考证号			姓名	
考试时限	10 分钟	题型	单项操作		题分	100 分
成绩	考评员		考评组长		日期	
试题正文	接地装置类缺陷隐患识别					
需要说明的问题和要求	（1）熟练掌握计算机画图软件的使用。 （2）考生须在 10 分钟之内完成缺陷隐患识别					

序号	项目名称	质量要求	满分	扣分标准	扣分原因	得分
1	照片格式确认	确保所拍摄照片格式正确，能被计算机画图软件打开	20	照片打不开或打开错误扣 5 分		
2	计算机画图软件的使用					
2.1	应用计算机画图软件	能够熟练应用画图软件	10	不能熟练应用画图软件扣 5 分		
2.2	利用计算机画图软件找出杆塔类缺陷并圈出	能够准确找到缺陷部位并圈出	20	没有找到缺陷部位或找到的缺陷不足扣 15 分		
3	缺陷命名的规则	按照“相－侧－部－问”顺序进行命名	25	缺陷命名规则错误扣 10 分		
4	缺陷等级分类	按照“一般、严重、危急”进行缺陷等级分类	20	等级分类错误扣 10 分		
5	时间	必须在规定的时间内完成考核任务	5	超出 10 秒扣 1 分，扣完为止		
合计			100			

Jc0004542022 附属设施类缺陷隐患识别。（100分）

考核知识点：架空输电线路常见缺陷和隐患识别

难易度：中

技能等级评价专业技能考核操作工作任务书

一、任务名称

附属设施类缺陷隐患识别。

二、适用工种

无人机巡检工初级工。

三、具体任务

对无人机所拍摄的照片进行附属设施类缺陷隐患识别。

（1）被考核人员独立完成。

（2）利用计算机画图软件找出附属设施类缺陷并圈出。

（3）最终给出缺陷命名和缺陷等级。

四、工作规范及要求

（1）熟练掌握计算机画图软件的使用。

（2）缺陷命名的规则。

（3）缺陷等级分类知识。

（4）场地、设备、工具和材料：计算机一台、笔纸若干。

五、考核及时间要求

本考核操作时间为5分钟。

技能等级评价专业技能考核操作评分标准

工种	无人机巡检工					评价等级	初级工
项目模块	缺陷与隐患查找及原因分析—架空输电线路常见缺陷和隐患识别				编号	Jc0004542022	
单位			准考证号			姓名	
考试时限	5分钟	题型		单项操作		题分	100分
成绩		考评员		考评组长		日期	
试题正文	附属设施类缺陷隐患识别						
需要说明的问题和要求	（1）熟练掌握计算机画图软件的使用。 （2）考生须在5分钟之内完成缺陷隐患识别						

序号	项目名称	质量要求	满分	扣分标准	扣分原因	得分
1	照片格式确认	确保所拍摄照片格式正确，能被计算机画图软件打开	20	照片打不开或打开错误扣5分		
2	计算机画图软件的使用					
2.1	应用计算机画图软件	能够熟练应用画图软件	10	不能熟练应用画图软件扣5分		
2.2	利用计算机画图软件找出杆塔类缺陷并圈出	能够准确找到缺陷部位并圈出	20	没有找到缺陷部位或找到的缺陷不足扣15分		
3	缺陷命名的规则	按照“相–侧–部–问”顺序进行命名	25	缺陷命名规则错误扣10分		
4	缺陷等级分类	按照“一般、严重、危急”进行缺陷等级分类	20	等级分类错误扣10分		
5	时间	必须在规定的时间内完成考核任务	5	超出10秒扣1分，扣完为止		
合计			100			

Jc0001541023　110kV 某线 23 号杆绝缘子信息查询操作。（100 分）

考核知识点：设备台账使用

难易度：易

技能等级评价专业技能考核操作工作任务书

一、任务名称

110kV 某线 23 号杆绝缘子信息查询操作。

二、适用工种

无人机巡检工初级工。

三、具体任务

110kV 某线 23 号杆绝缘子信息查询，考生须在 20 分钟内完成操作。

四、工作规范及要求

（1）基本要求：此项工作需在教室内完成。

（2）需用工具：可登录 PMS 系统的计算机一台。

五、考核及时间要求

（1）操作考核时间共 20 分钟，每超过 2 分钟扣 1 分，到 25 分钟终止考核。

（2）选择项目过程中，如不能找到该项目，该项目不得分，但不影响其他项目得分。

技能等级评价专业技能考核操作评分标准

工种	无人机巡检工					评价等级	初级工
项目模块	设备使用与维护保养—设备台账使用				编号	Jc0001541023	
单位			准考证号			姓名	
考试时限	20 分钟		题型	单项操作		题分	100 分
成绩		考评员		考评组长		日期	
试题正文	110kV 某线 23 号杆绝缘子信息查询操作						
需要说明的问题和要求	要求单人操作，在 PMS 系统完成线路杆塔绝缘子信息的查询操作，时间到终止考试						

序号	项目名称	质量要求	满分	扣分标准	扣分原因	得分
1	检查计算机	运行是否顺畅、稳定	5	不检查扣 1 分		
2	登录 PMS 系统	正确打开，顺利进入界面	10	每选择错误一次扣 1 分； 未打开该项扣 10 分		
3	单击系统导航	正确打开，顺利进入界面	15	单击错误一次扣 1 分； 未打开该项扣 15 分		
4	单击设备台账维护	正确打开，顺利进入界面	15	单击错误一次扣 1 分； 未打开该项扣 15 分		
5	单击线路设备	正确打开，顺利进入界面	15	单击错误一次扣 1 分； 未打开该项扣 15 分		
6	在导航树中选择线路名称	打开界面，选择正确	10	每选择错误一次扣 1 分； 未打开该项扣 10 分		
7	选择 23 号杆	打开界面，选择正确	10	每选择错误一次扣 1 分； 未打开该项扣 10 分		
8	选择绝缘子信息	顺利打开、进入绝缘子信息界面	15	单击错误一次扣 1 分； 未打开该项扣 15 分		
9	退出系统	关闭计算机，检查电源断开	5	未关闭扣 3 分； 不检查电源扣 2 分		
合计			100			

Jc0001541024　110kV 某线 23 号杆基本信息查询操作。（100 分）

考核知识点：设备台账使用

难易度：易

技能等级评价专业技能考核操作工作任务书

一、任务名称

110kV 某线 23 号杆基本信息查询操作。

二、适用工种

无人机巡检工初级工。

三、具体任务

110kV 某线 23 号杆基本信息查询，考生须在 20 分钟内完成操作。

四、工作规范及要求

（1）基本要求：此项工作需在教室内完成。

（2）需用工具：可登录 PMS 系统的计算机一台。

五、考核及时间要求

（1）操作考核时间共 20 分钟，每超过 2 分钟扣 1 分，到 25 分钟终止考核。

（2）选择项目过程中，如不能找到该项目，该项目不得分，但不影响其他项目得分。

技能等级评价专业技能考核操作评分标准

<table>
<tr><td>工种</td><td colspan="8">无人机巡检工</td><td>评价等级</td><td>初级工</td></tr>
<tr><td>项目模块</td><td colspan="7">设备使用与维护保养—设备台账使用</td><td>编号</td><td colspan="2">Jc0001541024</td></tr>
<tr><td>单位</td><td colspan="3"></td><td colspan="2">准考证号</td><td colspan="3"></td><td>姓名</td><td></td></tr>
<tr><td>考试时限</td><td colspan="2">20 分钟</td><td colspan="2">题型</td><td colspan="4">单项操作</td><td>题分</td><td>100 分</td></tr>
<tr><td>成绩</td><td></td><td>考评员</td><td colspan="2"></td><td colspan="2">考评组长</td><td colspan="2"></td><td>日期</td><td></td></tr>
<tr><td>试题正文</td><td colspan="10">110kV 某线 23 号杆基本信息查询操作</td></tr>
<tr><td>需要说明的问题和要求</td><td colspan="10">要求单人操作，在 PMS 系统完成线路杆塔基本信息的查询操作，时间到终止考试</td></tr>
</table>

序号	项目名称	质量要求	满分	扣分标准	扣分原因	得分
1	检查计算机	运行是否顺畅、稳定	5	不检查扣 1 分		
2	登录 PMS 系统	正确打开，顺利进入界面	10	每选择错误一次扣 1 分； 未打开该项扣 10 分		
3	单击系统导航	正确打开，顺利进入界面	15	单击错误一次扣 1 分； 未打开该项扣 15 分		
4	单击设备台账维护	正确打开，顺利进入界面	15	单击错误一次扣 1 分； 未打开该项扣 15 分		
5	单击线路设备	正确打开，顺利进入界面	15	单击错误一次扣 1 分； 未打开该项扣 15 分		
6	在导航树中选择线路名称	打开界面，选择正确	10	每选择错误一次扣 1 分； 未打开该项扣 10 分		
7	选择 23 号杆塔	打开界面，选择正确	10	每选择错误一次扣 1 分； 未打开该项扣 10 分		
8	选择基本信息	顺利打开、进入杆塔基本信息界面	15	单击错误一次扣 1 分； 未打开该项扣 15 分		
9	退出系统	关闭计算机，检查电源断开	5	未关闭扣 3 分； 不检查电源扣 2 分		
合计			100			

Jc0001541025　110kV 某线 23 号杆金具信息查询操作。（100 分）

考核知识点： 设备台账使用

难易度： 易

技能等级评价专业技能考核操作工作任务书

一、任务名称

110kV 某线 23 号杆金具信息查询操作。

二、适用工种

无人机巡检工初级工。

三、具体任务

110kV 某线 23 号杆金具信息查询，考生须在 20 分钟内完成操作。

四、工作规范及要求

（1）基本要求：此项工作需在教室内完成。

（2）需用工具：可登录 PMS 系统的计算机一台。

五、考核及时间要求

（1）操作考核时间共 20 分钟，每超过 2 分钟扣 1 分，到 25 分钟终止考核。

（2）选择项目过程中，如不能找到该项目，该项目不得分，但不影响其他项目得分。

技能等级评价专业技能考核操作评分标准

工种	无人机巡检工					评价等级	初级工
项目模块	设备使用与维护保养—设备台账使用				编号	Jc0001541025	
单位			准考证号			姓名	
考试时限	20 分钟		题型	单项操作		题分	100 分
成绩		考评员		考评组长		日期	
试题正文	110kV 某线 23 号杆金具信息查询操作						
需要说明的问题和要求	要求单人操作，在 PMS 系统完成线路杆塔金具信息的查询操作，时间到终止考试						

序号	项目名称	质量要求	满分	扣分标准	扣分原因	得分
1	检查计算机	运行是否顺畅、稳定	5	不检查扣 1 分		
2	登录 PMS 系统	正确打开，顺利进入界面	10	每选择错误一次扣 1 分； 未打开该项扣 10 分		
3	单击系统导航	正确打开，顺利进入界面	15	单击错误一次扣 1 分； 未打开该项扣 15 分		
4	单击设备台账维护	正确打开，顺利进入界面	15	单击错误一次扣 1 分； 未打开该项扣 15 分		
5	单击线路设备	正确打开，顺利进入界面	15	单击错误一次扣 1 分； 未打开该项扣 15 分		
6	在导航树中选择线路名称	打开界面，选择正确	10	每选择错误一次扣 1 分； 未打开该项扣 10 分		
7	选择 23 号杆塔	打开界面，选择正确	10	每选择错误一次扣 1 分； 未打开该项扣 10 分		
8	选择金具信息	顺利打开、进入金具信息界面	15	单击错误一次扣 1 分； 未打开该项扣 15 分		
9	退出系统	关闭计算机，检查电源断开	10	未关闭扣 5 分； 不检查电源扣 5 分		
合计			100			

Jc0001541026　110kV 某线 23 号杆附属设施信息查询操作。（100 分）

考核知识点：设备台账使用

难易度：易

技能等级评价专业技能考核操作工作任务书

一、任务名称

110kV 某线 23 号杆附属设施信息查询操作。

二、适用工种

无人机巡检工初级工。

三、具体任务

110kV 某线 23 号杆附属设施信息查询，考生须在 20 分钟内完成操作。

四、工作规范及要求

（1）基本要求：此项工作需在教室内完成。

（2）需用工具：可登录 PMS 系统的计算机一台。

五、考核及时间要求

（1）操作考核时间共 20 分钟，每超过 2 分钟扣 1 分，到 25 分钟终止考核。

（2）选择项目过程中，如不能找到该项目，该项目不得分，但不影响其他项目得分。

技能等级评价专业技能考核操作评分标准

工种	无人机巡检工					评价等级	初级工
项目模块	设备使用与维护保养—设备台账使用				编号	Jc0001541026	
单位			准考证号			姓名	
考试时限	20 分钟		题型	单项操作		题分	100 分
成绩		考评员		考评组长		日期	
试题正文	110kV 某线 23 号杆附属设施信息查询操作						
需要说明的问题和要求	要求单人操作，在 PMS 系统完成线路杆塔附属设施信息的查询操作，时间到终止考试						

序号	项目名称	质量要求	满分	扣分标准	扣分原因	得分
1	检查计算机	运行是否顺畅、稳定	5	不检查扣 1 分		
2	登录 PMS 系统	正确打开，顺利进入界面	10	每选择错误一次扣 1 分； 未打开该项扣 10 分		
3	单击系统导航	正确打开，顺利进入界面	15	单击错误一次扣 1 分； 未打开该项扣 15 分		
4	单击设备台账维护	正确打开，顺利进入界面	15	单击错误一次扣 1 分； 未打开该项扣 15 分		
5	单击线路设备	正确打开，顺利进入界面	15	单击错误一次扣 1 分； 未打开该项扣 15 分		
6	在导航树中选择线路名称	打开界面，选择正确	10	每选择错误一次扣 1 分； 未打开该项扣 10 分		
7	选择 23 号杆塔	打开界面，选择正确	10	每选择错误一次扣 1 分； 未打开该项扣 10 分		
8	选择附属设施信息	顺利打开、进入附属设施信息界面	15	单击错误一次扣 1 分； 未打开该项扣 15 分		
9	退出系统	关闭计算机，检查电源断开	5	未关闭扣 3 分； 不检查电源扣 2 分		
合计			100			

Jc0001541027　110kV 某线 23 号杆档距信息查询操作。（100 分）

考核知识点：设备台账使用

难易度：易

技能等级评价专业技能考核操作工作任务书

一、任务名称

110kV 某线 23 号杆档距信息查询操作。

二、适用工种

无人机巡检工初级工。

三、具体任务

110kV 某线 23 号杆档距信息查询，考生须在 20 分钟内完成操作。

四、工作规范及要求

（1）基本要求：此项工作需在教室内完成。

（2）需用工具：可登录 PMS 系统的计算机一台。

五、考核及时间要求

（1）操作考核时间共 20 分钟，每超过 2 分钟扣 1 分，到 25 分钟终止考核。

（2）选择项目过程中，如不能找到该项目，该项目不得分，但不影响其他项目得分。

技能等级评价专业技能考核操作评分标准

工种	无人机巡检工					评价等级	初级工
项目模块	设备使用与维护保养—设备台账使用				编号	Jc0001541027	
单位			准考证号			姓名	
考试时限	20 分钟		题型	单项操作		题分	100 分
成绩		考评员		考评组长		日期	
试题正文	110kV 某线 23 号杆档距信息查询操作						
需要说明的问题和要求	要求单人操作，在 PMS 系统完成线路杆塔档距信息的查询操作，时间到终止考试						

序号	项目名称	质量要求	满分	扣分标准	扣分原因	得分
1	检查计算机	运行是否顺畅、稳定	5	不检查扣 1 分		
2	登录 PMS 系统	正确打开，顺利进入界面	10	每选择错误一次扣 1 分； 未打开该项扣 10 分		
3	单击系统导航	正确打开，顺利进入界面	15	单击错误一次扣 1 分； 未打开该项扣 15 分		
4	单击设备台账维护	正确打开，顺利进入界面	15	单击错误一次扣 1 分； 未打开该项扣 15 分		
5	单击线路设备	正确打开，顺利进入界面	15	单击错误一次扣 1 分； 未打开该项扣 15 分		
6	在导航树中选择线路名称	打开界面，选择正确	10	每选择错误一次扣 1 分； 未打开该项扣 10 分		
7	选择杆塔	打开界面，选择正确	10	每选择错误一次扣 1 分； 未打开该项扣 10 分		
8	查看右侧 23 号杆档距信息	顺利选择 23 号杆档距信息界面	15	单击错误一次扣 1 分； 未打开该项扣 15 分		
9	退出系统	关闭计算机，检查电源断开	5	未关闭扣 3 分； 不检查电源扣 2 分		
合计			100			

Jc0001541028　750kV 某线 50 号杆绝缘子信息查询操作。（100 分）

考核知识点： 设备台账使用

难易度： 易

技能等级评价专业技能考核操作工作任务书

一、任务名称

750kV 某线 50 号杆绝缘子信息查询操作。

二、适用工种

无人机巡检工初级工。

三、具体任务

750kV 某线 50 号杆绝缘子信息查询，考生须在 20 分钟内完成操作。

四、工作规范及要求

（1）基本要求：此项工作需在教室内完成。

（2）需用工具：可登录 PMS 系统的计算机一台。

五、考核及时间要求

（1）操作考核时间共 20 分钟，每超过 2 分钟扣 1 分，到 25 分钟终止考核。

（2）选择项目过程中，如不能找到该项目，该项目不得分，但不影响其他项目得分。

技能等级评价专业技能考核操作评分标准

工种	无人机巡检工				评价等级	初级工
项目模块	设备使用与维护保养—设备台账使用			编号	Jc0001541028	
单位		准考证号			姓名	
考试时限	20 分钟	题型	单项操作		题分	100 分
成绩		考评员		考评组长	日期	
试题正文	750kV 某线 50 号杆绝缘子信息查询操作					
需要说明的问题和要求	要求单人操作，在 PMS 系统完成线路杆塔绝缘子信息的查询操作，时间到终止考试					

序号	项目名称	质量要求	满分	扣分标准	扣分原因	得分
1	检查计算机	运行是否顺畅、稳定	5	不检查扣 1 分		
2	登录 PMS 系统	正确打开，顺利进入界面	10	每选择错误一次扣 1 分； 未打开该项扣 10 分		
3	单击系统导航	正确打开，顺利进入界面	15	单击错误一次扣 1 分； 未打开该项扣 15 分		
4	单击设备台账维护	正确打开，顺利进入界面	15	单击错误一次扣 1 分； 未打开该项扣 15 分		
5	单击线路设备	正确打开，顺利进入界面	15	单击错误一次扣 1 分； 未打开该项扣 15 分		
6	在导航树中选择线路名称	打开界面，选择正确	10	每选择错误一次扣 1 分； 未打开该项扣 10 分		
7	选择 50 号杆	打开界面，选择正确	10	每选择错误一次扣 1 分； 未打开该项扣 10 分		
8	选择绝缘子信息	顺利打开、进入绝缘子信息界面	15	单击错误一次扣 1 分； 未打开该项扣 15 分		
9	退出系统	关闭计算机，检查电源断开	5	未关闭扣 3 分； 不检查电源扣 2 分		
合计			100			

Jc0001541029　750kV 某线 50 号杆基本信息查询操作。（100 分）

考核知识点：设备台账使用

难易度：易

技能等级评价专业技能考核操作工作任务书

一、任务名称

750kV 某线 50 号杆基本信息查询操作。

二、适用工种

无人机巡检工初级工。

三、具体任务

750kV 某线 50 号杆基本信息查询，考生须在 20 分钟内完成操作。

四、工作规范及要求

（1）基本要求：此项工作需在教室内完成。

（2）需用工具：可登录 PMS 系统的计算机一台。

五、考核及时间要求

（1）操作考核时间共 20 分钟，每超过 2 分钟扣 1 分，到 25 分钟终止考核。

（2）选择项目过程中，如不能找到该项目，该项目不得分，但不影响其他项目得分。

技能等级评价专业技能考核操作评分标准

工种	无人机巡检工					评价等级	初级工
项目模块	设备使用与维护保养—设备台账使用				编号	Jc0001541029	
单位			准考证号			姓名	
考试时限	20 分钟		题型	单项操作		题分	100 分
成绩		考评员		考评组长		日期	
试题正文	750kV 某线 50 号杆基本信息查询操作						
需要说明的问题和要求	要求单人操作，在 PMS 系统完成线路杆塔基本信息的查询操作，时间到终止考试						

序号	项目名称	质量要求	满分	扣分标准	扣分原因	得分
1	检查计算机	运行是否顺畅、稳定	5	不检查扣 1 分		
2	登录 PMS 系统	正确打开，顺利进入界面	10	每选择错误一次扣 1 分； 未打开该项扣 10 分		
3	单击系统导航	正确打开，顺利进入界面	15	单击错误一次扣 1 分； 未打开该项扣 15 分		
4	单击设备台账维护	正确打开，顺利进入界面	15	单击错误一次扣 1 分； 未打开该项扣 15 分		
5	单击线路设备	正确打开，顺利进入界面	15	单击错误一次扣 1 分； 未打开该项扣 15 分		
6	在导航树中选择线路名称	打开界面，选择正确	10	每选择错误一次扣 1 分； 未打开该项扣 10 分		
7	选择 50 号杆塔	打开界面，选择正确	10	每选择错误一次扣 1 分； 未打开该项扣 10 分		
8	选择基本信息	顺利打开、进入杆塔基本信息界面	15	单击错误一次扣 1 分； 未打开该项扣 15 分		
9	退出系统	关闭计算机，检查电源断开	5	未关闭扣 3 分； 不检查电源扣 2 分		
合计			100			

Jc0001541030 750kV 某线 50 号杆金具信息查询操作。（100 分）

考核知识点： 设备台账使用

难易度： 易

技能等级评价专业技能考核操作工作任务书

一、任务名称

750kV 某线 50 号杆金具信息查询操作。

二、适用工种

无人机巡检工初级工。

三、具体任务

750kV 某线 50 号杆金具信息查询，考生须在 20 分钟内完成操作。

四、工作规范及要求

（1）基本要求：此项工作需在教室内完成。

（2）需用工具：可登录 PMS 系统的计算机一台。

五、考核及时间要求

（1）操作考核时间共 20 分钟，每超过 2 分钟扣 1 分，到 25 分钟终止考核。

（2）选择项目过程中，如不能找到该项目，该项目不得分，但不影响其他项目得分。

技能等级评价专业技能考核操作评分标准

工种	无人机巡检工					评价等级	初级工
项目模块	设备使用与维护保养—设备台账使用				编号	Jc0001541030	
单位			准考证号			姓名	
考试时限	20 分钟		题型	单项操作		题分	100 分
成绩		考评员		考评组长		日期	
试题正文	750kV 某线 50 号杆金具信息查询操作						
需要说明的问题和要求	要求单人操作，在 PMS 系统完成线路杆塔金具信息的查询操作，时间到终止考试						

序号	项目名称	质量要求	满分	扣分标准	扣分原因	得分
1	检查计算机	运行是否顺畅、稳定	5	不检查扣 1 分		
2	登录 PMS 系统	正确打开，顺利进入界面	10	每选择错误一次扣 1 分； 未打开该项扣 10 分		
3	单击系统导航	正确打开，顺利进入界面	15	单击错误一次扣 1 分； 未打开该项扣 15 分		
4	单击设备台账维护	正确打开，顺利进入界面	15	单击错误一次扣 1 分； 未打开该项扣 15 分		
5	单击线路设备	正确打开，顺利进入界面	15	单击错误一次扣 1 分； 未打开该项扣 15 分		
6	在导航树中选择线路名称	打开界面，选择正确	10	每选择错误一次扣 1 分； 未打开该项扣 10 分		
7	选择 50 号杆塔	打开界面，选择正确	10	每选择错误一次扣 1 分； 未打开该项扣 10 分		
8	选择金具信息	顺利打开、进入金具信息界面	15	单击错误一次扣 1 分； 未打开该项扣 15 分		
9	退出系统	关闭计算机，检查电源断开	5	未关闭扣 3 分； 不检查电源扣 2 分		
合计			100			

Jc0001541031　750kV 某线 50 号杆附属设施信息查询操作。（100 分）

考核知识点：设备台账使用

难易度：易

技能等级评价专业技能考核操作工作任务书

一、任务名称

750kV 某线 50 号杆附属设施信息查询操作。

二、适用工种

无人机巡检工初级工。

三、具体任务

750kV 某线 50 号杆附属设施信息查询，考生须在 20 分钟内完成操作。

四、工作规范及要求

（1）基本要求：此项工作需在教室内完成。

（2）需用工具：可登录 PMS 系统的计算机一台。

五、考核及时间要求

（1）操作考核时间共 20 分钟，每超过 2 分钟扣 1 分，到 25 分钟终止考核。

（2）选择项目过程中，如不能找到该项目，该项目不得分，但不影响其他项目得分。

技能等级评价专业技能考核操作评分标准

<table>
<tr><td>工种</td><td colspan="5">无人机巡检工</td><td>评价等级</td><td>初级工</td></tr>
<tr><td>项目模块</td><td colspan="4">设备使用与维护保养—设备台账使用</td><td>编号</td><td colspan="2">Jc0001541031</td></tr>
<tr><td>单位</td><td colspan="2"></td><td>准考证号</td><td colspan="2"></td><td>姓名</td><td></td></tr>
<tr><td>考试时限</td><td colspan="2">20 分钟</td><td>题型</td><td colspan="2">单项操作</td><td>题分</td><td>100 分</td></tr>
<tr><td>成绩</td><td></td><td>考评员</td><td></td><td>考评组长</td><td></td><td>日期</td><td></td></tr>
<tr><td>试题正文</td><td colspan="7">750kV 某线 50 号杆附属设施信息查询操作</td></tr>
<tr><td>需要说明的问题和要求</td><td colspan="7">要求单人操作，在 PMS 系统完成线路杆塔附属设施信息的查询操作，时间到终止考试</td></tr>
</table>

序号	项目名称	质量要求	满分	扣分标准	扣分原因	得分
1	检查计算机	运行是否顺畅、稳定	5	不检查扣 1 分		
2	登录 PMS 系统	正确打开，顺利进入界面	10	每选择错误一次扣 1 分； 未打开该项扣 10 分		
3	单击系统导航	正确打开，顺利进入界面	15	单击错误一次扣 1 分； 未打开该项扣 15 分		
4	单击设备台账维护	正确打开，顺利进入界面	15	单击错误一次扣 1 分； 未打开该项扣 15 分		
5	单击线路设备	正确打开，顺利进入界面	15	单击错误一次扣 1 分； 未打开该项扣 15 分		
6	在导航树中选择线路名称	打开界面，选择正确	10	每选择错误一次扣 1 分； 未打开该项扣 10 分		
7	选择 50 号杆塔	打开界面，选择正确	10	每选择错误一次扣 1 分； 未打开该项扣 10 分		
8	选择附属设施信息	顺利打开、进入附属设施信息界面	15	单击错误一次扣 1 分； 未打开该项扣 15 分		
9	退出系统	关闭计算机，检查电源断开	5	未关闭扣 3 分； 不检查电源扣 2 分		
合计			100			

Jc0001541032 750kV 某线 50 号杆档距信息查询操作。（100 分）

考核知识点： 设备台账使用

难易度： 易

技能等级评价专业技能考核操作工作任务书

一、任务名称

750kV 某线 50 号杆档距信息查询操作。

二、适用工种

无人机巡检工初级工。

三、具体任务

750kV 某线 50 号杆档距信息查询，考生须在 20 分钟内完成操作。

四、工作规范及要求

（1）基本要求：此项工作需在教室内完成。

（2）需用工具：可登录 PMS 系统的计算机一台。

五、考核及时间要求

（1）操作考核时间共 20 分钟，每超过 2 分钟扣 1 分，到 25 分钟终止考核。

（2）选择项目过程中，如不能找到该项目，该项目不得分，但不影响其他项目得分。

技能等级评价专业技能考核操作评分标准

工种	无人机巡检工					评价等级	初级工
项目模块	设备使用与维护保养—设备台账使用				编号	Jc0001541032	
单位			准考证号			姓名	
考试时限	20 分钟	题型	单项操作			题分	100 分
成绩		考评员		考评组长		日期	
试题正文	750kV 某线 50 号杆档距信息查询操作						
需要说明的问题和要求	要求单人操作，在 PMS 系统完成线路杆塔档距信息的查询操作，时间到终止考试						

序号	项目名称	质量要求	满分	扣分标准	扣分原因	得分
1	检查计算机	运行是否顺畅、稳定	5	不检查扣 1 分		
2	登录 PMS 系统	正确打开，顺利进入界面	10	每选择错误一次扣 1 分； 未打开该项扣 10 分		
3	单击系统导航	正确打开，顺利进入界面	15	单击错误一次扣 1 分； 未打开该项扣 15 分		
4	单击设备台账维护	正确打开，顺利进入界面	15	单击错误一次扣 1 分； 未打开该项扣 15 分		
5	单击线路设备	正确打开，顺利进入界面	15	单击错误一次扣 1 分； 未打开该项扣 15 分		
6	在导航树中选择线路名称	打开界面，选择正确	10	每选择错误一次扣 1 分； 未打开该项扣 10 分		
7	选择杆塔	打开界面，选择正确	10	每选择错误一次扣 1 分； 未打开该项扣 10 分		
8	查看右侧 50 号杆档距信息	顺利选择 23 号杆档距信息界面	15	单击错误一次扣 1 分； 未打开该项扣 15 分		
9	退出系统	关闭计算机，检查电源断开	5	未关闭扣 3 分； 不检查电源扣 2 分		
合计			100			

Jc0001541033　±800kV 某线 23 号杆绝缘子信息查询操作。(100 分)

考核知识点：设备台账使用

难易度：易

技能等级评价专业技能考核操作工作任务书

一、任务名称

±800kV 某线 23 号杆绝缘子信息查询操作。

二、适用工种

无人机巡检工初级工。

三、具体任务

±800kV 某线 23 号杆绝缘子信息查询，考生须在 20 分钟内完成操作。

四、工作规范及要求

（1）基本要求：此项工作需在教室内完成。

（2）需用工具：可登录 PMS 系统的计算机一台。

五、考核及时间要求

（1）操作考核时间共 20 分钟，每超过 2 分钟扣 1 分，到 25 分钟终止考核。

（2）选择项目过程中，如不能找到该项目，该项目不得分，但不影响其他项目得分。

技能等级评价专业技能考核操作评分标准

工种	无人机巡检工					评价等级	初级工
项目模块	设备使用与维护保养—设备台账使用				编号	Jc0001541033	
单位			准考证号			姓名	
考试时限	20 分钟	题型		单项操作		题分	100 分
成绩		考评员		考评组长		日期	
试题正文	±800kV 某线 23 号杆绝缘子信息查询操作						
需要说明的问题和要求	要求单人操作，在 PMS 系统完成线路杆塔绝缘子信息的查询操作，时间到终止考试						

序号	项目名称	质量要求	满分	扣分标准	扣分原因	得分
1	检查计算机	运行是否顺畅、稳定	5	不检查扣 1 分		
2	登录 PMS 系统	正确打开，顺利进入界面	10	每选择错误一次扣 1 分； 未打开该项扣 10 分		
3	单击系统导航	正确打开，顺利进入界面	15	单击错误一次扣 1 分； 未打开该项扣 15 分		
4	单击设备台账维护	正确打开，顺利进入界面	15	单击错误一次扣 1 分； 未打开该项扣 15 分		
5	单击线路设备	正确打开，顺利进入界面	15	单击错误一次扣 1 分； 未打开该项扣 15 分		
6	在导航树中选择线路名称	打开界面，选择正确	10	每选择错误一次扣 1 分； 未打开该项扣 10 分		
7	选择 23 号杆	打开界面，选择正确	10	每选择错误一次扣 1 分； 未打开该项扣 10 分		
8	选择绝缘子信息	顺利打开、进入绝缘子信息界面	15	单击错误一次扣 1 分； 未打开该项扣 15 分		
9	退出系统	关闭计算机，检查电源断开	5	未关闭扣 3 分； 不检查电源扣 2 分		
合计			100			

Jc0001541034　±800kV 某线 23 号杆基本信息查询操作。（100 分）

考核知识点：设备台账使用

难易度：易

技能等级评价专业技能考核操作工作任务书

一、任务名称

±800kV 某线 23 号杆基本信息查询操作。

二、适用工种

无人机巡检工初级工。

三、具体任务

±800kV 某线 23 号杆基本信息查询，考生须在 20 分钟内完成操作。

四、工作规范及要求

（1）基本要求：此项工作需在教室内完成。

（2）需用工具：可登录 PMS 系统的计算机一台。

五、考核及时间要求

（1）操作考核时间共 20 分钟，每超过 2 分钟扣 1 分，到 25 分钟终止考核。

（2）选择项目过程中，如不能找到该项目，该项目不得分，但不影响其他项目得分。

技能等级评价专业技能考核操作评分标准

工种	无人机巡检工					评价等级	初级工
项目模块	设备使用与维护保养—设备台账使用				编号	Jc0001541034	
单位			准考证号			姓名	
考试时限	20 分钟		题型	单项操作		题分	100 分
成绩		考评员		考评组长		日期	
试题正文	±800kV 某线 23 号杆基本信息查询操作						
需要说明的问题和要求	要求单人操作，在 PMS 系统完成线路杆塔基本信息的查询操作，时间到终止考试						

序号	项目名称	质量要求	满分	扣分标准	扣分原因	得分
1	检查计算机	运行是否顺畅、稳定	5	不检查扣 1 分		
2	登录 PMS 系统	正确打开，顺利进入界面	10	每选择错误一次扣 1 分； 未打开该项扣 10 分		
3	单击系统导航	正确打开，顺利进入界面	15	单击错误一次扣 1 分； 未打开该项扣 15 分		
4	单击设备台账维护	正确打开，顺利进入界面	15	单击错误一次扣 1 分； 未打开该项扣 15 分		
5	单击线路设备	正确打开，顺利进入界面	15	单击错误一次扣 1 分； 未打开该项扣 15 分		
6	在导航树中选择线路名称	打开界面，选择正确	10	每选择错误一次扣 1 分； 未打开该项扣 10 分		
7	选择 23 号杆塔	打开界面，选择正确	10	每选择错误一次扣 1 分； 未打开该项扣 10 分		
8	选择基本信息	顺利打开、进入杆塔基本信息界面	15	单击错误一次扣 1 分； 未打开该项扣 15 分		
9	退出系统	关闭计算机，检查电源断开	5	未关闭扣 3 分； 不检查电源扣 2 分		
合计			100			

Jc0001541035　±800kV 某线 23 号杆金具信息查询操作。（100 分）

考核知识点：设备台账使用

难易度：易

技能等级评价专业技能考核操作工作任务书

一、任务名称

±800kV 某线 23 号杆金具信息查询操作。

二、适用工种

无人机巡检工初级工。

三、具体任务

±800kV 某线 23 号杆金具信息查询，考生须在 20 分钟内完成操作。

四、工作规范及要求

（1）基本要求：此项工作需在教室内完成。

（2）需用工具：可登录 PMS 系统的计算机一台。

五、考核及时间要求

（1）操作考核时间共 20 分钟，每超过 2 分钟扣 1 分，到 25 分钟终止考核。

（2）选择项目过程中，如不能找到该项目，该项目不得分，但不影响其他项目得分。

技能等级评价专业技能考核操作评分标准

工种	无人机巡检工					评价等级	初级工
项目模块	设备使用与维护保养—设备台账使用				编号	Jc0001541035	
单位			准考证号			姓名	
考试时限	20 分钟		题型	单项操作		题分	100 分
成绩		考评员		考评组长		日期	
试题正文	±800kV 某线 23 号杆金具信息查询操作						
需要说明的问题和要求	要求单人操作，在 PMS 系统完成线路杆塔金具信息的查询操作，时间到终止考试						

序号	项目名称	质量要求	满分	扣分标准	扣分原因	得分
1	检查计算机	运行是否顺畅、稳定	5	不检查扣 1 分		
2	登录 PMS 系统	正确打开，顺利进入界面	10	每选择错误一次扣 1 分； 未打开该项扣 10 分		
3	单击系统导航	正确打开，顺利进入界面	15	单击错误一次扣 1 分； 未打开该项扣 15 分		
4	单击设备台账维护	正确打开，顺利进入界面	15	单击错误一次扣 1 分； 未打开该项扣 15 分		
5	单击线路设备	正确打开，顺利进入界面	15	单击错误一次扣 1 分； 未打开该项扣 15 分		
6	在导航树中选择线路名称	打开界面，选择正确	10	每选择错误一次扣 1 分； 未打开该项扣 10 分		
7	选择 23 号杆塔	打开界面，选择正确	10	每选择错误一次扣 1 分； 未打开该项扣 10 分		
8	选择金具信息	顺利打开、进入金具信息界面	15	单击错误一次扣 1 分； 未打开该项扣 15 分		
9	退出系统	关闭计算机，检查电源断开	5	未关闭扣 3 分； 不检查电源扣 2 分		
合计			100			

Jc0001541036 ±800kV 某线 23 号杆附属设施信息查询操作。（100 分）

考核知识点：设备台账使用

难易度：易

技能等级评价专业技能考核操作工作任务书

一、任务名称

±800kV 某线 23 号杆附属设施信息查询操作。

二、适用工种

无人机巡检工初级工。

三、具体任务

±800kV 某线 23 号杆附属设施信息查询，考生须在 20 分钟内完成操作。

四、工作规范及要求

（1）基本要求：此项工作需在教室内完成。

（2）需用工具：可登录 PMS 系统的计算机一台。

五、考核及时间要求

（1）操作考核时间共 20 分钟，每超过 2 分钟扣 1 分，到 25 分钟终止考核。

（2）选择项目过程中，如不能找到该项目，该项目不得分，但不影响其他项目得分。

技能等级评价专业技能考核操作评分标准

工种	无人机巡检工					评价等级	初级工
项目模块	设备使用与维护保养—设备台账使用				编号	Jc0001541036	
单位			准考证号			姓名	
考试时限	20 分钟		题型	单项操作		题分	100 分
成绩		考评员		考评组长		日期	
试题正文	±800kV 某线 23 号杆附属设施信息查询操作						
需要说明的问题和要求	要求单人操作，在 PMS 系统完成线路杆塔附属设施信息的查询操作，时间到终止考试						

序号	项目名称	质量要求	满分	扣分标准	扣分原因	得分
1	检查计算机	运行是否顺畅、稳定	5	不检查扣 1 分		
2	登录 PMS 系统	正确打开，顺利进入界面	10	每选择错误一次扣 1 分； 未打开该项扣 10 分		
3	单击系统导航	正确打开，顺利进入界面	15	单击错误一次扣 1 分； 未打开该项扣 15 分		
4	单击设备台账维护	正确打开，顺利进入界面	15	单击错误一次扣 1 分； 未打开该项扣 15 分		
5	单击线路设备	正确打开，顺利进入界面	15	单击错误一次扣 1 分； 未打开该项扣 15 分		
6	在导航树中选择线路名称	打开界面，选择正确	10	每选择错误一次扣 1 分； 未打开该项扣 10 分		
7	选择 23 号杆塔	打开界面，选择正确	10	每选择错误一次扣 1 分； 未打开该项扣 10 分		
8	选择附属设施信息	顺利打开、进入附属设施信息界面	15	单击错误一次扣 1 分； 未打开该项扣 15 分		
9	退出系统	关闭计算机，检查电源断开	5	未关闭扣 3 分； 不检查电源扣 2 分		
合计			100			

Jc0001541037　±800kV 某线 23 号杆档距信息查询操作。（100 分）

考核知识点：设备台账使用

难易度：易

技能等级评价专业技能考核操作工作任务书

一、任务名称

±800kV 某线 23 号杆档距信息查询操作。

二、适用工种

无人机巡检工初级工。

三、具体任务

±800kV 某线 23 号杆档距信息查询，考生须在 20 分钟内完成操作。

四、工作规范及要求

（1）基本要求：此项工作需在教室内完成。

（2）需用工具：可登录 PMS 系统的计算机一台。

五、考核及时间要求

（1）操作考核时间共 20 分钟，每超过 2 分钟扣 1 分，到 25 分钟终止考核。

（2）选择项目过程中，如不能找到该项目，该项目不得分，但不影响其他项目得分。

技能等级评价专业技能考核操作评分标准

工种	无人机巡检工					评价等级	初级工
项目模块	设备使用与维护保养—设备台账使用				编号	Jc0001541037	
单位			准考证号			姓名	
考试时限	20 分钟		题型	单项操作		题分	100 分
成绩		考评员		考评组长		日期	
试题正文	±800kV 某线 23 号杆档距信息查询操作						
需要说明的问题和要求	要求单人操作，在 PMS 系统完成线路杆塔档距信息的查询操作，时间到终止考试						

序号	项目名称	质量要求	满分	扣分标准	扣分原因	得分
1	检查计算机	运行是否顺畅、稳定	5	不检查扣 1 分		
2	登录 PMS 系统	正确打开，顺利进入界面	10	每选择错误一次扣 1 分； 未打开该项扣 10 分		
3	单击系统导航	正确打开，顺利进入界面	15	单击错误一次扣 1 分； 未打开该项扣 15 分		
4	单击设备台账维护	正确打开，顺利进入界面	15	单击错误一次扣 1 分； 未打开该项扣 15 分		
5	单击线路设备	正确打开，顺利进入界面	15	单击错误一次扣 1 分； 未打开该项扣 15 分		
6	在导航树中选择线路名称	打开界面，选择正确	10	每选择错误一次扣 1 分； 未打开该项扣 10 分		
7	选择杆塔	打开界面，选择正确	10	每选择错误一次扣 1 分； 未打开该项扣 10 分		
8	查看右侧 23 号杆档距信息	顺利选择 23 号杆档距信息界面	15	单击错误一次扣 1 分； 未打开该项扣 15 分		
9	退出系统	关闭计算机，检查电源断开	5	未关闭扣 3 分； 不检查电源扣 2 分		
合计			100			

Jc0003563038　通过具体案例阐述个人在无人机巡检的创新或改进方面的能力。(100 分)

考核知识点：综合

难易度：难

技能等级评价专业技能考核操作工作任务书

一、任务名称

通过具体案例阐述个人在工器具的创新或改进方面的能力。

二、适用工种

无人机巡检工初级工。

三、具体任务

通过具体案例阐述个人在无人机巡检的创新或改进方面的能力。

四、工作规范及要求

根据以下要求，通过具体案例阐述个人在无人机巡检的创新或改进方面的能力。

（1）无人机巡检创新工作的背景。

（2）存在的问题描述。

（3）问题原因的分析。

（4）无人机巡检创新解决思路。

（5）无人机巡检创新的具体做法。

（6）无人机巡检创新取得的效果及推广应用情况。

（7）考核时间结束终止考试。

五、考核及时间要求

考核时间共 60 分钟，每超过 2 分钟扣 1 分，到 65 分钟终止考核。

技能等级评价专业技能考核操作评分标准

<table>
<tr><td>工种</td><td colspan="5">无人机巡检工</td><td>评价等级</td><td>初级工</td></tr>
<tr><td>项目模块</td><td colspan="4">设备使用与维护保养—多旋翼无人机使用</td><td>编号</td><td colspan="2">Jc0003563038</td></tr>
<tr><td>单位</td><td colspan="2"></td><td>准考证号</td><td colspan="2"></td><td>姓名</td><td></td></tr>
<tr><td>考试时限</td><td colspan="2">60 分钟</td><td>题型</td><td colspan="2">单项操作</td><td>题分</td><td>100 分</td></tr>
<tr><td>成绩</td><td></td><td>考评员</td><td></td><td>考评组长</td><td></td><td>日期</td><td></td></tr>
<tr><td>试题正文</td><td colspan="7">通过具体案例阐述个人在工器具的创新或改进方面的能力</td></tr>
<tr><td>需要说明的问题和要求</td><td colspan="7">（1）考生在教室于 60 分钟内完成个人创新能力的阐述。
（2）案例应为考生参与并已经实施完毕的真实案例。
（3）案例阐述应逻辑清晰，有理有据</td></tr>
</table>

序号	项目名称	质量要求	满分	扣分标准	扣分原因	得分
1	背景	应对工具创新工作的背景做简要介绍	10	没有背景介绍扣 10 分； 介绍不清楚酌情扣分		
2	提出问题	应对工具在工作中存在的问题或不足之处进行描述	10	没有问题描述扣 10 分； 介绍不清楚酌情扣分		
3	原因分析	（1）应将存在的问题原因进行分析，应逻辑清晰，有理有据。 （2）必要时附图表或计算公式说明	20	没有原因分析不得分； 分析不清楚酌情扣分		
4	提出解决的思路	（1）提出解决问题的思路，并通过理论分析证明思路的可行性。 （2）必要时附图表或计算公式说明。 （3）思路清晰，逻辑严谨，有理有据	20	漏一项扣 10 分，扣完为止		

续表

序号	项目名称	质量要求	满分	扣分标准	扣分原因	得分
5	解决问题的措施	（1）措施要具体，步骤应清楚。 （2）必要时附图表或计算公式说明	20	漏一项扣 10 分，扣完为止		
6	取得的效果和推广应用情况	（1）对工具创新取得效果进行说明，如经济效益、安全效益等。 （2）对推广应用情况进行介绍	20	漏一项扣 10 分，扣完为止		
合计			100			

Jc0002541039　多旋翼无人机遥控器摇杆模式的切换设置。（100 分）

考核知识点：设备使用与维护保养

难易度：易

技能等级评价专业技能考核操作工作任务书

一、任务名称

多旋翼无人机遥控器摇杆模式的切换设置。

二、适用工种

无人机巡检工初级工。

三、具体任务

根据飞手习惯，调整遥控器模式，将“美国手”转换为“日本手”。

四、工作规范及要求

（1）熟练完成多旋翼无人机起飞前检查工作。

（2）熟练操作多旋翼无人机参数设置面板。

（3）根据飞手习惯确定遥控器摇杆模式选择。

（4）场地、设备、工具和材料：遥控器、多旋翼无人机等。

五、考核及时间要求

本考核操作时间为 10 分钟。

技能等级评价专业技能考核操作评分标准

工种	无人机巡检工					评价等级	初级工
项目模块	设备使用与维护保养—多旋翼无人机使用				编号	Jc0002541039	
单位			准考证号			姓名	
考试时限	10 分钟		题型	单项操作		题分	100 分
成绩		考评员		考评组长		日期	
试题正文	多旋翼无人机遥控器摇杆模式的切换设置						
需要说明的问题和要求	（1）熟练完成多旋翼无人机起飞前检查工作。 （2）熟练操作多旋翼无人机画质参数设置面板。 （3）根据任务场景确定可见光设备参数选择。 （4）考生须在 10 分钟之内完成画质参数设置						

序号	项目名称	质量要求	满分	扣分标准	扣分原因	得分
1	工作准备					
1.1	安全劳动防护用品的准备	正确选择佩戴安全帽，穿全套工装，包括工作服、绝缘鞋、棉手套等	5	未按规定正确佩戴安全帽、穿工作服、绝缘鞋、戴棉手套等每项扣 2 分，扣完为止		

续表

序号	项目名称	质量要求	满分	扣分标准	扣分原因	得分
1.2	无人机及相关设备准备与摆放	熟练地做好无人机的检查与准备工作	5	现场凌乱，摆放不整齐，准备不到位，未正确检查，检查漏一项扣1分，扣完为止		
2	工作许可					
2.1	许可方式	向考评员示意准备就绪，申请开始工作	5	未申请开始考试扣5分		
3	工作步骤及技术要求					
3.1	打开遥控器及无人机	遥控器与无人机链路连接良好	20	连接不良的，扣10分		
3.2	找到操控模式菜单，改变摇杆参数	应为“日本手”	20	设置错误的，扣10分		
3.3	确认已将遥控模式改为“日本手”	无人机以“日本手”模式下遥控起飞	20	设置错误的，扣10分		
4	工作结束					
4.1	安全劳动防护用品	安全劳动防护用品恢复原位	5	安全劳动防护用品未放到原位扣5分		
4.2	恢复现场	将无人机及设备恢复原样	5	设备未轻拿轻放，恢复不彻底扣5分		
5	工作终结汇报	向考评员报告工作已结束，场地已清理	5	未汇报扣5分		
6	其他要求					
6.1	动作要求	动作熟练顺畅	5	动作不正确扣1～5分		
6.2	安全要求	严格遵守“四不伤害”原则，不得损坏工器具和设备	5	损坏工器具扣5分		
合计			100			

Jc0002541040　设置多旋翼无人机遥控器操控模式。(100分)

考核知识点：设备使用与维护保养

难易度：易

技能等级评价专业技能考核操作工作任务书

一、任务名称

设置多旋翼无人机遥控器操控模式。

二、适用工种

无人机巡检工初级工。

三、具体任务

根据飞手习惯，调整遥控器模式。

四、工作规范及要求

(1) 熟练完成多旋翼无人机起飞前检查工作。

(2) 熟练操作多旋翼无人机参数设置面板。

(3) 根据飞手习惯确定遥控器摇杆模式选择。

(4) 场地、设备、工具和材料：遥控器、多旋翼无人机等。

五、考核及时间要求

本考核操作时间为10分钟。

技能等级评价专业技能考核操作评分标准

工种	无人机巡检工				评价等级	初级工
项目模块	设备使用与维护保养—多旋翼无人机使用			编号	Jc0002541040	
单位		准考证号			姓名	
考试时限	10分钟	题型	单项操作		题分	100分
成绩		考评员		考评组长	日期	
试题正文	设置多旋翼无人机遥控器操控模式					
需要说明的问题和要求	（1）熟练完成多旋翼无人机起飞前检查工作。 （2）熟练操作多旋翼无人机画质参数设置面板。 （3）根据任务场景确定可见光设备参数选择。 （4）考生须在10分钟之内完成画质参数设置					

序号	项目名称	质量要求	满分	扣分标准	扣分原因	得分
1	工作准备					
1.1	安全劳动防护用品的准备	正确选择佩戴安全帽，穿全套工装，包括工作服、绝缘鞋、棉手套等	5	未按规定正确佩戴安全帽、穿工作服、绝缘鞋、戴棉手套等每项扣2分，扣完为止		
1.2	无人机及相关设备准备与摆放	熟练地做好无人机的检查与准备工作	5	现场凌乱，摆放不整齐，准备不到位，未正确检查，检查漏一项扣1分，扣完为止		
2	工作许可					
2.1	许可方式	向考评员示意准备就绪，申请开始工作	5	未申请开始考试扣5分		
3	工作步骤及技术要求					
3.1	打开遥控器及无人机	遥控器与无人机链路连接良好	20	连接不良的，扣10分		
3.2	找到操控模式菜单，改变摇杆参数	应为“美国手”	20	设置错误的，扣10分		
3.3	确认已将遥控模式改为“美国手”	无人机以“美国手”模式下遥控起飞	20	设置错误的，扣10分		
4	工作结束					
4.1	安全劳动防护用品	安全劳动防护用品恢复原位	5	安全劳动防护用品未放到原位扣5分		
4.2	恢复现场	将无人机及设备恢复原样	5	设备未轻拿轻放，恢复不彻底扣5分		
5	工作终结汇报	向考评员报告工作已结束，场地已清理	5	未汇报扣5分		
6	其他要求					
6.1	动作要求	动作熟练顺畅	5	动作不正确扣1～5分		
6.2	安全要求	严格遵守“四不伤害”原则，不得损坏工器具和设备	5	损坏工器具扣5分		
合计			100			

Jc0002541041　多旋翼无人机云台调试。（100分）

考核知识点：多旋翼无人机云台应用

难易度：易

技能等级评价专业技能考核操作工作任务书

一、任务名称

多旋翼无人机云台调节。

二、适用工种

无人机巡检工初级工。

三、具体任务

多旋翼无人机巡检过程中，根据拍摄需要，对挂载相机光圈参数调节。

四、工作规范及要求

（1）熟练掌握无人机云台功能。

（2）熟练掌握云台调试。

五、考核及时间要求

本考核操作时间为 10 分钟。

技能等级评价专业技能考核操作评分标准

工种	无人机巡检工					评价等级	初级工
项目模块	设备使用与维护保养—多旋翼无人机使用				编号	Jc0002541041	
单位			准考证号			姓名	
考试时限	10 分钟		题型	单项操作		题分	100 分
成绩		考评员		考评组长		日期	
试题正文	多旋翼无人机云台调试						
需要说明的问题和要求	（1）熟练掌握无人机云台功能。 （2）熟练掌握云台调试						

序号	项目名称	质量要求	满分	扣分标准	扣分原因	得分
1	工作准备					
1.1	安全劳动防护用品的准备	正确选择佩戴安全帽，穿全套工装，包括工作服、绝缘鞋、棉手套等	5	未按规定正确佩戴安全帽、穿工作服、绝缘鞋、戴棉手套等每项扣 2 分，扣完为止		
1.2	无人机及相关设备准备与摆放	熟练地做好无人机的检查与准备工作	5	现场凌乱，摆放不整齐，准备不到位，未正确检查，检查漏一项扣 1 分，扣完为止		
2	工作许可					
2.1	许可方式	向考评员示意准备就绪，申请开始工作	5	未申请开始考试扣 5 分		
3	工作步骤及技术要求					
3.1	打开遥控器与飞行器	先开启遥控器后开启飞行器，关闭时顺序相反	15	开关机顺序错误一次扣 7.5 分		
3.2	打开 App 软件进入云台设置功能	熟练进入云台设置功能	15	不熟练扣 5 分		
3.3	调试云台数值确保云台正常工作	云台正常工作	30	云台未显示正常扣 10～30 分		
4	工作结束					
4.1	安全劳动防护用品	安全劳动防护用品恢复原位	5	安全劳动防护用品未放到原位扣 5 分		
4.2	恢复现场	将无人机及设备恢复原样	5	设备未轻拿轻放，恢复不彻底扣 5 分		
5	工作终结汇报	向考评员报告工作已结束，场地已清理	5	未汇报扣 5 分		
6	其他要求					
6.1	动作要求	动作熟练顺畅	5	动作不正确扣 1～5 分		
6.2	安全要求	严格遵守“四不伤害”原则，不得损坏工器具和设备	5	损坏工器具扣 5 分		
合计			100			

Jc0002541042　搭载 DJI 飞控的多旋翼无人机在飞行状态下，将云台调整为 +30°。（100 分）

考核知识点：多旋翼无人机云台应用

难易度：易

技能等级评价专业技能考核操作工作任务书

一、任务名称

搭载 DJI 飞控的多旋翼无人机在飞行状态下，将云台调整为 +30°。

二、适用工种

无人机巡检工初级工。

三、具体任务

多旋翼无人机巡检过程中，根据拍摄需要，对挂载相机光圈参数调节。

四、工作规范及要求

（1）熟练掌握无人机云台功能。

（2）熟练掌握云台调试。

五、考核及时间要求

本考核操作时间为 10 分钟。

技能等级评价专业技能考核操作评分标准

工种	无人机巡检工				评价等级	初级工
项目模块	设备使用与维护保养—多旋翼无人机使用			编号	Jc0002541042	
单位		准考证号			姓名	
考试时限	10 分钟	题型	单项操作		题分	100 分
成绩		考评员		考评组长	日期	
试题正文	搭载 DJI 飞控的多旋翼无人机在飞行状态下，将云台调整为 +30°					
需要说明的问题和要求	（1）熟练掌握无人机云台功能。 （2）熟练掌握云台调试					

序号	项目名称	质量要求	满分	扣分标准	扣分原因	得分
1	工作准备					
1.1	安全劳动防护用品的准备	正确选择佩戴安全帽，穿全套工装，包括工作服、绝缘鞋、棉手套等	5	未按规定正确佩戴安全帽、穿工作服、绝缘鞋、戴棉手套等每项扣 2 分，扣完为止		
1.2	无人机及相关设备准备与摆放	熟练地做好无人机的检查与准备工作	5	现场凌乱，摆放不整齐，准备不到位，未正确检查，检查漏一项扣 1 分，扣完为止		
2	工作许可					
2.1	许可方式	向考评员示意准备就绪，申请开始工作	5	未申请开始考试扣 5 分		
3	工作步骤及技术要求					
3.1	打开遥控器与飞行器	先开启遥控器后开启飞行器，关闭时顺序相反	15	开关机顺序错误一次扣 7.5 分		
3.2	操控无人机起飞	无人机正常悬停	15	悬停位移超过 20cm 扣 5 分，扣完为止		
3.3	拨动滚轮调整云台俯仰角 +30°	云台俯仰角 +30°	30	云台俯抑角设置不正确扣 10～30 分		
4	工作结束					
4.1	安全劳动防护用品	安全劳动防护用品恢复原位	5	安全劳动防护用品未放到原位扣 5 分		

续表

序号	项目名称	质量要求	满分	扣分标准	扣分原因	得分
4.2	恢复现场	将无人机及设备恢复原样	5	设备未轻拿轻放，恢复不彻底扣5分		
5	工作终结汇报	向考评员报告工作已结束，场地已清理	5	未汇报扣5分		
6	其他要求					
6.1	动作要求	动作熟练顺畅	5	动作不正确扣5分		
6.2	安全要求	严格遵守“四不伤害”原则，不得损坏工器具和设备	5	损坏工器具扣5分		
合计			100			

Jc0002541043 搭载DJI飞控的多旋翼无人机在飞行状态下，将云台调整为+45°。(100分)
考核知识点：多旋翼无人机云台应用
难易度：易

技能等级评价专业技能考核操作工作任务书

一、任务名称
搭载DJI飞控的多旋翼无人机在飞行状态下，将云台调整为+45°。
二、适用工种
无人机巡检工初级工。
三、具体任务
多旋翼无人机巡检过程中，根据拍摄需要，对挂载相机光圈参数调节。
四、工作规范及要求
（1）熟练掌握无人机云台功能。
（2）熟练掌握云台调试。
五、考核及时间要求
本考核操作时间为10分钟。

技能等级评价专业技能考核操作评分标准

工种	无人机巡检工				评价等级	初级工
项目模块	设备使用与维护保养—多旋翼无人机使用			编号	Jc0002541043	
单位		准考证号			姓名	
考试时限	10分钟	题型	单项操作		题分	100分
成绩		考评员		考评组长		日期
试题正文	搭载DJI飞控的多旋翼无人机在飞行状态下，将云台调整为+45°					
需要说明的问题和要求	（1）熟练掌握无人机云台功能。 （2）熟练掌握云台调试					

序号	项目名称	质量要求	满分	扣分标准	扣分原因	得分
1	工作准备					
1.1	安全劳动防护用品的准备	正确选择佩戴安全帽，穿全套工装，包括工作服、绝缘鞋、棉手套等	5	未按规定正确佩戴安全帽、穿工作服、绝缘鞋、戴棉手套等每项扣2分，扣完为止		

续表

序号	项目名称	质量要求	满分	扣分标准	扣分原因	得分
1.2	无人机及相关设备准备与摆放	熟练地做好无人机的检查与准备工作	5	现场凌乱，摆放不整齐，准备不到位，未正确检查，检查漏一项扣1分，扣完为止		
2	工作许可					
2.1	许可方式	向考评员示意准备就绪，申请开始工作	5	未申请开始考试扣5分		
3	工作步骤及技术要求					
3.1	打开遥控器与飞行器	先开启遥控器后开启飞行器，关闭时顺序相反	15	开关机顺序错误一次扣7.5分		
3.2	操控无人机起飞	无人机正常悬停	15	不熟练扣5分		
3.3	拨动滚轮调整云台俯仰角+45°	云台俯仰角+45°	30	云台俯仰角设置不正确扣10～30分		
4	工作结束					
4.1	安全劳动防护用品	安全劳动防护用品恢复原位	5	安全劳动防护用品未放到原位扣5分		
4.2	恢复现场	将无人机及设备恢复原样	5	设备未轻拿轻放，恢复不彻底扣5分		
5	工作终结汇报	向考评员报告工作已结束，场地已清理	5	未汇报扣5分		
6	其他要求					
6.1	动作要求	动作熟练顺畅	5	动作不正确扣1～5分		
6.2	安全要求	严格遵守"四不伤害"原则，不得损坏工器具和设备	5	损坏工器具扣5分		
合计			100			

Jc0002541044　搭载DJI飞控的多旋翼无人机在飞行状态下，将云台调整为+60°。（100分）

考核知识点：多旋翼无人机云台应用

难易度：易

技能等级评价专业技能考核操作工作任务书

一、任务名称

搭载DJI飞控的多旋翼无人机在飞行状态下，将云台调整为+60°。

二、适用工种

无人机巡检工初级工。

三、具体任务

多旋翼无人机巡检过程中，根据拍摄需要，对挂载相机光圈参数调节。

四、工作规范及要求

（1）熟练掌握无人机云台功能。

（2）熟练掌握云台调试。

五、考核及时间要求

本考核操作时间为10分钟。

技能等级评价专业技能考核操作评分标准

工种	无人机巡检工					评价等级	初级工
项目模块	设备使用与维护保养—多旋翼无人机使用				编号	Jc0002541044	
单位			准考证号			姓名	
考试时限	10 分钟		题型	单项操作		题分	100 分
成绩		考评员		考评组长		日期	
试题正文	搭载 DJI 飞控的多旋翼无人机在飞行状态下，将云台调整为+60°						
需要说明的问题和要求	（1）熟练掌握无人机云台功能。 （2）熟练掌握云台调试						

序号	项目名称	质量要求	满分	扣分标准	扣分原因	得分
1	工作准备					
1.1	安全劳动防护用品的准备	正确选择佩戴安全帽，穿全套工装，包括工作服、绝缘鞋、棉手套等	5	未按规定正确佩戴安全帽、穿工作服、绝缘鞋、戴棉手套等每项扣 2 分，扣完为止		
1.2	无人机及相关设备准备与摆放	熟练地做好无人机的检查与准备工作	5	现场凌乱，摆放不整齐，准备不到位，未正确检查，检查漏一项扣 1 分，扣完为止		
2	工作许可					
2.1	许可方式	向考评员示意准备就绪，申请开始工作	5	未申请开始考试扣 5 分		
3	工作步骤及技术要求					
3.1	打开遥控器与飞行器	先开启遥控器后开启飞行器，关闭时顺序相反	15	开关机顺序错误一次扣 7.5 分		
3.2	操控无人机起飞	无人机正常悬停	15	不熟练扣 5 分		
3.3	拨动滚轮调整云台俯仰角+60°	云台俯仰角+60°	30	云台俯仰角设置不正确扣 10～30 分		
4	工作结束					
4.1	安全劳动防护用品	安全劳动防护用品恢复原位	5	安全劳动防护用品未放到原位扣 5 分		
4.2	恢复现场	将无人机及设备恢复原样	5	设备未轻拿轻放，恢复不彻底扣 5 分		
5	工作终结汇报	向考评员报告工作已结束，场地已清理	5	未汇报扣 5 分		
6	其他要求					
6.1	动作要求	动作熟练顺畅	5	动作不正确扣 1～5 分		
6.2	安全要求	严格遵守“四不伤害”原则，不得损坏工器具和设备	5	损坏工器具扣 5 分		
合计			100			

Jc0002541045　搭载 DJI 飞控的多旋翼无人机在飞行状态下，将云台调整为+90°。（100 分）

考核知识点：多旋翼无人机云台应用

难易度：易

技能等级评价专业技能考核操作工作任务书

一、任务名称

搭载 DJI 飞控的多旋翼无人机在飞行状态下，将云台调整为+90°。

二、适用工种

无人机巡检工初级工。

三、具体任务

多旋翼无人机巡检过程中，根据拍摄需要，对挂载相机光圈参数调节。

四、工作规范及要求

（1）熟练掌握无人机云台功能。

（2）熟练掌握云台调试。

五、考核及时间要求

本考核操作时间为10分钟。

技能等级评价专业技能考核操作评分标准

工种	无人机巡检工				评价等级	初级工	
项目模块	设备使用与维护保养—多旋翼无人机使用			编号	Jc0002541045		
单位		准考证号		姓名			
考试时限	10分钟	题型	单项操作	题分	100分		
成绩		考评员		考评组长		日期	
试题正文	搭载DJI飞控的多旋翼无人机在飞行状态下，将云台调整为+90°						
需要说明的问题和要求	（1）熟练掌握无人机云台功能。 （2）熟练掌握云台调试						

序号	项目名称	质量要求	满分	扣分标准	扣分原因	得分
1	工作准备					
1.1	安全劳动防护用品的准备	正确选择佩戴安全帽，穿全套工装，包括工作服、绝缘鞋、棉手套等	5	未按规定正确佩戴安全帽、穿工作服、绝缘鞋、戴棉手套等每项扣2分，扣完为止		
1.2	无人机及相关设备准备与摆放	熟练地做好无人机的检查与准备工作	5	现场凌乱，摆放不整齐，准备不到位，未正确检查，检查漏一项扣1分，扣完为止		
2	工作许可					
2.1	许可方式	向考评员示意准备就绪，申请开始工作	5	未申请开始考试扣5分		
3	工作步骤及技术要求					
3.1	打开遥控器与飞行器	先开启遥控器后开启飞行器，关闭时顺序相反	15	开关机顺序错误一次扣7.5分		
3.2	操控无人机起飞	无人机正常悬停	15	不熟练扣5分		
3.3	拨动滚轮调整云台俯仰角+90°	云台俯仰角+90°	30	云台俯仰角设置不正确扣10～30分		
4	工作结束					
4.1	安全劳动防护用品	安全劳动防护用品恢复原位	5	安全劳动防护用品未放到原位扣5分		
4.2	恢复现场	将无人机及设备恢复原样	5	设备未轻拿轻放，恢复不彻底扣5分		
5	工作终结汇报	向考评员报告工作已结束，场地已清理	5	未汇报扣5分		
6	其他要求					
6.1	动作要求	动作熟练顺畅	5	动作不正确扣1～5分		
6.2	安全要求	严格遵守“四不伤害”原则，不得损坏工器具和设备	5	损坏工器具扣5分		
合计			100			

Jc0002541046 搭载 DJI 飞控的多旋翼无人机在飞行状态下，将云台调整为 –60°。(100 分)

考核知识点：多旋翼无人机云台应用

难易度：易

技能等级评价专业技能考核操作工作任务书

一、任务名称

搭载 DJI 飞控的多旋翼无人机在飞行状态下，将云台调整为 –60°。

二、适用工种

无人机巡检工初级工。

三、具体任务

多旋翼无人机巡检过程中，根据拍摄需要，对挂载相机光圈参数调节。

四、工作规范及要求

（1）熟练掌握无人机云台功能。

（2）熟练掌握云台调试。

五、考核及时间要求

本考核操作时间为 10 分钟。

技能等级评价专业技能考核操作评分标准

工种	无人机巡检工				评价等级	初级工
项目模块	设备使用与维护保养—多旋翼无人机使用			编号	Jc0002541046	
单位		准考证号			姓名	
考试时限	10 分钟	题型	单项操作		题分	100 分
成绩		考评员		考评组长		日期
试题正文	搭载 DJI 飞控的多旋翼无人机在飞行状态下，将云台调整为 –60°					
需要说明的问题和要求	（1）熟练掌握无人机云台功能。 （2）熟练掌握云台调试					

序号	项目名称	质量要求	满分	扣分标准	扣分原因	得分
1	工作准备					
1.1	安全劳动防护用品的准备	正确选择佩戴安全帽，穿全套工装，包括工作服、绝缘鞋、棉手套等	5	未按规定正确佩戴安全帽、穿工作服、绝缘鞋、戴棉手套等每项扣 2 分，扣完为止		
1.2	无人机及相关设备准备与摆放	熟练地做好无人机的检查与准备工作	5	现场凌乱，摆放不整齐，准备不到位，未正确检查，检查漏一项扣 1 分，扣完为止		
2	工作许可					
2.1	许可方式	向考评员示意准备就绪，申请开始工作	5	未申请开始考试扣 5 分		
3	工作步骤及技术要求					
3.1	打开遥控器与飞行器	先开启遥控器后开启飞行器，关闭时顺序相反	15	开关机顺序错误一次扣 7.5 分		
3.2	操控无人机起飞	无人机正常悬停	15	不熟练扣 5 分		
3.3	拨动滚轮调整云台俯仰角 –60°	云台俯仰角 –60°	30	云台俯仰角设置不正确扣 10～30 分		
4	工作结束					
4.1	安全劳动防护用品	安全劳动防护用品恢复原位	5	安全劳动防护用品未放到原位扣 5 分		

续表

序号	项目名称	质量要求	满分	扣分标准	扣分原因	得分
4.2	恢复现场	将无人机及设备恢复原样	5	设备未轻拿轻放，恢复不彻底扣 5 分		
5	工作终结汇报	向考评员报告工作已结束，场地已清理	5	未汇报扣 5 分		
6	其他要求					
6.1	动作要求	动作熟练顺畅	5	动作不正确扣 1～5 分		
6.2	安全要求	严格遵守“四不伤害”原则，不得损坏工器具和设备	5	损坏工器具扣 5 分		
合计			100			

Jc0002541047　搭载 DJI 飞控的多旋翼无人机在飞行状态下，将云台调整为－90°。（100 分）

考核知识点：多旋翼无人机云台应用

难易度：易

技能等级评价专业技能考核操作工作任务书

一、任务名称

搭载 DJI 飞控的多旋翼无人机在飞行状态下，将云台调整为－90°。

二、适用工种

无人机巡检工初级工。

三、具体任务

多旋翼无人机巡检过程中，根据拍摄需要，对挂载相机光圈参数调节。

四、工作规范及要求

（1）熟练掌握无人机云台功能。

（2）熟练掌握云台调试。

五、考核及时间要求

本考核操作时间为 10 分钟。

技能等级评价专业技能考核操作评分标准

工种	无人机巡检工				评价等级	初级工
项目模块	设备使用与维护保养—多旋翼无人机使用			编号	Jc0002541047	
单位		准考证号			姓名	
考试时限	10 分钟	题型	单项操作		题分	100 分
成绩		考评员		考评组长	日期	
试题正文	搭载 DJI 飞控的多旋翼无人机在飞行状态下，将云台调整为－90°					
需要说明的问题和要求	（1）熟练掌握无人机云台功能。 （2）熟练掌握调试					

序号	项目名称	质量要求	满分	扣分标准	扣分原因	得分
1	工作准备					
1.1	安全劳动防护用品的准备	正确选择佩戴安全帽，穿全套工装，包括工作服、绝缘鞋、棉手套等	5	未按规定正确佩戴安全帽、穿工作服、绝缘鞋、戴棉手套等每项扣 2 分，扣完为止		

续表

序号	项目名称	质量要求	满分	扣分标准	扣分原因	得分
1.2	无人机及相关设备准备与摆放	熟练地做好无人机的检查与准备工作	5	现场凌乱，摆放不整齐，准备不到位，未正确检查，检查漏一项扣1分，扣完为止		
2	工作许可					
2.1	许可方式	向考评员示意准备就绪，申请开始工作	5	未申请开始考试扣5分		
3	工作步骤及技术要求					
3.1	打开遥控器与飞行器	先开启遥控器后开启飞行器，关闭时顺序相反	15	开关机顺序错误一次扣7.5分		
3.2	操控无人机起飞	无人机正常悬停	15	不熟练扣5分		
3.3	拨动滚轮调整云台俯仰角－90°	云台俯仰角－90°	30	云台俯仰角设置不正确扣10～30分		
4	工作结束					
4.1	安全劳动防护用品	安全劳动防护用品恢复原位	5	安全劳动防护用品未放到原位扣5分		
4.2	恢复现场	将无人机及设备恢复原样	5	设备未轻拿轻放，恢复不彻底扣5分		
5	工作终结汇报	向考评员报告工作已结束，场地已清理	5	未汇报扣5分		
6	其他要求					
6.1	动作要求	动作熟练顺畅	5	动作不正确扣1～5分		
6.2	安全要求	严格遵守“四不伤害”原则，不得损坏工器具和设备	5	损坏工器具扣5分		
合计			100			

Jc0002541048　搭载DJI飞控的多旋翼无人机在飞行状态下，将云台调整为－30°。（100分）

考核知识点：多旋翼无人机云台应用

难易度：易

技能等级评价专业技能考核操作工作任务书

一、任务名称

搭载DJI飞控的多旋翼无人机在飞行状态下，将云台调整为－30°。

二、适用工种

无人机巡检工初级工。

三、具体任务

多旋翼无人机巡检过程中，根据拍摄需要，对挂载相机光圈参数调节。

四、工作规范及要求

（1）熟练掌握无人机云台功能。

（2）熟练掌握云台调试。

五、考核及时间要求

本考核操作时间为10分钟。

技能等级评价专业技能考核操作评分标准

工种	无人机巡检工					评价等级	初级工
项目模块	设备使用与维护保养—多旋翼无人机使用				编号	Jc0002541048	
单位			准考证号			姓名	
考试时限	10 分钟		题型	单项操作		题分	100 分
成绩		考评员		考评组长		日期	
试题正文	搭载 DJI 飞控的多旋翼无人机在飞行状态下，将云台调整为 $-30°$						
需要说明的问题和要求	（1）熟练掌握无人机云台功能。 （2）熟练掌握云台调试						

序号	项目名称	质量要求	满分	扣分标准	扣分原因	得分
1	工作准备					
1.1	安全劳动防护用品的准备	正确选择佩戴安全帽，穿全套工装，包括工作服、绝缘鞋、棉手套等	5	未按规定正确佩戴安全帽、穿工作服、绝缘鞋、戴棉手套等每项扣 2 分，扣完为止		
1.2	无人机及相关设备准备与摆放	熟练地做好无人机的检查与准备工作	5	现场凌乱，摆放不整齐，准备不到位，未正确检查，检查漏一项扣 1 分，扣完为止		
2	工作许可					
2.1	许可方式	向考评员示意准备就绪，申请开始工作	5	未申请开始考试扣 5 分		
3	工作步骤及技术要求					
3.1	打开遥控器与飞行器	先开启遥控器后开启飞行器，关闭时顺序相反	15	开关机顺序错误一次扣 7.5 分		
3.2	操控无人机起飞	无人机正常悬停	15	不熟练扣 5 分		
3.3	拨动滚轮调整云台俯仰角 $-30°$	云台俯仰角 $-30°$	30	云台俯仰角设置不正确扣 10～30 分		
4	工作结束					
4.1	安全劳动防护用品	安全劳动防护用品恢复原位	5	安全劳动防护用品未放到原位扣 5 分		
4.2	恢复现场	将无人机及设备恢复原样	5	设备未轻拿轻放，恢复不彻底扣 5 分		
5	工作终结汇报	向考评员报告工作已结束，场地已清理	5	未汇报扣 5 分		
6	其他要求					
6.1	动作要求	动作熟练顺畅	5	动作不正确扣 1～5 分		
6.2	安全要求	严格遵守“四不伤害”原则，不得损坏工器具和设备	5	损坏工器具扣 5 分		
合计			100			

Jc0002541049　搭载 DJI 飞控的多旋翼无人机 C1 键设置为云台回中/朝下。（100 分）

考核知识点： 多旋翼无人机云台应用

难易度： 易

技能等级评价专业技能考核操作工作任务书

一、任务名称

搭载 DJI 飞控的多旋翼无人机 C1 键设置为云台回中/朝下。

二、适用工种

无人机巡检工初级工。

三、具体任务

搭载DJI飞控的多旋翼无人机C1键设置为云台回中/朝下。

四、工作规范及要求

（1）熟练掌握无人机云台功能。

（2）熟练掌握云台调试。

五、考核及时间要求

本考核操作时间为10分钟。

技能等级评价专业技能考核操作评分标准

工种	无人机巡检工					评价等级	初级工
项目模块	设备使用与维护保养—多旋翼无人机使用				编号	Jc0002541049	
单位			准考证号			姓名	
考试时限	10分钟		题型	单项操作		题分	100分
成绩		考评员		考评组长		日期	
试题正文	搭载DJI飞控的多旋翼无人机C1键设置为云台回中/朝下						
需要说明的问题和要求	（1）熟练掌握无人机云台功能。 （2）熟练掌握云台角度快捷键设置						

序号	项目名称	质量要求	满分	扣分标准	扣分原因	得分
1	工作准备					
1.1	安全劳动防护用品的准备	正确选择佩戴安全帽，穿全套工装，包括工作服、绝缘鞋、棉手套等	5	未按规定正确佩戴安全帽、穿工作服、绝缘鞋、戴棉手套等每项扣2分，扣完为止		
1.2	无人机及相关设备准备与摆放	熟练地做好无人机的检查与准备工作	5	现场凌乱，摆放不整齐，准备不到位，未正确检查，检查漏一项扣1分，扣完为止		
2	工作许可					
2.1	许可方式	向考评员示意准备就绪，申请开始工作	5	未申请开始考试扣5分		
3	工作步骤及技术要求					
3.1	打开遥控器与飞行器	先开启遥控器后开启飞行器，关闭时顺序相反	15	开关机顺序错误一次扣7.5分		
3.2	进入C键设置界面，设置C1键功能	正确找到C键功能设置菜单	15	不熟练扣5分		
3.3	设置为云台回中/朝下	正确设置	30	C1键设置错误扣10分； C1键设置失败扣30分		
4	工作结束					
4.1	安全劳动防护用品	安全劳动防护用品恢复原位	5	安全劳动防护用品未放到原位扣5分		
4.2	恢复现场	将无人机及设备恢复原样	5	设备未轻拿轻放，恢复不彻底扣5分		
5	工作终结汇报	向考评员报告工作已结束，场地已清理	5	未汇报扣5分		
6	其他要求					
6.1	动作要求	动作熟练顺畅	5	动作不正确扣1～5分		
6.2	安全要求	严格遵守“四不伤害”原则，不得损坏工器具和设备	5	损坏工器具扣5分		
合计			100			

Jc0002541050　搭载 DJI 飞控的多旋翼无人机 C2 键设置为地图/FPV 切换。(100 分)

考核知识点：多旋翼无人机云台应用

难易度：易

技能等级评价专业技能考核操作工作任务书

一、任务名称

搭载 DJI 飞控的多旋翼无人机 C2 键设置为地图/FPV 切换。

二、适用工种

无人机巡检工初级工。

三、具体任务

搭载 DJI 飞控的多旋翼无人机 C2 键设置为地图/FPV 切换。

四、工作规范及要求

（1）熟练掌握无人机云台功能。

（2）熟练掌握云台调试。

五、考核及时间要求

本考核操作时间为 10 分钟。

技能等级评价专业技能考核操作评分标准

工种	无人机巡检工					评价等级	初级工
项目模块	设备使用与维护保养—多旋翼无人机使用				编号	Jc0002541050	
单位			准考证号			姓名	
考试时限	10 分钟		题型	单项操作		题分	100 分
成绩		考评员		考评组长		日期	
试题正文	搭载 DJI 飞控的多旋翼无人机 C2 键设置为地图/FPV 切换						
需要说明的问题和要求	（1）熟练掌握无人机云台功能。 （2）熟练掌握云台角度快捷键设置						

序号	项目名称	质量要求	满分	扣分标准	扣分原因	得分
1	工作准备					
1.1	安全劳动防护用品的准备	正确选择佩戴安全帽，穿全套工装，包括工作服、绝缘鞋、棉手套等	5	未按规定正确佩戴安全帽、穿工作服、绝缘鞋、戴棉手套等每项扣 2 分，扣完为止		
1.2	无人机及相关设备准备与摆放	熟练地做好无人机的检查与准备工作	5	现场凌乱，摆放不整齐，准备不到位，未正确检查，检查漏一项扣 1 分，扣完为止		
2	工作许可					
2.1	许可方式	向考评员示意准备就绪，申请开始工作	5	未申请开始考试扣 5 分		
3	工作步骤及技术要求					
3.1	打开遥控器与飞行器	先开启遥控器后开启飞行器，关闭时顺序相反	15	开关机顺序错误一次扣 7.5 分		
3.2	进入 C 键设置界面，设置 C2 键功能	正确找到 C 键功能设置菜单	15	不熟练扣 5 分		
3.3	设置为地图/FPV 切换	正确设置	35	根据影像质量扣 10～30 分		
4	工作结束					
4.1	安全劳动防护用品	安全劳动防护用品恢复原位	5	安全劳动防护用品未放到原位扣 5 分		

续表

序号	项目名称	质量要求	满分	扣分标准	扣分原因	得分
4.2	恢复现场	将无人机及设备恢复原样	5	设备未轻拿轻放，恢复不彻底扣5分		
5	工作终结汇报	向考评员报告工作已结束，场地已清理	5	未汇报扣5分		
6	其他要求					
6.1	动作要求	动作熟练顺畅	3	动作不正确扣1～3分		
6.2	安全要求	严格遵守“四不伤害”原则，不得损坏工器具和设备	2	损坏工器具扣2分		
合计			100			

Jc0001541051 搭载DJI飞控的多旋翼无人机飞行高度调整为30m。(100分)

考核知识点：基础能力

难易度：易

技能等级评价专业技能考核操作工作任务书

一、任务名称

搭载DJI飞控的多旋翼无人机飞行高度调整为30m。

二、适用工种

无人机巡检工初级工。

三、具体任务

被考核人员在2分钟之内完成无人机高度升降。

四、工作规范及要求

（1）原地起飞应平稳匀速，不能有停顿。

（2）速度不能过快。

（3）旋转偏移量不能超过20cm，高度偏差不能超过20cm。

（4）场地、设备、工具和材料：无人机一架，无人机起飞场地，围栏、安全警示牌等。

（5）危险点、安全措施和注意事项。

1）危险点：无人机机械故障、无人机装机障碍物、无人机伤及人员。

2）安全措施：无人机起飞降落应在空旷场地；无人机操作区域应装设围栏，操作区距起降区距离不小于5m；飞行时实时关注无人机电池电量；遇有5级及以上大风，雷、雨、大雾等天气情况立即停止飞行；无人机一旦遇到紧急情况则立即返航。

3）注意事项：时刻观察周围环境、无人机飞行姿态，做好应急准备。

五、考核及时间要求

本考核要求无人机空中悬停后在2分钟之内完成高度升降动作。

技能等级评价专业技能考核操作评分标准

工种	无人机巡检工					评价等级	初级工
项目模块	设备使用与维护保养—多旋翼无人机使用				编号	Jc0001541051	
单位			准考证号			姓名	
考试时限	2分钟		题型	单项操作		题分	100分
成绩		考评员		考评组长		日期	

续表

试题正文	搭载 DJI 飞控的多旋翼无人机飞行高度调整为 30m
需要说明的问题和要求	（1）原地自起飞应平稳匀速，不能有停顿。 （2）速度不能过快。 （3）旋转偏移量不能超过 20cm，高度偏差不能超过 20cm。 （4）考生须在 2 分钟之内完成高度升降至 30m 动作

序号	项目名称	质量要求	满分	扣分标准	扣分原因	得分
1	工作准备					
1.1	安全劳动防护用品的准备	正确选择佩戴安全帽，穿全套工装，包括工作服、绝缘鞋、棉手套等	5	未按规定正确佩戴安全帽、穿工作服、绝缘鞋、戴棉手套等每项扣 2 分，扣完为止		
1.2	无人机起飞前准备	熟练地做好无人机起飞前的检查与准备工作	5	未正确检查，检查漏一项扣 1 分，扣完为止		
2	工作许可					
2.1	许可方式	向考评员示意准备就绪，申请开始工作	5	未申请开始考试扣 5 分		
3	工作步骤及技术要求					
3.1	飞行前无人机检查	检查无人机桨叶安装是否正确，电池是否安装到位	5	不检查者扣 5 分		
3.2	电池电量检查	检查电池电量是否充足	5	不检查者扣 5 分		
3.3	飞行安全	飞行过程中服从考官指令，不得出现失控情况	10	不服从命令者扣 10 分		
3.4	起飞时	起飞要果断、快速，不能有大晃动	10	起飞时不果断，有晃动扣 5 分		
3.5	飞行中	飞行过程中姿态平稳，不能出现掉高现象	10	飞行中姿态不平稳者扣 5 分		
3.6	高度升降为 30m	飞行过程中姿态平稳，不能出现掉高、上升现象	10	准确悬停在高度 30m 处扣 10 分		
3.7	降落时	降落应平稳、缓慢，落地瞬间应平稳，不能有弹跳	5	降落时不平稳，有弹跳者扣 5 分		
3.8	时间要求	必须在规定的时间内完成考核任务	5	超出时间者每 10 秒扣 1 分，扣完为止		
4	工作结束					
4.1	安全劳动防护用品	安全劳动防护用品恢复原位	5	安全劳动防护用品未放到原位扣 5 分		
4.2	恢复现场	将遥控器恢复原样	5	设备未轻拿轻放，恢复不彻底扣 5 分		
5	工作终结汇报	向考评员报告工作已结束，场地已清理	5	未汇报扣 5 分		
6	其他要求					
6.1	动作要求	动作熟练顺畅	5	动作不正确扣 1～5 分		
6.2	安全要求	严格遵守“四不伤害”原则，不得损坏工器具和设备	5	损坏工器具扣 5 分		
合计			100			

Jc0001541052　搭载 DJI 飞控的多旋翼无人机飞行高度调整为 50m。（100 分）

考核知识点：基础能力

难易度：易

技能等级评价专业技能考核操作工作任务书

一、任务名称

搭载 DJI 飞控的多旋翼无人机飞行高度调整为 50m。

二、适用工种

无人机巡检工初级工。

三、具体任务

被考核人员在 2 分钟之内完成无人机高度升降。

四、工作规范及要求

（1）原地起飞应平稳匀速，不能有停顿。

（2）速度不能过快。

（3）旋转偏移量不能超过 20cm，高度偏差不能超过 20cm。

（4）场地、设备、工具和材料：无人机一架，无人机起飞场地，围栏、安全警示牌等。

（5）危险点、安全措施和注意事项。

1）危险点：无人机机械故障、无人机装机障碍物、无人机伤及人员。

2）安全措施：无人机起飞降落应在空旷场地；无人机操作区域应装设围栏，操作区距起降区距离不小于 5m；飞行时实时关注无人机电池电量；遇有 5 级及以上大风，雷、雨、大雾等天气情况立即停止飞行；无人机一旦遇到紧急情况则立即返航。

3）注意事项：时刻观察周围环境、无人机飞行姿态，做好应急准备。

五、考核及时间要求

本考核要求无人机空中悬停后在 2 分钟之内完成高度升降动作。

技能等级评价专业技能考核操作评分标准

工种	无人机巡检工					评价等级	初级工
项目模块	设备使用与维护保养—多旋翼无人机使用				编号		Jc0001541052
单位			准考证号			姓名	
考试时限	2 分钟		题型	单项操作		题分	100 分
成绩		考评员		考评组长		日期	
试题正文	搭载 DJI 飞控的多旋翼无人机飞行高度调整为 50m						
需要说明的问题和要求	（1）原地起飞应平稳匀速，不能有停顿.。 （2）速度不能过快。 （3）旋转偏移量不能超过 20cm，高度偏差不能超过 20cm。 （4）考生须在 2 分钟之内完成高度升降至 50m 动作						

序号	项目名称	质量要求	满分	扣分标准	扣分原因	得分
1	工作准备					
1.1	安全劳动防护用品的准备	正确选择佩戴安全帽，穿全套工装，包括工作服、绝缘鞋、棉手套等	5	未按规定正确佩戴安全帽、穿工作服、绝缘鞋、戴棉手套等每项扣 2 分，扣完为止		
1.2	无人机起飞前准备	熟练地做好无人机起飞前的检查与准备工作	5	未正确检查，检查漏一项扣 1 分，扣完为止		
2	工作许可					
2.1	许可方式	向考评员示意准备就绪，申请开始工作	5	未申请开始考试扣 5 分		
3	工作步骤及技术要求					
3.1	飞行前无人机检查	检查无人机桨叶安装是否正确，电池是否安装到位	5	不检查者扣 5 分		
3.2	电池电量检查	检查电池电量是否充足	5	不检查者扣 5 分		
3.3	飞行安全	飞行过程中服从考官指令，不得出现失控情况	10	不服从命令者扣 10 分		

续表

序号	项目名称	质量要求	满分	扣分标准	扣分原因	得分
3.4	起飞时	起飞要果断、快速，不能有大晃动	10	起飞时不果断，有晃动扣5分		
3.5	飞行中	飞行过程中姿态平稳，不能出现掉高现象	10	飞行中姿态不平稳者扣5分		
3.6	高度升降为50m	飞行过程中姿态平稳，不能出现掉高、上升现象	10	准确悬停在高度30m处扣10分		
3.7	降落时	降落应平稳、缓慢，落地瞬间应平稳，不能有弹跳	5	降落时不平稳，有弹跳者扣5分		
3.8	时间要求	必须在规定的时间内完成考核任务	5	超出时间者每10秒扣1分，扣完为止		
4	工作结束					
4.1	安全劳动防护用品	安全劳动防护用品恢复原位	5	安全劳动防护用品未放到原位扣5分		
4.2	恢复现场	将遥控器恢复原样	5	设备未轻拿轻放，恢复不彻底扣5分		
5	工作终结汇报	向考评员报告工作已结束，场地已清理	5	未汇报扣5分		
6	其他要求					
6.1	动作要求	动作熟练顺畅	5	动作不正确扣1～5分		
6.2	安全要求	严格遵守“四不伤害”原则，不得损坏工器具和设备	5	损坏工器具扣5分		
合计			100			

Jc0002541053　经纬仪视距测量。（100分）

考核知识点：经纬仪的操作使用

难易度：易

技能等级评价专业技能考核操作工作任务书

一、任务名称

经纬仪视距测量。

二、适用工种

无人机巡检工初级工。

三、具体任务

经纬仪视距测量的操作。针对此项工作，考生须在25分钟内完成更换处理操作。

四、工作规范及要求

（1）要求单独操作，一人配合记录，写出计算过程。

（2）工具：

1）选用光学经纬仪。

2）塔尺、钢卷尺、计算器。

3）在培训线路上操作。

五、考核及时间要求

考核时间共25分钟，每超过2分钟扣1分，到30分钟终止考核。

技能等级评价专业技能考核操作评分标准

<table>
<tr><td>工种</td><td colspan="5">无人机巡检工</td><td>评价等级</td><td colspan="2">初级工</td></tr>
<tr><td>项目模块</td><td colspan="4">基础能力—电力系统及设备</td><td>编号</td><td colspan="3">Jc0002541053</td></tr>
<tr><td>单位</td><td colspan="3"></td><td>准考证号</td><td colspan="2"></td><td>姓名</td><td></td></tr>
<tr><td>考试时限</td><td colspan="2">25 分钟</td><td>题型</td><td colspan="3">单项操作</td><td>题分</td><td>100 分</td></tr>
<tr><td>成绩</td><td></td><td>考评员</td><td></td><td>考评组长</td><td colspan="2"></td><td>日期</td><td></td></tr>
<tr><td>试题正文</td><td colspan="8">经纬仪视距测量</td></tr>
<tr><td>需要说明的问题和要求</td><td colspan="8">（1）要求单独操作，两人配合。
（2）考生须在 25 分钟之内完成任务</td></tr>
</table>

<table>
<tr><th>序号</th><th>项目名称</th><th>质量要求</th><th>满分</th><th>扣分标准</th><th>扣分原因</th><th>得分</th></tr>
<tr><td>1</td><td>测量的准备</td><td></td><td></td><td></td><td></td><td></td></tr>
<tr><td>1.1</td><td>工器具</td><td>经纬仪、塔尺、计算器</td><td>5</td><td>差一项不得分</td><td></td><td></td></tr>
<tr><td rowspan="2">1.2</td><td rowspan="2">选定仪器的测量点</td><td>将仪器置于指定观测点位置</td><td>5</td><td>不正确扣 5 分</td><td></td><td></td></tr>
<tr><td>将塔尺置于指定被观测点位置</td><td>5</td><td>不正确扣 5 分</td><td></td><td></td></tr>
<tr><td>2</td><td>调整仪器</td><td></td><td></td><td></td><td></td><td></td></tr>
<tr><td rowspan="2">2.1</td><td rowspan="2">仪器对中、整平、对光</td><td>在观测点位置将仪器对中、整平、对光</td><td>10</td><td>不正确扣 5 分</td><td></td><td></td></tr>
<tr><td>量取仪高</td><td>10</td><td>不正确扣 1～8 分</td><td></td><td></td></tr>
<tr><td>3</td><td>测量，计算</td><td></td><td></td><td></td><td></td><td></td></tr>
<tr><td rowspan="5">3.1</td><td rowspan="5">测量水平视距及高差</td><td>将仪器竖盘照明反光镜转动使显微镜中的读数最明亮、清晰</td><td>10</td><td>不正确扣 1～10 分</td><td></td><td></td></tr>
<tr><td>转动镜筒瞄准塔尺方向锁紧望远镜制动手轮</td><td>10</td><td>不正确扣 1～10 分</td><td></td><td></td></tr>
<tr><td>转动望远镜微动手轮使上、下横丝对准塔尺上数值</td><td>10</td><td>不正确扣 1～10 分</td><td></td><td></td></tr>
<tr><td>精确读出上、下横丝在塔尺上的数值（利用上丝－下丝）求出视距间隔值</td><td>15</td><td>不正确扣 1～10 分</td><td></td><td></td></tr>
<tr><td>根据视距公式 $D=K$（上丝－下丝）计算出水平距离。
高差＝（仪高－中横丝在塔尺上的读数）</td><td>15</td><td>不正确扣 1～10 分</td><td></td><td></td></tr>
<tr><td>4</td><td>其他要求</td><td>（1）要求着装正确（工作服、工作胶鞋、安全帽）。
（2）操作动作熟练。
（3）将仪器一次性装箱成功。
（4）清理工作现场符合文明生产要求。
（5）在规定的时间内完成</td><td>5</td><td>每项酌情扣 1～2 分</td><td></td><td></td></tr>
<tr><td colspan="2">合计</td><td></td><td>100</td><td></td><td></td><td></td></tr>
</table>

Jc0002541054　搭载 DJI 飞控的多旋翼无人机遥控器检查感知避障系统，并启用视觉避障系统。（100 分）

考核知识点：多旋翼无人机应用

难易度：易

技能等级评价专业技能考核操作工作任务书

一、任务名称

搭载 DJI 飞控的多旋翼无人机遥控器检查感知避障系统，并启用视觉避障系统。

二、适用工种

无人机巡检工初级工。

三、具体任务

搭载 DJI 飞控的多旋翼无人机遥控器检查感知避障系统，并启用视觉避障系统。

四、工作规范及要求

（1）熟练掌握无人机避障功能。

（2）熟练掌握云台调试。

五、考核及时间要求

本考核操作时间为 10 分钟。

技能等级评价专业技能考核操作评分标准

工种	无人机巡检工					评价等级	初级工
项目模块	设备使用与维护保养—多旋翼无人机使用				编号	Jc0002541054	
单位			准考证号			姓名	
考试时限	10 分钟		题型	单项操作		题分	100 分
成绩		考评员		考评组长		日期	
试题正文	搭载 DJI 飞控的多旋翼无人机遥控器检查感知避障系统，并启用视觉避障系统						
需要说明的问题和要求	（1）熟练掌握无人机避障功能。 （2）熟练掌握启用视觉避障						

序号	项目名称	质量要求	满分	扣分标准	扣分原因	得分
1	工作准备					
1.1	安全劳动防护用品的准备	正确选择佩戴安全帽，穿全套工装，包括工作服、绝缘鞋、棉手套等	5	未按规定正确佩戴安全帽、穿工作服、绝缘鞋、戴棉手套等每项扣 2 分，扣完为止		
1.2	无人机及相关设备准备与摆放	熟练地做好无人机的检查与准备工作	5	现场凌乱，摆放不整齐，准备不到位，未正确检查，检查漏一项扣 1 分，扣完为止		
2	工作许可					
2.1	许可方式	向考评员示意准备就绪，申请开始工作	5	未申请开始考试扣 5 分		
3	工作步骤及技术要求					
3.1	打开遥控器与飞行器	先开启遥控器后开启飞行器，关闭时顺序相反	15	开关机顺序错误一次扣 7.5 分		
3.2	进入视觉避障设置界面，开启避障功能	正确开启避障功能	15	不熟练扣 5 分		
3.3	设置为视觉避障	正确设置	30	视觉避障失败扣 30 分		
4	工作结束					
4.1	安全劳动防护用品	安全劳动防护用品恢复原位	5	安全劳动防护用品未放到原位扣 5 分		
4.2	恢复现场	将无人机及设备恢复原样	5	设备未轻拿轻放，恢复不彻底扣 5 分		
5	工作终结汇报	向考评员报告工作已结束，场地已清理	5	未汇报扣 5 分		
6	其他要求					
6.1	动作要求	动作熟练顺畅	5	动作不正确扣 1～5 分		
6.2	安全要求	严格遵守“四不伤害”原则，不得损坏工器具和设备	5	损坏工器具扣 5 分		
合计			100			

Jc0002541055 输电线路常用绳结。(100 分)

考核知识点：架空输电线路运检基础技能

难易度：易

技能等级评价专业技能考核操作工作任务书

一、任务名称

输电线路常用绳结。

二、适用工种

无人机巡检工初级工。

三、具体任务

掌握常用绳结打法。

四、工作规范及要求

（1）熟练掌握常用绳结打法。

（2）场地、设备、工具和材料：50cm 长绞制绳索若干。

五、考核及时间要求

本考核操作时间为 10 分钟。

技能等级评价专业技能考核操作评分标准

工种	无人机巡检工					评价等级	初级工
项目模块	设备使用与维护保养—保障设备使用				编号	Jc0002541055	
单位			准考证号			姓名	
考试时限	10 分钟		题型	单项操作		题分	100 分
成绩		考评员		考评组长		日期	
试题正文	输电线路常用绳结						
需要说明的问题和要求	（1）熟练掌握常用绳结打法。 （2）考生须在 10 分钟之内完成						

序号	项目名称	质量要求	满分	扣分标准	扣分原因	得分
1	工作准备					
1.1	安全劳动防护用品的准备	正确佩戴安全帽，穿全套工装，包括工作服、绝缘鞋、棉手套等	5	未按规定正确佩戴安全帽、穿工作服、绝缘鞋、戴棉手套每项扣 2 分，扣完为止		
1.2	工器具的准备	熟练正确使用各种工器具	5	未正确使用一次扣 1 分，扣完为止		
1.3	工器具的选用	考试开始前自行挑选和检查所用工器具，正确挑选出合格，性能良好的工器具	5	挑选错误一次扣 1 分，扣完为止		
2	工作许可					
2.1	许可方式	向考评员示意准备就绪，申请开始工作	5	未申请开始考试扣 5 分		
3	工作步骤及技术要求					
3.1	平扣	按设计标准打出绳结	5	打结过程不熟练扣 2 分； 打结错误不得分		
3.2	猪蹄扣	按设计标准打出绳结	10	打结过程不熟练扣 4 分； 打结错误不得分		
3.3	渔人节	按设计标准打出绳结	20	打结过程不熟练扣 8 分； 打结错误不得分		

续表

序号	项目名称	质量要求	满分	扣分标准	扣分原因	得分
3.4	双八字结	按设计标准打出绳结	20	打结过程不熟练扣 8 分； 打结错误不得分		
3.5	时间	10 分钟	5	超出 10 秒扣 1 分，扣完为止		
4	工作结束					
4.1	安全工器具	安全工器具恢复原位	2	安全工器具未放到原位扣 2 分		
4.2	工器具装箱	工器具装箱恢复原位	3	工器具设备未轻拿轻放扣 3 分		
5	工作终结汇报	向考评员报告工作已结束，场地已清理	5	未汇报扣 5 分		
6	其他要求					
6.1	动作要求	动作熟练顺畅	5	动作不正确扣 1～5 分		
6.2	安全要求	严格遵守“四不伤害”原则，不得损坏工器具和设备	5	损坏工器具扣 5 分		
合计			100			

第二部分
中级工

第三章　无人机巡检工中级工技能笔答

Jb0001431001　架空线路导线常见的排列方式有哪些类型？（5分）

考核知识点： 架空输电线路的结构组成

难易度： 易

标准答案：

（1）单回路架空导线：水平排列、三角形排列。

（2）双回路架空导线：鼓形排列、伞形排列、垂直排列和倒伞形排列。

Jb0001431002　常用的线路金具有哪几类？（5分）

考核知识点： 架空输电线路的结构组成

难易度： 易

标准答案：

（1）线夹类金具。

（2）连接金具。

（3）接续金具。

（4）保护金具。

（5）拉线金具。

Jb0001431003　事故处理中四不放过原则的内容是什么？（5分）

考核知识点： 电力安全工作规程

难易度： 易

标准答案：

（1）事故原因不清不放过。

（2）事故责任者和应受教育者没有受到教育不放过。

（3）没有采取防范措施不放过。

（4）责任者没有受到处罚不放过。

Jb0001431004　送电线路的巡视种类有哪些？（5分）

考核知识点： 架空输电线路运行

难易度： 易

标准答案：

线路的定期巡视、特殊巡视、夜间巡视、监察巡视、故障巡视和事故巡视。

Jb0001431005　DL/T 1482—2015《架空输电线路无人机巡检作业技术导则》规定：根据巡检任务和所用机型合理配置人员人数的要求是什么？（5分）

考核知识点： 架空输电线路无人机巡检作业

难易度： 易

标准答案：

应根据巡检任务和所用机型合理配置人员，小型机需要操作人员 2～3 名，中型机需要操作人员 3～4 名，大型机需要操作人员 5～8 名。

Jb0001431006 DL/T 1482—2015《架空输电线路无人机巡检作业技术导则》规定：巡检作业时，大型无人机巡检系统作业距离要求是什么？（5 分）

考核知识点：架空输电线路无人机巡检作业

难易度：易

标准答案：

巡检作业时，大型无人机巡检系统作业距离要求为距线路设备空间距离不小于 50m，距线路设备水平距离不小于 30m，距周边障碍物距离不小于 70m。

Jb0001431007 DL/T 1482—2015《架空输电线路无人机巡检作业技术导则》规定：巡检作业时，中型无人机巡检系统作业距离要求是什么？（5 分）

考核知识点：架空输电线路无人机巡检作业

难易度：易

标准答案：

巡检作业时，中型无人机巡检系统作业距离要求为距线路设备空间距离不小于 30m，距线路设备水平距离不小于 25m，距周边障碍物距离不小于 50m。

Jb0001431008 DL/T 1482—2015《架空输电线路无人机巡检作业技术导则》规定：无人机巡检线路杆塔时，巡检内容有哪些？（5 分）

考核知识点：架空输电线路无人机巡检作业

难易度：易

标准答案：

无人机巡检线路杆塔时，巡检内容有杆塔倾斜、塔材变形、严重锈蚀，塔材、螺栓、脚钉缺失，土埋塔脚；混凝土电杆未封顶、破损、裂纹、爬梯变形等。

Jb0001431009 DL/T 1482—2015《架空输电线路无人机巡检作业技术导则》规定：无人机巡检线路金具时，需要红外热像仪、紫外成像仪才能完成巡检内容有哪些？（5 分）

考核知识点：架空输电线路无人机巡检作业

难易度：易

标准答案：

无人机巡检线路金具时，需要红外热像仪完成线夹、接续管、耐张管、引流板等异常发热；需要紫外成像仪完成线夹、均压环、屏蔽环异常放电。

Jb0001431010 DL/T 1482—2015《架空输电线路无人机巡检作业技术导则》规定：巡检作业时，若作业区域出现其他飞行器，应如何处理？（5 分）

考核知识点：架空输电线路无人机巡检作业

难易度：易

标准答案：

巡检作业时，若作业区域出现其他飞行器，应及时评估巡检作业的安全性，在确认安全后方可继续执行巡检任务，否则应采取避让措施。

Jb0001431011　DL/T 1482—2015《架空输电线路无人机巡检作业技术导则》规定：巡检作业时，若作业人员出现身体不适等情况，应如何处理？（5 分）

考核知识点：架空输电线路无人机巡检作业

难易度：易

标准答案：

巡检作业时，若作业人员出现身体不适等情况，应及时控制无人机安全降落并使用替补作业人员：若无替补作业人员，则终止本次作业。

Jb0001432012　Q/GDW 11399—2015《架空输电线路无人机巡检作业安全工作规程》对各类人员教育和培训有什么规定？（5 分）

考核知识点：架空输电线路安规

难易度：中

标准答案：

工作监护制度、工作间断制度、工作终结和恢复送电制度。

Jb0001431013　电力线路上工作应按哪些方式进行？（5 分）

考核知识点：架空输电线路安规

难易度：易

标准答案：

（1）填用电力线路第一种工作票。
（2）填用电力电缆第一种工作票。
（3）填用电力线路第二种工作票。
（4）填用电力电缆第二种工作票。
（5）填用电力线路带电作业工作票。
（6）填用电力线路事故紧急抢修单。
（7）口头或电话命令。

Jb0001431014　电力线路上哪些工作可按口头或电话命令执行？（5 分）

考核知识点：架空输电线路安规

难易度：易

标准答案：

（1）测量接地电阻。
（2）修剪树枝。
（3）杆塔底部和基础等地面检查、消缺工作。
（4）涂写杆塔号、安装标志牌等，工作地点在杆塔最下层导线以下，并能够保持 Q/GDW 11399—2015《架空输电线路无人机巡检作业安全工作规程》表 4 安全距离的工作。

Jb0001431015　在电力线路上工作，保证安全的技术措施有哪些？（5 分）

考核知识点：架空输电线路无人机安规

难易度：易

标准答案：

（1）停电。

（2）验电。

（3）接地。

（4）使用个人保安线。

（5）悬挂标示牌和装设遮栏（围栏）。

Jb0001431016 Q/GDW 11399—2015《架空输电线路无人机巡检作业安全工作规程》规定：操控手的定义是什么？（5分）

考核知识点：架空输电线路无人机安规

难易度：易

标准答案：

操控手是利用遥控器以手动或增稳模式控制无人机巡检系统飞行的人员。

Jb0001431017 Q/GDW 11399—2015《架空输电线路无人机巡检作业安全工作规程》规定：任务手的定义是什么？（5分）

考核知识点：架空输电线路无人机安规

难易度：易

标准答案：

任务手是操控任务载荷分系统对输电线路本体、附属设施和通道走廊环境等进行拍照、摄像的人员。

Jb0001431018 Q/GDW 11399—2015《架空输电线路无人机巡检作业安全工作规程》规定：巡检航线是指什么？（5分）

考核知识点：架空输电线路无人机安规

难易度：易

标准答案：

巡航线是指巡检作业时无人机巡检系统的飞行路线。路线周边不应存在影响无人机巡检系统安全起飞、飞行和降落的地形地貌、建筑以及其他障碍物等。

Jb0001431019 Q/GDW 11399—2015《架空输电线路无人机巡检作业安全工作规程》规定：巡检作业点是指什么？（5分）

考核知识点：架空输电线路无人机安规

难易度：易

标准答案：

巡检作业点是指中小型无人直升机巡检作业时，无人直升机巡检系统停留进行拍照、摄像等作业的位置。

Jb0001431020 Q/GDW 11399—2015《架空输电线路无人机巡检作业安全工作规程》规定：民用航空的空中管制区有哪些？（5分）

考核知识点：架空输电线路无人机安规

难易度：易

标准答案：

民用航空的空中管制区包括塔台管制区、进近管制区、区域管制区、空中禁区、空中限制区和空中危险区。

Jb0001433021　Q/GDW 11399—2015《架空输电线路无人机巡检作业安全工作规程》规定：作业现场的基本条件包括哪些？（5分）

考核知识点： 架空输电线路无人机安规

难易度： 难

标准答案：

作业现场的生产条件和安全设施等应符合有关标准、规范的要求，作业人员的劳动防护用品应合格、齐备。现场使用的安全工器具和防护用品应合格并符合有关要求。经常有人工作的场所及作业车辆上宜配备急救箱，存放急救用品，并指定专人经常检查、补充或更换。作业人员应被告知其作业现场和工作岗位存在的危险因素、防范措施及事故紧急处理措施。

Jb0001431022　Q/GDW 11399—2015《架空输电线路无人机巡检作业安全工作规程》规定：对中型无人直升机巡检系统的人员配置有什么要求？（5分）

考核知识点： 架空输电线路无人机安规

难易度： 易

标准答案：

使用中型无人直升机巡检系统进行的架空输电线路巡检作业，作业人员包括工作负责人（1名）和工作班成员。工作班成员至少包括程控手、操控手和任务手。

Jb0001432023　Q/GDW 11399—2015《架空输电线路无人机巡检作业安全工作规程》规定：对小型无人直升机巡检系统的人员配置有什么要求？（5分）

考核知识点： 架空输电线路无人机安规

难易度： 中

标准答案：

使用小型无人直升机巡检系统进行的架空输电线路巡检作业，作业人员包括工作负责人（1名）和工作班成员，分别担任程控手和操控手，工作负责人可兼任程控手或操控手，但不得同时兼任。必要时，也可增设1名专职工作负责人，此时工作班成员至少包括程控手和操控手。

Jb0001431024　Q/GDW 11399—2015《架空输电线路无人机巡检作业安全工作规程》规定：对固定翼无人机巡检系统的人员配置有什么要求？（5分）

考核知识点： 架空输电线路无人机安规

难易度： 易

标准答案：

使用固定翼无人机巡检系统进行的架空输电线路巡检作业，作业人员包括工作负责人（1名）和工作班成员。工作班成员至少包括程控手和操控手。

Jb0001432025　Q/GDW 11399—2015《架空输电线路无人机巡检作业安全工作规程》规定：作业人员的基本条件包括哪些？（5分）

考核知识点： 架空输电线路无人机安规

难易度： 中

标准答案：

作业人员须经医师鉴定，无妨碍工作的病症（体格检查每两年至少一次）。具备必要的电气、机械、气象、航线规划等巡检飞行知识和相关业务技能，熟悉Q/GDW 11399—2015《架空输电线路无人机巡检作业安全工作规程》，并经考试合格。具备必要的安全生产知识，学会紧急救护法。

Jb0001433026　Q/GDW 11399—2015《架空输电线路无人机巡检作业安全工作规程》规定：对作业人员教育和培训的要求有哪些？（5分）

考核知识点：架空输电线路无人机安规

难易度：难

标准答案：

作业人员应接受相应的安全生产教育和岗位技能培训，经考试合格上岗。作业人员对本规程应每年考试一次。因故间断无人机巡检作业连续三个月以上者，应重新学习Q/GDW 11399—2015《架空输电线路无人机巡检作业安全工作规程》，程控手和操控手还应进行实操复训，经考试合格后，方能恢复工作。新参加无人机巡检工作的人员、实习人员和临时参加作业的人员等，应经过安全知识教育和培训后，方可参加指定工作，且不得单独工作。

Jb0001433027　Q/GDW 11399—2015《架空输电线路无人机巡检作业安全工作规程》规定：空域申报制度有哪些规定？（5分）

考核知识点：架空输电线路无人机安规

难易度：难

标准答案：

无人机巡检作业应严格按国家相关政策法规、当地民航军管等要求规范化使用空域。工作许可人应根据无人机巡检作业计划，按相关要求办理空域审批手续，并密切跟踪当地空域变化情况。各单位应建立空域申报协调机制，满足无人机应急巡检作业时空域使用要求。

Jb0001431028　Q/GDW 11399—2015《架空输电线路无人机巡检作业安全工作规程》规定：填用架空输电线路无人机巡检作业工作票的工作有哪些？（5分）

考核知识点：架空输电线路无人机安规

难易度：易

标准答案：

使用中型无人直升机和固定翼无人机巡检系统按计划开展的线路设备巡检、通道环境巡视、线路勘察和灾情巡视等工作。

Jb0001433029　Q/GDW 11399—2015《架空输电线路无人机巡检作业安全工作规程》规定：工作许可人应满足哪些要求？（5分）

考核知识点：架空输电线路无人机安规

难易度：难

标准答案：

工作许可人应由熟悉空域使用相关管理规定和政策、熟悉地形地貌和环境条件、熟悉线路情况、熟悉无人机巡检系统、熟悉Q/GDW 11399—2015《架空输电线路无人机巡检作业安全工作规程》，具有航线申请、空管报批相关工作经验，并经省（地、市）检修公司分管生产领导书面批准的人员担任。

Jb0001433030　Q/GDW 11399—2015《架空输电线路无人机巡检作业安全工作规程》规定：工作负责人（监护人）应满足哪些要求？（5分）

考核知识点：架空输电线路无人机安规

难易度：难

标准答案：

工作负责人（监护人）应由熟悉线路情况、熟悉无人机巡检系统、熟悉 Q/GDW 11399—2015《架空输电线路无人机巡检作业安全工作规程》，具有相关工作经验，并经省（地、市）检修公司分管生产领导书面批准的人员担任。

Jb0001433031　Q/GDW 11399—2015《架空输电线路无人机巡检作业安全工作规程》规定：工作许可人的安全责任应满足哪些要求？（5分）

考核知识点：架空输电线路无人机安规

难易度：难

标准答案：

工作许可人的安全责任：负责审查飞行空域是否已获批准；负责审查航线规划是否满足安全飞行要求；负责审查安全措施等是否正确完备：负责审查安全策略设置等是否正确完备；负责审查异常处理措施是否正确完备；负责按相关要求向当地民航军管部门办理作业申请。

Jb0001432032　Q/GDW 11399—2015《架空输电线路无人机巡检作业安全工作规程》规定：工作班成员的安全责任包括哪些？（5分）

考核知识点：架空输电线路无人机安规

难易度：中

标准答案：

熟悉工作内容、工作流程，掌握安全措施，明确工作中的危险点，并履行确认手续；严格遵守安全规章制度、技术规程和劳动纪律，对自己在工作中的行为负责，互相关心工作安全，并监督 Q/GDW 11399—2015《架空输电线路无人机巡检作业安全工作规程》的执行和现场安全措施的实施；正确使用安全工器具和劳动防护用品。

Jb0001433033　Q/GDW 11399—2015《架空输电线路无人机巡检作业安全工作规程》规定：对办理工作许可手续可采用哪些方法？（5分）

考核知识点：架空输电线路无人机安规

难易度：难

标准答案：

办理工作许可手续方法可采用：当面办理、电话办理或派人办理。当面办理和派人办理时，工作许可人和工作负责人在两份工作票上均应签名。电话办理时，工作许可人及工作负责人应复诵核对无误。

Jb0001432034　Q/GDW 11399—2015《架空输电线路无人机巡检作业安全工作规程》规定：工作许可手续完成后，是否可以开始工作？（5分）

考核知识点：架空输电线路无人机安规

难易度：中

标准答案：

不可以。工作许可手续完成后，工作负责人应向工作班成员交代工作内容、人员分工、技术要求和现场安全措施等，进行危险点告知。在工作班成员全部履行确认手续后，方可开始工作。

Jb0001432035 Q/GDW 11399—2015《架空输电线路无人机巡检作业安全工作规程》规定：对工作负责人下令放飞无人机有何规定？（5分）

考核知识点：架空输电线路无人机安规

难易度：中

标准答案：

工作负责人应核实确认作业范围地形地貌、气象条件、许可空域、现场环境及无人机巡检系统状态等满足安全作业要求。任意一项不满足安全作业要求或未得到确认，工作负责人不得下令放飞。

Jb0001433036 Q/GDW 11399—2015《架空输电线路无人机巡检作业安全工作规程》规定：对工作期间工作负责人临时离开工作现场时有何规定？（5分）

考核知识点：架空输电线路无人机安规

难易度：难

标准答案：

工作期间，工作负责人若因故暂时离开工作现场时，应指定能胜任的人员临时代替，离开前应将工作现场交代清楚，并告知工作班全体成员。原工作负责人返回工作现场时，也应履行同样的交接手续。

Jb0001433037 Q/GDW 11399—2015《架空输电线路无人机巡检作业安全工作规程》规定：工作期间工作负责人必须长时间离开工作现场时，有何规定？（5分）

考核知识点：架空输电线路无人机安规

难易度：难

标准答案：

若工作负责人必须长时间离开工作现场，则应履行变更手续，并告知工作班全体成员及工作许可人。原、现工作负责人应做好必要的交接。填用架空输电线路无人机巡检作业工作票的应由原工作票签发人履行变更手续。

Jb0001433038 Q/GDW 11399—2015《架空输电线路无人机巡检作业安全工作规程》规定：对工作期间遭遇雷、雨、大风时，有何规定？（5分）

考核知识点：架空输电线路无人机安规

难易度：难

标准答案：

在工作过程中，如遇雷、雨、大风以及其他任何情况威胁到作业人员或无人机巡检系统的安全，但可在工作票（单）有效期内恢复正常，工作负责人可根据情况间断工作，否则应终结本次工作。若无人机巡检系统已经放飞，工作负责人应立即采取措施，作业人员在保证安全的条件下，控制无人机巡检系统返航或就近降落，采取其他安全策略及应急方案保证无人机巡检系统安全。

Jb0001433039 Q/GDW 11399—2015《架空输电线路无人机巡检作业安全工作规程》规定：白天工作间断时，为保障无人机系统安全，有何规定？（5分）

考核知识点：架空输电线路无人机安规

难易度：难

标准答案：

白天工作间断时，应将发动机处于停运状态、电动机下电，并采取其他必要的安全措施，必要时派人看守。恢复工作时，应对无人机巡检系统进行检查，确认其状态正常。即使工作间断前已经完成系统自检，也必须重新进行自检。

Jb0001432040　Q/GDW 11399—2015《架空输电线路无人机巡检作业安全工作规程》规定：隔天工作间断并恢复工作时，有何规定？（5分）

考核知识点：架空输电线路无人机安规

难易度：中

标准答案：

隔天工作间断时，应撤收所有设备并清理工作现场，恢复工作时，应重新报告工作许可人，对无人机巡检系统进行检查，确认其状态正常，重新自检。

Jb0001432041　Q/GDW 11399—2015《架空输电线路无人机巡检作业安全工作规程》规定：对工作票的有效期与延期有何规定？（5分）

考核知识点：架空输电线路无人机安规

难易度：中

标准答案：

工作票的有效截止时间以工作票签发人批准的工作结束时间为限。工作票只允许延期一次，若需办理延期手续，应在有效截止时间前2h由工作负责人向工作票签发人提出申请，经同意后由工作负责人报告工作许可人予以办理。

Jb0001432042　Q/GDW 11399—2015《架空输电线路无人机巡检作业安全工作规程》规定：工作终结报告应包含哪些内容？（5分）

考核知识点：架空输电线路无人机安规

难易度：中

标准答案：

工作终结报告应简明扼要，并包括下列内容：工作负责人姓名、工作班组名称、工作任务（说明线路名称、巡检飞行的起止杆塔号等）已经结束，无人机巡检系统已经回收，工作终结。

Jb0001431043　Q/GDW 11399—2015《架空输电线路无人机巡检作业安全工作规程》规定：保证安全的技术措施有哪些？（5分）

考核知识点：架空输电线路无人机安规

难易度：易

标准答案：

保证安全的技术措施有：航线规划、安全策略设置、航前检查、航巡监控和航后检查。

Jb0001432044　Q/GDW 11399—2015《架空输电线路无人机巡检作业安全工作规程》规定：航线规划应避开哪些区域？（5分）

考核知识点：架空输电线路无人机安规

难易度：中

标准答案：

航线规划应避开空中管制区、重要建筑和设施，尽量避开人员活动聚集区，通信用阳区，无线电干扰区、大风或切变风多发区和森林防火区等。对首次进行无人机巡检作业的线段，航线规划时应留有充足裕量，与以上区域保持足够的安全距离。

Jb0001433045 Q/GDW 11399—2015《架空输电线路无人机巡检作业安全工作规程》规定：航线规划中对飞行航时的裕度有哪些规定？（5分）

考核知识点：架空输电线路无人机安规

难易度：难

标准答案：

航线规划时，无人机巡检系统飞行航时应留有裕度。对已经飞行过的巡检作业航线，每架次任务的飞行航时应不超过无人机巡检系统作业航时，并留有一定格量。对首次实际飞行的巡检作业航线，每架次任务的飞行航时应充分考虑无人机巡检系统作业航时，留有充足裕量。

Jb0001432046 Q/GDW 11399—2015《架空输电线路无人机巡检作业安全工作规程》规定：航线规划中对无人机起降区域有哪些规定？（5分）

考核知识点：架空输电线路无人机安规

难易度：中

标准答案：

选定的无人机巡检系统起飞区和降落区应远离公路、铁路、重要建筑和设施，尽量避开周边军事禁区、军事管理区、森林防火区和人员活动密集区等，且满足对应机型的技术指标要求。

Jb0001433047 Q/GDW 11399—2015《架空输电线路无人机巡检作业安全工作规程》规定：保证安全的技术措施中对安全策略设置有哪些规定？（5分）

考核知识点：架空输电线路无人机安规

难易度：难

标准答案：

应充分考虑无人机巡检系统在飞行过程中出现偏离航线、导航卫星颗数无法定位、通信链路中断、动力失效等故障的可能性，合理设置安全策略。应充分考虑巡检过程中气象条件和空域许可等情况发生变化的可能性，合理制订安全策略。

Jb0002432048 螺旋桨的型号由什么组成？（5分）

考核知识点：无人机动力系统螺旋桨

难易度：中

标准答案：

一般螺旋桨型号是由桨直径与螺距组成的。比如，1047，代表意思就是桨直径 10in，螺距为 4.7in，1in =25.4mm，考试中，假如询问到 DJI S900 的桨是什么型号，是 1552。其代表的意思就是，桨直径 15in、螺距 5.2in。

Jb0002432049 电机型号中各项的含义分别是什么？（5分）

考核知识点：无人机动力系统电机

难易度：中

标准答案：

一般情况下，电机型号由定子、转子尺寸以及电机功率两部分组成。以DJI S900使用的电机为例，“4114KV：400”。其中4114前面两位是定子直径为41mm，后面两位是定子高度14mm。KV值是指每1V的电压下电机每分钟空转的转速。“KV：400”就代表在1V的电压下空转转速是每分钟400转。

Jb0002432050　电调如何校准？（5分）

考核知识点：无人机动力系统电调

难易度：中

标准答案：

（1）校准前一定要卸下螺旋桨，再断开电调电源。

（2）将遥控器油门打到最大。

（3）给电调上电，当听到电调发出两声哔哔声后，将遥控器油门打到最低，电调会发出一声长响。

（4）此时上下拉动油门杆，观察电机运作以及转向是否正常，测试完成后将油门回复原位，重新给电调上电即完成校准。

（5）提示：数字信号/协议电调是不需要校准的，模拟信号/协议电调才需要校准。

Jb00024330051　电池如何保养及电池种类有哪些？（5分）

考核知识点：无人机动力系统电池

难易度：难

标准答案：

电池单片电压分为标称电压、存放电压和满电电压三种。其中，单片电池标称电压、存放电压、截止电压分别是3.7V、3.85V、4.2V。以“16000mAh 6s”为例，标称电压、存放电压、满电电压分别为$3.7\times6=22.2$V，$3.85\times6=23.1$V，$4.2\times6=25.2$V。

通常使用的电池有锂聚合物电池、锂铁电池、镍氢电池。锂聚合物在日常使用中需要注意，不能过充或过放，存放时要保证在3.85～3.9V。锂铁电池的截止电压为3.6V，标称电压为3.3V。虽然其不害怕过充过放，也要注意防止此类问题。镍氢电池标称电压为1.2V，截止电压为1.5V，存在自放电的问题。所以在日常存放时，需要充满电池。

Jb0002431052　如何在不同季节（温度）保养电池？（5分）

考核知识点：无人机动力系统电池

难易度：易

标准答案：

电池要注意不要过充、过放，同时电池要处于正常工作温度之内（-10～40℃）。

Jb0002432053　电池过放会有什么后果？（5分）

考核知识点：无人机动力系统电池

难易度：中

标准答案：

电池若是在放电过程中，超过电池放电的终止电压值，还继续放电时就可能会造成电池内压升高，正、负极活性物质的可逆性遭到损坏，使电池的容量产生明显减少。

Jb0002432054 无人机系统常用电池有哪些？（5分）

考核知识点：无人机动力系统电池

难易度：中

标准答案：

锂聚合物，3.7V，无记忆效应，适合大电流放电，适用于动力电源；铅酸蓄电池，6V、12V，无记忆效应、大电流放电，适用于启动电源；镍氢电池，1.2V，小记忆效应、小电流放电，适用于设备电源；镍镉电池，1.2V，强记忆效应、大电流放电，早期动力电源；干电池，1.5V，不可充电、小电流放电，临时设备电源。

Jb0002431055 多轴飞行器飞行平台由哪些设备组成，描述出其连接方式。（5分）

考核知识点：多轴飞行器

难易度：易

标准答案：

遥控器接收机—飞控—电调—电机；电池—电调电机；数传电源数传模块—飞控；摄像头—图传模块—图传电源。

Jb0002431056 OSD是什么？（5分）

考核知识点：无人机飞控系统

难易度：易

标准答案：

OSD是on scree display的缩写，在显示器的荧幕中叠加飞行中的一些数据或图形，让使用者得到一些信息。

Jb000241057 飞行前要检查遥控器哪三项？（5分）

考核知识点：检查

难易度：易

标准答案：

对于多轴飞行器来说，三项分别为遥控器电压，遥控器所选择的模型，微调显示是否中立。

Jb0002431058 飞机降落后检查什么？（5分）

考核知识点：检查

难易度：易

标准答案：

（1）测电：每片电池电压是否均衡。

（2）电机：检查温度是否异常。

（3）机体紧固。

Jb0002432059 多旋翼无人机控制前后飞行时，是否需要同时增加油门？为什么？（5分）

考核知识点：操作飞行

难易度：中

标准答案：

需要，因为飞行前后飞行所需的拉力是靠升力随倾角的分量缠身的，升力在重力方向的分量也减小，如果不增加油门，飞机在前后飞行时不能稳定高度。

Jb0002432060　无人机视距外飞行，如 GPS 丢星如何处理？（5 分）

考核知识点：应急操作程序

难易度：中

标准答案：

如果图传是好的，有机载视频能提供引导，可以仿照 FPV 模式，将无人机飞回。如果飞控姿态还持续有效，数据链路也仍然有效，可用姿态遥控模式将其飞回。如果不能飞回，果断在野外开伞回收。如无伞可考虑收油门，以防飞丢。

Jb0002433061　简述民用无人机作业前，地面控制站都需要做的工作。（5 分）

考核知识点：飞行控制

难易度：难

标准答案：

（1）地面检查：飞行器类型或型号选择是否正确；人工调整飞行器姿态，观察地面站反馈是否正确；各机载及地面设备电压；任务设备通道反应或接收效果；固定翼吹气检查空速管效果，直升机、旋翼校准磁场。

（2）预规划：根据任务内容、地理、气象确定飞行范围；设定一般航线航路点；设定制式航线或扫描航线航路点；设定回家点、伞降点、迫降点等方案；检查航程、航时、转弯半径、爬升下降能力、地形遮蔽等；等待起飞或发射。

Jb0002433062　执行飞行任务前，对无人机的检查准备工作包括哪些？（5 分）

考核知识点：飞行控制

难易度：难

标准答案：

（1）检查电池电量。

（2）飞行器外观检查，各机载设备零部件外观及连接，螺旋桨是否安装正确。

（3）检查遥控器与地面站，遥控器各开关位置是否正确，遥杆位置是否正确，地面站电量是否充足，软件是否完备，地面设备连接是否可靠。

（4）开机顺序是否正确：遥控器→无人机→控制站和遥控器+无人机→控制站。

（5）遥控器开机，所选模型是否正确，飞行模式是否正确等。

Jb0002433063　如何保证数传链路在使用中的稳定性、安全性？（5 分）

考核知识点：无人机动力系统

难易度：难

标准答案：

（1）地面调试阶段如果有条件要进行最大数据量下的拉距实验，并熟悉各种天线的性能。

（2）飞控中需使能链路中断返航功能，并设定好中断难复判断时间。

（3）在飞行场要调查航线沿途重要干扰源，并作避让措施。

（4）起飞前检查电台、天线、馈线、电台电池，是否有脱落、断裂，电压不够等状态。

Jb0002431064　飞行器飞行过程中，主要观测地面站哪些数据？（5 分）

考核知识点：飞行控制

难易度：易

标准答案：

飞行高度、GPS 卫星、姿态、空速等。

Jb0002431065 电调按电流大小分为 20A、30A、50A、60A，为飞机选择合适的电调遵循什么原则？（5 分）

考核知识点：无人机动力系统电调

难易度：易

标准答案：

根据电机峰值电流，一般按 4～5 倍的原则进行选取，如峰值电流为 10A，需要选 40～50A 的电调。

Jb0002431066 动力输出的线缆直径，AWG12 和 AWG10 哪种线粗？（5 分）

考核知识点：无人机动力系统

难易度：易

标准答案：

号越大，线越细，所以 AWG10 的线粗。

Jb0002431067 一块容量为 10000mAh 的电池，用 1A 充电，是多少 C？（5 分）

考核知识点：无人机动力系统电池

难易度：易

标准答案：

0.1C。因为 10000mAh 即为 10Ah，也就是用 1C 充电是 10A，用 1A 充电，则 10 乘以 C 数=1A，则 C 数等于 0.1。

第四章　无人机巡检工中级工技能操作

Jc0002452001　对搭载 DJI 飞控的多旋翼无人机指南针进行校准，并口述为什么要校准。(100 分)

考核知识点：设备使用与维护保养

难易度：中

技能等级评价专业技能考核操作工作任务书

一、任务名称

对搭载 DJI 飞控的多旋翼无人机指南针进行校准，并口述为什么要校准。

二、适用工种

无人机巡检工中级工。

三、具体任务

（1）进行搭载 DJI 飞控的多旋翼无人机指南针校准，并口述校准办法。

（2）口述校准原因。

四、工作规范及要求

（1）工作准备、工作许可、工作结束、工作终结汇报满足考场要求。

（2）按要求进行指南针校准，口述指南针校准办法，并说明原因。

五、考核及时间要求

本考核操作时间为 15 分钟，时间到停止考评。

技能等级评价专业技能考核操作评分标准

工种	无人机巡检工					评价等级	中级工
项目模块	设备使用与维护保养—多旋翼无人机巡检系统结构、原理				编号	Jc0002452001	
单位		准考证号				姓名	
考试时限	15 分钟		题型	单项操作		题分	100 分
成绩		考评员		考评组长		日期	
试题正文	对搭载 DJI 飞控的多旋翼无人机指南针进行校准，并口述为什么要校准						
需要说明的问题和要求	（1）要求单人操作，完成搭载 DJI 飞控的多旋翼无人机指南针校准。 （2）要求单人操作，对无人机指南针校准方法进行口述，同时说明校准的原因。 （3）操作应注意安全，按照标准化作业书的技术安全说明做好安全措施						

序号	项目名称	质量要求	满分	扣分标准	扣分原因	得分
1	工作准备					
1.1	安全劳动防护用品的准备	正确选择佩戴安全帽，穿全套工装，包括工作服、绝缘鞋、棉手套等	5	未按规定正确佩戴安全帽、穿工作服、绝缘鞋、戴棉手套等每项扣 2 分，扣完为止		
1.2	无人机及相关设备准备与摆放	熟练地做好无人机的检查与准备工作	5	现场凌乱，摆放不整齐，准备不到位，未正确检查，检查漏一项扣 1 分，扣完为止		
2	工作许可					

续表

序号	项目名称	质量要求	满分	扣分标准	扣分原因	得分
2.1	许可方式	向考评员示意准备就绪，申请开始工作	5	未申请开始考试扣5分		
3	工作步骤及技术要求					
3.1	DJI飞控的多旋翼无人机指南针校准	完成DJI飞控的多旋翼无人机指南针校准，符合校准方法。 （1）快速切换模式选择开关5次或以上。 （2）在飞行器指示灯变常亮时，水平旋转飞行器约360°。 （3）在飞行器指示灯变颜色后，垂直旋转飞行器约360°，机头朝下。 （4）指示灯恢复正常闪亮时，校准成功	40	步骤错误扣20分； 未进行校准或校准不成功扣40分		
3.2	对无人机指南针校准方法进行口述，同时说明校准的原因	口述校准方法，并说明原因。 首次使用或更换使用地点时，必须进行校准，指南针才能正常工作，指南针极容易受其他电子设备和磁场干扰而导致数据异常影响飞行，甚至导致飞行事故，经常校准可以使指南针工作在最佳状态	20	校准方法及原因未进行口述的，扣20分； 内容口述不全扣10分		
4	工作结束					
4.1	安全劳动防护用品	安全劳动防护用品恢复原位	5	安全劳动防护用品未放到原位扣5分		
4.2	恢复现场	将无人机及相关设备恢复原样	5	设备未轻拿轻放，恢复不彻底扣5分		
5	工作终结汇报	向考评员报告工作已结束，场地已清理	5	未汇报扣5分		
6	其他要求					
6.1	动作要求	动作熟练顺畅	5	动作不正确扣5分		
6.2	安全要求	严格遵守“四不伤害”原则，不得损坏工器具和设备	5	损坏工器具扣5分		
合计			100			

Jc0003462002　利用无人机进行330kV交流线路单回直线酒杯塔飞行并巡检拍照。（100分）

考核知识点：无人机巡检作业

难易度：中

技能等级评价专业技能考核操作工作任务书

一、任务名称

利用无人机进行330kV交流线路单回直线酒杯塔飞行并巡检拍照。

二、适用工种

无人机巡检工中级工。

三、具体任务

无人机飞行330kV交流线路单回直线酒杯塔操作，并按照架空输电线路多旋翼无人机巡检影像拍摄指导手册中的要求，进行巡检拍照。

四、工作规范及要求

（1）按要求准备现场飞行设备。

（2）飞行过程及拍照顺序按照架空输电线路多旋翼无人机巡检影像拍摄指导手册中的要求，面向大号侧先拍左相，再拍中相，后拍右相，先拍小号侧，后拍大号侧。巡检拍摄的照片要清晰，满足相关要求。满足架空输电线路多旋翼无人机巡检影像拍摄指导手册中，交流线路单回直线酒杯塔的拍摄规则及质量要求。

（3）飞行过程中不得碰塔、导线等。

（4）降落在指定地点。

五、考核及时间要求

本考核操作时间为30分钟，时间到停止考评。

技能等级评价专业技能考核操作评分标准

工种	无人机巡检工					评价等级	中级工
项目模块	无人机巡检作业—架空输电线路精细化巡检				编号	Jc0003462002	
单位			准考证号			姓名	
考试时限	30分钟		题型	单项操作		题分	100分
成绩		考评员		考评组长		日期	
试题正文	利用无人机进行330kV交流线路单回直线酒杯塔飞行并巡检拍照						
需要说明的问题和要求	（1）按要求准备现场飞行设备。 （2）飞行过程及拍照顺序按照架空输电线路多旋翼无人机巡检影像拍摄指导手册中的要求，面向大号侧先拍左相，再拍中相，后拍右相，先拍小号侧，后拍大号侧。巡检拍摄的照片要清晰，满足相关要求。满足架空输电线路多旋翼无人机巡检影像拍摄指导手册中，交流线路单回直线酒杯塔的拍摄规则及质量要求。 （3）飞行过程中不得碰塔、导线等。 （4）降落在指定地点						

序号	项目名称	质量要求	满分	扣分标准	扣分原因	得分
1	工作准备					
1.1	安全劳动防护用品的准备	正确选择佩戴安全帽，穿全套工装，包括工作服、绝缘鞋、棉手套等	5	未按规定正确佩戴安全帽、穿工作服、绝缘鞋、戴棉手套等每项扣2分，扣完为止		
1.2	无人机及相关设备准备与摆放	熟练地做好无人机的检查与准备工作	5	现场凌乱，摆放不整齐，准备不到位，未正确检查，检查漏一项扣1分，扣完为止		
2	工作许可					
2.1	许可方式	向考评员示意准备就绪，申请开始工作	5	未申请开始考试扣5分		
3	工作步骤及技术要求					
3.1	无人机起飞前检查	按要求起飞无人机，起飞前进行检查	10	未检查扣10分； 起飞不成功扣10分； 以上扣分，扣完为止		
3.2	利用无人机进行交流线路单回直线酒杯塔飞行并巡检拍照	飞行过程及拍照顺序按照架空输电线路多旋翼无人机巡检影像拍摄指导手册中的要求，面向大号侧，先拍左相，再拍中相，后拍右相，先拍小号侧后拍大号侧。巡检拍摄的照片要清晰，满足相关要求。满足架空输电线路多旋翼无人机巡检影像拍摄指导手册中，交流线路单回直线酒杯塔的拍摄规则及质量要求	40	超出飞行区域扣5分； 少拍摄一处照片扣5分； 拍照顺序不满足要求扣10分； 照片不满足要求一处扣5分； 以上扣分，扣完为止		
3.3	无人机降落	降落在指定地点内	10	未降落到指定地点，扣10分		

续表

序号	项目名称	质量要求	满分	扣分标准	扣分原因	得分
4	工作结束					
4.1	安全劳动防护用品	安全劳动防护用品恢复原位	5	安全劳动防护用品未放到原位扣 5 分		
4.2	恢复现场	将无人机及相关设备恢复原样	5	设备未轻拿轻放，恢复不彻底扣 5 分		
5	工作终结汇报	向考评员报告工作已结束，场地已清理	5	未汇报扣 5 分		
6	其他要求					
6.1	动作要求	动作熟练顺畅	5	动作不正确扣 5 分		
6.2	安全要求	严格遵守“四不伤害”原则，不得损坏工器具和设备	5	损坏工器具扣 5 分		
合计			100			

Jc0003462003 利用无人机进行 330kV 交流线路单回直线猫头塔飞行并巡检拍照。（100 分）

考核知识点：无人机巡检作业

难易度：中

技能等级评价专业技能考核操作工作任务书

一、任务名称

利用无人机进行 330kV 交流线路单回直线猫头塔飞行并巡检拍照。

二、适用工种

无人机巡检工中级工。

三、具体任务

无人机飞行 330kV 交流线路单回直线猫头塔操作，并按照架空输电线路多旋翼无人机巡检影像拍摄指导手册中的要求，进行巡检拍照。

四、工作规范及要求

（1）按要求准备现场飞行设备。

（2）飞行过程及拍照顺序按照架空输电线路多旋翼无人机巡检影像拍摄指导手册中的要求，面向大号侧先拍左相，再拍中相，后拍右相，先拍小号侧，后拍大号侧。巡检拍摄的照片要清晰，满足相关要求。满足架空输电线路多旋翼无人机巡检影像拍摄指导手册中，交流线路单回直线猫头塔的拍摄规则及质量要求。

（3）飞行过程中不得碰塔、导线等。

（4）降落在指定地点。

五、考核及时间要求

本考核操作时间为 30 分钟，时间到停止考评。

技能等级评价专业技能考核操作评分标准

工种	无人机巡检工			评价等级	中级工
项目模块	无人机巡检作业—架空输电线路精细化巡检		编号	Jc0003462003	
单位		准考证号		姓名	

续表

考试时限	30分钟		题型	单项操作		题分	100分
成绩		考评员		考评组长		日期	
试题正文	利用无人机进行330kV交流线路单回直线猫头塔飞行并巡检拍照						
需要说明的问题和要求	（1）按要求准备现场飞行设备。 （2）飞行过程及拍照顺序按照架空输电线路多旋翼无人机巡检影像拍摄指导手册中的要求，面向大号侧先拍左相，再拍中相，后拍右相，先拍小号侧，后拍大号侧。巡检拍摄的照片要清晰，满足相关要求。满足架空输电线路多旋翼无人机巡检影像拍摄指导手册中，交流线路单回直线猫头塔的拍摄规则及质量要求。 （3）飞行过程中不得碰塔、导线等。 （4）降落在指定地点						

序号	项目名称	质量要求	满分	扣分标准	扣分原因	得分
1	工作准备					
1.1	安全劳动防护用品的准备	正确选择佩戴安全帽，穿全套工装，包括工作服、绝缘鞋、棉手套等	5	未按规定正确佩戴安全帽、穿工作服、绝缘鞋、戴棉手套等每项扣2分，扣完为止		
1.2	无人机及相关设备准备与摆放	熟练地做好无人机的检查与准备工作	5	现场凌乱，摆放不整齐，准备不到位，未正确检查，检查漏一项扣1分，扣完为止		
2	工作许可					
2.1	许可方式	向考评员示意准备就绪，申请开始工作	5	未申请开始考试扣5分		
3	工作步骤及技术要求					
3.1	无人机起飞检查	按要求起飞无人机，起飞前进行检查	10	未检查扣10分； 起飞不成功扣10分		
3.2	利用无人机进行交流线路单回直线猫头塔飞行并巡检拍照	飞行过程及拍照顺序按照架空输电线路多旋翼无人机巡检影像拍摄指导手册中的要求，面向大号侧先拍左相，再拍中相，后拍右相，先拍小号侧，后拍大号侧。巡检拍摄的照片要清晰，满足相关要求。满足架空输电线路多旋翼无人机巡检影像拍摄指导手册中，交流线路单回直线猫头塔的拍摄规则及质量要求	40	未完成扣40分； 超出飞行区域扣5分； 少拍摄一处照片扣5分； 拍照顺序不满足要求扣10分； 照片不满足要求一处扣5分； 以上扣分，扣完为止		
3.3	无人机降落	降落在指定地点内	10	未降落到指定地点，扣10分		
4	工作结束					
4.1	安全劳动防护用品	安全劳动防护用品恢复原位	5	安全劳动防护用品未放到原位扣5分		
4.2	恢复现场	将无人机及相关设备恢复原样	5	设备未轻拿轻放，恢复不彻底扣5分		
5	工作终结汇报	向考评员报告工作已结束，场地已清理	5	未汇报扣5分		
6	其他要求					
6.1	动作要求	动作熟练顺畅	5	动作不正确扣5分		
6.2	安全要求	严格遵守“四不伤害”原则，不得损坏工器具和设备	5	损坏工器具扣5分		
合计			100			

Jc0003462004　利用无人机进行±660kV直流线路单回直线塔飞行并巡检拍照。（100分）

考核知识点：无人机巡检作业

难易度：中

技能等级评价专业技能考核操作工作任务书

一、任务名称

利用无人机进行±660kV 直流线路单回直线塔飞行并巡检拍照。

二、适用工种

无人机巡检工中级工。

三、具体任务

无人机飞行直流线路单回直线塔操作，并按照架空输电线路多旋翼无人机巡检影像拍摄指导手册中的要求，进行巡检拍照。

四、工作规范及要求

（1）按要求准备现场飞行设备。

（2）飞行过程及拍照顺序按照架空输电线路多旋翼无人机巡检影像拍摄指导手册中的要求，面向大号侧先拍左相，再拍中相，后拍右相，先拍小号侧，后拍大号侧。巡检拍摄的照片要清晰，满足相关要求。满足架空输电线路多旋翼无人机巡检影像拍摄指导手册中，直流线路单回直线塔的拍摄规则及质量要求。

（3）飞行过程中不得碰塔、导线等。

（4）降落在指定地点。

五、考核及时间要求

本考核操作时间为 30 分钟，时间到停止考评。

技能等级评价专业技能考核操作评分标准

工种	无人机巡检工					评价等级	中级工
项目模块	无人机巡检作业—架空输电线路精细化巡检				编号	Jc0003462004	
单位			准考证号			姓名	
考试时限	30 分钟	题型		单项操作		题分	100 分
成绩		考评员		考评组长		日期	
试题正文	利用无人机进行±660kV 直流线路单回直线塔飞行并巡检拍照						
需要说明的问题和要求	（1）按要求准备现场飞行设备。 （2）飞行过程及拍照顺序按照架空输电线路多旋翼无人机巡检影像拍摄指导手册中的要求，面向大号侧先拍左相，再拍中相，后拍右相，先拍小号侧，后拍大号侧。巡检拍摄的照片要清晰，满足相关要求。满足架空输电线路多旋翼无人机巡检影像拍摄指导手册中，直流线路单回直线塔的拍摄规则及质量要求。 （3）飞行过程中不得碰塔、导线等。 （4）降落在指定地点						

序号	项目名称	质量要求	满分	扣分标准	扣分原因	得分
1	工作准备					
1.1	安全劳动防护用品的准备	正确选择佩戴安全帽，穿全套工装，包括工作服、绝缘鞋、棉手套等	5	未按规定正确佩戴安全帽、穿工作服、绝缘鞋、戴棉手套等每项扣 2 分，扣完为止		
1.2	无人机及相关设备准备与摆放	熟练地做好无人机的检查与准备工作	5	现场凌乱，摆放不整齐，准备不到位，未正确检查，检查漏一项扣 1 分，扣完为止		
2	工作许可					
2.1	许可方式	向考评员示意准备就绪，申请开始工作	5	未申请开始考试扣 5 分		

续表

序号	项目名称	质量要求	满分	扣分标准	扣分原因	得分
3	工作步骤及技术要求					
3.1	无人机起飞检查	按要求起飞无人机，起飞前进行检查	10	未检查扣10分； 起飞不成功扣10分； 以上扣分，扣完为止		
3.2	利用无人机进行直流线路单回直线塔飞行并巡检拍照	飞行过程及拍照顺序按照架空输电线路多旋翼无人机巡检影像拍摄指导手册中的要求，面向大号侧先拍左相，再拍中相，后拍右相，先拍小号侧，后拍大号侧。巡检拍摄的照片要清晰，满足相关要求。满足架空输电线路多旋翼无人机巡检影像拍摄指导手册中，直流线路单回直线塔的拍摄规则及质量要求	40	未完成扣40分； 超出飞行区域扣5分； 少拍摄一处照片扣5分； 照片不满足要求一处扣5分； 以上扣分，扣完为止		
3.3	无人机降落	降落在指定地点内	10	未降落到指定地点，扣10分		
4	工作结束					
4.1	安全劳动防护用品	安全劳动防护用品恢复原位	5	安全劳动防护用品未放到原位扣5分		
4.2	恢复现场	将无人机及相关设备恢复原样	5	设备未轻拿轻放，恢复不彻底扣5分		
5	工作终结汇报	向考评员报告工作已结束，场地已清理	5	未汇报扣5分		
6	其他要求					
6.1	动作要求	动作熟练顺畅	5	动作不正确扣1～5分		
6.2	安全要求	严格遵守“四不伤害”原则，不得损坏工器具和设备	5	损坏工器具扣5分		
合计			100			

Jc0003462005　利用无人机进行换位塔飞行并巡检拍照。（100分）

考核知识点：无人机巡检作业

难易度：中

技能等级评价专业技能考核操作工作任务书

一、任务名称

利用无人机进行换位塔飞行并巡检拍照。

二、适用工种

无人机巡检工中级工。

三、具体任务

无人机飞行换位塔操作，并按照架空输电线路多旋翼无人机巡检影像拍摄指导手册中的要求，进行巡检拍照。

四、工作规范及要求

（1）按要求准备现场飞行设备。

（2）飞行过程及拍照顺序按照架空输电线路多旋翼无人机巡检影像拍摄指导手册中的要求，面向大号侧先拍左相，再拍中相，后拍右相，先拍小号侧，后拍大号侧。巡检拍摄的照片要清晰，满足相关要求。满足架空输电线路多旋翼无人机巡检影像拍摄指导手册中，换位塔的拍摄规则及质量要求。

（3）飞行过程中不得碰塔、导线等。

（4）降落在指定地点。

五、考核及时间要求

本考核操作时间为30分钟，时间到停止考评。

技能等级评价专业技能考核操作评分标准

工种	无人机巡检工				评价等级	中级工
项目模块	无人机巡检作业—架空输电线路精细化巡检			编号	Jc0003462005	
单位		准考证号			姓名	
考试时限	30分钟	题型	单项操作		题分	100分
成绩		考评员		考评组长	日期	
试题正文	利用无人机进行换位塔飞行并巡检拍照					
需要说明的问题和要求	（1）按要求准备现场飞行设备。 （2）飞行过程及拍照顺序按照架空输电线路多旋翼无人机巡检影像拍摄指导手册中的要求，面向大号侧先拍左相，再拍中相，后拍右相，先拍小号侧，后拍大号侧。巡检拍摄的照片要清晰，满足相关要求。满足架空输电线路多旋翼无人机巡检影像拍摄指导手册中，换位塔的拍摄规则及质量要求。 （3）飞行过程中不得碰塔、导线等。 （4）降落在指定地点					
序号	项目名称	质量要求	满分	扣分标准	扣分原因	得分
1	工作准备					
1.1	安全劳动防护用品的准备	正确选择佩戴安全帽，穿全套工装，包括工作服、绝缘鞋、棉手套等	5	未按规定正确佩戴安全帽、穿工作服、绝缘鞋、戴棉手套等每项扣2分，扣完为止		
1.2	无人机及相关设备准备与摆放	熟练地做好无人机的检查与准备工作	5	现场凌乱，摆放不整齐，准备不到位，未正确检查，检查漏一项扣1分，扣完为止		
2	工作许可					
2.1	许可方式	向考评员示意准备就绪，申请开始工作	5	未申请开始考试扣5分		
3	工作步骤及技术要求					
3.1	无人机起飞检查	按要求起飞无人机，起飞前进行检查	10	未检查扣10分； 起飞不成功扣10分； 以上扣分，扣完为止		
3.2	利用无人机进行换位塔飞行并巡检拍照	飞行过程及拍照顺序按照架空输电线路多旋翼无人机巡检影像拍摄指导手册中的要求，面向大号侧先拍左相，再拍中相，后拍右相，先拍小号侧，后拍大号侧。巡检拍摄的照片要清晰，满足相关要求。满足架空输电线路多旋翼无人机巡检影像拍摄指导手册中换位塔的拍摄规则及质量要求	40	未完成扣40分； 超出飞行区域扣5分； 少拍摄一处照片扣5分； 拍照顺序不满足要求扣10分； 照片不满足要求一处扣5分； 以上扣分，扣完为止		
3.3	无人机降落	降落在指定地点内	10	未降落到指定地点，扣10分		
4	工作结束					
4.1	安全劳动防护用品	安全劳动防护用品恢复原位	5	安全劳动防护用品未放到原位扣5分		
4.2	恢复现场	将无人机及相关设备恢复原样	5	设备未轻拿轻放，恢复不彻底扣5分		

续表

序号	项目名称	质量要求	满分	扣分标准	扣分原因	得分
5	工作终结汇报	向考评员报告工作已结束，场地已清理	5	未汇报扣5分		
6	其他要求					
6.1	动作要求	动作熟练顺畅	5	动作不正确扣5分		
6.2	安全要求	严格遵守“四不伤害”原则，不得损坏工器具和设备	5	损坏工器具扣5分		
合计			100			

Jc0003462006　利用无人机进行220kV拉线塔飞行并巡检拍照。(100分)

考核知识点：无人机巡检作业

难易度：中

技能等级评价专业技能考核操作工作任务书

一、任务名称

利用无人机进行220kV拉线塔飞行并巡检拍照。

二、适用工种

无人机巡检工中级工。

三、具体任务

无人机飞行拉线塔操作，并按照架空输电线路多旋翼无人机巡检影像拍摄指导手册中的要求，进行巡检拍照。

四、工作规范及要求

（1）按要求准备现场飞行设备。

（2）飞行过程及拍照顺序按照架空输电线路多旋翼无人机巡检影像拍摄指导手册中的要求，面向大号侧先拍左相，再拍中相，后拍右相，先拍小号侧，后拍大号侧。巡检拍摄的照片要清晰，满足相关要求。满足架空输电线路多旋翼无人机巡检影像拍摄指导手册中，拉线塔的拍摄规则及质量要求。

（3）飞行过程中不得碰塔、导线等。

（4）降落在指定地点。

五、考核及时间要求

本考核操作时间为30分钟，时间到停止考评。

技能等级评价专业技能考核操作评分标准

工种	无人机巡检工					评价等级	中级工
项目模块	无人机巡检作业—架空输电线路精细化巡检				编号	Jc0003462006	
单位			准考证号			姓名	
考试时限	30分钟	题型	单项操作			题分	100分
成绩		考评员		考评组长		日期	
试题正文	利用无人机进行220kV拉线塔飞行并巡检拍照						

续表

需要说明的问题和要求	（1）按要求准备现场飞行设备。 （2）飞行过程及拍照顺序按照架空输电线路多旋翼无人机巡检影像拍摄指导手册中的要求，面向大号侧先拍左相，再拍中相，后拍右相，先拍小号侧，后拍大号侧。巡检拍摄的照片要清晰，满足相关要求。满足架空输电线路多旋翼无人机巡检影像拍摄指导手册中，拉线塔的拍摄规则及质量要求。 （3）飞行过程中不得碰塔、导线等。 （4）降落在指定地点

序号	项目名称	质量要求	满分	扣分标准	扣分原因	得分
1	工作准备					
1.1	安全劳动防护用品的准备	正确选择佩戴安全帽，穿全套工装，包括工作服、绝缘鞋、棉手套等	5	未按规定正确佩戴安全帽、穿工作服、绝缘鞋、戴棉手套等每项扣2分，扣完为止		
1.2	无人机及相关设备准备与摆放	熟练地做好无人机的检查与准备工作	5	现场凌乱，摆放不整齐，准备不到位，未正确检查，检查漏一项扣1分，扣完为止		
2	工作许可					
2.1	许可方式	向考评员示意准备就绪，申请开始工作	5	未申请开始考试扣5分		
3	工作步骤及技术要求					
3.1	无人机起飞检查	按要求起飞无人机，起飞前进行检查	10	未检查扣10分； 起飞不成功扣10分		
3.2	利用无人机进行拉线塔飞行并巡检拍照	飞行过程及拍照顺序按照架空输电线路多旋翼无人机巡检影像拍摄指导手册中的要求，面向大号侧先拍左相，再拍中相，后拍右相，先拍小号侧，后拍大号侧。巡检拍摄的照片要清晰，满足相关要求。满足架空输电线路多旋翼无人机巡检影像拍摄指导手册中，拉线塔的拍摄规则及质量要求	40	未完成扣40分； 超出飞行区域扣5分； 少拍摄一处照片扣5分； 拍照顺序不满足要求扣10分； 照片不满足要求一处扣5分； 以上扣分，扣完为止		
3.3	无人机降落	降落在指定地点内	10	未降落到指定地点，扣10分		
4	工作结束					
4.1	安全劳动防护用品	安全劳动防护用品恢复原位	5	安全劳动防护用品未放到原位扣5分		
4.2	恢复现场	将无人机及相关设备恢复原样	5	设备未轻拿轻放，恢复不彻底扣5分		
5	工作终结汇报	向考评员报告工作已结束，场地已清理	5	未汇报扣5分		
6	其他要求					
6.1	动作要求	动作熟练顺畅	5	动作不正确扣5分		
6.2	安全要求	严格遵守“四不伤害”原则，不得损坏工器具和设备	5	损坏工器具扣5分		
合计			100			

Jc0003462007　利用无人机进行750kV交流线路单回直线酒杯塔飞行并巡检拍照。（100分）

考核知识点：无人机巡检作业

难易度：中

技能等级评价专业技能考核操作工作任务书

一、任务名称

利用无人机进行750kV交流线路单回直线酒杯塔飞行并巡检拍照。

二、适用工种

无人机巡检工中级工。

三、具体任务

无人机飞行750kV交流线路单回直线酒杯塔操作，并按照架空输电线路多旋翼无人机巡检影像拍摄指导手册中的要求，进行巡检拍照。

四、工作规范及要求

（1）按要求准备现场飞行设备。

（2）飞行过程及拍照顺序按照架空输电线路多旋翼无人机巡检影像拍摄指导手册中的要求，面向大号侧先拍左相，再拍中相，后拍右相，先拍小号侧，后拍大号侧。巡检拍摄的照片要清晰，满足相关要求。满足架空输电线路多旋翼无人机巡检影像拍摄指导手册中，交流线路单回直线酒杯塔的拍摄规则及质量要求。

（3）飞行过程中不得碰塔、导线等。

（4）降落在指定地点。

五、考核及时间要求

本考核操作时间为30分钟，时间到停止考评。

技能等级评价专业技能考核操作评分标准

<table>
<tr><td>工种</td><td colspan="5">无人机巡检工</td><td>评价等级</td><td>中级工</td></tr>
<tr><td>项目模块</td><td colspan="4">无人机巡检作业—架空输电线路精细化巡检</td><td>编号</td><td colspan="2">Jc0003462007</td></tr>
<tr><td>单位</td><td colspan="3"></td><td>准考证号</td><td></td><td>姓名</td><td></td></tr>
<tr><td>考试时限</td><td colspan="2">30分钟</td><td>题型</td><td colspan="2">单项操作</td><td>题分</td><td>100分</td></tr>
<tr><td>成绩</td><td></td><td>考评员</td><td></td><td>考评组长</td><td></td><td>日期</td><td></td></tr>
<tr><td>试题正文</td><td colspan="7">利用无人机进行750kV交流线路单回直线酒杯塔飞行并巡检拍照</td></tr>
<tr><td>需要说明的问题和要求</td><td colspan="7">（1）按要求准备现场飞行设备。
（2）飞行过程及拍照顺序按照架空输电线路多旋翼无人机巡检影像拍摄指导手册中的要求，面向大号侧先拍左相，再拍中相，后拍右相，先拍小号侧，后拍大号侧。巡检拍摄的照片要清晰，满足相关要求。满足架空输电线路多旋翼无人机巡检影像拍摄指导手册中，交流线路单回直线酒杯塔的拍摄规则及质量要求。
（3）飞行过程中不得碰塔、导线等。
（4）降落在指定地点</td></tr>
</table>

序号	项目名称	质量要求	满分	扣分标准	扣分原因	得分
1	工作准备					
1.1	安全劳动防护用品的准备	正确选择佩戴安全帽，穿全套工装，包括工作服、绝缘鞋、棉手套等	5	未按规定正确佩戴安全帽、穿工作服、绝缘鞋、戴棉手套等每项扣2分，扣完为止		
1.2	无人机及相关设备准备与摆放	熟练地做好无人机的检查与准备工作	5	现场凌乱，摆放不整齐，准备不到位，未正确检查，检查漏一项扣1分，扣完为止		
2	工作许可					
2.1	许可方式	向考评员示意准备就绪，申请开始工作	5	未申请开始考试扣5分		

续表

序号	项目名称	质量要求	满分	扣分标准	扣分原因	得分
3	工作步骤及技术要求					
3.1	无人机起飞前检查	按要求起飞无人机，起飞前进行检查	10	未检查扣10分； 起飞不成功扣10分； 以上扣分，扣完为止		
3.2	利用无人机进行交流线路单回直线酒杯塔飞行并巡检拍照	飞行过程及拍照顺序按照架空输电线路多旋翼无人机巡检影像拍摄指导手册中的要求，面向大号侧先拍左相，再拍中相，后拍右相，先拍小号侧，后拍大号侧。巡检拍摄的照片要清晰，满足相关要求。满足架空输电线路多旋翼无人机巡检影像拍摄指导手册中，交流线路单回直线酒杯塔的拍摄规则及质量要求	40	未完成扣40分； 超出飞行区域扣5分； 少拍摄一处照片扣5分； 照片不满足要求一处扣5分； 以上扣分，扣完为止		
3.3	无人机降落	降落在指定地点内	10	未降落到指定地点，扣10分		
4	工作结束					
4.1	安全劳动防护用品	安全劳动防护用品恢复原位	5	安全劳动防护用品未放到原位扣5分		
4.2	恢复现场	将无人机及相关设备恢复原样	5	设备未轻拿轻放，恢复不彻底扣5分		
5	工作终结汇报	向考评员报告工作已结束，场地已清理	5	未汇报扣5分		
6	其他要求					
6.1	动作要求	动作熟练顺畅	5	动作不正确扣1～5分		
6.2	安全要求	严格遵守“四不伤害”原则，不得损坏工器具和设备	5	损坏工器具扣5分		
合计			100			

Jc0003462008 利用无人机进行750kV交流线路单回直线猫头塔飞行并巡检拍照。(100分)

考核知识点：无人机巡检作业

难易度：中

技能等级评价专业技能考核操作工作任务书

一、任务名称

利用无人机进行750kV交流线路单回直线猫头塔飞行并巡检拍照。

二、适用工种

无人机巡检工中级工。

三、具体任务

无人机飞行750kV交流线路单回直线猫头塔操作，并按照架空输电线路多旋翼无人机巡检影像拍摄指导手册中的要求，进行巡检拍照。

四、工作规范及要求

（1）按要求准备现场飞行设备。

（2）飞行过程及拍照顺序按照架空输电线路多旋翼无人机巡检影像拍摄指导手册中的要求，面向大号侧先拍左相，再拍中相，后拍右相，先拍小号侧，后拍大号侧。巡检拍摄的照片要清晰，满足相关要求。满足架空输电线路多旋翼无人机巡检影像拍摄指导手册中，交流线路单回直线猫头塔的拍摄规则及质量要求。

（3）飞行过程中不得碰塔、导线等。

（4）降落在指定地点。

五、考核及时间要求

本考核操作时间为30分钟，时间到停止考评。

技能等级评价专业技能考核操作评分标准

<table>
<tr><td>工种</td><td colspan="4">无人机巡检工</td><td>评价等级</td><td colspan="3">中级工</td></tr>
<tr><td>项目模块</td><td colspan="3">无人机巡检作业—架空输电线路精细化巡检</td><td>编号</td><td colspan="4">Jc0003462008</td></tr>
<tr><td>单位</td><td colspan="2"></td><td>准考证号</td><td></td><td>姓名</td><td colspan="3"></td></tr>
<tr><td>考试时限</td><td>30分钟</td><td>题型</td><td colspan="2">单项操作</td><td>题分</td><td colspan="3">100分</td></tr>
<tr><td>成绩</td><td></td><td>考评员</td><td></td><td>考评组长</td><td></td><td>日期</td><td colspan="2"></td></tr>
<tr><td>试题正文</td><td colspan="8">利用无人机进行750kV交流线路单回直线猫头塔飞行并巡检拍照</td></tr>
<tr><td>需要说明的问题和要求</td><td colspan="8">（1）按要求准备现场飞行设备。
（2）飞行过程及拍照顺序按照架空输电线路多旋翼无人机巡检影像拍摄指导手册中的要求，面向大号侧先拍左相，再拍中相，后拍右相，先拍小号侧，后拍大号侧。巡检拍摄的照片要清晰，满足相关要求。满足架空输电线路多旋翼无人机巡检影像拍摄指导手册中，交流线路单回直线猫头塔的拍摄规则及质量要求。
（3）飞行过程中不得碰塔、导线等。
（4）降落在指定地点</td></tr>
</table>

序号	项目名称	质量要求	满分	扣分标准	扣分原因	得分
1	工作准备					
1.1	安全劳动防护用品的准备	正确选择佩戴安全帽，穿全套工装，包括工作服、绝缘鞋、棉手套等	5	未按规定正确佩戴安全帽、穿工作服、绝缘鞋、戴棉手套等每项扣2分，扣完为止		
1.2	无人机及相关设备准备与摆放	熟练地做好无人机的检查与准备工作	5	现场凌乱，摆放不整齐，准备不到位，未正确检查，检查漏一项扣1分，扣完为止		
2	工作许可					
2.1	许可方式	向考评员示意准备就绪，申请开始工作	5	未申请开始考试扣5分		
3	工作步骤及技术要求					
3.1	无人机起飞检查	按要求起飞无人机，起飞前进行检查	10	未检查扣10分； 起飞不成功扣10分； 以上扣分，扣完为止		
3.2	利用无人机进行交流线路单回直线猫头塔飞行并巡检拍照	飞行过程及拍照顺序按照架空输电线路多旋翼无人机巡检影像拍摄指导手册中的要求，面向大号侧先拍左相，再拍中相，后拍右相，先拍小号侧，后拍大号侧。巡检拍摄的照片要清晰，满足相关要求。满足架空输电线路多旋翼无人机巡检影像拍摄指导手册中，交流线路单回直线猫头塔的拍摄规则及质量要求	40	未完成扣40分； 超出飞行区域扣5分； 少拍摄一处照片扣5分； 照片不满足要求一处扣5分； 以上扣分，扣完为止		
3.3	无人机降落	降落在指定地点内	10	未降落到指定地点，扣10分		
4	工作结束					
4.1	安全劳动防护用品	安全劳动防护用品恢复原位	5	安全劳动防护用品未放到原位扣5分		

续表

序号	项目名称	质量要求	满分	扣分标准	扣分原因	得分
4.2	恢复现场	将无人机及相关设备恢复原样	5	设备未轻拿轻放，恢复不彻底扣 5 分		
5	工作终结汇报	向考评员报告工作已结束，场地已清理	5	未汇报扣 5 分		
6	其他要求					
6.1	动作要求	动作熟练顺畅	5	动作不正确扣 1～5 分		
6.2	安全要求	严格遵守“四不伤害”原则，不得损坏工器具和设备	5	损坏工器具扣 5 分		
合计			100			

Jc0003462009　利用无人机进行 ± 800kV 直流线路单回直线塔飞行并巡检拍照。（100 分）

考核知识点：无人机巡检作业

难易度：中

技能等级评价专业技能考核操作工作任务书

一、任务名称

利用无人机进行±800kV 直流线路单回直线塔飞行并巡检拍照。

二、适用工种

无人机巡检工中级工。

三、具体任务

无人机飞行直流线路单回直线塔操作，并按照架空输电线路多旋翼无人机巡检影像拍摄指导手册中的要求，进行巡检拍照。

四、工作规范及要求

（1）按要求准备现场飞行设备。

（2）飞行过程及拍照顺序按照架空输电线路多旋翼无人机巡检影像拍摄指导手册中的要求，面向大号侧先拍左相，再拍中相，后拍右相，先拍小号侧，后拍大号侧。巡检拍摄的照片要清晰，满足相关要求。满足架空输电线路多旋翼无人机巡检影像拍摄指导手册中，直流线路单回直线塔的拍摄规则及质量要求。

（3）飞行过程中不得碰塔、导线等。

（4）降落在指定地点。

五、考核及时间要求

本考核操作时间为 30 分钟，时间到停止考评。

技能等级评价专业技能考核操作评分标准

<table>
<tr><td>工种</td><td colspan="6">无人机巡检工</td><td>评价等级</td><td>中级工</td></tr>
<tr><td>项目模块</td><td colspan="5">无人机巡检作业—架空输电线路精细化巡检</td><td>编号</td><td colspan="2">Jc0003462009</td></tr>
<tr><td>单位</td><td colspan="3"></td><td>准考证号</td><td colspan="2"></td><td>姓名</td><td></td></tr>
<tr><td>考试时限</td><td colspan="2">30 分钟</td><td>题型</td><td colspan="3">单项操作</td><td>题分</td><td>100 分</td></tr>
<tr><td>成绩</td><td></td><td>考评员</td><td></td><td>考评组长</td><td colspan="2"></td><td>日期</td><td></td></tr>
</table>

续表

试题正文	利用无人机进行±800kV 直流线路单回直线塔飞行并巡检拍照
需要说明的问题和要求	（1）按要求准备现场飞行设备。 （2）飞行过程及拍照顺序按照架空输电线路多旋翼无人机巡检影像拍摄指导手册中的要求，面向大号侧先拍左相，再拍中相，后拍右相，先拍小号侧，后拍大号侧。巡检拍摄的照片要清晰，满足相关要求。满足架空输电线路多旋翼无人机巡检影像拍摄指导手册中，直流线路单回直线塔的拍摄规则及质量要求。 （3）飞行过程中不得碰塔、导线等。 （4）降落在指定地点

序号	项目名称	质量要求	满分	扣分标准	扣分原因	得分
1	工作准备					
1.1	安全劳动防护用品的准备	正确选择佩戴安全帽，穿全套工装，包括工作服、绝缘鞋、棉手套等	5	未按规定正确佩戴安全帽、穿工作服、绝缘鞋、戴棉手套等每项扣 2 分，扣完为止		
1.2	无人机及相关设备准备与摆放	熟练地做好无人机的检查与准备工作	5	现场凌乱，摆放不整齐，准备不到位，未正确检查，检查漏一项扣 1 分，扣完为止		
2	工作许可					
2.1	许可方式	向考评员示意准备就绪，申请开始工作	5	未申请开始考试扣 5 分		
3	工作步骤及技术要求					
3.1	无人机起飞检查	按要求起飞无人机，起飞前进行检查	10	未检查扣 10 分； 起飞不成功扣 10 分； 以上扣分，扣完为止		
3.2	利用无人机进行直流线路单回直线塔飞行并巡检拍照	飞行过程及拍照顺序按照架空输电线路多旋翼无人机巡检影像拍摄指导手册中的要求，面向大号侧先拍左相，再拍中相，后拍右相，先拍小号侧，后拍大号侧。巡检拍摄的照片要清晰，满足相关要求。满足架空输电线路多旋翼无人机巡检影像拍摄指导手册中，直流线路单回直线塔的拍摄规则及质量要求	40	未完成扣 40 分； 超出飞行区域扣 5 分； 少拍摄一处照片扣 5 分； 照片不满足要求一处扣 5 分； 以上扣分，扣完为止		
3.3	无人机降落	降落在指定地点内	10	未降落到指定地点，扣 10 分		
4	工作结束					
4.1	安全劳动防护用品	安全劳动防护用品恢复原位	5	安全劳动防护用品未放到原位扣 5 分		
4.2	恢复现场	将无人机及相关设备恢复原样	5	设备未轻拿轻放，恢复不彻底扣 5 分		
5	工作终结汇报	向考评员报告工作已结束，场地已清理	5	未汇报扣 5 分		
6	其他要求					
6.1	动作要求	动作熟练顺畅	5	动作不正确扣 1～5 分		
6.2	安全要求	严格遵守“四不伤害”原则，不得损坏工器具和设备	5	损坏工器具扣 5 分		
合计			100			

Jc0002452010　利用无人机进行 330kV 交流线路双回耐张转角塔飞行并巡检拍照。（100 分）

考核知识点：无人机巡检作业

难易度：中

技能等级评价专业技能考核操作工作任务书

一、任务名称

利用无人机进行 330kV 交流线路双回耐张转角塔飞行并巡检拍照。

二、适用工种

无人机巡检工中级工。

三、具体任务

无人机飞行 330kV 交流线路双回耐张转角塔操作，并按照架空输电线路多旋翼无人机巡检影像拍摄指导手册中的要求，进行巡检拍照。

四、工作规范及要求

（1）按要求准备现场飞行设备。

（2）飞行过程及拍照顺序按照架空输电线路多旋翼无人机巡检影像拍摄指导手册中的要求，面向大号侧先拍左相，再拍中相，后拍右相，先拍小号侧，后拍大号侧。巡检拍摄的照片要清晰，满足相关要求。满足架空输电线路多旋翼无人机巡检影像拍摄指导手册中，交流线路双回耐张转角塔的拍摄规则及质量要求。

（3）飞行过程中不得碰塔、导线等。

（4）降落在指定地点。

五、考核及时间要求

本考核操作时间为 30 分钟，时间到停止考评。

技能等级评价专业技能考核操作评分标准

工种	无人机巡检工					评价等级	中级工
项目模块	无人机巡检作业—架空输电线路精细化巡检				编号	Jc0002452010	
单位			准考证号			姓名	
考试时限	30 分钟		题型	单项操作		题分	100 分
成绩		考评员		考评组长		日期	
试题正文	利用无人机进行 330kV 交流线路双回耐张转角塔飞行并巡检拍照						
需要说明的问题和要求	（1）按要求准备现场飞行设备。 （2）飞行过程及拍照顺序按照架空输电线路多旋翼无人机巡检影像拍摄指导手册中的要求，面向大号侧先拍左相，再拍中相，后拍右相，先拍小号侧，后拍大号侧。巡检拍摄的照片要清晰，满足相关要求。满足架空输电线路多旋翼无人机巡检影像拍摄指导手册中，交流线路双回耐张转角塔的拍摄规则及质量要求。 （3）飞行过程中不得碰塔、导线等。 （4）降落在指定地点						

序号	项目名称	质量要求	满分	扣分标准	扣分原因	得分
1	工作准备					
1.1	安全劳动防护用品的准备	正确选择佩戴安全帽，穿全套工装，包括工作服、绝缘鞋、棉手套等	5	未按规定正确佩戴安全帽、穿工作服、绝缘鞋、戴棉手套等每项扣 2 分，扣完为止		
1.2	无人机及相关设备准备与摆放	熟练地做好无人机的检查与准备工作	5	现场凌乱，摆放不整齐，准备不到位，未正确检查，检查漏一项扣 1 分，扣完为止		
2	工作许可					

续表

序号	项目名称	质量要求	满分	扣分标准	扣分原因	得分
2.1	许可方式	向考评员示意准备就绪，申请开始工作	5	未申请开始考试扣 5 分		
3	工作步骤及技术要求					
3.1	无人机起飞前检查	按要求起飞无人机，起飞前进行检查	10	未检查扣 10 分； 起飞不成功扣 10 分； 以上扣分，扣完为止		
3.2	利用无人机进行交流线路双回耐张转角塔飞行并巡检拍照	飞行过程及拍照顺序按照架空输电线路多旋翼无人机巡检影像拍摄指导手册中的要求，面向大号侧先拍左相，再拍中相，后拍右相，先拍小号侧，后拍大号侧。巡检拍摄的照片要清晰，满足相关要求。满足架空输电线路多旋翼无人机巡检影像拍摄指导手册中，交流线路双回耐张转角耐张塔的拍摄规则及质量要求	40	未完成扣 40 分； 超出飞行区域扣 5 分； 少拍摄一处照片扣 5 分； 照片不满足要求一处扣 5 分； 以上扣分，扣完为止		
3.3	无人机降落	降落在指定地点内	10	未降落到指定地点，扣 10 分		
4	工作结束					
4.1	安全劳动防护用品	安全劳动防护用品恢复原位	5	安全劳动防护用品未放到原位扣 5 分		
4.2	恢复现场	将无人机及相关设备恢复原样	5	设备未轻拿轻放，恢复不彻底扣 5 分		
5	工作终结汇报	向考评员报告工作已结束，场地已清理	5	未汇报扣 5 分		
6	其他要求					
6.1	动作要求	动作熟练顺畅	5	动作不正确扣 1～5 分		
6.2	安全要求	严格遵守“四不伤害”原则，不得损坏工器具和设备	5	损坏工器具扣 5 分		
合计			100			

Jc0002452011　利用无人机进行 750kV 交流线路双回耐张转角塔飞行并巡检拍照。（100 分）

考核知识点：无人机巡检作业

难易度：中

技能等级评价专业技能考核操作工作任务书

一、任务名称

利用无人机进行 750kV 交流线路双回耐张转角塔飞行并巡检拍照。

二、适用工种

无人机巡检工中级工。

三、具体任务

无人机飞行 750kV 交流线路单回双回耐张转角塔操作，并按照架空输电线路多旋翼无人机巡检影像拍摄指导手册中的要求，进行巡检拍照。

四、工作规范及要求

（1）按要求准备现场飞行设备。

（2）飞行过程及拍照顺序按照架空输电线路多旋翼无人机巡检影像拍摄指导手册中的要求，面向大号侧先拍左相，再拍中相，后拍右相，先拍小号侧，后拍大号侧。巡检拍摄的照片要清晰，满足相关要求。满足架空输电线路多旋翼无人机巡检影像拍摄指导手册中，交流线路双回耐张转角塔的拍摄规则及质量要求。

（3）飞行过程中不得碰塔、导线等。

（4）降落在指定地点。

五、考核及时间要求

本考核操作时间为30分钟，时间到停止考评。

技能等级评价专业技能考核操作评分标准

工种	无人机巡检工				评价等级	中级工	
项目模块	无人机巡检作业—架空输电线路精细化巡检			编号	Jc0002452011		
单位		准考证号		姓名			
考试时限	30分钟	题型	单项操作	题分	100分		
成绩		考评员		考评组长		日期	
试题正文	利用无人机进行750kV交流线路双回耐张转角塔飞行并巡检拍照						
需要说明的问题和要求	（1）按要求准备现场飞行设备。 （2）飞行过程及拍照顺序按照架空输电线路多旋翼无人机巡检影像拍摄指导手册中的要求，面向大号侧先拍左相，再拍中相，后拍右相，先拍小号侧，后拍大号侧。巡检拍摄的照片要清晰，满足相关要求。满足架空输电线路多旋翼无人机巡检影像拍摄指导手册中，交流线路双回耐张转角塔的拍摄规则及质量要求。 （3）飞行过程中不得碰塔、导线等。 （4）降落在指定地点						

序号	项目名称	质量要求	满分	扣分标准	扣分原因	得分
1	工作准备					
1.1	安全劳动防护用品的准备	正确选择佩戴安全帽，穿全套工装，包括工作服、绝缘鞋、棉手套等	5	未按规定正确佩戴安全帽、穿工作服、绝缘鞋、戴棉手套等每项扣2分，扣完为止		
1.2	无人机及相关设备准备与摆放	熟练地做好无人机的检查与准备工作	5	现场凌乱，摆放不整齐，准备不到位，未正确检查，检查漏一项扣1分，扣完为止		
2	工作许可					
2.1	许可方式	向考评员示意准备就绪，申请开始工作	5	未申请开始考试扣5分		
3	工作步骤及技术要求					
3.1	无人机起飞前检查	按要求起飞无人机，起飞前进行检查	10	未检查扣10分； 起飞不成功扣10分； 以上扣分，扣完为止		
3.2	利用无人机进行交流线路双回耐张转角塔飞行并巡检拍照	飞行过程及拍照顺序按照架空输电线路多旋翼无人机巡检影像拍摄指导手册中的要求，面向大号侧先拍左相，再拍中相，后拍右相，先拍小号侧，后拍大号侧。巡检拍摄的照片要清晰，满足相关要求。满足架空输电线路多旋翼无人机巡检影像拍摄指导手册中，交流线路双回耐张转角耐张塔的拍摄规则及质量要求	40	未完成扣40分； 超出飞行区域扣5分； 少拍摄一处照片扣5分； 照片不满足要求一处扣5分； 以上扣分，扣完为止		
3.3	无人机降落	降落在指定地点内	10	未降落到指定地点，扣10分		
4	工作结束					

续表

序号	项目名称	质量要求	满分	扣分标准	扣分原因	得分
4.1	安全劳动防护用品	安全劳动防护用品恢复原位	5	安全劳动防护用品未放到原位扣 5 分		
4.2	恢复现场	将无人机及相关设备恢复原样	5	设备未轻拿轻放，恢复不彻底扣 5 分		
5	工作终结汇报	向考评员报告工作已结束，场地已清理	5	未汇报扣 5 分		
6	其他要求					
6.1	动作要求	动作熟练顺畅	5	动作不正确扣 1～5 分		
6.2	安全要求	严格遵守“四不伤害”原则，不得损坏工器具和设备	5	损坏工器具扣 5 分		
合计			100			

Jc0002452012　利用无人机进行 110kV 交流线路双横担水泥杆飞行并巡检拍照。(100 分)

考核知识点：无人机巡检作业

难易度：中

技能等级评价专业技能考核操作工作任务书

一、任务名称

利用无人机进行 110kV 交流线路双横担水泥杆飞行并巡检拍照。

二、适用工种

无人机巡检工中级工。

三、具体任务

无人机飞行交流线路双横担水泥杆操作，并按照架空输电线路多旋翼无人机巡检影像拍摄指导手册中的要求，进行巡检拍照。

四、工作规范及要求

（1）按要求准备现场飞行设备。

（2）飞行过程及拍照顺序按照架空输电线路多旋翼无人机巡检影像拍摄指导手册中的要求，面向大号侧先拍左相，再拍中相，后拍右相，先拍小号侧，后拍大号侧。巡检拍摄的照片要清晰，满足相关要求。满足架空输电线路多旋翼无人机巡检影像拍摄指导手册中，交流线路双横担水泥杆的拍摄规则及质量要求。

（3）飞行过程中不得碰塔、导线等。

（4）降落在指定地点。

五、考核及时间要求

本考核操作时间为 30 分钟，时间到停止考评。

技能等级评价专业技能考核操作评分标准

<table>
<tr><td>工种</td><td colspan="5">无人机巡检工</td><td>评价等级</td><td>中级工</td></tr>
<tr><td>项目模块</td><td colspan="4">无人机巡检作业—架空输电线路精细化巡检</td><td>编号</td><td colspan="2">Jc0002452012</td></tr>
<tr><td>单位</td><td colspan="2"></td><td>准考证号</td><td colspan="2"></td><td>姓名</td><td></td></tr>
<tr><td>考试时限</td><td>30 分钟</td><td>题型</td><td colspan="3">单项操作</td><td>题分</td><td>100 分</td></tr>
</table>

续表

成绩		考评员		考评组长		日期	
试题正文	利用无人机进行110kV交流线路双横担水泥杆飞行并巡检拍照						
需要说明的问题和要求	（1）按要求准备现场飞行设备。 （2）飞行过程及拍照顺序按照架空输电线路多旋翼无人机巡检影像拍摄指导手册中的要求，面向大号侧先拍左相，再拍中相，后拍右相，先拍小号侧，后拍大号侧。巡检拍摄的照片要清晰，满足相关要求。满足架空输电线路多旋翼无人机巡检影像拍摄指导手册中，交流线路双横担水泥杆的拍摄规则及质量要求。 （3）飞行过程中不得碰塔、导线等。 （4）降落在指定地点						

序号	项目名称	质量要求	满分	扣分标准	扣分原因	得分
1	工作准备					
1.1	安全劳动防护用品的准备	正确选择佩戴安全帽，穿全套工装，包括工作服、绝缘鞋、棉手套等	5	未按规定正确佩戴安全帽、穿工作服、绝缘鞋、戴棉手套等每项扣2分，扣完为止		
1.2	无人机及相关设备准备与摆放	熟练地做好无人机的检查与准备工作	5	现场凌乱，摆放不整齐，准备不到位，未正确检查，检查漏一项扣1分，扣完为止		
2	工作许可					
2.1	许可方式	向考评员示意准备就绪，申请开始工作	5	未申请开始考试扣5分		
3	工作步骤及技术要求					
3.1	无人机起飞前检查	按要求起飞无人机，起飞前进行检查	10	未检查扣10分； 起飞不成功扣10分； 以上扣分，扣完为止		
3.2	利用无人机进行交流线路双横担水泥杆飞行并巡检拍照	飞行过程及拍照顺序按照架空输电线路多旋翼无人机巡检影像拍摄指导手册中的要求，面向大号侧先拍左相，再拍中相，后拍右相，先拍小号侧，后拍大号侧。巡检拍摄的照片要清晰，满足相关要求。满足架空输电线路多旋翼无人机巡检影像拍摄指导手册中，交流线路双横担水泥杆的拍摄规则及质量要求	40	未完成扣40分； 超出飞行区域扣5分； 少拍摄一处照片扣5分； 照片不满足要求一处扣5分； 以上扣分，扣完为止		
3.3	无人机降落	降落在指定地点内	10	未降落到指定地点，扣10分		
4	工作结束					
4.1	安全劳动防护用品	安全劳动防护用品恢复原位	5	安全劳动防护用品未放到原位扣5分		
4.2	恢复现场	将无人机及相关设备恢复原样	5	设备未轻拿轻放，恢复不彻底扣5分		
5	工作终结汇报	向考评员报告工作已结束，场地已清理	5	未汇报扣5分		
6	其他要求					
6.1	动作要求	动作熟练顺畅	5	动作不正确扣1～5分		
6.2	安全要求	严格遵守“四不伤害”原则，不得损坏工器具和设备	5	损坏工器具扣5分		
合计			100			

Jc0002452013　利用无人机进行220kV交流线路同塔四回角钢塔飞行并巡检拍照。（100分）

考核知识点：无人机巡检作业

难易度：中

技能等级评价专业技能考核操作工作任务书

一、任务名称

利用无人机进行220kV交流线路同塔四回角钢塔飞行并巡检拍照。

二、适用工种

无人机巡检工中级工。

三、具体任务

无人机飞行交流线路同塔四回角钢塔操作，并按照架空输电线路多旋翼无人机巡检影像拍摄指导手册中的要求，进行巡检拍照。

四、工作规范及要求

（1）按要求准备现场飞行设备。

（2）飞行过程及拍照顺序按照架空输电线路多旋翼无人机巡检影像拍摄指导手册中的要求，面向大号侧先拍左相，再拍中相，后拍右相，先拍小号侧，后拍大号侧。巡检拍摄的照片要清晰，满足相关要求。满足架空输电线路多旋翼无人机巡检影像拍摄指导手册中，交流线路同塔四回角钢塔的拍摄规则及质量要求。

（3）飞行过程中不得碰塔、导线等。

（4）降落在指定地点。

五、考核及时间要求

本考核操作时间为30分钟，时间到停止考评。

技能等级评价专业技能考核操作评分标准

工种	无人机巡检工					评价等级	中级工
项目模块	无人机巡检作业—架空输电线路精细化巡检				编号	Jc0002452013	
单位			准考证号			姓名	
考试时限	30分钟		题型	单项操作		题分	100分
成绩		考评员		考评组长		日期	
试题正文	利用无人机进行220kV交流线路同塔四回角钢塔飞行并巡检拍照						
需要说明的问题和要求	（1）按要求准备现场飞行设备。 （2）飞行过程及拍照顺序按照架空输电线路多旋翼无人机巡检影像拍摄指导手册中的要求，面向大号侧先拍左相，再拍中相，后拍右相，先拍小号侧，后拍大号侧。巡检拍摄的照片要清晰，满足相关要求。满足架空输电线路多旋翼无人机巡检影像拍摄指导手册中，交流线路同塔四回角钢塔的拍摄规则及质量要求。 （3）飞行过程中不得碰塔、导线等。 （4）降落在指定地点						

序号	项目名称	质量要求	满分	扣分标准	扣分原因	得分
1	工作准备					
1.1	安全劳动防护用品的准备	正确选择佩戴安全帽，穿全套工装，包括工作服、绝缘鞋、棉手套等	5	未按规定正确佩戴安全帽、穿工作服、绝缘鞋、戴棉手套等每项扣2分，扣完为止		
1.2	无人机及相关设备准备与摆放	熟练地做好无人机的检查与准备工作	5	现场凌乱，摆放不整齐，准备不到位，未正确检查，检查漏一项扣1分，扣完为止		
2	工作许可					
2.1	许可方式	向考评员示意准备就绪，申请开始工作	5	未申请开始考试扣5分		

续表

序号	项目名称	质量要求	满分	扣分标准	扣分原因	得分
3	工作步骤及技术要求					
3.1	无人机起飞前检查	按要求起飞无人机，起飞前进行检查	10	未检查扣10分； 起飞不成功扣10分； 以上扣分，扣完为止		
3.2	利用无人机进行交流线路同塔四回角钢塔飞行并巡检拍照	飞行过程及拍照顺序按照架空输电线路多旋翼无人机巡检影像拍摄指导手册中的要求，面向大号侧先拍左相，再拍中相，后拍右相，先拍小号侧，后拍大号侧。巡检拍摄的照片要清晰，满足相关要求。满足架空输电线路多旋翼无人机巡检影像拍摄指导手册中，交流线路同塔四回角钢塔的拍摄规则及质量要求	40	未完成扣40分； 超出飞行区域扣5分； 少拍摄一处照片扣5分； 照片不满足要求一处扣5分； 以上扣分，扣完为止		
3.3	无人机降落	降落在指定地点内	10	未降落到指定地点扣10分		
4	工作结束					
4.1	安全劳动防护用品	安全劳动防护用品恢复原位	5	安全劳动防护用品未放到原位扣5分		
4.2	恢复现场	将无人机及相关设备恢复原样	5	设备未轻拿轻放，恢复不彻底扣5分		
5	工作终结汇报	向考评员报告工作已结束，场地已清理	5	未汇报扣5分		
6	其他要求					
6.1	动作要求	动作熟练顺畅	5	动作不正确扣1～5分		
6.2	安全要求	严格遵守“四不伤害”原则，不得损坏工器具和设备	5	损坏工器具扣5分		
合计			100			

Jc0002452014　利用无人机进行220kV交流线路钢管杆飞行并巡检拍照。(100分)

考核知识点：无人机巡检作业

难易度：中

技能等级评价专业技能考核操作工作任务书

一、任务名称

利用无人机进行220kV交流线路钢管杆飞行并巡检拍照。

二、适用工种

无人机巡检工中级工。

三、具体任务

无人机飞行交流线路钢管杆操作，并按照架空输电线路多旋翼无人机巡检影像拍摄指导手册中的要求，进行巡检拍照。

四、工作规范及要求

（1）按要求准备现场飞行设备。

（2）飞行过程及拍照顺序按照架空输电线路多旋翼无人机巡检影像拍摄指导手册中的要求，面向大号侧先拍左相，再拍中相，后拍右相，先拍小号侧，后拍大号侧。巡检拍摄的照片要清晰，满足相关要求。满足架空输电线路多旋翼无人机巡检影像拍摄指导手册中，交流线路钢管杆的拍摄规则及质量要求。

（3）飞行过程中不得碰塔、导线等。

（4）降落在指定地点。

五、考核及时间要求

本考核操作时间为30分钟，时间到停止考评。

技能等级评价专业技能考核操作评分标准

工种	无人机巡检工					评价等级	中级工
项目模块	无人机巡检作业—架空输电线路精细化巡检				编号	Jc0002452014	
单位			准考证号			姓名	
考试时限	30分钟		题型	单项操作		题分	100分
成绩		考评员		考评组长		日期	
试题正文	利用无人机进行220kV交流线路钢管杆飞行并巡检拍照						
需要说明的问题和要求	（1）按要求准备现场飞行设备。 （2）飞行过程及拍照顺序按照架空输电线路多旋翼无人机巡检影像拍摄指导手册中的要求，面向大号侧先拍左相，再拍中相，后拍右相，先拍小号侧，后拍大号侧。巡检拍摄的照片要清晰，满足相关要求。满足架空输电线路多旋翼无人机巡检影像拍摄指导手册中，交流线路钢管杆的拍摄规则及质量要求。 （3）飞行过程中不得碰塔、导线等。 （4）降落在指定地点						

序号	项目名称	质量要求	满分	扣分标准	扣分原因	得分
1	工作准备					
1.1	安全劳动防护用品的准备	正确选择佩戴安全帽，穿全套工装，包括工作服、绝缘鞋、棉手套等	5	未按规定正确佩戴安全帽、穿工作服、绝缘鞋、戴棉手套等每项扣2分，扣完为止		
1.2	无人机及相关设备准备与摆放	熟练地做好无人机的检查与准备工作	5	现场凌乱，摆放不整齐，准备不到位，未正确检查，检查漏一项扣1分，扣完为止		
2	工作许可					
2.1	许可方式	向考评员示意准备就绪，申请开始工作	5	未申请开始考试扣5分		
3	工作步骤及技术要求					
3.1	无人机起飞前检查	按要求起飞无人机，起飞前进行检查	10	未检查扣10分； 起飞不成功扣10分； 以上扣分，扣完为止		
3.2	利用无人机进行交流线路钢管杆飞行并巡检拍照	飞行过程及拍照顺序按照架空输电线路多旋翼无人机巡检影像拍摄指导手册中的要求，面向大号侧先拍左相，再拍中相，后拍右相，先拍小号侧，后拍大号侧。巡检拍摄的照片要清晰，满足相关要求。满足架空输电线路多旋翼无人机巡检影像拍摄指导手册中，交流线路钢管杆的拍摄规则及质量要求	40	未完成扣40分； 超出飞行区域扣5分； 少拍摄一处照片扣5分； 照片不满足要求一处扣5分； 以上扣分，扣完为止		
3.3	无人机降落	降落在指定地点内	10	未降落到指定地点，扣10分		
4	工作结束					
4.1	安全劳动防护用品	安全劳动防护用品恢复原位	5	安全劳动防护用品未放到原位扣5分		
4.2	恢复现场	将无人机及相关设备恢复原样	5	设备未轻拿轻放，恢复不彻底扣5分		
5	工作终结汇报	向考评员报告工作已结束，场地已清理	5	未汇报扣5分		
6	其他要求					

续表

序号	项目名称	质量要求	满分	扣分标准	扣分原因	得分
6.1	动作要求	动作熟练顺畅	5	动作不正确扣1～5分		
6.2	安全要求	严格遵守“四不伤害”原则，不得损坏工器具和设备	5	损坏工器具扣5分		
合计			100			

Jc0002452015 利用无人机进行交流线路单横担水泥杆飞行并巡检拍照。(100分)

考核知识点：无人机巡检作业

难易度：中

技能等级评价专业技能考核操作工作任务书

一、任务名称

利用无人机进行交流线路单横担水泥杆飞行并巡检拍照。

二、适用工种

无人机巡检工中级工。

三、具体任务

无人机飞行交流线路单横担水泥杆操作，并按照架空输电线路多旋翼无人机巡检影像拍摄指导手册中的要求，进行巡检拍照。

四、工作规范及要求

（1）按要求准备现场飞行设备。

（2）飞行过程及拍照顺序按照架空输电线路多旋翼无人机巡检影像拍摄指导手册中的要求，面向大号侧先拍左相，再拍中相，后拍右相，先拍小号侧，后拍大号侧。巡检拍摄的照片要清晰，满足相关要求。满足架空输电线路多旋翼无人机巡检影像拍摄指导手册中，交流线路单横担水泥杆的拍摄规则及质量要求。

（3）飞行过程中不得碰塔、导线等。

（4）降落在指定地点。

五、考核及时间要求

本考核操作时间为30分钟，时间到停止考评。

技能等级评价专业技能考核操作评分标准

<table>
<tr><td>工种</td><td colspan="8">无人机巡检工</td><td>评价等级</td><td>中级工</td></tr>
<tr><td>项目模块</td><td colspan="7">无人机巡检作业—架空输电线路精细化巡检</td><td>编号</td><td colspan="2">Jc0002452015</td></tr>
<tr><td>单位</td><td colspan="3"></td><td colspan="2">准考证号</td><td colspan="3"></td><td>姓名</td><td></td></tr>
<tr><td>考试时限</td><td colspan="2">30分钟</td><td colspan="2">题型</td><td colspan="4">单项操作</td><td>题分</td><td>100分</td></tr>
<tr><td>成绩</td><td></td><td>考评员</td><td colspan="2"></td><td colspan="2">考评组长</td><td colspan="2"></td><td>日期</td><td></td></tr>
<tr><td>试题正文</td><td colspan="10">利用无人机进行交流线路单横担水泥杆飞行并巡检拍照</td></tr>
<tr><td>需要说明的问题和要求</td><td colspan="10">（1）按要求准备现场飞行设备。
（2）飞行过程及拍照顺序按照架空输电线路多旋翼无人机巡检影像拍摄指导手册中的要求，面向大号侧先拍左相，再拍中相，后拍右相，先拍小号侧，后拍大号侧。巡检拍摄的照片要清晰，满足相关要求。满足架空输电线路多旋翼无人机巡检影像拍摄指导手册中，交流线路单横担水泥杆的拍摄规则及质量要求。
（3）飞行过程中不得碰塔、导线等。
（4）降落在指定地点</td></tr>
</table>

续表

序号	项目名称	质量要求	满分	扣分标准	扣分原因	得分
1	工作准备					
1.1	安全劳动防护用品的准备	正确选择佩戴安全帽，穿全套工装，包括工作服、绝缘鞋、棉手套等	5	未按规定正确佩戴安全帽、穿工作服、绝缘鞋、戴棉手套等每项扣2分，扣完为止		
1.2	无人机及相关设备准备与摆放	熟练地做好无人机的检查与准备工作	5	现场凌乱，摆放不整齐，准备不到位，未正确检查，检查漏一项扣1分，扣完为止		
2	工作许可					
2.1	许可方式	向考评员示意准备就绪，申请开始工作	5	未申请开始考试扣5分		
3	工作步骤及技术要求					
3.1	无人机起飞前检查	按要求起飞无人机，起飞前进行检查	10	未检查扣10分； 起飞不成功扣10分； 以上扣分，扣完为止		
3.2	利用无人机进行交流线路单横担水泥杆飞行并巡检拍照	飞行过程及拍照顺序按照架空输电线路多旋翼无人机巡检影像拍摄指导手册中的要求，面向大号侧先拍左相，再拍中相，后拍右相，先拍小号侧，后拍大号侧。巡检拍摄的照片要清晰，满足相关要求。满足架空输电线路多旋翼无人机巡检影像拍摄指导手册中，交流线路单横担水泥杆的拍摄规则及质量要求	40	未完成扣40分； 超出飞行区域扣5分； 少拍摄一处照片扣5分； 照片不满足要求一处扣5分； 以上扣分，扣完为止		
3.3	无人机降落	降落在指定地点内	10	未降落到指定地点，扣10分		
4	工作结束					
4.1	安全劳动防护用品	安全劳动防护用品恢复原位	5	安全劳动防护用品未放到原位扣5分		
4.2	恢复现场	将无人机及相关设备恢复原样	5	设备未轻拿轻放，恢复不彻底扣5分		
5	工作终结汇报	向考评员报告工作已结束，场地已清理	5	未汇报扣5分		
6	其他要求					
6.1	动作要求	动作熟练顺畅	5	动作不正确扣1～5分		
6.2	安全要求	严格遵守“四不伤害”原则，不得损坏工器具和设备	5	损坏工器具具扣5分		
合计			100			

Jc0002451016　充电设备使用。(100分)

考核知识点：设备使用与维护保养

难易度：易

技能等级评价专业技能考核操作工作任务书

一、任务名称

充电设备使用。

二、适用工种

无人机巡检工中级工。

三、具体任务

考核充电设备的使用方法。

（1）完成充电设备的参数设置。

（2）完成一块电池的充电。

四、工作规范及要求

（1）熟练充电器的组成部分。

（2）熟练掌握各参数所表示的意义、使用方法和注意事项。

（3）场地、设备、工具和材料：充电设备、锂电池。

五、考核及时间要求

本考核操作时间为 3 分钟。

技能等级评价专业技能考核操作评分标准

工种	无人机巡检工					评价等级	中级工
项目模块	设备使用与维护保养—保障设备使用				编号	Jc0002451016	
单位			准考证号			姓名	
考试时限	3 分钟		题型	单项操作		题分	100 分
成绩		考评员		考评组长		日期	
试题正文	充电设备使用						
需要说明的问题和要求	（1）熟练掌握充电器的组成部分。 （2）熟练掌握各参数所表示的意义，使用方法和注意事项。 （3）成功完成一块电池的充电						

序号	项目名称	质量要求	满分	扣分标准	扣分原因	得分
1	外观检查	检查充电器各部件有无损坏现象	10	不检查者扣 5 分		
2	充电器的连接	正确将充电器各个部件进行连接	25	连接不正确者扣 10 分		
3	充电器的参数设置					
3.1	充电器与电池连接	将充电器正确地与电池连接	10	连接有误扣 5 分		
3.2	充电方式选择	能够正确选择充电方式	20	选择错误扣 10 分		
3.3	充电电压选择	能够准确选择充电电压	20	选择错误扣 10 分		
4	时间	必须在规定的时间内完成考核任务	15	超出 10 秒钟扣 5 分，扣完为止		
合计			100			

Jc0001441017 无人机按照重量的分类。(100 分)

考核知识点：无人机按照重量的分类

难易度：易

技能等级评价专业技能考核操作工作任务书

一、任务名称

无人机按照重量的分类。

二、适用工种

无人机巡检工中级工。

三、具体任务

请用数轴+区间文字标示的形式表述无人机按照重量的分类：微型无人机、轻型无人机、小型无人机、大型无人机。

四、工作规范及要求

熟练掌握无人机重量的分类标准，根据要求进行绘图说明。

五、考核及时间要求

本考核操作时间为10分钟，时间到停止考评，每超时1分钟扣1分。

技能等级评价专业技能考核操作评分标准

工种	无人机巡检工					评价等级	中级工
项目模块	基础能力—无人机运行法规				编号	Jc0001441017	
单位			准考证号			姓名	
考试时限	10分钟		题型	单项操作		题分	100分
成绩		考评员		考评组长		日期	
试题正文	无人机按照重量的分类						
需要说明的问题和要求	（1）题目所要求的类型不能缺少。 （2）图示中要能准确清楚反映对应的类型。 （3）单独操作						

序号	项目名称	质量要求	满分	扣分标准	扣分原因	得分
1	图形绘制	整齐、清晰	20	图形不规整扣20分		
2	数字标注	（1）数字标注完整。 （2）数字标注正确。 （3）数字标注与项目类别正确对应	60	每错一项扣5分		
3	文字标注	试题中的类别需完整、准确，不得有遗漏	20	每缺少一项扣5分； 每项中内容不全酌情扣1～5分； 以上扣分，扣完为止		
合计			100			

标准答案：

无人机按照重量的分类如图Jc0001441017所示。

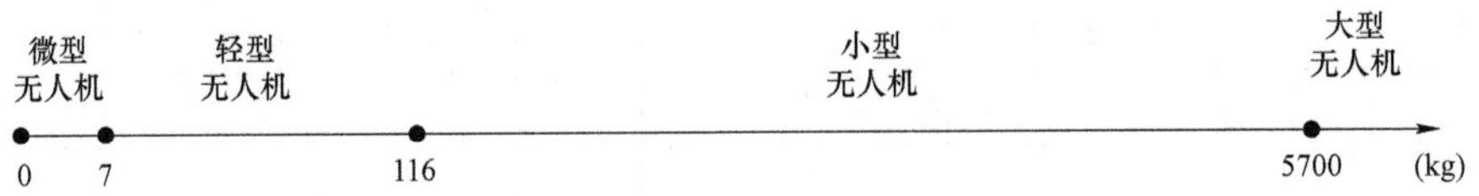

图 Jc0001441017

Jc0002452018　利用无人机对交流线路单回直线酒杯塔边相金具进行飞行并巡检拍照。（100分）

考核知识点：无人机巡检作业

难易度：中

技能等级评价专业技能考核操作工作任务书

一、任务名称

利用无人机对交流线路单回直线酒杯塔边相金具进行飞行并巡检拍照。

二、适用工种

无人机巡检工中级工。

三、具体任务

无人机飞行交流线路单回直线酒杯塔中相操作，并按照架空输电线路多旋翼无人机巡检影像拍摄指导手册中的要求，进行巡检拍照。

四、工作规范及要求

（1）按要求准备现场飞行设备。

（2）飞行过程及拍照顺序按照架空输电线路多旋翼无人机巡检影像拍摄指导手册中的要求，面向大号侧先拍左相，再拍中相，后拍右相，先拍小号侧，后拍大号侧。巡检拍摄的照片要清晰，满足相关要求。满足架空输电线路多旋翼无人机巡检影像拍摄指导手册中，交流线路单回直线酒杯塔的拍摄规则及质量要求。

（3）飞行过程中不得碰塔、导线等。

（4）降落在指定地点。

五、考核及时间要求

本考核操作时间为30分钟，时间到停止考评。

技能等级评价专业技能考核操作评分标准

<table>
<tr><td>工种</td><td colspan="5">无人机巡检工</td><td>评价等级</td><td>中级工</td></tr>
<tr><td>项目模块</td><td colspan="4">无人机巡检作业—架空输电线路精细化巡检</td><td>编号</td><td colspan="2">Jc0002452018</td></tr>
<tr><td>单位</td><td colspan="2"></td><td>准考证号</td><td colspan="2"></td><td>姓名</td><td></td></tr>
<tr><td>考试时限</td><td colspan="2">30分钟</td><td>题型</td><td colspan="2">单项操作</td><td>题分</td><td>100分</td></tr>
<tr><td>成绩</td><td></td><td>考评员</td><td></td><td>考评组长</td><td></td><td>日期</td><td></td></tr>
<tr><td>试题正文</td><td colspan="7">利用无人机对交流线路单回直线酒杯塔边相金具进行飞行并巡检拍照</td></tr>
<tr><td>需要说明的问题和要求</td><td colspan="7">（1）按要求准备现场飞行设备。
（2）飞行过程及拍照顺序按照架空输电线路多旋翼无人机巡检影像拍摄指导手册中的要求，面向大号侧先拍左相，再拍中相，后拍右相，先拍小号侧，后拍大号侧。巡检拍摄的照片要清晰，满足相关要求。满足架空输电线路多旋翼无人机巡检影像拍摄指导手册中，交流线路单回直线酒杯塔的拍摄规则及质量要求。
（3）飞行过程中不得碰塔、导线等。
（4）降落在指定地点</td></tr>
</table>

序号	项目名称	质量要求	满分	扣分标准	扣分原因	得分
1	工作准备					
1.1	安全劳动防护用品的准备	正确选择佩戴安全帽，穿全套工装，包括工作服、绝缘鞋、棉手套等	5	未按规定正确佩戴安全帽、穿工作服、绝缘鞋、戴棉手套等每项扣2分，扣完为止		
1.2	无人机及相关设备准备与摆放	熟练地做好无人机的检查与准备工作	5	现场凌乱，摆放不整齐，准备不到位，未正确检查，检查漏一项扣1分，扣完为止		
2	工作许可					
2.1	许可方式	向考评员示意准备就绪，申请开始工作	5	未申请开始考试扣5分		
3	工作步骤及技术要求					
3.1	无人机起飞	按要求起飞无人机，起飞前进行检查	10	未检查扣10分； 起飞不成功扣10分； 以上扣分，扣完为止		
3.2	利用无人机进行交流线路单回直线酒杯塔飞行并巡检拍照	飞行过程及拍照顺序按照架空输电线路多旋翼无人机巡检影像拍摄指导手册中的要求，面向大号侧先拍左相，再拍中相，后拍右相，先拍小号侧，后拍大号侧。巡检拍摄的照片要清晰，满足相关要求。满足架空输电线路多旋翼无人机巡检影像拍摄指导手册中，交流线路单回直线酒杯塔的拍摄规则及质量要求	40	未完成扣40分； 超出飞行区域扣5分； 少拍摄一处照片扣5分； 拍照顺序不满足要求扣10分； 照片不满足要求一处扣5分； 以上扣分，扣完为止		

续表

序号	项目名称	质量要求	满分	扣分标准	扣分原因	得分
3.3	无人机降落	降落在指定地点内	10	未降落到指定地点，扣 10 分		
4	工作结束					
4.1	安全劳动防护用品	安全劳动防护用品恢复原位	5	安全劳动防护用品未放到原位扣 5 分		
4.2	恢复现场	将无人机及相关设备恢复原样	5	设备未轻拿轻放，恢复不彻底扣 5 分		
5	工作终结汇报	向考评员报告工作已结束，场地已清理	5	未汇报扣 5 分		
6	其他要求					
6.1	动作要求	动作熟练顺畅	5	动作不正确扣 5 分		
6.2	安全要求	严格遵守“四不伤害”原则，不得损坏工器具和设备	5	损坏工器具扣 5 分		
合计			100			

Jc0002452019　利用无人机对交流线路单回直线酒杯塔中相金具进行飞行并巡检拍照。（100 分）

考核知识点：无人机巡检作业

难易度：中

技能等级评价专业技能考核操作工作任务书

一、任务名称

利用无人机对交流线路单回直线酒杯塔中相金具进行飞行并巡检拍照。

二、适用工种

无人机巡检工中级工。

三、具体任务

无人机飞行交流线路单回直线酒杯塔中相操作，并按照架空输电线路多旋翼无人机巡检影像拍摄指导手册中的要求，进行巡检拍照。

四、工作规范及要求

（1）按要求准备现场飞行设备。

（2）飞行过程及拍照顺序按照架空输电线路多旋翼无人机巡检影像拍摄指导手册中的要求，面向大号侧先拍左相，再拍中相，后拍右相，先拍小号侧，后拍大号侧。巡检拍摄的照片要清晰，满足相关要求。满足架空输电线路多旋翼无人机巡检影像拍摄指导手册中，交流线路单回直线酒杯塔的拍摄规则及质量要求。飞行过程中注意飞机钻越或邻近塔窗时的距离。

（3）飞行过程中不得碰塔、导线等。

（4）降落在指定地点。

五、考核及时间要求

本考核操作时间为 30 分钟，时间到停止考评。

技能等级评价专业技能考核操作评分标准

工种	无人机巡检工		评价等级	中级工
项目模块	无人机巡检作业—架空输电线路精细化巡检	编号	Jc0002452019	

续表

单位			准考证号		姓名	
考试时限	30 分钟	题型	单项操作		题分	100 分
成绩		考评员		考评组长	日期	
试题正文	利用无人机对交流线路单回直线酒杯塔中相金具进行飞行并巡检拍照					
需要说明的问题和要求	（1）按要求准备现场飞行设备。 （2）飞行过程及拍照顺序按照架空输电线路多旋翼无人机巡检影像拍摄指导手册中的要求，面向大号侧先拍左相，再拍中相，后拍右相，先拍小号侧，后拍大号侧。巡检拍摄的照片要清晰，满足相关要求。满足架空输电线路多旋翼无人机巡检影像拍摄指导手册中，交流线路单回直线酒杯塔的拍摄规则及质量要求。飞行过程中注意飞机钻越或邻近塔窗时的距离。 （3）飞行过程中不得碰塔、导线等。 （4）降落在指定地点					

序号	项目名称	质量要求	满分	扣分标准	扣分原因	得分
1	工作准备					
1.1	安全劳动防护用品的准备	正确选择佩戴安全帽，穿全套工装，包括工作服、绝缘鞋、棉手套等	5	未按规定正确佩戴安全帽、穿工作服、绝缘鞋、戴棉手套等每项扣 2 分，扣完为止		
1.2	无人机及相关设备准备与摆放	熟练地做好无人机的检查与准备工作	5	现场凌乱，摆放不整齐，准备不到位，未正确检查，检查漏一项扣 1 分，扣完为止		
2	工作许可					
2.1	许可方式	向考评员示意准备就绪，申请开始工作	5	未申请开始考试扣 5 分		
3	工作步骤及技术要求					
3.1	无人机起飞	按要求起飞无人机，起飞前进行检查	10	未检查扣 10 分； 起飞不成功扣 10 分； 以上扣分，扣完为止		
3.2	利用无人机进行交流线路单回直线酒杯塔飞行并巡检拍照	飞行过程及拍照顺序按照架空输电线路多旋翼无人机巡检影像拍摄指导手册中的要求，面向大号侧先拍左相，再拍中相，后拍右相，先拍小号侧，后拍大号侧。巡检拍摄的照片要清晰，满足相关要求。满足架空输电线路多旋翼无人机巡检影像拍摄指导手册中，交流线路单回直线酒杯塔的拍摄规则及质量要求。飞行过程中注意飞机钻越或邻近塔窗时的距离	40	未完成扣 40 分； 超出飞行区域扣 5 分； 少拍摄一处照片扣 5 分； 拍照顺序不满足要求扣 10 分； 照片不满足要求一处扣 5 分； 以上扣分，扣完为止		
3.3	无人机降落	降落在指定地点内	10	未降落到指定地点，扣 10 分		
4	工作结束					
4.1	安全劳动防护用品	安全劳动防护用品恢复原位	5	安全劳动防护用品未放到原位扣 5 分		
4.2	恢复现场	将无人机及相关设备恢复原样	5	设备未轻拿轻放，恢复不彻底扣 5 分		
5	工作终结汇报	向考评员报告工作已结束，场地已清理	5	未汇报扣 5 分		
6	其他要求					
6.1	动作要求	动作熟练顺畅	5	动作不正确扣 5 分		
6.2	安全要求	严格遵守“四不伤害”原则，不得损坏工器具和设备	5	损坏工器具扣 5 分		
合计			100			

Jc0003442020 利用无人机进行输电线路通道巡检，根据考官命令进行应急迫降。（100 分）

考核知识点：无人机巡检作业

难易度：中

技能等级评价专业技能考核操作工作任务书

一、任务名称

利用无人机进行输电线路通道巡检，根据考官命令进行应急迫降。

二、适用工种

无人机巡检工中级工。

三、具体任务

利用无人机进行输电线路通道巡检、在巡检过程中，考官随时进行命令，要求应急迫降，考生根据无人机巡检系统技术性能状况、现场地理气象和空域等周边环境条件，快速正确制订迫降方案、选择迫降点。

四、工作规范及要求

（1）按要求准备现场飞行设备。

（2）利用无人机进行输电线路通道巡检，在巡检过程中，考官随时进行命令，要求应急迫降，考生根据无人机巡检系统技术性能状况、现场地理气象和空域等周边环境条件，快速正确制订迫降方案、选择迫降点。

（3）飞行过程中不得碰塔、导线等。

（4）降落在指定地点。

五、考核及时间要求

本考核操作时间为30分钟，时间到停止考评。

技能等级评价专业技能考核操作评分标准

工种	无人机巡检工					评价等级	中级工
项目模块	无人机巡检作业—应急迫降				编号	Jc0003442020	
单位			准考证号			姓名	
考试时限	30分钟		题型	单项操作		题分	100分
成绩		考评员		考评组长		日期	
试题正文	利用无人机进行输电线路通道巡检，根据考官命令进行应急迫降						
需要说明的问题和要求	（1）按要求准备现场飞行设备。 （2）利用无人机进行输电线路通道巡检，在巡检过程中，考官随时进行命令，要求应急迫降，考生根据无人机巡检系统技术性能状况、现场地理气象和空域等周边环境条件，快速正确制订迫降方案、选择迫降点。 （3）飞行过程中不得碰塔、导线等。 （4）降落在指定地点						

序号	项目名称	质量要求	满分	扣分标准	扣分原因	得分
1	工作准备					
1.1	安全劳动防护用品的准备	正确选择佩戴安全帽，穿全套工装，包括工作服、绝缘鞋、棉手套等	5	未按规定正确佩戴安全帽、穿工作服、绝缘鞋、戴棉手套等每项扣2分，扣完为止		
1.2	无人机及相关设备准备与摆放	熟练地做好无人机的检查与准备工作	5	现场凌乱，摆放不整齐，准备不到位，未正确检查，检查漏一项扣1分，扣完为止		
2	工作许可					
2.1	许可方式	向考评员示意准备就绪，申请开始工作	5	未申请开始考试扣5分		

续表

序号	项目名称	质量要求	满分	扣分标准	扣分原因	得分
3	工作步骤及技术要求					
3.1	无人机起飞	按要求起飞无人机，起飞前进行检查	10	未检查扣10分； 起飞不成功扣10分； 以上扣分，扣完为止		
3.2	利用无人机进行输电线路通道巡检，根据考官命令进行应急迫降	利用无人机进行输电线路通道巡检，在巡检过程中，考官随时进行命令，要求应急迫降，考生根据无人机巡检系统技术性能状况、现场地理气象和空域等周边环境条件，快速正确制订迫降方案、选择迫降点	50	未完成扣50分； 超出飞行区域扣5分； 未根据考官命令进行应急迫降的扣15分； 以上扣分，扣完为止		
4	工作结束					
4.1	安全劳动防护用品	安全劳动防护用品恢复原位	5	安全劳动防护用品未放到原位扣5分		
4.2	恢复现场	将无人机及相关设备恢复原样	5	设备未轻拿轻放，恢复不彻底扣5分		
5	工作终结汇报	向考评员报告工作已结束，场地已清理	5	未汇报扣5分		
6	其他要求					
6.1	动作要求	动作熟练顺畅	5	动作不正确扣5分		
6.2	安全要求	严格遵守“四不伤害”原则，不得损坏工器具和设备	5	损坏工器具扣5分		
合计			100			

Jc0003442021 利用无人机进行750kV交流线路单回直线酒杯塔中相六分裂导线金具飞行并巡检拍照。(100分)

考核知识点：无人机巡检作业

难易度：中

技能等级评价专业技能考核操作工作任务书

一、任务名称

利用无人机进行750kV交流线路单回直线酒杯塔中相六分裂导线金具飞行并巡检拍照。

二、适用工种

无人机巡检工中级工。

三、具体任务

无人机飞行750kV交流线路单回直线酒杯塔中相六分裂导线金具巡检操作，并按照架空输电线路多旋翼无人机巡检影像拍摄指导手册中的要求，进行巡检拍照。

四、工作规范及要求

（1）按要求准备现场飞行设备。

（2）飞行过程及拍照顺序按照架空输电线路多旋翼无人机巡检影像拍摄指导手册中的要求，面向大号侧先拍左相，再拍中相，后拍右相，先拍小号侧，后拍大号侧。巡检拍摄的照片要清晰，满足相关要求。满足架空输电线路多旋翼无人机巡检影像拍摄指导手册中，交流线路单回直线酒杯塔的拍摄规则及质量要求。

（3）飞行过程中不得碰塔、导线等。

（4）降落在指定地点。

五、考核及时间要求

本考核操作时间为30分钟，时间到停止考评。

技能等级评价专业技能考核操作评分标准

工种	无人机巡检工					评价等级	中级工
项目模块	无人机巡检作业—架空输电线路精细化巡检				编号	Jc0003442021	
单位			准考证号			姓名	
考试时限	30分钟		题型	单项操作		题分	100分
成绩		考评员		考评组长		日期	
试题正文	利用无人机进行750kV交流线路单回直线酒杯塔中相六分裂导线金具飞行并巡检拍照						
需要说明的问题和要求	（1）按要求准备现场飞行设备。 （2）飞行过程及拍照顺序按照架空输电线路多旋翼无人机巡检影像拍摄指导手册中的要求，面向大号侧先拍左相，再拍中相，后拍右相，先拍小号侧，后拍大号侧。巡检拍摄的照片要清晰，满足相关要求。满足架空输电线路多旋翼无人机巡检影像拍摄指导手册中，交流线路单回直线酒杯塔的拍摄规则及质量要求。 （3）飞行过程中不得碰塔、导线等。 （4）降落在指定地点						

序号	项目名称	质量要求	满分	扣分标准	扣分原因	得分
1	工作准备					
1.1	安全劳动防护用品的准备	正确选择佩戴安全帽，穿全套工装，包括工作服、绝缘鞋、棉手套等	5	未按规定正确佩戴安全帽、穿工作服、绝缘鞋、戴棉手套等每项扣2分，扣完为止		
1.2	无人机及相关设备准备与摆放	熟练地做好无人机的检查与准备工作	5	现场凌乱，摆放不整齐，准备不到位，未正确检查，检查漏一项扣1分，扣完为止		
2	工作许可					
2.1	许可方式	向考评员示意准备就绪，申请开始工作	5	未申请开始考试扣5分		
3	工作步骤及技术要求					
3.1	无人机起飞	按要求起飞无人机，起飞前进行检查	10	未检查扣10分； 起飞不成功扣10分； 以上扣分，扣完为止		
3.2	利用无人机进行750kV交流线路单回直线酒杯塔中相六分裂导线金具飞行并巡检拍照	飞行过程及拍照顺序按照架空输电线路多旋翼无人机巡检影像拍摄指导手册中的要求，面向大号侧先拍左相，再拍中相，后拍右相，先拍小号侧，后拍大号侧。巡检拍摄的照片要清晰，满足相关要求。满足架空输电线路多旋翼无人机巡检影像拍摄指导手册中，交流线路单回直线酒杯塔的拍摄规则及质量要求	40	未完成扣40分； 超出飞行区域扣5分； 少拍摄一处照片扣5分； 照片不满足要求一处扣5分； 以上扣分，扣完为止		
3.3	无人机降落	降落在指定地点内	10	未降落到指定地点，扣10分		
4	工作结束					
4.1	安全劳动防护用品	安全劳动防护用品恢复原位	5	安全劳动防护用品未放到原位扣5分		
4.2	恢复现场	将无人机及相关设备恢复原样	5	设备未轻拿轻放，恢复不彻底扣5分		
5	工作终结汇报	向考评员报告工作已结束，场地已清理	5	未汇报扣5分		
6	其他要求					

续表

序号	项目名称	质量要求	满分	扣分标准	扣分原因	得分
6.1	动作要求	动作熟练顺畅	5	动作不正确扣 5 分		
6.2	安全要求	严格遵守“四不伤害”原则，不得损坏工器具和设备	5	损坏工器具扣 5 分		
合计			100			

Jc0002451022　Mavic Air 2 可见光任务设备画质设置。(100 分)

考核知识点：设备使用与维护保养

难易度：易

技能等级评价专业技能考核操作工作任务书

一、任务名称

Mavic Air 2 可见光任务设备画质设置。

二、适用工种

无人机巡检工中级工。

三、具体任务

根据航拍任务，确定影像画质参数，完成航拍工作。

四、工作规范及要求

(1) 熟练完成多旋翼无人机起飞前检查工作。

(2) 熟练操作多旋翼无人机画质参数设置面板。

(3) 根据任务场景确定可见光设备参数选择。

(4) 危险点、安全措施和注意事项。

危险点、安全措施：无。

注意事项：拆卸时保证内部结构完整，零部件专门存放。

(5) 场地、设备、工具和材料：可见光成像设备、拆卸工具、保养工具、维修工具等。

五、考核及时间要求

本考核操作时间为 10 分钟。

技能等级评价专业技能考核操作评分标准

<table>
<tr><td>工种</td><td colspan="8">无人机巡检工</td><td>评价等级</td><td>中级工</td></tr>
<tr><td>项目模块</td><td colspan="7">无人机巡检作业—架空输电线路精细化巡检</td><td>编号</td><td colspan="2">Jc0002451022</td></tr>
<tr><td>单位</td><td colspan="3"></td><td colspan="2">准考证号</td><td colspan="3"></td><td>姓名</td><td></td></tr>
<tr><td>考试时限</td><td colspan="2">10 分钟</td><td colspan="2">题型</td><td colspan="4">单项操作</td><td>题分</td><td>100 分</td></tr>
<tr><td>成绩</td><td></td><td>考评员</td><td colspan="2"></td><td colspan="2">考评组长</td><td colspan="2"></td><td>日期</td><td></td></tr>
<tr><td>试题正文</td><td colspan="10">Mavic Air 2 可见光任务设备画质设置</td></tr>
<tr><td>需要说明的问题和要求</td><td colspan="10">(1) 熟练完成多旋翼无人机起飞前检查工作。
(2) 熟练操作多旋翼无人机画质参数设置面板。
(3) 根据任务场景确定可见光设备参数选择。
(4) 考生须在 10 分钟之内完成画质参数设置</td></tr>
</table>

续表

序号	项目名称	质量要求	满分	扣分标准	扣分原因	得分
1	工作准备					
1.1	安全劳动防护用品的准备	正确选择佩戴安全帽，穿全套工装，包括工作服、绝缘鞋、棉手套等	5	未按规定正确佩戴安全帽、穿工作服、绝缘鞋、戴棉手套等每项扣2分，扣完为止		
1.2	无人机及相关设备准备与摆放	熟练地做好无人机的检查与准备工作	5	现场凌乱，摆放不整齐，准备不到位，未正确检查，检查漏一项扣1分，扣完为止		
2	工作许可					
2.1	许可方式	向考评员示意准备就绪，申请开始工作	5	未申请开始考试扣5分		
3	工作步骤及技术要求					
3.1	COMS 参数确定	应为1/2in CMOS 传感器	20	设置错误的，扣10分		
3.2	抵近飞行拍摄像素设置	在抵近飞行至拍摄点时将像素设置为1200万像素格式，并选择单拍功能	20	设置错误的，扣10分		
3.3	大场景飞行拍摄像素设置	在大场景拍摄时将像素设置为4800万像素格式，并选择智能拍摄功能	20	设置错误的，扣10分		
4	工作结束					
4.1	安全劳动防护用品	安全劳动防护用品恢复原位	5	安全劳动防护用品未放到原位扣5分		
4.2	恢复现场	将无人机及设备恢复原样	5	设备未轻拿轻放，恢复不彻底扣5分		
5	工作终结汇报	向考评员报告工作已结束，场地已清理	5	未汇报扣5分		
6	其他要求					
6.1	动作要求	动作熟练顺畅	5	动作不正确扣1～5分		
6.2	安全要求	严格遵守“四不伤害”原则，不得损坏工器具和设备	5	损坏工器具扣5分		
合计			100			

Jc0002453023　多旋翼无人机精细化自动巡检航线规划。（100分）

考核知识点：多旋翼无人机自主巡检航线规划

难易度：难

技能等级评价专业技能考核操作工作任务书

一、任务名称

多旋翼无人机精细化自动巡检航线规划。

二、适用工种

无人机巡检工中级工。

三、具体任务

根据塔型，规划精细化自动巡检航线，完成多旋翼无人机精细化巡检工作。

四、工作规范及要求

（1）熟练完成多旋翼无人机起飞前检查工作。

（2）熟练操作航线规划软件。

（3）安全且合理规划多旋翼无人机拍摄点。

（4）影像数量及拍摄顺序应满足指导手册要求。

（5）危险点、安全措施和注意事项。

主要危险点及安全措施：

1）过塔时，升高的高度要足够高，并留有一定裕度，否则无人机过塔时可能会直接撞塔或因为掉高导致撞塔。

2）过塔后，下降过程要明确开始下降的点，如果降落时距离杆塔太近或还没完全过塔，将不满足“无人直升机巡检系统距线路设备距离不宜小于5m”的要求，甚至直接撞塔。

3）过塔后，离开杆塔过远开始降落，此时无人机视野朝向目标杆塔，会忽视附近电力线路、信号塔、高大树木等障碍物，在降落或调整角度的过程中很有可能撞上去。

注意事项：拆卸时保证内部结构完整，零部件专门存放。

（6）场地、设备、工具和材料：多旋翼无人机、可见光成像设备等。

五、考核及时间要求

本考核操作时间为30分钟。

技能等级评价专业技能考核操作评分标准

<table>
<tr><td>工种</td><td colspan="5">无人机巡检工</td><td>评价等级</td><td colspan="2">中级工</td></tr>
<tr><td>项目模块</td><td colspan="4">无人机巡检作业—架空输电线路精细化巡检</td><td>编号</td><td colspan="3">Jc0002453023</td></tr>
<tr><td>单位</td><td colspan="3"></td><td>准考证号</td><td></td><td>姓名</td><td colspan="2"></td></tr>
<tr><td>考试时限</td><td>30分钟</td><td>题型</td><td colspan="3">单项操作</td><td>题分</td><td colspan="2">100分</td></tr>
<tr><td>成绩</td><td></td><td>考评员</td><td></td><td>考评组长</td><td></td><td>日期</td><td colspan="2"></td></tr>
<tr><td>试题正文</td><td colspan="8">多旋翼无人机精细化自动巡检航线规划</td></tr>
<tr><td>需要说明的问题和要求</td><td colspan="8">（1）熟练完成多旋翼无人机起飞前检查工作。
（2）熟练操作航线规划软件。
（3）安全且合理规划多旋翼无人机拍摄点。
（4）影像数量及拍摄顺序应满足指导手册要求</td></tr>
<tr><td>序号</td><td>项目名称</td><td>质量要求</td><td>满分</td><td>扣分标准</td><td>扣分原因</td><td>得分</td></tr>
<tr><td>1</td><td>工作准备</td><td></td><td></td><td></td><td></td><td></td></tr>
<tr><td>1.1</td><td>安全劳动防护用品的准备</td><td>正确选择佩戴安全帽，穿全套工装，包括工作服、绝缘鞋、棉手套等</td><td>5</td><td>未按规定正确佩戴安全帽、穿工作服、绝缘鞋、戴棉手套等每项扣2分，扣完为止</td><td></td><td></td></tr>
<tr><td>1.2</td><td>无人机及相关设备准备与摆放</td><td>熟练地做好无人机的检查与准备工作</td><td>5</td><td>现场凌乱，摆放不整齐，准备不到位，未正确检查，检查漏一项扣1分，扣完为止</td><td></td><td></td></tr>
<tr><td>2</td><td>工作许可</td><td></td><td></td><td></td><td></td><td></td></tr>
<tr><td>2.1</td><td>许可方式</td><td>向考评员示意准备就绪，申请开始工作</td><td>5</td><td>未申请开始考试扣5分</td><td></td><td></td></tr>
<tr><td>3</td><td>工作步骤及技术要求</td><td></td><td></td><td></td><td></td><td></td></tr>
<tr><td>3.1</td><td>检查计算机</td><td>运行是否正常</td><td>10</td><td>不检查扣10分</td><td></td><td></td></tr>
<tr><td>3.2</td><td>导入点云、坐标</td><td>导入正确、划塔正确</td><td>20</td><td>导入错误不得分</td><td></td><td></td></tr>
<tr><td>3.3</td><td>点击目标点</td><td>规划航点</td><td>10</td><td>航点放置错误扣5分</td><td></td><td></td></tr>
</table>

续表

序号	项目名称	质量要求	满分	扣分标准	扣分原因	得分
3.4	点击航线设置	输入要求参数、调整航线顺序	10	输入参数不正确扣5分		
3.5	细节调整	根据点云数据，进行角度微调	10	角度调整超出合理范围扣5分		
4	工作结束					
4.1	安全劳动防护用品	安全劳动防护用品恢复原位	5	安全劳动防护用品未放到原位扣5分		
4.2	恢复现场	将无人机及设备恢复原样	5	设备未轻拿轻放，恢复不彻底扣5分		
5	工作终结汇报	向考评员报告工作已结束，场地已清理	5	未汇报扣5分		
6	其他要求					
6.1	动作要求	动作熟练顺畅	5	动作不正确扣5分		
6.2	安全要求	严格遵守“四不伤害”原则，不得损坏工器具和设备	5	损坏工器具扣5分		
合计			100			

Jc0002452024　多旋翼无人机应急处理。（100分）

考核知识点：多旋翼无人机应急处理

难易度：中

技能等级评价专业技能考核操作工作任务书

一、任务名称

多旋翼无人机应急处理。

二、适用工种

无人机巡检工中级工。

三、具体任务

在无人机飞行过程中，遇到遥控信号丢失、天气变化、动力电池失压等突发情况下进行备降。

四、工作规范及要求

（1）熟练完成多旋翼无人机起飞前检查工作。

（2）熟练判断无人机报警信息。

（3）选择备降场地。

（4）危险点、安全措施和注意事项。

主要危险点及安全措施：

1）过塔时，升高的高度要足够高，并留有一定裕度，否则无人机过塔时可能会直接撞塔或因为掉高导致撞塔。

2）过塔后，下降过程要明确开始下降的点，如果降落时距离杆塔太近或还没完全过塔，将不满足“无人直升机巡检系统距线路设备距离不宜小于5m”的要求，甚至直接撞塔。

3）过塔后，离开杆塔过远开始降落，此时无人机视野朝向目标杆塔，会忽视附近电力线路、信号塔、高大树木等障碍物，在降落或调整角度的过程中很有可能撞上去。

注意事项：拆卸时保证内部结构完整、零部件专门存放。

（5）场地、设备、工具和材料：多旋翼无人机、起降点标识等。

五、考核及时间要求

本考核操作时间为 20 分钟。

技能等级评价专业技能考核操作评分标准

工种	无人机巡检工				评价等级	中级工
项目模块	无人机巡检作业应急迫降			编号	Jc0002452024	
单位		准考证号			姓名	
考试时限	20 分钟	题型	单项操作		题分	100 分
成绩		考评员		考评组长	日期	
试题正文	多旋翼无人机应急处理					
需要说明的问题和要求	（1）熟练完成多旋翼无人机起飞前检查工作。 （2）熟练判断无人机报警信息。 （3）选择备降场地					

序号	项目名称	质量要求	满分	扣分标准	扣分原因	得分
1	工作准备					
1.1	安全劳动防护用品的准备	正确选择佩戴安全帽，穿全套工装，包括工作服、绝缘鞋、棉手套等	5	未按规定正确佩戴安全帽、穿工作服、绝缘鞋、戴棉手套等每项扣 2 分，扣完为止		
1.2	无人机及相关设备准备与摆放	熟练地做好无人机的检查与准备工作	5	现场凌乱，摆放不整齐，准备不到位，未正确检查，检查漏一项扣 1 分，扣完为止		
2	工作许可					
2.1	许可方式	向考评员示意准备就绪，申请开始工作	5	未申请开始考试扣 5 分		
3	工作步骤及技术要求					
3.1	操作无人机作业前找好备降点	备降点无遮挡、无安全隐患	10	飞行器未找好备降点不得分		
3.2	无人机作业过程中，需要观察的数据	观察电量、RTK 状态、遥控器及图传信号	15	漏报一项扣 5 分； 3 个以上未报不得分		
3.3	遇到突发情况时，无人机正确的操作流程	切换为人工操作、迅速走到制高点遥控器举高，搜索信号	10	未切换到人工接管不得分		
3.4	处置突发情况过程需要注意的问题	避开人员密集区、选择软土降落，避开水面	15	降落时未观察周边环境不得分		
3.5	记录备降点经纬度	记录备降点经纬度信息，并立即前往	10	未记录经纬度信息扣 5 分		
4	工作结束					
4.1	安全劳动防护用品	安全劳动防护用品恢复原位	5	安全劳动防护用品未放到原位扣 5 分		
4.2	恢复现场	将无人机及设备恢复原样	5	设备未轻拿轻放，恢复不彻底扣 5 分		
5	工作终结汇报	向考评员报告工作已结束，场地已清理	5	未汇报扣 5 分		
6	其他要求					
6.1	动作要求	动作熟练顺畅	5	动作不正确扣 1～5 分		
6.2	安全要求	严格遵守“四不伤害”原则，不得损坏工器具和设备	5	损坏工器具扣 5 分		
合计			100			

Jc0002452025　多旋翼无人机姿态模式四面悬停。（100 分）

考核知识点：多旋翼无人机姿态模式操作

难易度：中

技能等级评价专业技能考核操作工作任务书

一、任务名称

多旋翼无人机姿态模式四面悬停。

二、适用工种

无人机巡检工中级工。

三、具体任务

多旋翼无人机使用“姿态模式”进行四面悬停。

四、工作规范及要求

（1）熟练完成多旋翼无人机起飞前检查工作。

（2）使用“定位模式”将多旋翼无人机悬停至距离地面 3m 处并将飞行模式切换至“姿态模式”。

（3）进行对头、对左、对右、对尾四面悬停。

（4）无人机不得超出参照范围区域。

（5）场地、设备、工具和材料：多旋翼无人机、参照范围标记等。

五、考核及时间要求

本考核操作时间为 20 分钟。

技能等级评价专业技能考核操作评分标准

工种	无人机巡检工					评价等级	中级工
项目模块	设备使用与维护保养—多旋翼无人机使用				编号	Jc0002452025	
单位			准考证号			姓名	
考试时限	20 分钟		题型	单项操作		题分	100 分
成绩		考评员		考评组长		日期	
试题正文	多旋翼无人机姿态模式四面悬停						
需要说明的问题和要求	（1）熟练完成多旋翼无人机起飞前检查工作。 （2）使用“定位模式”将多旋翼无人机悬停至距离地面 3m 处并将飞行模式切换至“姿态模式”。 （3）进行对头、对左、对右、对尾四面悬停						

序号	项目名称	质量要求	满分	扣分标准	扣分原因	得分
1	工作准备					
1.1	安全劳动防护用品的准备	正确选择佩戴安全帽，穿全套工装，包括工作服、绝缘鞋、棉手套等	5	未按规定正确佩戴安全帽、穿工作服、绝缘鞋、戴棉手套等每项扣 2 分，扣完为止		
1.2	无人机及相关设备准备与摆放	熟练地做好无人机的检查与准备工作	5	现场凌乱，摆放不整齐，准备不到位，未正确检查，检查漏一项扣 1 分，扣完为止		
2	工作许可					
2.1	许可方式	向考评员示意准备就绪，申请开始工作	5	未申请开始考试扣 5 分		
3	工作步骤及技术要求					

续表

序号	项目名称	质量要求	满分	扣分标准	扣分原因	得分
3.1	在定位飞行模式下将无人机悬停至目标点	悬停高度应距地面 3m	10	悬停高度过高、过低扣 5 分		
3.2	将飞行模式切换至姿态模式	熟练使用遥控器切换飞行模式	20	飞行模式切换错误不得分		
3.3	四面悬停	使用遥控器手动打杆调整悬停位置，不得超出参照区域	20	超出悬停区域一次扣 5 分；错舵一次不得分		
3.4	飞行器降落	降落至指定区域	10	降落时未观察周边环境不得分		
4	工作结束					
4.1	安全劳动防护用品	安全劳动防护用品恢复原位	5	安全劳动防护用品未放到原位扣 5 分		
4.2	恢复现场	将无人机及设备恢复原样	5	设备未轻拿轻放，恢复不彻底扣 5 分		
5	工作终结汇报	向考评员报告工作已结束，场地已清理	5	未汇报扣 5 分		
6	其他要求					
6.1	动作要求	动作熟练顺畅	5	动作不正确扣 5 分		
6.2	安全要求	严格遵守“四不伤害”原则，不得损坏工器具和设备	5	损坏工器具扣 5 分		
合计			100			

Jc0002451026 多旋翼无人机可见光任务挂载 EV 值调节。(100 分)

考核知识点：多旋翼无人机可见光挂载应用

难易度：易

技能等级评价专业技能考核操作工作任务书

一、任务名称

多旋翼无人机可见光任务挂载 EV 值调节。

二、适用工种

无人机巡检工中级工。

三、具体任务

无人机巡检过程中根据不同光线调整相机 EV 值，使影像无过曝或欠曝。

四、工作规范及要求

(1) 熟练完成多旋翼无人机起飞前检查工作。

(2) 进行对头、对左、对右、对尾四面悬停，并对 EV 值进行调整。

(3) 四向各拍摄一张照片，照片质量应满足巡检需要。

(4) 场地、设备、工具和材料：多旋翼无人机、参照范围标记等。

五、考核及时间要求

本考核操作时间为 20 分钟。

技能等级评价专业技能考核操作评分标准

工种	无人机巡检工					评价等级	中级工
项目模块	设备使用与维护保养—多旋翼无人机使用				编号	Jc0002451026	
单位		准考证号				姓名	
考试时限	20 分钟	题型	单项操作			题分	100 分
成绩		考评员		考评组长		日期	
试题正文	多旋翼无人机可见光任务挂载 EV 值调节						
需要说明的问题和要求	（1）熟练完成多旋翼无人机起飞前检查工作。 （2）进行对头、对左、对右、对尾四面悬停，并对 EV 值进行调整。 （3）四向各拍摄一张照片，照片质量应满足巡检需要						

序号	项目名称	质量要求	满分	扣分标准	扣分原因	得分
1	工作准备					
1.1	安全劳动防护用品的准备	正确选择佩戴安全帽，穿全套工装，包括工作服、绝缘鞋、棉手套等	5	未按规定正确佩戴安全帽、穿工作服、绝缘鞋、戴棉手套等每项扣 2 分，扣完为止		
1.2	无人机及相关设备准备与摆放	熟练地做好无人机的检查与准备工作	5	现场凌乱，摆放不整齐，准备不到位，未正确检查，检查漏一项扣 1 分，扣完为止		
2	工作许可					
2.1	许可方式	向考评员示意准备就绪，申请开始工作	5	未申请开始考试扣 5 分		
3	工作步骤及技术要求					
3.1	将无人机悬停至目标点	拍摄塔全貌，塔全面应完整呈现在画面中	10	悬停高度过高、过低扣 5 分		
3.2	对目标点进行四向拍摄	根据现场光线合理调整 EV 值，画面应清晰，照片不得过曝、欠曝	40	照片质量不满足要求一张扣 10 分，扣完为止		
3.3	飞行器降落	降落至指定区域	10	降落时未观察周边环境不得分		
4	工作结束					
4.1	安全劳动防护用品	安全劳动防护用品恢复原位	5	安全劳动防护用品未放到原位扣 5 分		
4.2	恢复现场	将无人机及设备恢复原样	5	设备未轻拿轻放，恢复不彻底扣 5 分		
5	工作终结汇报	向考评员报告工作已结束，场地已清理	5	未汇报扣 5 分		
6	其他要求					
6.1	动作要求	动作熟练顺畅	5	动作不正确扣 1～5 分		
6.2	安全要求	严格遵守“四不伤害”原则，不得损坏工器具和设备	5	损坏工器具扣 5 分		
合计			100			

Jc0002451027　多旋翼无人机航点飞行。（100 分）

考核知识点：多旋翼无人机自主飞行应用

难易度：易

技能等级评价专业技能考核操作工作任务书

一、任务名称

多旋翼无人机航点飞行。

二、适用工种

无人机巡检工中级工。

三、具体任务

使用多旋翼无人机航线规划功能创建一条四边航线，航线高度与长度根据考试场地情况确定，任务模块设置全程录像。

四、工作规范及要求

（1）熟练完成多旋翼无人机起飞前检查工作。

（2）熟练使用 RTK 功能、熟练使用航点规划功能。

（3）航线高度与长度根据考试场地情况确定。

（4）起降过程自主飞行，人员密切监控飞行过程。

（5）危险点、安全措施和注意事项。

主要危险点及安全措施：

1）过塔时，升高的高度要足够高，并留有一定裕度，否则无人机过塔时可能会直接撞塔或因为掉高导致撞塔。

2）过塔后，下降过程要明确开始下降的点，如果降落时距离杆塔太近或还没完全过塔，将不满足“无人直升机巡检系统距线路设备距离不宜小于 5m”的要求，甚至直接撞塔。

3）过塔后，离开杆塔过远开始降落，此时无人机视野朝向目标杆塔，会忽视附近电力线路、信号塔、高大树木等障碍物，在降落或调整角度的过程中很有可能撞上去。

注意事项：拆卸时保证内部结构完整，零部件专门存放。

（6）场地、设备、工具和材料：多旋翼无人机、地面站软件等。

五、考核及时间要求

本考核操作时间为 20 分钟。

技能等级评价专业技能考核操作评分标准

<table>
<tr><td>工种</td><td colspan="5">无人机巡检工</td><td>评价等级</td><td>中级工</td></tr>
<tr><td>项目模块</td><td colspan="4">设备使用与维护保养—多旋翼无人机使用</td><td>编号</td><td colspan="2">Jc0002451027</td></tr>
<tr><td>单位</td><td colspan="2"></td><td>准考证号</td><td colspan="2"></td><td>姓名</td><td></td></tr>
<tr><td>考试时限</td><td>20 分钟</td><td>题型</td><td colspan="3">单项操作</td><td>题分</td><td>100 分</td></tr>
<tr><td>成绩</td><td></td><td>考评员</td><td></td><td>考评组长</td><td></td><td>日期</td><td></td></tr>
<tr><td>试题正文</td><td colspan="7">多旋翼无人机航点飞行</td></tr>
<tr><td>需要说明的问题和要求</td><td colspan="7">（1）熟练完成多旋翼无人机起飞前检查工作。
（2）熟练使用 RTK 功能、熟练使用航点规划功能。
（3）航线高度与长度根据考试场地情况确定。
（4）起降过程自主飞行，人员密切监控飞行过程</td></tr>
</table>

续表

序号	项目名称	质量要求	满分	扣分标准	扣分原因	得分
1	工作准备					
1.1	安全劳动防护用品的准备	正确选择佩戴安全帽，穿全套工装，包括工作服、绝缘鞋、棉手套等	5	未按规定正确佩戴安全帽、穿工作服、绝缘鞋、戴棉手套等每项扣2分，扣完为止		
1.2	无人机及相关设备准备与摆放	熟练地做好无人机的检查与准备工作	5	现场凌乱，摆放不整齐，准备不到位，未正确检查，检查漏一项扣1分，扣完为止		
2	工作许可					
2.1	许可方式	向考评员示意准备就绪，申请开始工作	5	未申请开始考试扣5分		
3	工作步骤及技术要求					
3.1	航前检查	熟练完成多旋翼无人机起飞前检查工作	10	未航前检查不得分		
3.2	开启RTK功能并规划航点	熟练使用RTK功能、熟练使用航点规划功能	20	未使用RTK功能扣10分		
3.3	航线安全评估	航线高度与长度根据考试场地情况确定，并对整条航线进行安全评估	20	未对航线进行评估扣10分； 航点缺少一处扣5分； 以上扣分，扣完为止		
3.4	作业全程监管	起降过程自主飞行，人员密切监控飞行过程	10	起降点不一致扣5分； 作业人员未对飞行器进行全程监管不得分		
4	工作结束					
4.1	安全劳动防护用品	安全劳动防护用品恢复原位	5	安全劳动防护用品未放到原位扣5分		
4.2	恢复现场	将无人机及设备恢复原样	5	设备未轻拿轻放，恢复不彻底扣5分		
5	工作终结汇报	向考评员报告工作已结束，场地已清理	5	未汇报扣5分		
6	其他要求					
6.1	动作要求	动作熟练顺畅	5	动作不正确扣1～5分		
6.2	安全要求	严格遵守“四不伤害”原则，不得损坏工器具和设备	5	损坏工器具扣5分		
合计			100			

Jc0002451028　冬季机巡作业锂聚合物电池温度管理。(100分)

考核知识点：无人机动力电池使用与维护

难易度：易

技能等级评价专业技能考核操作工作任务书

一、任务名称

冬季机巡作业锂聚合物电池温度管理。

二、适用工种

无人机巡检工中级工。

三、具体任务

室外气温低于零下的环境中，测量动力电池温度是否满足安全作业需要，如温度不满足应采用哪些方式进行。

四、工作规范及要求

（1）熟练完成多旋翼无人机起飞前检查工作。

（2）熟练使用移动端 App 进行动力电池温度测量。

（3）熟练使用加热箱对动力电池进行预加热功能。

（4）场地、设备、工具和材料：多旋翼无人机、锂聚合物电池、镍氢电池、加热箱等。

五、考核及时间要求

本考核操作时间为 20 分钟。

技能等级评价专业技能考核操作评分标准

工种	无人机巡检工					评价等级	中级工
项目模块	使用设备与维护保养—保障设备使用				编号	Jc0002451028	
单位			准考证号			姓名	
考试时限	20 分钟		题型	单项操作		题分	100 分
成绩		考评员		考评组长		日期	
试题正文	冬季机巡作业锂聚合物电池温度管理						
需要说明的问题和要求	（1）熟练完成多旋翼无人机起飞前检查工作。 （2）熟练使用移动端 App 进行动力电池温度测量。 （3）熟练使用加热箱对动力电池进行预加热功能						

序号	项目名称	质量要求	满分	扣分标准	扣分原因	得分
1	工作准备					
1.1	安全劳动防护用品的准备	正确选择佩戴安全帽，穿全套工装，包括工作服、绝缘鞋、棉手套等	5	未按规定正确佩戴安全帽、穿工作服、绝缘鞋、戴棉手套等每项扣 2 分，扣完为止		
1.2	无人机及相关设备准备与摆放	熟练地做好无人机的检查与准备工作	5	现场凌乱，摆放不整齐，准备不到位，未正确检查，检查漏一项扣 1 分，扣完为止		
2	工作许可					
2.1	许可方式	向考评员示意准备就绪，申请开始工作	5	未申请开始考试扣 5 分		
3	工作步骤及技术要求					
3.1	动力电池匹配	动力电池应与相应型号的无人机进行匹配	15	匹配错误不得分		
3.2	移动端 App 电池测温	熟练使用 App 软件进行动力电池温度测量工作	15	未对电池测温不得分		
3.3	动力电池加温保温	如动力电池温度不满足飞行条件，应使用加热箱等工具进行加温，电芯温度应在 15～20℃	30	电芯温度不在温度区间扣 10 分；每超过 1℃扣 2 分，扣完为止		
4	工作结束					
4.1	安全劳动防护用品	安全劳动防护用品恢复原位	5	安全劳动防护用品未放到原位扣 5 分		
4.2	恢复现场	将无人机及设备恢复原样	5	设备未轻拿轻放，恢复不彻底扣 5 分		
5	工作终结汇报	向考评员报告工作已结束，场地已清理	5	未汇报扣 5 分		
6	其他要求					
6.1	动作要求	动作熟练顺畅	5	动作不正确扣 1～5 分		
6.2	安全要求	严格遵守“四不伤害”原则，不得损坏工器具和设备	5	损坏工器具扣 5 分		
合计			100			

Jc0002451029　夏季高温机巡作业锂聚合物电池温度管理。（100 分）

考核知识点：无人机动力电池使用与维护

难易度：易

技能等级评价专业技能考核操作工作任务书

一、任务名称

夏季高温机巡作业锂聚合物电池温度管理。

二、适用工种

无人机巡检工中级工。

三、具体任务

室外地面气温高于零上 40℃的环境中，测量动力电池温度是否满足安全作业需要，如温度不满足应采用哪些方式进行。

四、工作规范及要求

（1）熟练完成多旋翼无人机起飞前检查工作。

（2）熟练使用移动端 App 进行动力电池温度测量。

（3）场地、设备、工具和材料：多旋翼无人机、锂聚合物电池、镍氢电池、加热箱等。

五、考核及时间要求

本考核操作时间为 20 分钟。

技能等级评价专业技能考核操作评分标准

工种	无人机巡检工					评价等级	中级工
项目模块	设备使用与维护保养—保障设备使用				编号	Jc0002451029	
单位				准考证号		姓名	
考试时限	20 分钟		题型	单项操作		题分	100 分
成绩		考评员		考评组长		日期	
试题正文	夏季高温机巡作业锂聚合物电池温度管理						
需要说明的问题和要求	（1）熟练完成多旋翼无人机起飞前检查工作。 （2）熟练使用移动端 App 进行动力电池温度测量。 （3）熟练使用防爆箱对动力电池进行存储						

序号	项目名称	质量要求	满分	扣分标准	扣分原因	得分
1	工作准备					
1.1	安全劳动防护用品的准备	正确选择佩戴安全帽，穿全套工装，包括工作服、绝缘鞋、棉手套等	5	未按规定正确佩戴安全帽、穿工作服、绝缘鞋、戴棉手套等每项扣 2 分，扣完为止		
1.2	无人机及相关设备准备与摆放	熟练地做好无人机的检查与准备工作	5	现场凌乱，摆放不整齐，准备不到位，未正确检查，检查漏一项扣 1 分，扣完为止		
2	工作许可					
2.1	许可方式	向考评员示意准备就绪，申请开始工作	5	未申请开始考试扣 5 分		
3	工作步骤及技术要求					
3.1	动力电池匹配	动力电池应与相应型号的无人机进行匹配	15	匹配错误不得分		
3.2	移动端 App 电池测温	熟练使用 APP 软件进行动力电池温度测量工作	15	未对电池测温不得分		

续表

序号	项目名称	质量要求	满分	扣分标准	扣分原因	得分
3.3	动力电池防爆存储	如动力电池温度不满足飞行条件，应使用防爆箱等工具存储电池	30	未正确使用防爆箱扣 10 分		
4	工作结束					
4.1	安全劳动防护用品	安全劳动防护用品恢复原位	5	安全劳动防护用品未放到原位扣 5 分		
4.2	恢复现场	将无人机及设备恢复原样	5	设备未轻拿轻放，恢复不彻底扣 5 分		
5	工作终结汇报	向考评员报告工作已结束，场地已清理	5	未汇报扣 5 分		
6	其他要求					
6.1	动作要求	动作熟练顺畅	5	动作不正确扣 1～5 分		
6.2	安全要求	严格遵守“四不伤害”原则，不得损坏工器具和设备	5	损坏工器具扣 5 分		
合计			100			

Jc0002451030　多旋翼无人机遥控器对频。(100 分)

考核知识点：多旋翼无人机遥控器对频连接

难易度：易

技能等级评价专业技能考核操作工作任务书

一、任务名称

多旋翼无人机遥控器对频。

二、适用工种

无人机巡检工中级工。

三、具体任务

多旋翼无人机遥控器与机体对频。

四、工作规范及要求

（1）熟练掌握无人机遥控器与机体对频操作步骤。

（2）熟练掌握无人机开关机顺序。

五、考核及时间要求

本考核操作时间为 10 分钟。

技能等级评价专业技能考核操作评分标准

工种	无人机巡检工					评价等级	中级工
项目模块	设备使用与维护保养—保障设备使用				编号	Jc0002451030	
单位			准考证号			姓名	
考试时限	10 分钟		题型	单项操作		题分	100 分
成绩		考评员		考评组长		日期	
试题正文	多旋翼无人机遥控器对频						

续表

需要说明的问题和要求	(1)熟练完成多旋翼无人机起飞前检查工作。 (2)熟练使用移动端 App 进行动力电池温度测量。 (3)熟练使用加热箱对动力电池进行预加热功能

序号	项目名称	质量要求	满分	扣分标准	扣分原因	得分
1	工作准备					
1.1	安全劳动防护用品的准备	正确选择佩戴安全帽，穿全套工装，包括工作服、绝缘鞋、棉手套等	5	未按规定正确佩戴安全帽、穿工作服、绝缘鞋、戴棉手套等每项扣 2 分，扣完为止		
1.2	无人机及相关设备准备与摆放	熟练地做好无人机的检查与准备工作	5	现场凌乱，摆放不整齐，准备不到位，未正确检查，检查漏一项扣 1 分，扣完为止		
2	工作许可					
2.1	许可方式	向考评员示意准备就绪，申请开始工作	5	未申请开始考试扣 5 分		
3	工作步骤及技术要求					
3.1	打开遥控器与飞行器	先开启遥控器后开启飞行器，关闭时顺序相反	15	开关机顺序错误一次扣 7.5 分		
3.2	打开 App 软件进入遥控器对频功能	熟练进入遥控器对频界面	15	不熟练扣 5 分		
3.3	激活飞行器对频按键	按压飞行器对频按键保持两秒以上，进入对频模式，完成遥控器对频	30	按键错误扣 20 分		
4	工作结束					
4.1	安全劳动防护用品	安全劳动防护用品恢复原位	5	安全劳动防护用品未放到原位扣 5 分		
4.2	恢复现场	将无人机及设备恢复原样	5	设备未轻拿轻放，恢复不彻底扣 5 分		
5	工作终结汇报	向考评员报告工作已结束，场地已清理	5	未汇报扣 5 分		
6	其他要求					
6.1	动作要求	动作熟练顺畅	5	动作不正确扣 1～5 分		
6.2	安全要求	严格遵守“四不伤害”原则，不得损坏工器具和设备	5	损坏工器具扣 5 分		
合计			100			

Jc0002451031　多旋翼无人机相机光圈参数调节。(100 分)

考核知识点：多旋翼无人机可见光挂载应用

难易度：易

技能等级评价专业技能考核操作工作任务书

一、任务名称

多旋翼无人机相机光圈参数调节。

二、适用工种

无人机巡检工中级工。

三、具体任务

多旋翼无人机巡检过程中，根据拍摄需要，调节挂载相机光圈参数。

四、工作规范及要求

(1)熟练掌握无人机挂载相机功能。

(2)熟练掌握根据拍摄需要调整合适的光圈值。

五、考核及时间要求

本考核操作时间为10分钟。

技能等级评价专业技能考核操作评分标准

<table>
<tr><td>工种</td><td colspan="8">无人机巡检工</td><td>评价等级</td><td>中级工</td></tr>
<tr><td>项目模块</td><td colspan="7">设备使用与维护保养—多旋翼无人机使用</td><td>编号</td><td colspan="2">Jc0002451031</td></tr>
<tr><td>单位</td><td colspan="3"></td><td colspan="2">准考证号</td><td colspan="3"></td><td>姓名</td><td></td></tr>
<tr><td>考试时限</td><td colspan="2">10分钟</td><td colspan="2">题型</td><td colspan="4">单项操作</td><td>题分</td><td>100分</td></tr>
<tr><td>成绩</td><td></td><td>考评员</td><td colspan="2"></td><td colspan="2">考评组长</td><td colspan="2"></td><td>日期</td><td></td></tr>
<tr><td>试题正文</td><td colspan="10">多旋翼无人机相机光圈参数调节</td></tr>
<tr><td>需要说明的问题和要求</td><td colspan="10">（1）熟练掌握无人机挂载相机功能。
（2）熟练掌握根据拍摄需要调整合适的光圈值</td></tr>
</table>

序号	项目名称	质量要求	满分	扣分标准	扣分原因	得分
1	工作准备					
1.1	安全劳动防护用品的准备	正确选择佩戴安全帽，穿全套工装，包括工作服、绝缘鞋、棉手套等	5	未按规定正确佩戴安全帽、穿工作服、绝缘鞋、戴棉手套等每项扣2分，扣完为止		
1.2	无人机及相关设备准备与摆放	熟练地做好无人机的检查与准备工作	5	现场凌乱，摆放不整齐，准备不到位，未正确检查，检查漏一项扣1分，扣完为止		
2	工作许可					
2.1	许可方式	向考评员示意准备就绪，申请开始工作	5	未申请开始考试扣5分		
3	工作步骤及技术要求					
3.1	打开遥控器与飞行器	先开启遥控器后开启飞行器，关闭时顺序相反	15	开关机顺序错误一次扣7.5分		
3.2	打开App软件进入相机设置功能	熟练进入相机设置功能	15	不熟练扣5分		
3.3	根据拍摄场景确定光圈值大小	所拍摄影像应满足精细化巡检的需要	30	光圈值设置不合适扣10～30分		
4	工作结束					
4.1	安全劳动防护用品	安全劳动防护用品恢复原位	5	安全劳动防护用品未放到原位扣5分		
4.2	恢复现场	将无人机及设备恢复原样	5	设备未轻拿轻放，恢复不彻底扣5分		
5	工作终结汇报	向考评员报告工作已结束，场地已清理	5	未汇报扣5分		
6	其他要求					
6.1	动作要求	动作熟练顺畅	5	动作不正确扣1～5分		
6.2	安全要求	严格遵守“四不伤害”原则，不得损坏工器具和设备	5	损坏工器具扣5分		
合计			100			

Jc0002451032　多旋翼无人机相机ISO参数调节。（100分）

考核知识点：多旋翼无人机可见光挂载应用

难易度：易

技能等级评价专业技能考核操作工作任务书

一、任务名称

多旋翼无人机相机ISO参数调节。

二、适用工种

无人机巡检工中级工。

三、具体任务

多旋翼无人机巡检过程中，根据拍摄需要，调节 ISO 参数。

四、工作规范及要求

（1）熟练掌握无人机挂载相机功能。

（2）熟练掌握根据拍摄需要调整合适的 ISO 值。

（3）场地、设备、工具和材料：多旋翼无人机。

五、考核及时间要求

本考核操作时间为 10 分钟。

技能等级评价专业技能考核操作评分标准

工种	无人机巡检工			评价等级	中级工
项目模块	设备使用与维护保养—多旋翼无人机使用		编号	Jc0002451032	
单位		准考证号		姓名	
考试时限	10 分钟	题型	单项操作	题分	100 分
成绩	考评员		考评组长	日期	
试题正文	多旋翼无人机相机 ISO 参数调节				
需要说明的问题和要求	（1）熟练掌握无人机挂载相机功能。 （2）熟练掌握根据拍摄需要调整合适的 ISO 值				

序号	项目名称	质量要求	满分	扣分标准	扣分原因	得分
1	工作准备					
1.1	安全劳动防护用品的准备	正确选择佩戴安全帽，穿全套工装，包括工作服、绝缘鞋、棉手套等	5	未按规定正确佩戴安全帽、穿工作服、绝缘鞋、戴棉手套等每项扣 2 分，扣完为止		
1.2	无人机及相关设备准备与摆放	熟练地做好无人机的检查与准备工作	5	现场凌乱，摆放不整齐，准备不到位，未正确检查，检查漏一项扣 1 分，扣完为止		
2	工作许可					
2.1	许可方式	向考评员示意准备就绪，申请开始工作	5	未申请开始考试扣 5 分		
3	工作步骤及技术要求					
3.1	打开遥控器与飞行器	先开启遥控器后开启飞行器，关闭时顺序相反	15	开关机顺序错误一次扣 7.5 分		
3.2	打开 App 软件进入相机设置功能	熟练进入相机设置功能	15	不熟练扣 5 分		
3.3	根据拍摄场景确定 ISO 值大小	所拍摄影像应满足精细化巡检的需要	30	ISO 设置不合适扣 10～30 分		
4	工作结束					
4.1	安全劳动防护用品	安全劳动防护用品恢复原位	5	安全劳动防护用品未放到原位扣 5 分		
4.2	恢复现场	将无人机及设备恢复原样	5	设备未轻拿轻放，恢复不彻底扣 5 分		
5	工作终结汇报	向考评员报告工作已结束，场地已清理	5	未汇报扣 5 分		
6	其他要求					
6.1	动作要求	动作熟练顺畅	5	动作不正确扣 1～5 分		
6.2	安全要求	严格遵守“四不伤害”原则，不得损坏工器具和设备	5	损坏工器具扣 5 分		
合计			100			

Jc0001441033　测量导线对地距离的操作。(100分)

考核知识点：输电线路运行维护

难易度：易

技能等级评价专业技能考核操作工作任务书

一、任务名称

测量导线对地距离的操作。

二、适用工种

无人机巡检工中级工。

三、具体任务

利用经纬仪正确测量导线对地距离。针对此项工作，考生须在25分钟内完成操作。

四、工作规范及要求

（1）要求单独操作，1人配合。

（2）由考评员随机指定测量点，写出计算过程。

（3）工具：

1）选用光学经纬仪，J_2、J_6型均可。

2）塔尺、钢卷尺、计算器。

3）在培训线路上操作。

五、考核及时间要求

考核时间共25分钟，每超过2分钟扣1分，到30分钟终止考核。

技能等级评价专业技能考核操作评分标准

工种	无人机巡检工					评价等级	中级工
项目模块	设备使用与维护保养—保障设备使用				编号	Jc0001441033	
单位			准考证号			姓名	
考试时限	25分钟		题型	单项操作		题分	100分
成绩		考评员		考评组长		日期	
试题正文	测量导线对地距离的操作						
需要说明的问题和要求	（1）要求单独操作，1人配合。 （2）由考评员随机指定测量点。 （3）考生须在25分钟之内完成任务						

序号	项目名称	质量要求	满分	扣分标准	扣分原因	得分
1	测量的准备					
1.1	工器具	经纬仪、塔尺、计算器	5	差一项不得分		
1.2	选定仪器的测量点	观测点位置，在线路与地面垂直位置任选一点，观测点位置距离线路被测点距离为20～40m	5	不正确扣5分		
1.3	量仪高	量好仪高	5	不正确扣5分		
2	调整仪器					
2.1	仪器对中、整平、对光、瞄准、精平和读数、水平测距	指挥配合人员将塔尺立在线路交叉点正下方	5	不正确扣5分		
		在观测点位置将仪器整平、对光	5	不正确扣5分		

续表

序号	项目名称	质量要求	满分	扣分标准	扣分原因	得分
2.1	仪器对中、整平、对光、瞄准、精平和读数、水平测距	将望远镜视线调至垂直90°，瞄准塔尺，调焦，转动照准部及望远镜锁紧螺旋将其锁紧	10	不正确扣5分		
		转动望远镜微调螺旋使十字丝上下丝与塔尺某一刻度重合	10	不正确扣5分		
		读出上丝及下丝所夹塔尺刻度，利用 L=（上丝–下丝）×100得出水平距离	10	计算不正确扣1～10分		
3	测量，计算					
3.1	导线对地面距离的测量及计算	松开望远镜锁紧螺旋	5	不正确扣5分		
		将仪器竖盘照明反光镜转动使显微镜中的读数最明亮、清晰	10	不正确扣5分		
		转动镜筒瞄准导线下边缘锁紧望远镜制动手轮读出读数	10	不正确扣1～10分		
		精确度出度、分、秒 计算：利用公式计算出交叉跨越间的距离= L ($\tan\beta-\tan 90°$) +I	10	不正确扣1～10分		
4	其他要求	（1）要求着装正确（工作服、工作胶鞋、安全帽）。 （2）操作动作熟练。 （3）将仪器一次性装箱成功。 （4）清理工作现场符合文明生产要求。 （5）在规定的时间内完成	10	每项酌情扣1～2分，扣完为止		
合计			100			

Jc0004442034　无人机巡检影像缺陷识别系统上传照片。（100分）

考核知识点：巡检数据处理与分析

难易度：中

技能等级评价专业技能考核操作工作任务书

一、任务名称

无人机巡检影像缺陷识别系统上传照片。

二、适用工种

无人机巡检工中级工。

三、具体任务

利用无人机巡检影像缺陷识别系统上传无人机巡检所拍摄的杆塔照片。

四、工作规范及要求

（1）熟练掌握无人机巡检影像缺陷识别系统的使用方法。

（2）熟练掌握照片上传步骤。

（3）熟练掌握照片上传失败时处理方法。

（4）场地、设备、工具和材料：照片1张、计算机（已安装无人机巡检影像缺陷识别系统）。

五、考核及时间要求

考核时间共 10 分钟，每超过 2 分钟扣 1 分，到 15 分钟终止考核。

技能等级评价专业技能考核操作评分标准

工种	无人机巡检工					评价等级	中级工
项目模块	缺陷与隐患查找及原因分析—巡检数据处理与分析				编号	Jc0004442034	
单位			准考证号			姓名	
考试时限	10 分钟		题型	单项操作		题分	100 分
成绩		考评员		考评组长		日期	
试题正文	无人机巡检影像缺陷识别系统上传照片						
需要说明的问题和要求	（1）熟练掌握照片上传步骤。 （2）熟练掌握照片上传失败的处理方法						

序号	项目名称	质量要求	满分	扣分标准	扣分原因	得分
1	照片整理	合理整理照片	15	不合理扣 1～15 分		
2	系统登录	熟悉系统登录流程	20	不熟悉扣 10～20 分		
3	照片上传	熟悉照片上传步骤	40	不熟悉扣 10～40 分		
4	上传失败处理方法	熟练照片上传失败后处理方法	25	不熟练扣 1～25 分		
合计			100			

Jc0004442035　无人机巡检影像缺陷识别系统审核照片。（100 分）

考核知识点： 巡检数据处理与分析

难易度： 中

技能等级评价专业技能考核操作工作任务书

一、任务名称

无人机巡检影像缺陷识别系统审核照片。

二、适用工种

无人机巡检工中级工。

三、具体任务

利用无人机巡检影像缺陷识别系统对无人机巡检所拍摄的杆塔照片进行审核。

四、工作规范及要求

（1）熟练掌握无人机巡检影像缺陷识别系统的使用方法。

（2）熟练掌握照片审核步骤。

（3）场地、设备、工具和材料：计算机（已安装无人机巡检影像缺陷识别系统并上传照片）。

五、考核及时间要求

考核时间共 10 分钟，每超过 2 分钟扣 1 分，到 15 分钟终止考核。

技能等级评价专业技能考核操作评分标准

工种	无人机巡检工			评价等级	中级工
项目模块	缺陷与隐患查找及原因分析—巡检数据处理与分析		编号	Jc0004442035	
单位		准考证号		姓名	
考试时限	10 分钟	题型	单项操作	题分	100 分
成绩		考评员		考评组长		日期	
试题正文	无人机巡检影像缺陷识别系统审核照片				
需要说明的问题和要求	（1）熟练掌握无人机巡检影像缺陷识别系统的使用。 （2）熟练掌握对已上传照片的审核步骤				

序号	项目名称	质量要求	满分	扣分标准	扣分原因	得分
1	登录系统	正确登录系统	20	登录失败扣 1～20 分		
2	审核照片					
2.1	系统自动识别框	对系统自动识别框的正确与否进行判断	30	判断有误扣 10～30 分		
2.2	自画框	对系统未能自动识别出缺陷的部位进行自画框	30	自画框错误的扣 15～30 分		
2.3	缺陷命名	对自画框部位的缺陷进行准确命名	20	不正确的扣 10～20 分		
合计			100			

Jc0004443036　无人机在 GPS 状态下，进行定点降落。(100 分)

考核知识点：无人机的操作

难易度：难

技能等级评价专业技能考核操作工作任务书

一、任务名称

无人机在 GPS 状态下，进行定点降落。

二、适用工种

无人机巡检工中级工。

三、具体任务

被考核人员在 4 分钟之内完成无人机 GPS 状态下，进行定点降落。

四、工作规范及要求

（1）飞行过程中姿态平稳，飞行动作应连贯，速度均匀，不能有停顿。

（2）速度不能过快。

（3）水平偏移量不能超过 5cm，纵向偏差不能超过 5cm。

（4）场地、设备、工具和材料：无人机一架，杆子，围栏、安全警示牌等。

（5）危险点、安全措施和注意事项。

1）危险点：无人机机械故障、无人机装机障碍物、无人机伤及人员。

2）安全措施：无人机起飞降落应在空旷场地；无人机操作区域应装设围栏，操作区距起降区距离不小于 5m；飞行时实时关注无人机电池电量；遇有 5 级及以上大风，雷、雨、大雾等天气情况立即停止飞行；无人机一旦遇到紧急情况则立即返航。

3）注意事项：时刻观察周围环境、无人机飞行姿态，做好应急准备。

五、考核及时间要求

本考核要求无人机在空中悬停后4分钟之内完成定点降落。

技能等级评价专业技能考核操作评分标准

工种	无人机巡检工					评价等级	中级工
项目模块	设备使用与维护保养一多旋翼无人机使用				编号	Jc0004442036	
单位			准考证号			姓名	
考试时限	4分钟		题型	单项操作		题分	100分
成绩		考评员		考评组长		日期	
试题正文	无人机在GPS状态下，进行定点降落						
需要说明的问题和要求	（1）飞行动作应连贯，速度均匀，不能有停顿。 （2）速度不能过快。 （3）降落偏移量不能超过横向纵向5cm。 （4）降落应平稳。 （5）考生须在无人机悬停后4分钟之内完成定点降落动作						
序号	项目名称	质量要求	满分	扣分标准	扣分原因	得分	
1	作业人员入场	着装整齐、精神面貌良好	10	若有违规情况，视情况扣1～5分			
2	起飞前准备						
2.1	无人机检查	检查无人机桨叶安装是否正确，电池是否安装到位	10	不检查者扣10分			
2.2	电池电量检查	检查电池电量是否充足	5	不检查者扣5分			
3	飞行安全	飞行过程中服从考官指令，不得出现失控情况	15	不服从命令者扣15分			
4	飞行姿态						
4.1	起飞时	起飞要果断、快速，不能有大晃动	10	起飞时不果断，有晃动扣10分			
4.2	降落时	降落应平稳、缓慢，落地瞬间应平稳，不能有弹跳，应满足要求	40	降落时不平稳，有弹跳者扣3分； 超过偏移量扣10分； 以上扣分，扣完为止			
5	时间要求	必须在规定的时间内完成考核任务	10	超出时间者每10秒扣1分，扣完为止			
合计			100				

Jc0003442037　多旋翼无人机日常维护检查。（100分）

考核知识点：维护保养

难易度：中

技能等级评价专业技能考核操作工作任务书

一、任务名称

多旋翼无人机日常维护检查。

二、适用工种

无人机巡检工中级工。

三、具体任务

描述对多旋翼无人机日常维护检查方法和要点。

四、工作规范及要求

（1）需熟练掌握无人机维护检查要点。

（2）给定条件：书面试题。
（3）书面问题：多旋翼无人机日常维护检查有哪几点。

五、考核及时间要求

本考核操作时间为 20 分钟。

技能等级评价专业技能考核操作评分标准

工种	无人机巡检工					评价等级	中级工
项目模块	无人机巡检作业—架空输电线路无人机精细化巡检				编号	Jc0003442037	
单位			准考证号			姓名	
考试时限	20 分钟		题型	单项操作		题分	100 分
成绩		考评员		考评组长		日期	
试题正文	多旋翼无人机日常维护检查						
需要说明的问题和要求	（1）描述对无人机日常维护保养的理解。 （2）熟练掌握无人机维护检查要点。 （3）考生须在 20 分钟之内完成						

序号	项目名称	质量要求	满分	扣分标准	扣分原因	得分
1	维护检查					
1.1	目视法检查外表	熟悉流程与要点	20	不熟悉的扣 5～20 分		
1.2	触摸法检查牢固状态	熟悉流程与要点	35	不熟悉的扣 20～35 分		
1.3	声音法判断系统是否正常	熟悉流程与要点	20	不熟悉的扣 5～20 分		
1.4	通电进行综合检测	熟悉流程与要点	20	不熟悉的扣 5～20 分		
2	时间	必须在 20 分钟之内完成考核任务	5	超出 10 秒钟扣 1 分，扣完为止		
合计			100			

Jc0003442038　多旋翼无人机锂电池保养。（100 分）

考核知识点：维护保养

难易度：中

技能等级评价专业技能考核操作工作任务书

一、任务名称

多旋翼无人机锂电池保养。

二、适用工种

无人机巡检工中级工。

三、具体任务

描述对多旋翼无人机日常维护检查。

四、工作规范及要求

（1）需熟练掌握多旋翼无人机锂电池保养注意事项。
（2）给定条件：书面试题。
（3）书面问题：多旋翼无人机锂电池保养注意事项。

五、考核及时间要求

本考核操作时间为 15 分钟。

技能等级评价专业技能考核操作评分标准

工种	无人机巡检工					评价等级	中级工
项目模块	设备使用与维护保养—多旋翼无人机锂电池保养注意事项				编号	Jc0003442038	
单位			准考证号			姓名	
考试时限	15 分钟		题型	单项操作		题分	100 分
成绩		考评员		考评组长		日期	
试题正文	多旋翼无人机锂电池保养						
需要说明的问题和要求	（1）描述对无人机锂电池日常维护保养的理解。 （2）熟练掌握无人机锂电池维护检查要点。 （3）考生须在 15 分钟之内完成						

序号	项目名称	质量要求	满分	扣分标准	扣分原因	得分
1	维护检查					
1.1	检查锂电池外表	熟悉流程与要点	20	不熟悉的扣 5～20 分		
1.2	检查电池连接处平衡头牢固状态	熟悉流程与要点	35	不熟悉的扣 20～35 分		
1.3	分别检查电池每个电芯电压	熟悉流程与要点	20	不熟悉的扣 5～20 分		
1.4	通电进行综合检测	熟悉流程与要点	20	不熟悉的扣 5～20 分		
2	时间	必须在 15 分钟之内完成考核任务	5	超出 10 秒钟扣 1 分，扣完为止		
合计			100			

Jc0001441039 画图说明升力产生的原理。(100 分)

考核知识点：升力产生的原理

难易度：易

技能等级评价专业技能考核操作工作任务书

一、任务名称

画图说明升力产生的原理。

二、适用工种

无人机巡检工中级工。

三、具体任务

根据升力知识，进行绘图说明。

四、工作规范及要求

熟练掌握无人机升力产生的原理，根据要求进行绘图说明。

五、考核及时间要求

本考核项目操作时间为 10 分钟，时间到停止考评，每超时 1 分钟扣 1 分。

技能等级评价专业技能考核操作评分标准

工种	无人机巡检工					评价等级	中级工
项目模块	设备使用与维护保养—多旋翼无人机巡检系统结构原理				编号	Jc0001441039	
单位			准考证号			姓名	
考试时限	10 分钟		题型	单项操作		题分	100 分
成绩		考评员		考评组长		日期	
试题正文	画图说明升力产生的原理						
需要说明的问题和要求	（1）题目所要求的类型不能缺少。 （2）图示中要能准确清楚反映对应的类型。 （3）单独操作						

序号	项目名称	质量要求	满分	扣分标准	扣分原因	得分
1	图形绘制	整齐、清晰	20	图形不规整扣 20 分		
2	数字标注	（1）数字标注完整。 （2）数字标注正确。 （3）数字标注与项目类别正确对应	60	每错一项扣 5 分，扣完为止		
3	文字标注	试题中的类别需完整、准确，不得有遗漏	20	每缺少一项扣 5 分； 每项中内容不全酌情扣 1～5 分； 以上扣分，扣完为止		
合计			100			

标准答案：通常机翼翼型的上表面凸起较多而下表面比较平直，且飞行器飞行时有一定的迎角，从前缘到后缘，上翼面的气流流速就比下翼面的流速快。根据伯努利定理，上翼面的静压力比下翼面的静压力低，上下翼面形成压力差，此静压力差称为作用在机翼上的空气动力。空气动力合力在垂直于气流速度方向上的分量就是机翼的升力，原理如图 Jc0001441039 所示。

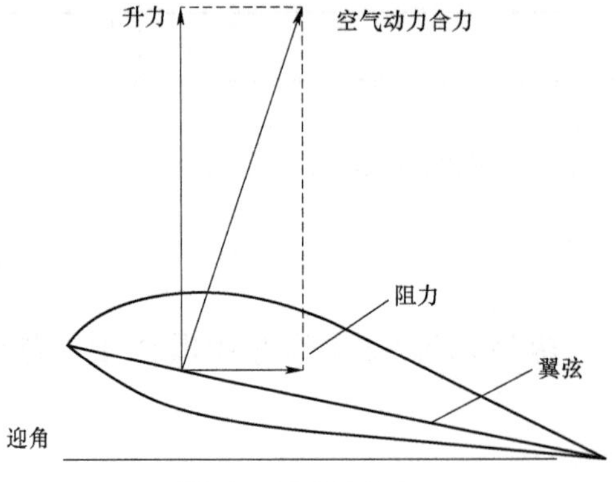

图 Jc0001441039

Jc0001441040　画出 X 型四旋翼无人机电机转动俯视图。（100 分）

考核知识点：无人机的结构

难易度：易

技能等级评价专业技能考核操作工作任务书

一、任务名称

画出 X 型四旋翼无人机电机转动俯视图。

二、适用工种

无人机巡检工中级工。

三、具体任务

进行绘图说明。

四、工作规范及要求

熟练掌握无人机升力产生的原理，根据要求进行绘图说明。

五、考核及时间要求

本考核操作时间为10分钟，时间到停止考评，每超时1分钟扣1分。

技能等级评价专业技能考核操作评分标准

工种	无人机巡检工					评价等级	中级工
项目模块	设备使用与维护保养—多旋翼无人机巡检系统结构、原理				编号	Jc0001441040	
单位			准考证号			姓名	
考试时限	10分钟		题型	单项操作		题分	100分
成绩		考评员		考评组长		日期	
试题正文	画出X型四旋翼无人机电动机转动俯视图						
需要说明的问题和要求	（1）题目所要求的类型不能缺少。 （2）图示中要能准确清楚地反映对应的类型。 （3）单独操作						

序号	项目名称	质量要求	满分	扣分标准	扣分原因	得分
1	图形绘制	整齐、清晰	20	图形不规整扣20分		
2	数字标注	（1）数字标注完整。 （2）数字标注正确。 （3）数字标注与项目类别正确对应	60	每错一项扣5分，扣完为止		
3	文字标注	试题中的类别需完整、准确，不得有遗漏	20	每缺少一项扣5分； 每项中内容不全酌情扣1～5分； 以上扣分，扣完为止		
合计			100			

标准答案：X型四旋翼无人机电机转动俯视图见图Jc0001441040。

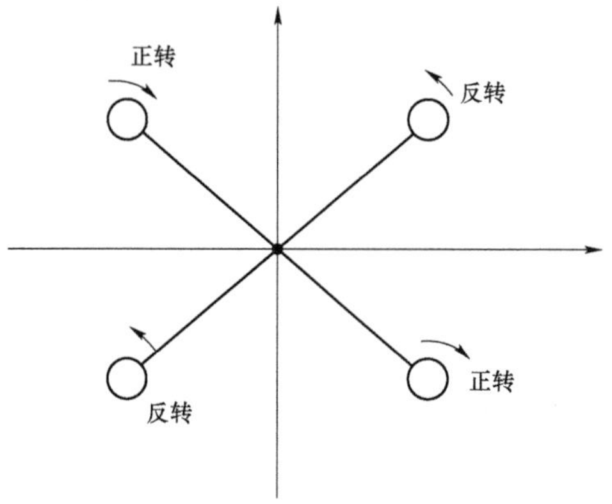

图 Jc0001441040

Jc0001441041 画出十型四旋翼无人机电机转动俯视图。（100分）

考核知识点：无人机的结构

难易度：易

技能等级评价专业技能考核操作工作任务书

一、任务名称

画出十型四旋翼无人机电机转动俯视图。

二、适用工种

无人机巡检工中级工。

三、具体任务

进行绘图说明。

四、工作规范及要求

熟练掌握无人机升力产生的原理，根据要求进行绘图说明。

五、考核及时间要求

本考核操作时间为 10 分钟，时间到停止考评，每超时 1 分钟扣 1 分。

技能等级评价专业技能考核操作评分标准

工种	无人机巡检工					评价等级	中级工
项目模块	设备使用与维护保养—多旋翼无人机巡检系统结构、原理				编号	Jc0001441041	
单位			准考证号			姓名	
考试时限	10 分钟		题型	单项操作		题分	100 分
成绩		考评员		考评组长		日期	
试题正文	画出十型四旋翼无人机电机转动俯视图						
需要说明的问题和要求	（1）题目所要求的类型不能缺少。 （2）图示中要能准确清楚地反映对应的类型。 （3）单独操作						

序号	项目名称	质量要求	满分	扣分标准	扣分原因	得分
1	图形绘制	整齐、清晰	20	图形不规整扣 20 分		
2	数字标注	（1）数字标注完整。 （2）数字标注正确。 （3）数字标注与项目类别正确对应	60	每错一项扣 5 分，扣完为止		
3	文字标注	试题中的类别需完整、准确，不得有遗漏	20	每缺少一项扣 5 分； 每项中内容不全酌情扣 1～5 分； 以上扣分，扣完为止		
合计			100			

标准答案：十型四旋翼无人机电机转动俯视图见图 Jc0001441041。

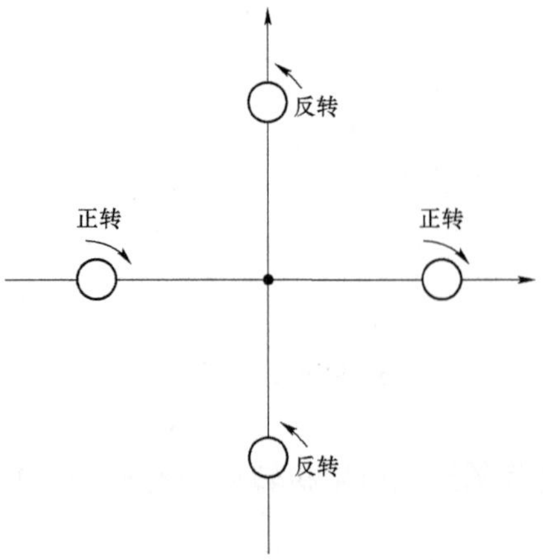

图 Jc0001441041

Jc0001441042　画出凹凸型、特种型两种基本翼型图。（100分）

考核知识点：无人机的结构

难易度：易

技能等级评价专业技能考核操作工作任务书

一、任务名称

画出凹凸型、特种型两种基本翼型图。

二、适用工种

无人机巡检工中级工。

三、具体任务

进行绘图说明。

四、工作规范及要求

熟练掌握无人机翼型，根据要求进行绘图说明。

五、考核及时间要求

本考核操作时间为10分钟，时间到停止考评，每超时1分钟扣1分。

技能等级评价专业技能考核操作评分标准

工种	无人机巡检工					评价等级	中级工
项目模块	设备使用与维护保养—多旋翼无人机巡检系统结构、原理				编号	Jc0001441042	
单位			准考证号			姓名	
考试时限	10分钟		题型	单项操作		题分	100分
成绩		考评员		考评组长		日期	
试题正文	画出凹凸型、特种型两种基本翼型图						
需要说明的问题和要求	（1）题目所要求的类型不能缺少。 （2）图示中要能准确清楚地反映对应的类型。 （3）单独操作						

序号	项目名称	质量要求	满分	扣分标准	扣分原因	得分
1	图形绘制	整齐、清晰	20	图形不规整扣20分		
2	数字标注	（1）数字标注完整。 （2）数字标注正确。 （3）数字标注与项目类别正确对应	60	每错一项扣5分，扣完为止		
3	文字标注	试题中的类别需完整、准确，不得有遗漏	20	每缺少一项扣5分； 每项中内容不全酌情扣1～5分； 以上扣分，扣完为止		
合计			100			

标准答案：凹凸型、特种型基本翼型图见图Jc0001441042。

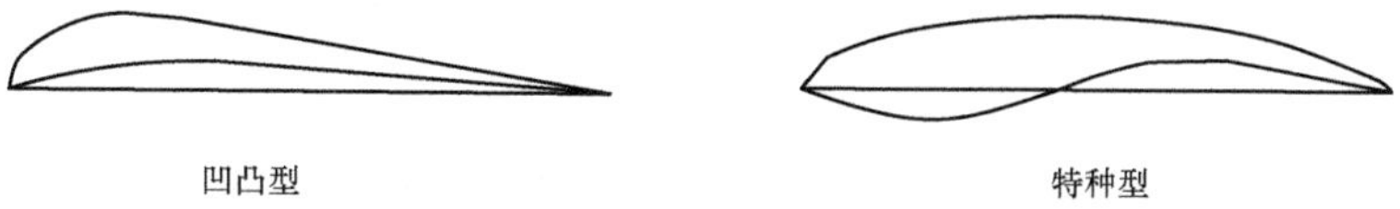

图 Jc0001441042

Jc0001441043　指出FUTUBA遥控器中各项代表的含义。（100分）

考核知识点：无人机的原理

难易度：易

技能等级评价专业技能考核操作工作任务书

一、任务名称

指出 FUTUBA 遥控器中各项代表的含义。

二、适用工种

无人机巡检工中级工。

三、具体任务

进行说明。

四、工作规范及要求

熟练掌握无人机遥控器功能。

五、考核及时间要求

本考核操作时间为 10 分钟，时间到停止考评，每超时 1 分钟扣 1 分。

技能等级评价专业技能考核操作评分标准

工种	无人机巡检工					评价等级	中级工
项目模块	设备使用与维护保养—多旋翼无人机巡检系统结构、原理				编号	Jc0001441043	
单位			准考证号			姓名	
考试时限	10 分钟		题型	单项操作		题分	100 分
成绩		考评员		考评组长		日期	
试题正文	指出 FUTUBA 遥控器中各项代表的含义						
需要说明的问题和要求	（1）题目所要求的类型不能缺少。 （2）图示中要能准确清楚地反映对应的类型。 （3）单独操作						

序号	项目名称	质量要求	满分	扣分标准	扣分原因	得分
1	图形绘制	整齐、清晰	20	图形不规整扣 20 分		
2	数字标注	（1）数字标注完整。 （2）数字标注正确。 （3）数字标注与项目类别正确对应	60	每错一项扣 5 分，扣完为止		
3	文字标注	试题中的类别需完整、准确，不得有遗漏	20	每缺少一项扣 5 分； 每项中内容不全酌情扣 1～5 分； 以上扣分，扣完为止		
合计			100			

标准答案： CTRL 下面的 J1、J3、J2、J4 代表的是副翼、升降、油门、方向摇杆；TRIM 下面的 T1、T3、T2、T4 是摇杆对应的微调，见图 Jc0001441043。

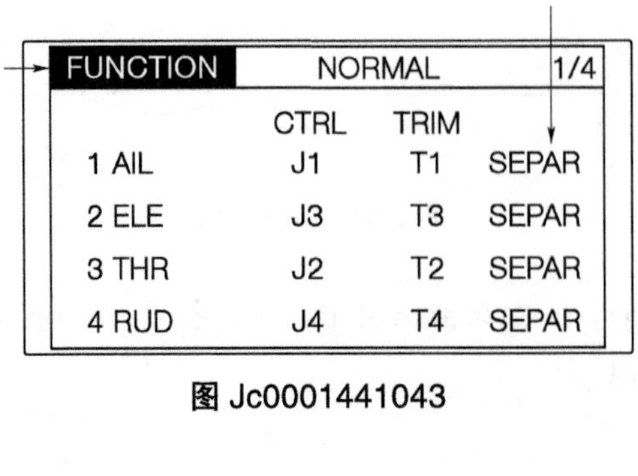

图 Jc0001441043

Jc0001441044 指出哪种电调，并说明 8 根线与什么元件连接。(100 分)

考核知识点：无人机的原理

难易度：易

技能等级评价专业技能考核操作工作任务书

一、任务名称

指出哪种电调，并说明 8 根线与什么元件连接。

二、适用工种

无人机巡检工中级工。

三、具体任务

指出电调种类，并进行说明。

四、工作规范及要求

熟练掌握无人机遥控器功能。

五、考核及时间要求

本考核操作时间为 10 分钟，时间到停止考评，每超时 1 分钟扣 1 分。

技能等级评价专业技能考核操作评分标准

工种	无人机巡检工					评价等级	中级工
项目模块	设备使用与维护保养—多旋翼无人机巡检系统结构、原理				编号	Jc0001441044	
单位			准考证号			姓名	
考试时限	10 分钟		题型	单项操作		题分	100 分
成绩		考评员		考评组长		日期	
试题正文	指出哪种电调，并说明 8 根线与什么元件连接						
需要说明的问题和要求	（1）题目所要求的类型不能缺少。 （2）图示中要能准确清楚地反映对应的类型。 （3）单独操作						

序号	项目名称	质量要求	满分	扣分标准	扣分原因	得分
1	图形绘制	整齐、清晰	20	图形不规整扣 20 分		
2	数字标注	（1）数字标注完整。 （2）数字标注正确。 （3）数字标注与项目类别正确对应	60	每错一项扣 5 分，扣完为止		
3	文字标注	试题中的类别需完整、准确，不得有遗漏	20	每缺少一项扣 5 分； 每项中内容不全酌情扣 1～5 分； 以上扣分，扣完为止		
合计			100			

标准答案：图 Jc0001441044 所示为无刷电调。1、2、3 为电调的输出线与电机连接；4、8 为电调的输入线与电池连接；5、6、7 为电调的信号线与接收机连接。

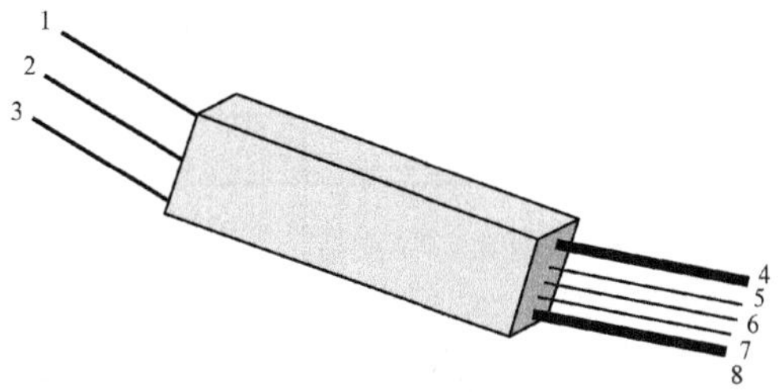

图 Jc0001441044

Jc0002441045　无人机姿态模式下水平 360° 原地自旋。（100 分）

考核知识点：基础能力

难易度：易

技能等级评价专业技能考核操作工作任务书

一、任务名称

无人机姿态模式下水平 360° 原地自旋。

二、适用工种

无人机巡检工中级工。

三、具体任务

被考核人员在 2 分钟之内完成无人机水平 360° 原地自旋动作。

四、工作规范及要求

（1）原地自旋应平稳匀速，不能有停顿。

（2）速度不能过快。

（3）旋转偏移量不能超过 20cm，高度偏差不能超过 20cm。

（4）场地、设备、工具和材料：无人机一架，无人机起飞场地，围栏、安全警示牌等。

（5）危险点、安全措施和注意事项。

1）危险点：无人机机械故障、无人机装机障碍物、无人机伤及人员。

2）安全措施：无人机起飞降落应在空旷场地；无人机操作区域应装设围栏，操作区距起降区距离不小于 5m；飞行时实时关注无人机电池电量；遇有 5 级及以上大风，雷、雨、大雾等天气情况立即停止飞行；无人机一旦遇到紧急情况则立即返航。

3）注意事项：时刻观察周围环境、无人机飞行姿态，做好应急准备。

五、考核及时间要求

本考核要求无人机空中悬停后在 2 分钟之内完成水平 360° 原地自旋动作。

技能等级评价专业技能考核操作评分标准

工种	无人机巡检工					评价等级	中级工
项目模块	基础能力—多旋翼无人机水平 360° 原地自旋				编号	Jc0002441045	
单位			准考证号			姓名	
考试时限	2 分钟	题型	单项操作			题分	100 分
成绩		考评员		考评组长		日期	
试题正文	无人机姿态模式下水平 360° 原地自旋						
需要说明的问题和要求	（1）原地自旋应平稳匀速，不能有停顿。 （2）速度不能过快。 （3）旋转偏移量不能超过 20cm，高度偏差不能超过 20cm。 （4）考生须在无人机悬停后 2 分钟之内完成水平 360° 原地自旋动作						

序号	项目名称	质量要求	满分	扣分标准	扣分原因	得分
1	工作准备					
1.1	安全劳动防护用品的准备	正确选择佩戴安全帽，穿全套工装，包括工作服、绝缘鞋、棉手套等	5	未按规定正确佩戴安全帽、穿工作服、绝缘鞋、戴棉手套等每项扣 2 分，扣完为止		
1.2	无人机起飞前准备	熟练地做好无人机起飞前的检查与准备工作	5	未正确检查，检查漏一项扣 1 分，扣完为止		

续表

序号	项目名称	质量要求	满分	扣分标准	扣分原因	得分
2	工作许可	向考评员示意准备就绪，申请开始工作	5	未申请开始考试扣5分		
3	工作步骤及技术要求					
3.1	飞行前无人机检查	检查无人机桨叶安装是否正确，电池是否安装到位	5	不检查者扣5分		
3.2	电池电量检查	检查电池电量是否充足	5	不检查者扣5分		
3.3	飞行安全	飞行过程中服从考官指令，不得出现失控情况	10	不服从命令者扣10分		
3.4	起飞时	起飞要果断、快速，不能有大晃动	10	起飞时不果断，有晃动扣5分		
3.5	飞行中	飞行过程中姿态平稳，不能出现掉高现象	10	飞行中姿态不平稳者扣5分		
3.6	水平360°原地自旋	飞行过程中姿态平稳，不能出现掉高、上升现象	10	原地自旋过程中出现掉高、上升现象扣10分		
3.7	降落时	降落应平稳、缓慢，落地瞬间应平稳，不能有弹跳	5	降落时不平稳，有弹跳者扣5分		
3.8	时间要求	必须在规定的时间内完成考核任务	5	超出时间者每10秒扣1分，扣完为止		
4	工作结束					
4.1	安全劳动防护用品	安全劳动防护用品恢复原位	5	安全劳动防护用品未放到原位扣5分		
4.2	恢复现场	将遥控器恢复原样	5	设备未轻拿轻放，恢复不彻底扣5分		
5	工作终结汇报	向考评员报告工作已结束，场地已清理	5	未汇报扣5分		
6	其他要求					
6.1	动作要求	动作熟练顺畅	5	动作不正确扣1～5分		
6.2	安全要求	严格遵守“四不伤害”原则，不得损坏工器具和设备	5	损坏工器具扣5分		
合计			100			

Jc0002441046　无人机姿态模式下5m正方形路线飞行。(100分)

考核知识点：基础能力

难易度：易

技能等级评价专业技能考核操作工作任务书

一、任务名称

无人机姿态模式下5m正方形路线飞行。

二、适用工种

无人机巡检工中级工。

三、具体任务

被考核人员在6分钟之内完成无人机沿着5m的正方形路线飞行。

四、工作规范及要求

（1）飞行过程中姿态平稳，不能有停顿。

（2）速度不能过快。

（3）水平偏移量不能超过 20cm，高度偏差不能超过 20cm。

（4）转弯后应为 90° 垂直角度，机头方向与飞行方向一致。

（5）场地、设备、工具和材料：无人机一架，无人机起飞场地，围栏、安全警示牌等。

（6）危险点、安全措施和注意事项。

1）危险点：无人机机械故障、无人机装机障碍物、无人机伤及人员。

2）安全措施：无人机起飞降落应在空旷场地；无人机操作区域应装设围栏，操作区距起降区距离不小于 5m；飞行时实时关注无人机电池电量；遇有 5 级及以上大风，雷、雨、大雾等天气情况立即停止飞行；无人机一旦遇到紧急情况则立即返航。

3）注意事项：时刻观察周围环境、无人机飞行姿态，做好应急准备。

五、考核及时间要求

本考核要求无人机在空中悬停后 6 分钟之内沿着 5m 的正方形路线飞行。

技能等级评价专业技能考核操作评分标准

工种	无人机巡检工					评价等级	中级工
项目模块	基础能力—无人机 5m 正方形路线飞行				编号	Jc0002441046	
单位			准考证号			姓名	
考试时限	6 分钟		题型	单项操作		题分	100 分
成绩		考评员		考评组长		日期	
试题正文	无人机姿态模式下 5m 正方形路线飞行						
需要说明的问题和要求	（1）飞行过程中应平稳匀速，不能有停顿。 （2）速度不能过快。 （3）旋转偏移量不能超过 20cm，高度偏差不能超过 20cm。 （4）转弯后应为 90° 垂直角度，机头方向与飞行方向一致。 （5）考生须在无人机悬停后 6 分钟之内完成沿着 5m 的正方形路线飞行动作						

序号	项目名称	质量要求	满分	扣分标准	扣分原因	得分
1	工作准备					
1.1	安全劳动防护用品的准备	正确选择佩戴安全帽，穿全套工装，包括工作服、绝缘鞋、棉手套等	5	未按规定正确佩戴安全帽、穿工作服、绝缘鞋、戴棉手套等每项扣 2 分，扣完为止		
1.2	无人机起飞前准备	熟练地做好无人机起飞前的检查与准备工作	5	未正确检查，检查漏一项扣 1 分，扣完为止		
2	工作许可					
2.1	许可方式	向考评员示意准备就绪，申请开始工作	5	未申请开始考试扣 5 分		
3	工作步骤及技术要求					
3.1	无人机检查	检查无人机桨叶安装是否正确，电池是否安装到位	5	不检查者扣 5 分		
3.2	电池电量检查	检查电池电量是否充足	5	不检查者扣 5 分		
3.3	飞行安全	飞行过程中服从考官指令，不得出现失控情况	10	不服从命令者扣 10 分		
3.4	起飞时	起飞要果断、快速，不能有大晃动	5	起飞时不果断，有晃动扣 5 分		
3.5	沿 5m 的正方形路线飞行	飞行过程中姿态平稳，不能出现掉高、上升现象，转弯后应为 90° 垂直角度	20	飞行过程中出现掉高、上升现象扣 10 分； 转弯后角度不垂直扣 10 分		
3.6	降落时	降落应平稳、缓慢，落地瞬间应平稳，不能有弹跳	5	降落时不平稳，有弹跳者扣 5 分		

续表

序号	项目名称	质量要求	满分	扣分标准	扣分原因	得分
3.7	时间要求	必须在规定的时间内完成考核任务	10	超出时间者每 10 秒扣 1 分，扣完为止		
4	工作结束					
4.1	安全劳动防护用品	安全劳动防护用品恢复原位	5	安全劳动防护用品未放到原位扣 5 分		
4.2	恢复现场	将遥控器恢复原样	5	设备未轻拿轻放，恢复不彻底扣 5 分		
5	工作终结汇报	向考评员报告工作已结束，场地已清理	5	未汇报扣 5 分		
6	其他要求					
6.1	动作要求	动作熟练顺畅	5	动作不正确扣 5 分		
6.2	安全要求	严格遵守“四不伤害”原则，不得损坏工器具和设备	5	损坏工器具扣 5 分		
合计			100			

第三部分
高级工

第五章 无人机巡检工高级工技能笔答

Jb0001332001 输电线路绝缘子重点检查哪些缺陷情况？（5分）

考核知识点：架空输电线路绝缘子检查项目

难易度：中

标准答案：

伞裙破损、严重污秽、有放电痕迹、弹簧销缺损、钢帽裂纹、断裂、钢脚严重锈蚀或蚀损、绝缘子串顺线路方向倾角大于7.5°或300mm。

Jb0001333002 接续金具不应出现哪些情况？（5分）

考核知识点：线路金具的类别

难易度：难

标准答案：

（1）外观鼓包、裂纹、烧伤、滑移或出口处断股，弯曲度不符合有关规程要求。

（2）温度高于相邻导线温度10℃，跳线联板温度高于相邻导线温度10℃。

（3）过热变色或连接螺栓松动。

（4）金具内部严重烧伤、断股或压接不实（有抽头或位移）。

（5）并沟线夹、跳线引流板螺栓扭矩值未达到相应规格螺栓拧紧力矩。

Jb0001332003 对输电线路金具开口销在检查中有什么要求？（5分）

考核知识点：输电线路金具开口销检查要求

难易度：中

标准答案：

金具上的开口销与闭口销不应有折断或断裂等现象，当采用开口销时，应对称开口，开口角度不宜小于60°，不得用线材和其他材料代替开口销和闭口销。

Jb0001332004 作业现场应满足哪些基本条件？（5分）

考核知识点：作业现场条件

难易度：中

标准答案：

（1）作业现场的生产条件和安全设施等应符合有关标准、规范的要求，工作人员的劳动防护用品应合格、齐备。

（2）经常有人工作的场所及施工车辆上宜配备急救箱，存放急救用品，并应指定专人经常检查、补充或更换。

（3）现场使用的安全工器具应合格并符合有关要求。

（4）各类作业人员应被告知其作业现场和工作岗位存在的危险因素、防范措施及事故紧急处理措施。

Jb0001332005 在变电站、发电厂出入口处或线路中间某一段有两条以上相互靠近的平行或交

叉线路时，有哪些要求？（5分）

考核知识点：交叉跨越或平行线路的人员要求

难易度：中

标准答案：

（1）每基杆塔上都应有线路名称、杆号。

（2）经核对停电检修线路的线路名称、杆号无误，验明线路确已停电并挂好地线后，工作负责人方可宣布开始工作。

（3）在该段线路上工作，登杆塔时要核对停电检修线路的线路名称、杆号无误，并设专人监护，以防误登有电线路杆塔。

Jb0001332006　同杆塔架设多回线路中部分线路停电工作时工作票签发人和工作负责人对停电检修线路的哪些内容要特别注意？（5分）

考核知识点：工作负责人对多回线路的注意事项

难易度：中

标准答案：

工作票签发人和工作负责人对停电检修线路的称号应特别注意正确填写和检查。多回线路中的每回线路（直流线路每极）都应填写双重称号。

Jb0001333007　Q/GDW 11399—2015《架空输电线路无人机巡检作业安全工作规程》中工作负责人（监护人）的安全责任有哪些？（5分）

考核知识点：无人机巡检工作工作负责人的安全责任

难易度：难

标准答案：

（1）正确安全地组织开展巡检作业工作，按国家相关法律法规规定正确使用空域，及时纠正不安全行为。

（2）负责检查航线规划、安全策略设置和作业方案等是否正确完备，必要时予以补充。

（3）负责检查工作票所列安全措施是否正确完备，是否符合现场实际条件，必要时予以补充。

（4）工作前对工作班成员进行危险点告知、交代安全措施和技术措施，并确认每一个工作班成员都已知晓。

（5）严格执行工作票所列安全措施。

（6）督促、监护工作班成员遵守本规程，正确使用劳动防护用品和执行现场安全措施，及时纠正不安全行为。

（7）确认工作班成员精神状态是否良好，必要时予以调整。

Jb0001333008　Q/GDW 11399—2015《架空输电线路无人机巡检作业安全工作规程》中对航前检查如何要求？（5分）

考核知识点：航前检查

难易度：难

标准答案：

（1）应确认当地气象条件是否满足所用无人机巡检系统起飞、飞行和降落的技术指标要求；掌握航线所经地区气象条件，判断是否对无人机巡检系统的安全飞行构成威胁。若不满足要求或存在较大安全风险，工作负责人可根据情况间断工作、临时中断工作或终结本次工作。

（2）应检查起飞和降落点周围环境，确认满足所用无人机巡检系统的技术指标要求。

（3）每次放飞前，应对无人机巡检系统的动力系统、导航定位系统、飞控系统、通信链路、任务系统等进行检查。当发现任一系统出现不适航状态，应认真排查原因、修复，在确保安全可靠后方可放飞。

（4）每次放飞前，应进行无人机巡检系统的自检。若自检结果中有告警或故障信息，应认真排查原因、修复，在确保安全可靠后方可放飞。

Jb0001331009 Q/GDW 11399—2015《架空输电线路无人机巡检作业安全工作规程》中对工作票的有效期与延期如何要求？（5分）

考核知识点：工作票的有效期与延期

难易度：易

标准答案：

（1）工作票的有效截止时间，以工作票签发人批准的工作结束时间为限。

（2）工作票只允许延期一次。若需办理延期手续，应在有效截止时间前2小时由工作负责人向工作票签发人提出申请，经同意后由工作负责人报告工作许可人予以办理。

Jb0001333010 《民用无人驾驶航空器系统空中交通管理办法》（MD－TM－2016－004）中为了防止民用无人驾驶航空器和其他航空器活动相互穿越隔离空域边界，提高民用无人驾驶航空器运行的安全性，应采取什么安全措施？（5分）

考核知识点：如何防止穿越隔离空域边界

难易度：难

标准答案：

（1）驾驶员应持续监视民用无人驾驶航空器飞行。

（2）当驾驶员发现民用无人驾驶航空器脱离隔离空域时，应向相关空管单位通报。

（3）空管单位发现民用无人驾驶航空器脱离隔离空域时，应当防止与其他航空器发生冲突，通知运营人采取相关措施，并向相关管制单位通报。

（4）空管单位应同时向民用无人驾驶航空器和隔离空域附近运行的其他航空器提供服务。

（5）在空管单位和民用无人驾驶航空器系统驾驶员之间应建立可靠的通信。

（6）空管单位应为民用无人驾驶航空器指挥与控制链路失效、民用无人驾驶航空器避让侵入的航空器等紧急事项设置相应的应急工作程序。

Jb0001333011 《轻小无人机运行规定》中要求民用无人机机长的职责和权限是什么？（5分）

考核知识点：无线电管理要求

难易度：难

标准答案：

（1）民用无人机机长对民用无人机系统的运行直接负责，并具有最终决定权。

1）在飞行中遇有紧急情况时：① 机长必须采取适合当时情况的应急措施。② 在飞行中遇到需要立即处置的紧急情况时，机长可以在保证地面人员安全所需要的范围内偏离本咨询通告的任何规定。

2）如果在危及地面人员安全的紧急情况下必须采取违反当地规章或程序的措施，机长必须毫不迟疑地通知有关地方当局。

（2）机长必须负责以可用的、最迅速的方法将导致人员严重受伤或死亡、地面财产重大损失的任何航空器事故通知最近的民航及相关部门。

Jb0001332012　无人机巡检作业中，申报飞行空域如何要求？（5分）

考核知识点：申报飞行空域要求

难易度：中

标准答案：

申报飞行空域原则上与其他空域水平间隔不小于 20km，垂直间隔不小于 2km。一般需提前 7 日提交申请并提交下列文件：

（1）国籍标志和登记标志。

（2）驾驶员相应的资质证书。

（3）飞行器性能数据和三视图。

（4）可靠的通信保障方案。

（5）特殊情况处置预案。

Jb0001331013　无人机检测终端中，机载照相机是如何定义的？基本要求是什么？（5分）

考核知识点：机载照相机的定义与要求

难易度：易

标准答案：

机载照相机是检测系统中关键的检测设备，负责检测系统提供杆塔、输电线路和线路走廊高清晰度的现场照片，以便后期分析故障和缺陷。机载照相机的基本要求：高分辨率，高清晰度，可在输电线路安全距离外拍摄数码照片，通过后期观察，可分辨目标物体，体积小，重量轻。

Jb0001332014　无人机检测终端中，红外热像仪是如何定义的？基本要求是什么？（5分）

考核知识点：机载照相机的定义与要求

难易度：中

标准答案：

红外热像仪是检测系统中一个非常关键的检测设备，通过无线图像传输系统传输的实时红外视频，可以帮助任务操控人员检测输电线路上的接头、绝缘子、夹板、引流线、高压线、压接套管、绝缘子引线等有无热故障和缺陷。

红外热像仪的基本要求如下：体积小，重量轻；提供模拟视频接口和网络控制接口；提供红外热像仪的 SDK 的动态链接库和 API 函数接口说明；通过红外视频可清晰看到输电线路及设备的发热点。

Jb0001332015　什么是多轴飞行器，其与一般直升机的主要区别是什么？（5分）

考核知识点：多轴飞行器与一般直升机的区别

难易度：中

标准答案：

多轴飞行器是一种具有三个及以上旋翼轴的特殊的直升机。其通过每个轴上的电动机转动，带动旋翼，从而产生升推力。旋翼的总距固定，不像一般直升机那样可变。通过改变不同旋翼之间的相对转速，可以改变单轴推进力的大小，从而控制飞行器的运行轨迹。

Jb0001331016　与传统直升机相比，多轴飞行器具有哪些优点？（5分）

考核知识点：多轴飞行器优点

难易度：易

标准答案：

旋翼角度固定，结构简单；每个旋翼的叶片比较短，叶片末端的线速度慢，发生碰撞时冲击力小，不容易损坏，对人也更安全，有些小型四轴飞行器的旋翼有外框，避免磕碰。

Jb0001332017　简述自转旋翼机的飞行原理及相对传统直升机的优点。（5分）

考核知识点：自转旋翼机的飞行原理及相对传统直升机的优点

难易度：中

标准答案：

自转旋翼机简称旋翼机或自旋翼机，是旋翼航空器的一种。它的旋翼没有动力装置驱动，仅依靠前进时的相对气流吹动旋翼自转以产生升力。旋翼机大多由独立的推进或拉进螺旋桨提供前飞动力，用尾舵控制方向。旋翼机必须像固定翼航空器那样滑跑加速才能起飞，少数安装有跳飞装置的旋翼机能够原地跳跃起飞，但旋翼机不能像直升机那样进行稳定的垂直起降和悬停。与直升机相比，旋翼机的结构非常简单、造价低廉、安全性也较好，一般用于通用航空或运动类飞行。

Jb0001331018　列举无人机使用的动力装置（最少列三种）。（5分）

考核知识点：无人机使用的动力装置

难易度：易

标准答案：

无人机使用的动力装置主要有活塞式发动机、涡喷发动机、涡扇发动机桨发动机、涡轴发动机、冲压发动机、火箭发动机和电动机等。

Jb0001331019　民用无人机使用的动力装置主要包括哪些？（5分）

考核知识点：民用无人机使用的动力装置

难易度：易

标准答案：

目前主流的民用无人机所采用的动力系统通常为活塞式发动机和电动机两种。

Jb0001331020　微型无人机使用的动力电机主要包括哪两类？（5分）

考核知识点：微型无人机使用的动力电机类别

难易度：易

标准答案：

有刷电动机和无刷电动机。

Jb0001331021　电动机的型号主要以尺寸为依据，简述有刷370电机代表的意思。（5分）

考核知识点：电动机的型号含义

难易度：易

标准答案：

有刷370电机是指它不包括轴的长度是37mm。

Jb0001331022　电动机的型号主要以尺寸为依据，简述无刷外电子2208电机代表的意思。（5分）

考核知识点：电机代表的型号含义

难易度：易

标准答案：

无刷外电子 2208 电机是指它定子圈的直径是 22mm，不包括轴电子线圈的长度是 8mm。

Jb0001331023　电动机的技术指标很多，与无人机动力特性最相关的两个是转速和功率，简述转速一般用什么单位表示，是如何规定的。（5分）

考核知识点：转速单位及规定

难易度：易

标准答案：

转速一般用 KV 来表示，所谓 KV 是指每伏特（V）能达到的每分钟转速。

Jb0001331024　电动机转速一般用 KV 来表示，简述规格 KV1000 的电机所具备的转速性能如何。（5分）

考核知识点：电机的转速性能

难易度：易

标准答案：

转速一般用 KV 来表示，所谓 KV 是指每伏特（V）能达到的每分钟转速，故规格 KV1000 的电机在接入电池电压为 xV 时，所能达到的转速为 1000x 转/分。

Jb0001331025　无人机使用电动机作为动力，相较于其他动力装置具有哪些优点？（5分）

考核知识点：无人机电动机的优点

难易度：易

标准答案：

无人机使用电动机作为动力具有其他动力装置无法比拟的优点，如结构简单、重量轻、使用方便，可使无人机的噪声和红外特征很小，同时又能提供与内燃机不相上下的比功率。它尤其适合作为低空、低速、微型无人机的动力。

Jb0001331026　动力电源主要为电动机的运转提供电能，通常采用化学电池作为电动无人机的动力电源，简述化学电池主要包括哪些种类。在电动无人机上主流使用哪一类？（5分）

考核知识点：电动无人机化学电池的种类及主流电池

难易度：易

标准答案：

主要包括镍氢电池、镍铬电池、锂聚合物、锂离子动力电池。其中，前两种电池因重量重，能量密度低，现在电动无人机上主流使用锂聚合物动力电池。

Jb0001331027　表示电池性能的标称有很多，无人机动力系统设计中最关心的是哪三个指标？（5分）

考核知识点：无人机动力系统设计中最重要的三个指标

难易度：易

标准答案：

电压、容量和放电能力。

Jb0001331028　简述电动无人机使用的主流电池一锂聚合物电池的标称电压、充电后最高电压

以及放电后的保护电压各为多少。(5分)

考核知识点：电动无人机锂聚合物电池的标称电压、充电后最高电压以及放电后的保护电压

难易度：易

标准答案：

锂聚合物电池的标称电压是3.7V，充电后最高电压为4.2V，放电后的保护电压为3.6V。

Jb0001331029 简述实际使用过程中，电池电压会如何变化。(5分)

考核知识点：电池电压的变化

难易度：易

标准答案：

在实际使用过程中，电池的电压会产生压降，这与电池所带动的负载有关，也就是说电池所带的负载越大，电流越大，电池的电压就越小，在去掉负载后电池的电压还可恢复到一定值。

Jb0001331030 mAh是电池的什么指标的单位？具体含义是什么？(5分)

考核知识点：电池指标的单位

难易度：易

标准答案：

电池的容量是用毫安时（mAh）来表示的，它的意思是电池以某个电流放电能维持1h。

Jb0001331031 指标为1000mAh的电池具体含义是什么？(5分)

考核知识点：电池指标的含义

难易度：易

标准答案：

1000mh就是这个电池能保持1000mA（1A）放电1h。

Jb0001331032 简述电池的放电能力用什么指标来标定。具体含义是什么？(5分)

考核知识点：电池的放电能力指标及具体含义

难易度：易

标准答案：

电池的放电能力是以倍率（C）来表示的，它的意思是说按照电池的标称容量最大可达到多大的放电电流。

Jb0001331033 指标为1000mAh、10C的电池具体含义是什么？(5分)

考核知识点：电池指标的含义

难易度：易

标准答案：

指的是一个1000mAh、10C的电池，最大放电电流可达1000×10=10000mA，即10A。

Jb0001331034 实验证明，大电流充电会对电池的性能造成一定程度的破坏，也可能充上的只是浮电。一般厂家要求用0.1C的电流充电，而锂聚合物电池因为性能优越可用更大的倍率充电。试问在保证冷却通风的条件下锂聚合物电池可以采用多少C的电流充电？(5分)

考核知识点：锂聚合物电池充电电流

难易度：易

标准答案：

锂聚合物电池可以采用 1C 的电流充电。

Jb0001331035　电调包括哪三类线？分别与什么组件相连？（5分）

考核知识点：电调三类线的名称及相对应组件

难易度：易

标准答案：

（1）电调的输入线，与电池连接。

（2）电调的输出线（有刷两根、无刷三根），与电机连接。

（3）电调的信号线，与接收机连接。

Jb0001331036　螺旋桨产生推力的方式非常类似于机翼产生力的方式，简述螺旋桨产生升力的大小取决于哪三个因素。（5分）

考核知识点：螺旋桨产生升力的三个因素

难易度：易

标准答案：

桨叶形态、桨叶迎角及发动机转速。

Jb0001331037　螺旋桨叶本身是扭转的，因此，桨叶角从毂轴到叶尖是变化的，简述其最大安装角、最小安装角分别位于什么位置。（5分）

考核知识点：螺旋桨桨叶角最大安装角、最小安装角位置

难易度：易

标准答案：

最大安装角位于桨毂处、最小安装角位于叶尖处。

Jb0001332038　简述螺旋桨桨叶设计为扭转形式的原因。（5分）

考核知识点：螺旋桨桨叶设计

难易度：中

标准答案：

螺旋桨叶扭转的原因是为了从毂轴到叶尖产生一致的升力。当桨叶旋转时，桨叶的不同部分有不同的实际速度。桨叶尖部线速度比靠近毂轴部位的快，因为相同时间内叶尖要旋转的距离比毂轴附近的长。从毂轴到叶尖安装角的变化和线速度的相应变化就能够在桨叶长度上产生一致的升力。如果螺旋桨叶设计成在整个长度上它的安装角相同，那么效率会非常低，因为随着空速的增加，靠近毂轴附近的部分将会有负迎角，而叶尖会失速。

Jb0001331039　简述在同一角速度下，螺旋桨各部分线速度是否相同。最大、最小线速度分别位于什么位置？（5分）

考核知识点：螺旋桨工作原理

难易度：易

标准答案：

不相同，最大线速度位于叶尖处、最小线速度位于毂轴处。

Jb0001332040 油动直升机超视距飞行时需要关注哪些参数？（5分）

考核知识点： 油动直升机超视距飞行

难易度： 中

标准答案：

发动机的转速、温度、地面站及动力系统的电压，GPS信号；直升机飞行的速度、高度等。

Jb0001331041 简述民用无人机系统都有哪几条链路。（5分）

考核知识点： 无人机系统

难易度： 易

标准答案：

遥控器上行、图传下行、数传上下行。

Jb0001332042 遥控器上什么是模拟控制量、开关控制量，一般用来干什么？（5分）

考核知识点： 无人机的控制

难易度： 中

标准答案：

杆、钮等连续的是模拟量，拨动的是开关。模拟用来操作姿态、舵面或设备连续动作，开关用来控制模式切换、开伞、一键返航。

Jb0001332043 多旋翼桨叶与直升机桨叶有什么区别？（5分）

考核知识点： 无人机的组成部件

难易度： 中

标准答案：

直升机桨叶螺距可以改变，而多旋翼桨叶通常为固定螺距，并且直升机螺旋桨一般不会扭转，多旋翼螺旋桨大多都能扭转。

Jb0001332044 多旋翼螺旋桨为什么是扭转的？（5分）

考核知识点： 无人机的组成部件

难易度： 中

标准答案：

多旋翼螺旋桨每点的速度和迎角都不一样。桨根线速度慢，迎角大。桨尖线速度快，迎角小。保证桨叶各部分升力大致相等，提高升阻比和气动效率。

Jb0001332045 无刷电机与有刷电机有什么区别？（5分）

考核知识点： 电机的分类

难易度： 中

标准答案：

无刷电机以电换向取代机械换向。有刷电机的炭刷易于磨损，导致电机的寿命降低。可是无刷电机的效率在一定电流范围内比有刷电机差。但无刷电机运行噪声小，且寿命长。

Jb0001331046 无刷电机用的是什么电？（5分）

考核知识点： 电机的基本知识

难易度：易

标准答案：

脉冲电流，即为交流电。

Jb0001332047　电池的型号及主要参数含义分别是什么？（5分）

考核知识点：电池的基本知识

难易度：中

标准答案：

容量，单位毫安时（mAh），即：16000mAh 电池，以 16A 放电，完全放电时间需要 1 小时。放电倍数，单位 C；即 15C 代表该电池可以最大 15 倍放电，最大放电电流为 16A×15C=240A。

Jb0001332048　电池的串联与并联有什么不同？（5分）

考核知识点：电池的基本知识

难易度：中

标准答案：

串联增大电压，并联增大容量和电流。电池串联改变的为电压，电池并联改变的为容量，以 16000mAh Li-po 为例，标称电压为每片电芯 3.7V，6 片电芯串联称 6S，标称电压为 3.7×6=22.2V；2 片电芯并联称 2P，并联后容量改变为 16000×2=32000mAh。

Jb0001332049　简述 Li-po 电池的充放电，以及时间。（5分）

考核知识点：电池的基本知识

难易度：中

标准答案：

Li-po 电池一般最大充电倍数为 5C，而常用的充电倍数为 0.5～2C。由电池容量的定义可知，1C=1h，即：16000mAh 电池，1C 充电，16A，1h 充满，2C 充电，32A，30min 充满。容量×C 数=电流，1C=1h。

Jb0001331050　6S2P 的含义是什么？（5分）

考核知识点：电池的基本知识

难易度：易

标准答案：

两块由 6 个电芯串联的 6S 电池并联。

Jb0001332051　Li-po 的使用要点是什么？（5分）

考核知识点：电池的基本知识

难易度：中

标准答案：

Li-po 电池单片电压分为三种，分别是标称电压 3.7V、存放电压 3.85V、截止电压 4.2V。使用时不能过充、过放。长时间不用时要 3.85V 储存，工作温度为−10～40℃，冬天使用注意预热和保温，夏天注意不能暴晒。低温会影响电池的放电能力。

Jb0001331052　以 1045 桨为例，桨叶规格的含义是什么？（5分）

考核知识点：无人机的组成部件

难易度：易

标准答案：

1045 代表桨叶直径是 10in，螺距为 4.5in，1in 为 25.4mm。

Jb0001331053　现有一块聚合物锂电池可能会长时间不使用，充放电至电量多少？电压多少储存合适？（5 分）

考核知识点：无人机的电池

难易度：易

标准答案：

放电至剩余电量 40%～50%，电压 3.85V。

Jb0001331054　无刷电机是直流电机还是交流电机？（5 分）

考核知识点：电机的基本知识

难易度：易

标准答案：

如果单看电机是交流，如果把电调与电机看作一体则为直流。

Jb0001332055　什么是无人机巡检系统？（5 分）

考核知识点：无人机巡检作业工作安全规程

难易度：中

标准答案：

一种用于对架空输电线路进行巡检作业的装备，由无人机（包括旋翼带尾桨、共轴反桨、多旋翼和固定翼等形式）分系统、任务载荷分系统和综合保障分系统组成。一般将无人机分系统为旋翼带尾桨或共轴反桨形式的称为中型无人直升机巡检系统；将多旋翼形式的称为小型无人直升机巡检系统；将固定翼形式的称为固定翼无人机巡检系统。

Jb0001332056　什么是无人机巡检作业？（5 分）

考核知识点：无人机巡检作业工作安全规程

难易度：中

标准答案：

利用无人机巡检系统对架空输电线路本体和附属设施的运行状态、通道走廊环境等进行检查和检测工作。根据所用无人机巡检系统的不同，分为中型无人直升机巡检作业、小型无人直升机巡检作业和固定翼无人机巡检作业。

Jb0001331057　什么是无人机巡检作业中的程控手？（5 分）

考核知识点：无人机巡检作业工作安全规程

难易度：易

标准答案：

利用地面控制站以增稳或全自主模式控制无人机巡检系统飞行的人员。

Jb0001331058　什么是无人机巡检作业中的操控手？（5 分）

考核知识点：无人机巡检作业工作安全规程

难易度：易

标准答案：

利用遥控器以手动或增稳模式控制无人机巡检系统飞行的人员。

Jb0001331059　什么是无人机巡检作业中的任务手？（5分）

考核知识点：无人机巡检作业工作安全规程

难易度：易

标准答案：

操控任务载荷分系统对输电线路本体、附属设施和通道走廊环境等进行拍照、摄像的人员。

Jb0001331060　什么是无人机巡检作业中巡检航线？（5分）

考核知识点：无人机巡检作业工作安全规程

难易度：易

标准答案：

巡检作业时无人机巡检系统的飞行路线。路线周边不应存在影响无人机巡检系统安全起飞、飞行和降落的地形地貌、建筑及其他障碍物等。

Jb0001331061　什么是无人机巡检作业中巡检作业点？（5分）

考核知识点：无人机巡检作业工作安全规程

难易度：易

标准答案：

中小型无人直升机巡检作业时，无人直升机巡检系统停留进行拍照、摄像等作业的位置。

Jb0001333062　什么是无人机巡检作业中空中管制区？（5分）

考核知识点：无人机巡检作业工作安全规程

难易度：难

标准答案：

为维护空中交通秩序、保障空中交通安全和国家安全，按照国家有关法规划设，对航空器在空间内活动应遵守的规则、方式和时间等进行了规定和限制的区域。民用航空的空中管制区包括塔台管制区、进近管制区和区域管制区等，此外，还包括但不限于以下区域：

空中禁区：由国家划设的，未按照国家有关规则经特别批准，任何航空器不得飞入的空间。

空中限制区：由管制部门划设的，在规定时限内，未经管制部门许可的航空器禁止飞入的空间。

空中危险区：由管制部门划设，供对空射击或者发射使用的，在规定时限内，禁止无关航空器飞入的空间。

Jb0001331063　什么是无人机巡检作业中目视可及？（5分）

考核知识点：无人机巡检作业工作安全规程

难易度：易

标准答案：

人员通过直接目视可看见无人机巡检系统的范围。

Jb0001332064　使用小型无人直升机巡检系统进行的作业，其人员配置如何要求？（5分）

考核知识点：无人机巡检作业工作安全规程

难易度：中

标准答案：

使用小型无人直升机巡检系统进行的架空输电线路巡检作业，作业人员包括工作负责人（1名）和工作班成员，分别担任程控手和操控手，工作负责人可兼任程控手或操控手，但不得同时兼任。必要时，也可增设1名专职工作负责人，此时工作班成员至少包括程控手和操控手。

Jb0001331065 使用固定翼无人机巡检系统进行的作业，其人员配置如何要求？（5分）

考核知识点：无人机巡检作业工作安全规程

难易度：易

标准答案：

使用固定翼无人机巡检系统进行的架空输电线路巡检作业，作业人员包括工作负责人（1名）和工作班成员。工作班成员至少包括程控手和操控手。

Jb0002332066 旋翼无人机巡检系统中无人直升机系统构成是什么？（5分）

考核知识点：无人直升机系统的构成

难易度：中

标准答案：

无人直升机系统包括无人直升机平台和机载通信系统。其中无人直升机平台装有飞行指示灯、应急定位发射器，由无人机本体和飞行控制系统两部分构成。机载通信系统包括数据传输系统和视频传输系统的机载部分。

Jb0002331067 简述无人机巡检系统维护保养的目的。（5分）

考核知识点：无人机维护保养的目的

难易度：易

标准答案：

无人机系统的保管和维护质量的好坏，直接关系到系统能否长期保持良好的工作精度和性能。应当有序地对无人机系统进行维护保养，减少系统的故障率，减少停机维修的时间，提高整个系统的使用寿命、工作性能和安全性能。

Jb0002332068 无人机一级技术保养包括什么内容？（5分）

考核知识点：一级技术保养内容

难易度：中

标准答案：

一级技术保养主要包括以下内容：

（1）按照“日常维护”项目进行，并增添下列工作。

（2）飞机运行传动部分、皮带松紧检查保养，对传动部件进行润滑处理。

（3）对电气系统各线路及零附件进行校准，外部绝缘。

（4）螺旋桨桨毂垂直度校准。

（5）检查云台、吊舱、机载设备运行是否正常。吊舱检查不仅需检查运转无问题，还需检查吊舱中各个仪器显示有无问题。

Jb0002331069 《架空输电线路无人直升机巡检技术规程》中对起飞前准备是如何要求的？（5分）

考核知识点：无人机巡检中起飞前的准备

难易度：易

标准答案：

（1）应检查起降点周围地理环境、电磁环境和气象条件，确认满足安全起降要求。

（2）应核对航线规划是否满足安全飞行要求。

（3）应检查无人直升机动力系统的燃油或电能储备，确认满足飞行巡检航程要求。

（4）应按照无人机巡检飞行前检查工作单对无人直升机各分系统进行逐项检查，确保系统正常。

Jb0002331070 《架空输电线路无人机巡检技术规程》中，无人机巡检航线规划了解气象情况需了解哪些内容？（5分）

考核知识点：航线规划中气象了解内容

难易度：易

标准答案：

（1）大气温度压强和密度。

（2）风速和风向。

（3）能见度。

（4）云底高度。

（5）降雨率。

（6）周围光线。

Jb0002332071 同一架多轴，如果在高海拔地区飞行，应该选择哪种桨和电机的组合？（5分）

考核知识点：无人机使用选择

难易度：中

标准答案：

大直径，小螺距，高KV值。

Jb0002331072 多轴天线应如何布置？（5分）

考核知识点：无人机使用选择

难易度：易

标准答案：

天线要高出机体竖直向上，模块天线要垂直向下，接收机两根天线互相垂直。

Jb0002331073 多旋翼是不是任意方向都可以作为机头，指向飞行方向，为什么？（5分）

考核知识点：无人机的使用

难易度：易

标准答案：

不是，磁罗盘和IMU的安装都有指向性要求。即使能使用无头模式飞行的多旋翼其实也是有头的。

Jb0002332074 逆风和顺风对多旋翼的影响有哪些？（5分）

考核知识点：无人机的使用环境

难易度：中

标准答案：

多数多旋翼是按照机头方向飞行阻力最小设计的，所以逆风悬停最省电，同理机头向前航线飞行最省电。从飞控角度来说，风向不同只是影响了悬停与航线飞行的姿态角，总的来说风越大越耗电。

Jb0002333075　固定翼无人机视距外链路中断，如何处置？（5分）

考核知识点：无人机的使用

难易度：难

标准答案：

（1）首先调整地面链路天线位置。

（2）若飞控能设置在链路中断多长时间后返航，要设置。

（3）如若全程时间到未能返航，可按航线地面寻找。

（4）如若该无人机加入优云系统，请联系优云服务商查找最终点。无人机应当在机身明显处张贴联系方式。

Jb0002332076　如果数传链路下行中断，会发生什么后果？如何处置？（5分）

考核知识点：无人机的使用

难易度：中

标准答案：

地面站软件上的飞行状态和数据不再更新。无人机在视距内应尽快遥控着陆；视距外，先发送返航指令，安心等待返航；个别情况下，可依靠任务设备图像返航。

Jb0002332077　如果数传链路上行中断，会发生什么后果？如何处置？（5分）

考核知识点：无人机的使用

难易度：中

标准答案：

无法在线重规划航线航点及发送任务指令等。无人机在视距内应尽快遥控着陆；视距外，可尝试重新启动地面站或检查上行链路设备恢复通信，否则只能安心等待飞完所有航点后返航或链路中断触发返航（需要在飞控中事先设置）。

Jb0002332078　无人机在飞行中晃动过大或反应滞后，除了飞控感度的原因，还有可能是什么原因？（5分）

考核知识点：无人机的飞行

难易度：中

标准答案：

（1）多旋翼飞行器机臂刚度不够，或有安装旷量。

（2）多旋翼机体太大致使转动惯量太大。

（3）多旋翼螺旋桨太重，加减速慢致使操纵响应慢。

（4）固定风机体或舵面刚度不够，连杆、摇臂或舵机本身有旷量。

Jb0002332079　无人机地面起飞前检查时，遥控器推油门，油门舵机不响应或旋翼电机不旋转，可能是由哪些原因造成？（5分）

考核知识点：无人机的飞行

难易度：中

标准答案：

控制模式不对、遥控器没电、遥控器高频头没装或损坏、没对频、舵机故障或电机故障、电调故障等。

Jb0002332080 燃油固定翼起飞前动力系统应做哪些检查？（5 分）

考核知识点：无人机的动力

难易度：中

标准答案：

紧固件、油路、电路、大小油针、最大转速、怠速稳定性、震动、操纵连杆连接及间隙等。小飞机可改变姿态，观察不同姿态供油效果。

Jb0002332081 简述多旋翼无人机作业结束回航的具体流程及安全注意事项。（5 分）

考核知识点：多旋翼无人机安全使用

难易度：中

标准答案：

（1）回航前，驾驶员应正确判断风向、风速，通过实时图传观察周围环境，特别注意难以清晰显示的地线、导线。

（2）回航过程中，应平稳、缓慢地降低无人机高度，现场负责人根据具体情况，每隔 5～10s 通报飞行高度，同时确认起降场地无外物。

（3）飞行器降落后，断开飞行器主电源，关闭遥控电源，填写多旋翼无人机现场作业记录表。

Jb0002332082 激光雷达技术对于架空输电线路有哪些典型应用？（5 分）

考核知识点：激光雷达应用

难易度：中

标准答案：

（1）建立基于数字化输电走廊基础地理信息系统，便于精细化管理。

（2）实现输电线路的精确面积、体积、长度等其他物理量的测算。

（3）通过高程模型自动识别外力破坏隐患、杆塔绝缘子倾斜信息、基础位移等。

（4）为多旋翼无人机自动驾驶提供高精度导航数据。

Jb0002331083 激光雷达常用的作业方法有哪几类？（5 分）

考核知识点：激光雷达应用

难易度：易

标准答案：

（1）载人直升机激光雷达扫描。

（2）固定翼无人机激光雷达扫描。

（3）多旋翼无人机激光雷达扫描。

Jb0002331084 无人机巡检工作后机身如何进行保养？（5 分）

考核知识点：多旋翼无人机日常保养知识

难易度：易

标准答案：

每次航拍无人机飞行结束，都应对无人机做保养擦拭。

电动无人机：可选用质地柔软的除尘毛巾擦拭浮灰。

油动航拍无人机：则应先用浓度较高的酒精喷涂在机体表面稀释油污，然后用除尘毛巾反复多次擦拭干净。

Jb0002332085 简述多旋翼飞机分解和组装的注意事项。（5分）

考核知识点：多旋翼无人机日常保养知识

难易度：中

标准答案：

（1）为防止零件丢失，应将拆解的零件按所属部件分开存放。

（2）分解时如有必要，需检查所拆解的零件是否有损伤或异常。

（3）分解的零件可用无水乙醇或有机溶剂擦拭清洁。

（4）组装前确认零件完好数量正确。

（5）严格按照装配要求组装飞机。

（6）两人配合工作时应保持密切联系。

Jb0003331086 《架空输电线路无人机巡检作业技术导则》中要求，使用无人机巡视设备本体，对接地装置进行精细巡视时，巡视内容及设备有什么要求？（5分）

考核知识点：无人机巡检接地装置的巡视内容

难易度：易

标准答案：

接地体断裂，严重锈蚀，螺栓松脱，接地体外露、缺失，连接部位有雷电烧痕等。

Jb0003332087 《架空输电线路无人机巡检作业技术导则》中要求，使用无人机巡视设备本体，对绝缘子进行精细巡视时，巡视内容及设备有什么要求？（5分）

考核知识点：无人机巡检绝缘子的巡视内容

难易度：中

标准答案：

伞裙破损、锁紧销缺损，绝缘子串严重倾斜；铁帽裂纹、断裂，钢脚严重锈蚀或蚀损、有放电痕迹；严重污秽；绝缘子温度异常。

Jb0003332088 《架空输电线路无人机巡检作业技术导则》中，档中巡检是如何要求的？（5分）

考核知识点：档中巡检的要求

难易度：中

标准答案：

（1）无人机飞行方向应与该档导地线方向平行。

（2）中、大型无人机与巡检侧边导线的水平距离分别不小于30m、50m。

（3）小型无人机与巡检侧边导线的水平距离一般不宜小于10m，具体距离可根据无人机性能、线路电压等级和巡检经验调整。

Jb0003332089 《架空输电线路无人机巡检作业技术导则》中定义通道巡检分为快速巡检和扫描巡检，其中扫描巡检要求利用三维激光扫描仪对线路设备及通道环境进行扫描检查，其中机载激光扫描系统由什么组成？（5分）

考核知识点：机载激光扫描系统的组成

难易度：中

标准答案：

（1）数字化三维激光扫描仪。它是机载激光扫描系统的核心部分，主要用来测量地物地貌的三维空间坐标信息。

（2）姿态测量和导航系统。主要由GPS接收机、IMU惯性制导仪和导航计算机构成。

（3）数码相机。数码相机拍摄的航片宽度应该调节到与激光扫描宽度相匹配。航片经过纠正、镶嵌可形成彩色正射数字影像。

（4）数据处理软件。激光扫描系统获取的数据量非常庞大，通常由特殊专业软件来处理。

Jb0003332090 《架空输电线无人机巡检技术》航线的规划中，对起飞点及降落点有什么要求？（5分）

考核知识点：航线规划中起飞点与降落点的要求

难易度：中

标准答案：

航线的规划中，根据现场地形条件选定无人机直升机起飞点及降落点，起降点四周应空旷无树木，山石等障碍物，航线范围内无超高物体（建筑物、高山等），起降点大小要求如下：

（1）大型无人机直升机：5m×5m左右大小平整的地面。

（2）中型无人机直升机：3m×3m左右大小平整的地面。

（3）小型无人机直升机：1m×1m左右大小平整的地面。

Jb0003333091 无人机巡检作业过程中，发生故障坠机后，应采取什么应急处置措施？（5分）

考核知识点：故障坠机后的应急处置措施

难易度：难

标准答案：

无人机直升机发生故障坠机时，工作负责人应立即组织机组人员追踪定位无人机的准确位置，及时召回无人机。因意外或失控撞向杆塔、导线和地线等造成线路设备损坏时，工作负责人应立即将故障现场情况报告分管领导及调控中心，同时，为防止事态扩大，应加派应急处置人员开展故障巡查，确认设备受损情况，并及时进行紧急抢修工作。因意外或失控坠落引起次生灾害造成火灾，工作负责人应立即将飞机发生故障的原因及大致地点报告并联系森林火警，按照《输电线路走廊火烧山事件现场处置方案》部署开展进一步工作。

发生故障后现场负责人应对现场情况进行拍照和记录，确认损失情况，初步分析事故原因，天线事故报告并上报有关部门。同时，运维单位应做好舆情监督和处理工作。

Jb0003331092 四轴飞行器起飞时，各旋翼之间的气流速度有何区别？（5分）

考核知识点：多旋翼飞机基础知识

难易度：易

标准答案：

前行桨叶相对气流速度大于后行桨叶相对气流速度。

Jb0003331093　多轴飞行器都有哪些用途？（5分）

考核知识点： 多旋翼飞机基础知识

难易度： 易

标准答案：

（1）应急救灾。

（2）军用侦察。

（3）警用监视。

（4）能源行业巡检。

（5）娱乐。

Jb0003331094　地面站电子地图显示的信息分为几个方面，各有何作用？（5分）

考核知识点： 地面站知识

难易度： 易

标准答案：

（1）无人机位置和飞行轨迹。

（2）无人机航迹规划信息。

（3）其他辅助信息。

Jb0003331095　地面站航迹优化系统具体实现哪些功能？（5分）

考核知识点： 地面站知识

难易度： 易

标准答案：

航迹优化系统是指航迹规划完成后，系统根据无人机飞行的最小转弯半径和最大俯仰角对航迹进行优化处理，制订出适合无人机飞行的轨迹。

Jb0003331096　无人机航迹规划需要综合应用哪些技术？（5分）

考核知识点： 无人机航迹规划应用

难易度： 易

标准答案：

无人机航迹规划需要综合应用导航技术、地理信息技术、远程感知技术，以获得全面详细的无人机飞行现状以及环境信息，结合无人机自身指标技术特点，按照一定的航迹规划方法，制订最优或次优路径。

Jb0004332097　造成线路设备故障的主要原因有哪些？（5分）

考核知识点： 架空输电线路故障巡视

难易度： 中

标准答案：

（1）电力检修质量不达标。

（2）外部施工原因造成倒杆断线，电缆损坏。

（3）线路设备质量或老化造成故障，如电缆头老化引起线路短路，横担断裂引起接地等。

（4）气候因素造成故障，如雷雨季节电力线路遭遇雷击，电力线路杆塔处于低洼地带遭洪水冲倒引起线路受损等。

Jb0004331098　电力线路常见故障类别有哪些？（5分）

考核知识点： 架空输电线路故障巡视

难易度： 易

标准答案：

电力线路常见故障有两大类：接地故障和短路故障。

接地故障又分为金属性接地和非金属性接地两类。

短路故障又分为非接地相间短路（三相和两相短路）故障和接地短路（两相接地短路、两点不同相接地短路）故障。

Jb0004333099　一线班组开展线路故障巡视时应注意哪些？（5分）

考核知识点： 架空输电线路故障巡视

难易度： 难

标准答案：

（1）班组巡视人员要特别注意自身人身安全，将故障线路视为带电，巡视发现问题不能私自处理，必须上报班组管理人员，在班组管理人员许可并布置完安全措施后方可处理。

（2）巡线时除了注意线路本身各部件及重点故障设备外，还应注意附近线路环境，有无侵线树木、建筑物和异物；线路附近有无施工痕迹、烧伤的鸟兽以及损害的绝缘子等物；发现与故障有关的物件和可疑物时，应做好记录并拍照及时上报，留作事故分析的证据。

（3）如果在已确认并切除的故障区段巡视未发现明显故障点，可填写工作票或事故应急抢修单并做好安全措施后对故障区段进行登杆检查，登杆检查可以发现杆塔上不明显的异常及地面巡视不易发现的设备损伤，如绝缘子上表面及避雷器轻微烧损等地面巡视的盲区。也可对故障区段进行分段绝缘遥测排查隐性故障点，如避雷器击穿、电缆绝缘击穿等。

Jb0004332100　简述输电线路故障的主要类型与特征。（5分）

考核知识点： 架空输电线路故障巡视

难易度： 中

标准答案：

如表 Jb0004332100 所示。

表 Jb0004332100

类型	多发时段	天气	地点	重合概率
雷击	夏秋	雷雨	山区、旷野	高
风偏	夏秋傍晚	强风	风口跨越档	低
污闪	秋冬夜晚	大雾、毛毛雨	重污区	低
鸟害	秋冬半夜	—	水库、平原	高
覆冰	春冬覆冰	雨、雪	重冰区、舞动区	低
外破	—	—	外破区	低
山火	烧荒、上坟	晴好	农林区	高
故障	夏季午后	高温	林区	低
误碰	白天	—	施工区	低

Jb0004333101　简述架空输电线路故障放电点的表象。（5分）

考核知识点： 架空输电线路故障巡视

难易度： 难

标准答案：

输电线路发生故障，必然出现千安级的短路电流，伴随着强烈的弧光放电、巨响和高温，在放电点上留下十分明显的灼伤点，特别是重合不成功或者再次故障时，会重复出现灼伤点。因此，能够在故障点放电点清晰地观察到故障表象。各种线路故障的放电通道是不完全相同的，因此，对放电通道必须核查准确，从高压侧到低压侧，从起点到终点要逐一核对和查证，否则容易出现对故障现象的误判，如绕击故障与反击故障都会在绝缘子串上形成放电通道，如果仅从绝缘子上的放电迹象不能判定故障类型的，要找到雷击的初始点，才能准确判定。线路故障的放电通道主要有两种，其一是在绝缘子串附近放电，因为绝缘子串是带电体中绝缘间隙最小点，当出现雷击、风偏、污闪、冰闪故障时，主要是在绝缘子串附近放电；其二是故障发生在导线档距中央，主要是闪击或对交叉、邻近物体放电。当绝缘子串附近出现放电时，一般会在导线、绝缘子串、塔身、接地体上留下放电痕迹，容易找到故障点，而档内导线出现放电时，则要通过地面调查和走导线检查才能找到故障点。在放电通道上，各个部位的迹象是有差别的。沿绝缘子放电时，绝缘子串的钢帽上会灼伤镀锌层，露出灰白色钢体，绝缘子表面会形成块状疤痕，故障绝缘子串上不是每片绝缘子都有灼伤点，但是导线侧和横担侧肯定有放电点，而且表象最为明显和严重；杆塔上的放电点一般在凸出部位，如塔脚钉、角钢脊背等，这是因为尖端部位更易引发放电；导线、地线上的放电点一般会有多处白色圆斑状伤痕，有时会呈现几米长的泛白区域；地线间隙上的放电点因为放电拉弧，高温下会出现明显的焊疤；接地引下线在泄放短路电流时，如果与杆塔接触不良，连接板上会出现明显的焊点。

第六章　无人机巡检工高级工技能操作

Jc0001343001　杆塔接地电阻测量的操作。(100 分)
考核知识点： 电阻测量
难易度： 难

技能等级评价专业技能考核操作工作任务书

一、任务名称
杆塔接地电阻测量的操作。
二、适用工种
无人机巡检工高级工。
三、具体任务
用数字式接地电阻仪测量杆塔接地电阻。
四、工作规范及要求
（1）正确使用接地电阻仪。
（2）按要求进行测量。
（3）着装整齐，正确使用工器具及劳动防护用品。
（4）操作人员应熟悉该测试仪的操作程序。
五、考核及时间要求
本考核操作时间为 60 分钟，时间到停止考评，每超时一分钟扣 1 分。

技能等级评价专业技能考核操作评分标准

工种	无人机巡检工				评价等级	高级工
项目模块	基础能力—电力安全工作规程			编号	Jc0001343001	
单位		准考证号			姓名	
考试时限	60 分钟	题型	单项操作		题分	100 分
成绩		考评员		考评组长	日期	
试题正文	杆塔接地电阻测量的操作					
需要说明的问题和要求	（1）要求单独操作，二人配合，只测一组接地体。 （2）由考评员指定测站点。 （3）本考核总成绩为 100 分					

序号	项目名称	质量要求	满分	扣分标准	扣分原因	得分
1	电表检查调整					
1.1	外观检查	检查合格并有有效的检测合格证	2.5	检查不合格或没有有效的合格证扣 2.5 分		
1.2	电阻仪自检	自检合格并调零	2.5	自检不合格或未调零扣 2.5 分		
1.3	连接线的检查	截面积不小于 1～1.5mm^2	5	截面不合格，扣 5 分		

续表

序号	项目名称	质量要求	满分	扣分标准	扣分原因	得分
2	查看有关图纸资料	了解接地形式及接地体长度	5	未查阅相关资料扣5分		
3	布电流、电压极及布线					
3.1	布电流极、电压极	电流极和电压极同在横线路方向同一侧布置，两极偏移不能过大，打入地下深度符合要求	30	两极布置未在横线路方向同侧，扣5分； 两极偏移过大，扣5分； 两极距离不符合要求扣5分； 深度不够，扣5分		
3.2	电流极布线	电流极线为接地体长度的4倍左右	10	长度不符合要求，扣5分		
3.3	电压极布线	电压极线为接地体长度的2.5倍左右	10	长度不符合要求，扣5分		
3.4	断开接地装置与架空线接地引下线的连接	断开所有接地引下线	10	未断开所有接地引下线，扣10分		
4	连线测量并读数					
4.1	连接电压极、电流极线路	与两极连接紧密，连接电阻仪插孔正确	5	两极连接不紧密，扣5分 连接电阻仪插孔不正确，扣5分		
4.2	连接接地极	将接地极线连接仪器与接地引下线	5	连接不正确，扣5分		
4.3	测量数值	打开电阻仪开关，将挡位选择在最大挡	5	未将挡位选择在最大挡，扣5分		
4.4	调节挡位并读数	按照屏幕所显示的数值调节挡位，选择合适的挡位测量	5	未选择挡位，扣5分； 读数不正确，扣5分，扣完为止		
5	工作结束					
5.1	撤离现场	清理工作现场，工作结束	5	未清理现场，扣5分		
合计			100			

Jc0001342002 多旋翼无人机 GPS 模式水平“8”字正飞。(100分)

考核知识点：GPS 模式水平“8”字正飞

难易度：中

技能等级评价专业技能考核操作工作任务书

一、任务名称

多旋翼无人机 GPS 模式水平“8”字正飞。

二、适用工种

无人机巡检工高级工。

三、具体任务

（1）正确组装无人机。

（2）多旋翼无人机使用 GPS 模式飞行水平“8”字正飞。

四、工作规范及要求

（1）精神面貌良好，着装整齐。

（2）按照要求正确组装多旋翼无人机。

（3）“8”字飞行偏移不得超高 0.5m。

五、考核及时间要求

本考核操作时间为30分钟，时间到停止考评，每超1分钟扣2分。

技能等级评价专业技能考核操作评分标准

工种	无人机巡检工				评价等级	高级工
项目模块	基础能力—多旋翼无人机水平“8”字正飞			编号	Jc0001342002	
单位		准考证号			姓名	
考试时限	30 分钟	题型	单项操作		题分	100 分
成绩		考评员		考评组长	日期	
试题正文	多旋翼无人机 GPS 模式水平“8”字正飞					
需要说明的问题和要求	（1）要求单人操作。 （2）按照要求做好安全措施，正确使用劳动防护用品。 （3）无人机由考场提供					

序号	项目名称	质量要求	满分	扣分标准	扣分原因	得分
1	工作准备					
1.1	安全劳动防护用品的准备	正确选择佩戴安全帽，穿全套工装，包括工作服、绝缘鞋、棉手套等	5	未按规定正确佩戴安全帽、穿工作服、绝缘鞋、戴棉手套等每项扣 2 分，扣完为止		
1.2	无人机及相关设备准备与摆放	熟练地做好无人机的检查与准备工作	5	现场凌乱，摆放不整齐，准备不到位，未正确检查，检查漏一项扣 1 分，扣完为止		
2	工作许可					
2.1	许可方式	向考评员示意准备就绪，申请开始工作	5	未申请开始考试扣 5 分		
3	工作步骤及技术要求					
3.1	无人机“8”字正飞	（1）将无人机切到 GPS 模式。 （2）无人机在“8”字正飞中要飞行平稳，机头与飞行方向一致。 （3）飞行轨迹水平偏差不大于 0.5m。 （4）飞行轨迹垂直偏差不大于 0.5m	50	未向考官汇报考试科目，扣 10 分； 未下达命令擅自进行“8”字正飞，扣 10 分； 无人机 8 字正飞中飞行不匀速，扣 10 分； 机头方向与飞行方向夹角超过 45°，扣 10 分； 飞行轨迹水平偏差大于 0.5m，扣 10 分		
3.2	无人机降落	考官下达降落命令，将无人机降落在指定降落点	10	无人机降落不稳，扣 2 分； 无人机未降落到指定降落点（不得超过 0.5m）扣 2 分； 无人机降落发生坠机，扣 5 分； 无人机降落后未汇报，扣 1 分		
4	工作结束					
4.1	安全劳动防护用品	安全劳动防护用品恢复原位	5	安全劳动防护用品未放到原位扣 5 分		
4.2	恢复现场	将无人机及相关设备恢复原样	5	设备未轻拿轻放，恢复不彻底扣 5 分		
5	工作终结汇报	向考评员报告工作已结束，场地已清理	5	未汇报扣 5 分		
6	其他要求					
6.1	动作要求	动作熟练顺畅	5	动作不正确扣 1～5 分		
6.2	安全要求	严格遵守“四不伤害”原则，不得损坏工器具和设备	5	损坏工器具扣 5 分		
合计			100			

Jc0001343003　线路定期巡视的工作内容。（100 分）

考核知识点：线路定期巡视

难易度：难

技能等级评价专业技能考核操作工作任务书

一、任务名称

线路定期巡视的工作内容。

二、适用工种

无人机巡检工高级工。

三、具体任务

在运行线路或培训线路上考问。

四、工作规范及要求

着装整齐，正确使用工器具及劳动防护用品。

五、考核及时间要求

本考核操作时间为60分钟，时间到停止考评，每超时1分钟扣1分。

技能等级评价专业技能考核操作评分标准

工种	无人机巡检工					评价等级	高级工
项目模块	基础能力—电力安全工作规程				编号	Jc0001343003	
单位			准考证号			姓名	
考试时限	60分钟	题型	单项操作			题分	100分
成绩		考评员		考评组长		日期	
试题正文	线路定期巡视的工作内容						
需要说明的问题和要求	（1）要求单独操作。 （2）由考评员指定运行线路或模拟线路						

序号	项目名称	质量要求	满分	扣分标准	扣分原因	得分
1	对沿线的交通及各种有碍线路安全运行的情况进行检查和处理					
1.1	维护和检修用道路及桥梁情况	回答正确，流畅	3	每错一项扣1～3分，扣完为止		
1.2	线路保护区内栽植树木、挖渠、土石方爆破等	回答正确，流畅	3	每错一项扣1～3分，扣完为止		
1.3	修建房屋、道路和堆放器材等有碍安全现象	回答正确，流畅	3	每错一项扣1～3分，扣完为止		
2	杆塔外观检查					
2.1	杆塔本身及各个部件有无歪斜现象	回答正确，流畅	3	不正确扣1～3分		
2.2	杆塔基础周围土壤是否有凸起或下沉，基础本身有无明显裂纹、损坏现象	回答正确，流畅	3	不正确扣1～3分		
2.3	杆塔部件和固定情况，是否有缺少螺栓螺母、螺丝松扣等情况	回答正确，流畅	4	不正确扣1～4分		
2.4	混凝土有无裂纹、剥落和钢筋外露情况，杆塔部位是否有生锈、裂纹等缺陷	回答正确，流畅	3	不正确扣1～3分		
2.5	杆塔上是否有鸟巢及其他外物	回答正确，流畅	4	不正确扣1～4分		
2.6	相序牌、标号牌等标志是否完整	回答正确，流畅	3	不正确扣1～3分		

续表

序号	项目名称	质量要求	满分	扣分标准	扣分原因	得分
2.7	杆塔周围不应有妨碍工作的其他蔓藤类植物	回答正确，流畅	3	不正确扣1～3分		
3	导线及架空地线					
3.1	导线及架空地线是否有断股、磨损及闪络烧伤的痕迹	回答正确，流畅	3	不正确扣1～3分		
3.2	弧垂是否有不平衡现象、导线对地、对交叉设施及其他物体距离是否正常	回答正确，流畅	3	不正确扣1～3分		
3.3	线夹上有无锈蚀、缺少螺钉和垫圈，是否有螺母松扣、开口销丢失或脱出现象	回答正确，流畅	3	不正确扣1～3分		
3.4	各连接处如压接管、并沟线夹有无过热现象，如变色等情况，两端导线有无抽丝现象	回答正确，流畅	3	不正确扣1～3分		
3.5	引流线（或耐张跳线）是否有歪曲变形或距杆塔过近等现象	回答正确，流畅	3	不正确扣1～3分		
4	绝缘子及金具					
4.1	绝缘子的脏污情况，瓷质部分是否有裂纹或破碎现象	回答正确，流畅	3	每错一项扣1～3分，扣完为止		
4.2	瓷面是否有闪络痕迹	回答正确，流畅	3	每错一项扣1～3分，扣完为止		
4.3	绝缘子串是否有严重偏斜	回答正确，流畅	3	每错一项扣1～3分，扣完为止		
4.4	金具是否有生锈、损坏、缺少开口销和弹簧销的情况	回答正确，流畅	3	每错一项扣1～3分，扣完为止		
5	基础和拉线					
5.1	拉线是否有锈蚀、松弛、断股和受力不均现象	回答正确，流畅	3	每错一项扣1～3分，扣完为止		
5.2	拉线基础是否有松动、土壤下沉、基础上拔等情况	回答正确，流畅	3	每错一项扣1～3分，扣完为止		
5.3	拉线棒、楔形线夹、NUT 型线夹、抱箍等是否有锈蚀或松动	回答正确，流畅	3	每错一项扣1～3分，扣完为止		
5.4	NUT 型线夹螺母是否有丢失	回答正确，流畅	3	每错一项扣1～3分，扣完为止		
6	接地装置					
6.1	架空地线与引下线连接处是否缺少夹具	回答正确，流畅	3	每错一项扣1～3分，扣完为止		
6.2	接地引下线与接地装置连接线是否断线或松动	回答正确，流畅	3	每错一项扣1～3分，扣完为止		
6.3	接地螺母是否松动或丢失	回答正确，流畅	3	每错一项扣1～3分，扣完为止		
7	了解情况					
7.1	向沿线居民了解是否听到异常声音	回答正确，流畅	3	每错一项扣1～3分，扣完为止		
7.2	向沿线居民了解晚上是否看到异常发红或发光	回答正确，流畅	3	每错一项扣1～3分，扣完为止		
8	做好巡视记录	记录清楚明了	5	每错一项扣1～5分，扣完为止		

续表

序号	项目名称	质量要求	满分	扣分标准	扣分原因	得分
9	其他要求					
9.1	回答问题	清楚、连贯、有条理	5	酌情给、扣分		
9.2	时间要求	按时完成	4	超过时间不给分，每超过 1 分钟倒扣 1 分，扣完为止		
合计			100			

Jc0001343004　用经纬仪测量线路交叉跨越距离操作。（100 分）

考核知识点： 经纬仪测量

难易度： 难

技能等级评价专业技能考核操作工作任务书

一、任务名称

用经纬仪测量线路交叉跨越距离操作。

二、适用工种

无人机巡检工高级工。

三、具体任务

用经纬仪测量线路交叉跨越距离。

四、工作规范及要求

（1）正确使用经纬仪。

（2）按要求进行测量。

（3）着装整齐，正确使用工器具及劳动防护用品。

（4）经纬仪轻拿轻放，不得损坏。

五、考核及时间要求

本考核操作时间为 60 分钟，时间到停止考评，每超时 1 分钟扣 1 分。

技能等级评价专业技能考核操作评分标准

工种	无人机巡检工					评价等级	高级工
项目模块	基础能力—电力安全工作规程				编号	Jc0001343004	
单位			准考证号			姓名	
考试时限	60 分钟		题型	单项操作		题分	100 分
成绩		考评员		考评组长		日期	
试题正文	用经纬仪测量线路交叉跨越距离操作						
需要说明的问题和要求	（1）要求单独操作，1 人配合。 （2）由考评员指定测站点。 （3）本考核总成绩为 100 分						

序号	项目名称	质量要求	满分	扣分标准	扣分原因	得分
1	工器具选择					
1.1	经纬仪	合格	5	漏、错一项扣 5 分		
1.2	塔尺	合格	5			

续表

序号	项目名称	质量要求	满分	扣分标准	扣分原因	得分
1.3	计算器	合格	5	不合格扣 5 分		
2	选定仪器站点					
2.1	选用站点正确	站点位置，在线路交叉脚的平分线上的四个位置任选一个，利于观测	10	站点未在平分线上扣 5 分； 站点过近，不利于观测，扣 5 分		
3	仪器调平					
3.1	指挥在线路交叉点正下方立一塔尺	塔尺竖直在交叉点正下方	10	塔尺不竖直，酌情扣 1～5 分； 塔尺未在交叉点正下方，扣 5 分		
3.2	仪器在站点上调平	仪器一次性调平	10	仪器未一次性调平扣 5 分； 仪器未调平扣 5 分		
3.3	将镜筒瞄准塔尺，调焦	使望远镜中丝的单线对准塔尺，塔尺清晰	10	单线未对准塔尺，扣 5 分； 塔尺不清晰，扣 5 分		
4	测数值计算					
4.1	测出仪器至塔尺的水平距离	上下丝读数正确，计算正确	10	读数不正确，扣 5 分； 计算不正确，扣 5 分		
4.2	将仪器望远镜与被测物最高点对齐	水平度盘不动，调整望远镜使中丝对准被交跨物的最高点	10	水平度盘未锁死，扣 5 分； 中丝未对准被跨物最高点，扣 5 分		
4.3	测量角度	测量仪器与被跨物、导线的仰角，仰角为 90° 减去仪器显示角度	10	仰角计算不正确扣 10 分		
4.4	计算交跨距离	按照公式 $H=L(\tan\beta-\tan\alpha)$ 计算交叉跨越距离	10	计算不正确扣 10 分； 误差过大酌情扣 1～5 分		
5	工作结束					
5.1	撤离现场	清理工作现场，工作结束	5	未清理现场，扣 5 分		
合计			100			

Jc0002343005　搭载 DJI 飞控的多旋翼无人机指南针校准。（100 分）

考核知识点：多旋翼无人机指南针校准

难易度：难

技能等级评价专业技能考核操作工作任务书

一、任务名称

搭载 DJI 飞控的多旋翼无人机指南针校准。

二、适用工种

无人机巡检工高级工。

三、具体任务

校准搭载 DJI 飞控的多旋翼无人机指南针。

四、工作规范及要求

（1）操作熟练，正确校准。

（2）着装整齐，正确使用工器具及劳动防护用品。

五、考核及时间要求

本考核操作时间为 20 分钟，时间到停止考评，每超时一分钟扣 1 分。

技能等级评价专业技能考核操作评分标准

工种	无人机巡检工				评价等级	高级工
项目模块	设备使用与维护保养—多旋翼无人机使用			编号	Jc0002343005	
单位		准考证号			姓名	
考试时限	20分钟	题型	单项操作		题分	100分
成绩		考评员		考评组长	日期	
试题正文	搭载DJI飞控的多旋翼无人机指南针校准					
需要说明的问题和要求	（1）要求单人操作，两人配合。 （2）按照要求做好安全措施，正确使用个人劳动防护用品					

序号	项目名称	质量要求	满分	扣分标准	扣分原因	得分
1	工作准备					
1.1	安全劳动防护用品的准备	正确选择佩戴安全帽，穿全套工装，包括工作服、绝缘鞋、棉手套等	5	未按规定正确佩戴安全帽、穿工作服、绝缘鞋、戴棉手套等每项扣2分，扣完为止		
1.2	无人机及相关设备准备与摆放	熟练地做好无人机的检查与准备工作	5	现场凌乱，摆放不整齐，准备不到位，未正确检查，检查漏一项扣1分，扣完为止		
2	工作许可					
2.1	许可方式	向考评员示意准备就绪，申请开始工作	5	未申请开始考试扣5分		
3	工作步骤及技术要求					
3.1	切换模式	快速切换模式选择开关5次以上	10	操作不熟练，酌情扣1～10分； 模式切换次数小于5次，扣10分，扣完为止		
3.2	水平旋转	飞行器指示灯变常亮灯时，水平旋转飞行器约360°	20	飞行器指示灯未常亮，旋转飞行器，扣20分； 飞行器水平旋转度数不符合要求，酌情扣1～10分		
3.3	垂直旋转	飞行器指示灯变颜色后，垂直旋转飞行器约360°机头朝下	20	飞行器指示灯未变色，旋转飞行器，扣20分； 飞行器垂直旋转度数不符合要求，酌情扣1～10分； 机头未朝下，扣10分		
3.4	校准成功	指示灯恢复正常闪亮，校准成功	10	指示灯未恢复正常，扣10分		
4	工作结束					
4.1	安全劳动防护用品	安全劳动防护用品恢复原位	5	安全劳动防护用品未放到原位扣5分		
4.2	恢复现场	将无人机及相关设备恢复原样	5	设备未轻拿轻放，恢复不彻底扣5分		
5	工作终结汇报	向考评员报告工作已结束，场地已清理	5	未汇报扣5分		
6	其他要求					
6.1	动作要求	动作熟练顺畅	5	动作不正确扣1～5分		
6.2	安全要求	严格遵守“四不伤害”原则，不得损坏工器具和设备	5	损坏工器具扣5分		
合计			100			

Jc0003343006　无人机作业现场勘查。（100分）

考核知识点：现场勘查

难易度：难

技能等级评价专业技能考核操作工作任务书

一、任务名称

无人机作业现场勘查。

二、适用工种

无人机巡检工高级工。

三、具体任务

（1）选择空旷的地域，避开空管区域。

（2）到达预设的飞行场地，查看四周有无起飞降落场地。

（3）有无障碍物以及信号磁场干扰。

（4）测绘场地面积。

（5）观察场地的具体情况，选择是否需要起飞降落平台一类的辅助工具。

（6）观察风向，风力，温度的高低，是否满足飞行需求。

（7）根据天气预报，判断天气是否会有大风、暴雨等情况。

（8）将收集的场地勘查情况汇报工作负责人。

四、工作规范及要求

（1）按要求进行现场勘查。

（2）着装整齐，正确使用工器具及劳动防护用品。

五、考核及时间要求

本考核操作时间为30分钟，时间到停止考评，每超时一分钟扣1分。

技能等级评价专业技能考核操作评分标准

工种	无人机巡检工					评价等级	高级工
项目模块	无人机巡检作业—现场勘察				编号	Jc0003343006	
单位		准考证号				姓名	
考试时限	30分钟	题型		单项操作		题分	100分
成绩		考评员		考评组长		日期	
试题正文	无人机作业现场勘查						
需要说明的问题和要求	（1）要求单人操作。 （2）按照要求做好安全措施，正确使用个人劳动防护用品						

序号	项目名称	质量要求	满分	扣分标准	扣分原因	得分
1	现场勘查					
1.1	无人机作业现场勘查	选择空旷的地域，避开空管区域	10	未避开空管区域，扣5分； 未选择空旷的地域，扣5分		
		到达预设的飞行场地，查看四周有无起飞降落场地	10	未勘查、确定起飞场地，扣10分		
		有无障碍物以及信号磁场干扰	20	未检查障碍物或有障碍物，扣10分； 未检查信号磁场干扰，扣10分		
		测绘场地面积	5	未测绘场地面积，扣5分		
		观察场地的具体情况，选择是否需要起飞降落平台一类的辅助工具	5	未确定是否需要起飞降落平台，扣5分		

续表

序号	项目名称	质量要求	满分	扣分标准	扣分原因	得分
1.1	无人机作业现场勘查	观察风向，风力，温度的高低，是否满足飞行需求	30	未观察风向，扣5分； 未判断风向是否满足要求，扣5分； 未测风力，扣5分； 未判断风力是否满足要求，扣5分； 未进行测温，扣5分； 未判断温度是否满足要求，扣5分		
		根据天气预报，判断天气是否会有大风、暴雨等情况	5	未判断飞行期间可能出现的大风、暴雨等情况，扣5分		
		将收集的场地勘查情况汇报工作负责人	5	未汇报工作负责人，扣5分		
2	工作完成					
2.1	撤离现场	清理工作现场，工作结束	10	未清理现场，扣10分		
合计			100			

Jc0003342007　无人机绕塔飞行操作。（100分）

考核知识点：无人机巡检作业

难易度：中

技能等级评价专业技能考核操作工作任务书

一、任务名称

无人机绕塔飞行操作。

二、适用工种

无人机巡检工高级工。

三、具体任务

围绕指定杆塔进行环绕飞行，环绕飞行3圈，按正常规范要求起飞与降落，且降落在指定地点，不得偏离航线飞行，期间不得碰撞导线、杆塔等。

四、工作规范及要求

（1）按要求准备现场飞行设备。

（2）飞行过程中不得飞离飞行区域，高度不得过高，飞行高度处于杆塔高中间部位。

（3）飞行过程中不得碰塔、导线等。

（4）降落在指定地点，根据降落环数得分。

五、考核及时间要求

本考核操作时间为30分钟，时间到停止考评。

技能等级评价专业技能考核操作评分标准

工种	无人机巡检工					评价等级	高级工
项目模块	无人机巡检作业—架空输电线路精细化巡检				编号	Jc0003342007	
单位			准考证号			姓名	
考试时限	30分钟		题型	单项操作		题分	100分
成绩		考评员		考评组长		日期	
试题正文	无人机绕塔飞行操作						

续表

需要说明的问题和要求	（1）按要求准备现场飞行设备。 （2）飞行过程中不得飞离飞行区域，高度不得过高，飞行高度处于杆塔高中间部位。 （3）飞行过程中不得碰塔、导线等。 （4）降落在指定地点，根据降落环数得分

序号	项目名称	质量要求	满分	扣分标准	扣分原因	得分
1	工作准备					
1.1	安全劳动防护用品的准备	正确选择佩戴安全帽，穿全套工装，包括工作服、绝缘鞋、棉手套等	5	未按规定正确佩戴安全帽、穿工作服、绝缘鞋、戴棉手套等每项扣2分，扣完为止		
1.2	无人机及相关设备准备与摆放	熟练地做好无人机的检查与准备工作	5	现场凌乱，摆放不整齐，准备不到位，未正确检查，检查漏一项扣1分，扣完为止		
2	工作许可					
2.1	许可方式	向考评员示意准备就绪，申请开始工作	5	未申请开始考试扣5分		
3	工作步骤及技术要求					
3.1	无人机起飞检查	按要求起飞无人机，起飞前进行检查	5	未检查扣5分；起飞不成功扣5分		
3.2	无人机围绕塔飞行第1圈	（1）完成环绕一圈。 （2）不碰撞导线、杆塔。 （3）不中途坠机或落地。 （4.）不超出飞行区域。 （5）飞行高度为杆塔高度一半左右	15	未完成扣15分； 超出飞行区域扣5分； 高度不满足符合的飞行高度，扣5分		
3.3	无人机围绕塔飞行第2圈	（1）完成环绕一圈。 （2）不碰撞导线、杆塔。 （3）不中途坠机或落地。 （4）不超出飞行区域。 （5）飞行高度为杆塔高度一半左右	15	未完成扣15分； 超出飞行区域扣5分； 高度不满足符合的飞行高度，扣5分		
3.4	无人机围绕塔飞行第3圈	（1）完成环绕一圈。 （2）不碰撞导线、杆塔。 （3）不中途坠机或落地。 （4）不超出飞行区域。 （5）飞行高度为杆塔高度一半左右	15	未完成扣15分； 超出飞行区域扣5分； 高度不满足符合的飞行高度，扣5分		
3.5	无人机降落	降落在指定地点内，地点现场设置为同心圆，根据降落环数得分	10	10环满分10分，根据降落环数得分		
4	工作结束					
4.1	安全劳动防护用品	安全劳动防护用品恢复原位	5	安全劳动防护用品未放到原位扣5分		
4.2	恢复现场	将无人机及相关设备恢复原样	5	设备未轻拿轻放，恢复不彻底扣5分		
5	工作终结汇报	向考评员报告工作已结束，场地已清理	5	未汇报扣5分		
6	其他要求					
6.1	动作要求	动作熟练顺畅	5	动作不正确扣5分		
6.2	安全要求	严格遵守“四不伤害”原则，不得损坏工器具和设备	5	损坏工器具扣5分		
合计			100			

Jc0003362008　利用无人机进行交流线路单回耐张干字塔飞行并巡检拍照。（100分）

考核知识点：无人机巡检作业

难易度：中

技能等级评价专业技能考核操作工作任务书

一、任务名称

利用无人机进行交流线路单回耐张干字塔飞行并巡检拍照。

二、适用工种

无人机巡检工高级工。

三、具体任务

无人机飞行交流线路单回耐张干字塔操作，并按照架空输电线路多旋翼无人机巡检影像拍摄指导手册中的要求，进行巡检拍照。

四、工作规范及要求

（1）按要求准备现场飞行设备。

（2）飞行过程及拍照顺序按照架空输电线路多旋翼无人机巡检影像拍摄指导手册中的要求，面向大号侧先拍左相，再拍中相，后拍右相，先拍小号侧，再拍跳线串，后拍大号侧。小号侧先拍导线端，后拍横担端，跳线串先拍横担端，后拍导线端，大号侧先拍横担端，后拍导线端。巡检拍摄的照片要清晰，满足相关要求。满足架空输电线路多旋翼无人机巡检影像拍摄指导手册中，交流线路单回耐张干字塔的拍摄规则及质量要求。

（3）飞行过程中不得碰塔、导线等。

（4）降落在指定地点。

五、考核及时间要求

本考核操作时间为30分钟，时间到停止考评。

技能等级评价专业技能考核操作评分标准

<table>
<tr><td>工种</td><td colspan="5">无人机巡检工</td><td>评价等级</td><td>高级工</td></tr>
<tr><td>项目模块</td><td colspan="4">无人机巡检作业—架空输电线路精细化巡检</td><td>编号</td><td colspan="2">Jc0003362008</td></tr>
<tr><td>单位</td><td colspan="2"></td><td>准考证号</td><td colspan="2"></td><td>姓名</td><td></td></tr>
<tr><td>考试时限</td><td colspan="2">30 分钟</td><td>题型</td><td colspan="2">单项操作</td><td>题分</td><td>100 分</td></tr>
<tr><td>成绩</td><td></td><td>考评员</td><td></td><td>考评组长</td><td></td><td>日期</td><td></td></tr>
<tr><td>试题正文</td><td colspan="7">利用无人机进行交流线路单回耐张干字塔飞行并巡检拍照</td></tr>
<tr><td>需要说明的问题和要求</td><td colspan="7">（1）按要求准备现场飞行设备。
（2）飞行过程及拍照顺序按照架空输电线路多旋翼无人机巡检影像拍摄指导手册中的要求，面向大号侧先拍左相，再拍中相，后拍右相，先拍小号侧，再拍跳线串，后拍大号侧。小号侧先拍导线端，后拍横担端，跳线串先拍横担端，后拍导线端，大号侧先拍横担端，后拍导线端。巡检拍摄的照片要清晰，满足相关要求。满足架空输电线路多旋翼无人机巡检影像拍摄指导手册中，交流线路单回耐张干字塔的拍摄规则及质量要求。
（3）飞行过程中不得碰塔、导线等。
（4）降落在指定地点</td></tr>
</table>

序号	项目名称	质量要求	满分	扣分标准	扣分原因	得分
1	工作准备					
1.1	安全劳动防护用品的准备	正确选择佩戴安全帽，穿全套工装，包括工作服、绝缘鞋、棉手套等	5	未按规定正确佩戴安全帽、穿工作服、绝缘鞋、戴棉手套等每项扣2分，扣完为止		
1.2	无人机及相关设备准备与摆放	熟练地做好无人机的检查与准备工作	5	现场凌乱，摆放不整齐，准备不到位，未正确检查，检查漏一项扣1分，扣完为止		
2	工作许可					
2.1	许可方式	向考评员示意准备就绪，申请开始工作	5	未申请开始考试扣5分		

续表

序号	项目名称	质量要求	满分	扣分标准	扣分原因	得分
3	工作步骤及技术要求					
3.1	无人机起飞检查	按要求起飞无人机，起飞前进行检查	10	未检查扣 10 分；起飞不成功扣 10 分； 以上扣分，扣完为止		
3.2	利用无人机进行交流线路单回耐张干字塔飞行并巡检拍照	飞行过程及拍照顺序按照架空输电线路多旋翼无人机巡检影像拍摄指导手册中的要求，面向大号侧先拍左相，再拍中相，后拍右相，先拍小号侧，再拍跳线串，后拍大号侧。小号侧先拍导线端，后拍横担端，跳线串先拍横担端，后拍导线端，大号侧先拍横担端，后拍导线端。巡检拍摄的照片要清晰，满足相关要求。满足架空输电线路多旋翼无人机巡检影像拍摄指导手册中，交流线路单回耐张干字塔的拍摄规则及质量要求	40	未完成扣 40 分； 超出飞行区域扣 5 分； 少拍摄一处照片扣 5 分； 拍照顺序不满足要求扣 10 分； 照片不满足要求一处扣 5 分； 以上扣分，扣完为止		
3.3	无人机降落	降落在指定地点内	10	未降落到指定地点，扣 10 分		
4	工作结束					
4.1	安全劳动防护用品	安全劳动防护用品恢复原位	5	安全劳动防护用品未放到原位扣 5 分		
4.2	恢复现场	将无人机及相关设备恢复原样	5	设备未轻拿轻放，恢复不彻底扣 5 分		
5	工作终结汇报	向考评员报告工作已结束，场地已清理	5	未汇报扣 5 分		
6	其他要求					
6.1	动作要求	动作熟练顺畅	5	动作不正确扣 5 分		
6.2	安全要求	严格遵守“四不伤害”原则，不得损坏工器具和设备	5	损坏工器具扣 5 分		
合计			100			

Jc0003362009 利用无人机进行交流线路双回直线塔飞行并巡检拍照。（100 分）

考核知识点：无人机巡检作业

难易度：中

技能等级评价专业技能考核操作工作任务书

一、任务名称

利用无人机进行交流线路双回直线塔飞行并巡检拍照。

二、适用工种

无人机巡检工高级工。

三、具体任务

无人机飞行交流线路双回直线塔操作，并按照架空输电线路多旋翼无人机巡检影像拍摄指导手册中的要求，进行巡检拍照。

四、工作规范及要求

（1）按要求准备现场飞行设备。

（2）飞行过程及拍照顺序按照架空输电线路多旋翼无人机巡检影像拍摄指导手册中的要求，面向大号侧先拍左回，后拍右回，先拍下相，再拍中相，后拍上相（对侧先拍上相，再拍中相，后拍下相，∩形顺序拍摄），先拍小号侧，后拍大号侧。巡检拍摄的照片要清晰，满足相关要求。满足架空输电线路多旋翼无人机巡检影像拍摄指导手册中，交流线路双回直线塔的拍摄规则及质量要求。

（3）飞行过程中不得碰塔、导线等。

（4）降落在指定地点。

五、考核及时间要求

本考核操作时间为 30 分钟，时间到停止考评。

技能等级评价专业技能考核操作评分标准

工种	无人机巡检工					评价等级	高级工
项目模块	无人机巡检作业—架空输电线路精细化巡检				编号	Jc0003362009	
单位			准考证号			姓名	
考试时限	30 分钟		题型	单项操作		题分	100 分
成绩		考评员		考评组长		日期	
试题正文	利用无人机进行交流线路双回直线塔飞行并巡检拍照						
需要说明的问题和要求	（1）按要求准备现场飞行设备。 （2）飞行过程及拍照顺序按照架空输电线路多旋翼无人机巡检影像拍摄指导手册中的要求，面向大号侧先拍左回，后拍右回，先拍下相，再拍中相，后拍上相（对侧先拍上相，再拍中相，后拍下相，∩形顺序拍摄），先拍小号侧，后拍大号侧。巡检拍摄的照片要清晰，满足相关要求。满足架空输电线路多旋翼无人机巡检影像拍摄指导手册中，交流线路双回直线塔的拍摄规则及质量要求。 （3）飞行过程中不得碰塔、导线等。 （4）降落在指定地点						

序号	项目名称	质量要求	满分	扣分标准	扣分原因	得分
1	工作准备					
1.1	安全劳动防护用品的准备	正确选择佩戴安全帽，穿全套工装，包括工作服、绝缘鞋、棉手套等	5	未按规定正确佩戴安全帽、穿工作服、绝缘鞋、戴棉手套等每项扣 2 分，扣完为止		
1.2	无人机及相关设备准备与摆放	熟练地做好无人机的检查与准备工作	5	现场凌乱，摆放不整齐，准备不到位，未正确检查，检查漏一项扣 1 分，扣完为止		
2	工作许可					
2.1	许可方式	向考评员示意准备就绪，申请开始工作	5	未申请开始考试扣 5 分		
3	工作步骤及技术要求					
3.1	无人机起飞检查	按要求起飞无人机，起飞前进行检查	10	未检查扣 10 分； 起飞不成功扣 10 分； 以上扣分，扣完为止		
3.2	利用无人机进行交流线路双回直线塔飞行并巡检拍照	飞行过程及拍照顺序按照架空输电线路多旋翼无人机巡检影像拍摄指导手册中的要求，面向大号侧先拍左回，后拍右回，先拍下相，再拍中相，后拍上相（对侧先拍上相，再拍中相，后拍下相，∩形顺序拍摄），先拍小号侧，后拍大号侧。巡检拍摄的照片要清晰，满足相关要求。满足架空输电线路多旋翼无人机巡检影像拍摄指导手册中，交流线路双回直线塔的拍摄规则及质量要求	40	未完成扣 40 分； 超出飞行区域扣 5 分； 少拍摄一处照片扣 5 分； 拍照顺序不满足要求扣 10 分； 照片不满足要求一处扣 5 分； 以上扣分，扣完为止		
3.3	无人机降落	降落在指定地点内	10	未降落到指定地点，扣 10 分		
4	工作结束					
4.1	安全劳动防护用品	安全劳动防护用品恢复原位	5	安全劳动防护用品未放到原位扣 5 分		
4.2	恢复现场	将无人机及相关设备恢复原样	5	设备未轻拿轻放，恢复不彻底扣 5 分		
5	工作终结汇报	向考评员报告工作已结束，场地已清理	5	未汇报扣 5 分		
6	其他要求					
6.1	动作要求	动作熟练顺畅	5	动作不正确扣 5 分		

续表

序号	项目名称	质量要求	满分	扣分标准	扣分原因	得分
6.2	安全要求	严格遵守“四不伤害”原则，不得损坏工器具和设备	5	损坏工器具扣5分		
合计			100			

Jc0003362010　利用无人机进行直流线路单回耐张塔飞行并巡检拍照。（100分）

考核知识点：无人机巡检作业

难易度：中

技能等级评价专业技能考核操作工作任务书

一、任务名称

利用无人机进行直流线路单回耐张塔飞行并巡检拍照。

二、适用工种

无人机巡检工高级工。

三、具体任务

无人机飞行直流线路单回耐张塔操作，并按照架空输电线路多旋翼无人机巡检影像拍摄指导手册中的要求，进行巡检拍照。

四、工作规范及要求

（1）按要求准备现场飞行设备。

（2）飞行过程及拍照顺序按照架空输电线路多旋翼无人机巡检影像拍摄指导手册中的要求，面向大号侧，先拍左相，再拍中相，后拍右相，先拍小号侧，再拍跳线串，后拍大号侧。小号侧先拍导线端，后拍横担端，跳线串先拍横担端，后拍导线端，大号侧先拍横担端，后拍导线端。巡检拍摄的照片要清晰，满足相关要求。满足架空输电线路多旋翼无人机巡检影像拍摄指导手册中，直流线路单回耐张塔的拍摄规则及质量要求。

（3）飞行过程中不得碰塔、导线等。

（4）降落在指定地点。

五、考核及时间要求

本考核操作时间为30分钟，时间到停止考评。

技能等级评价专业技能考核操作评分标准

<table>
<tr><td>工种</td><td colspan="5">无人机巡检工</td><td>评价等级</td><td>高级工</td></tr>
<tr><td>项目模块</td><td colspan="4">无人机巡检作业—架空输电线路精细化巡检</td><td>编号</td><td colspan="2">Jc0003362010</td></tr>
<tr><td>单位</td><td colspan="2"></td><td>准考证号</td><td colspan="2"></td><td>姓名</td><td></td></tr>
<tr><td>考试时限</td><td colspan="2">30分钟</td><td>题型</td><td colspan="2">单项操作</td><td>题分</td><td>100分</td></tr>
<tr><td>成绩</td><td></td><td>考评员</td><td></td><td>考评组长</td><td></td><td>日期</td><td></td></tr>
<tr><td>试题正文</td><td colspan="7">利用无人机进行直流线路单回耐张塔飞行并巡检拍照</td></tr>
<tr><td>需要说明的问题和要求</td><td colspan="7">（1）按要求准备现场飞行设备。
（2）飞行过程及拍照顺序按照架空输电线路多旋翼无人机巡检影像拍摄指导手册中的要求，面向大号侧先拍左相，再拍中相，后拍右相，先拍小号侧，再拍跳线串，后拍大号侧。小号侧先拍导线端，后拍横担端，跳线串先拍横担端，后拍导线端，大号侧先拍横担端后拍导线端。巡检拍摄的照片要清晰，满足相关要求。满足架空输电线路多旋翼无人机巡检影像拍摄指导手册中，直流线路单回耐张塔的拍摄规则及质量要求。
（3）飞行过程中不得碰塔、导线等。
（4）降落在指定地点</td></tr>
</table>

续表

序号	项目名称	质量要求	满分	扣分标准	扣分原因	得分
1	工作准备					
1.1	安全劳动防护用品的准备	正确选择佩戴安全帽，穿全套工装，包括工作服、绝缘鞋、棉手套等	5	未按规定正确佩戴安全帽、穿工作服、绝缘鞋、戴棉手套等每项扣2分，扣完为止		
1.2	无人机及相关设备准备与摆放	熟练地做好无人机的检查与准备工作	5	现场凌乱，摆放不整齐，准备不到位，未正确检查，检查漏一项扣1分，扣完为止		
2	工作许可					
2.1	许可方式	向考评员示意准备就绪，申请开始工作	5	未申请开始考试扣5分		
3	工作步骤及技术要求					
3.1	无人机起飞检查	按要求起飞无人机，起飞前进行检查	10	未检查扣 10 分，起飞不成功扣10分		
3.2	利用无人机进行直流线路单回耐张塔飞行并巡检拍照	飞行过程及拍照顺序按照架空输电线路多旋翼无人机巡检影像拍摄指导手册中的要求，面向大号侧先拍左相，再拍中相，后拍右相，先拍小号侧，再拍跳线串，后拍大号侧。小号侧先拍导线端，后拍横担端，跳线串先拍横担端，后拍导线端，大号侧先拍横担端，后拍导线端。巡检拍摄的照片要清晰，满足相关要求。满足架空输电线路多旋翼无人机巡检影像拍摄指导手册中，直流线路单回耐张塔的拍摄规则及质量要求	40	未完成扣40分； 超出飞行区域扣5分； 少拍摄一处照片扣5分； 拍摄顺序不满足要求扣10分； 照片不满足要求一处扣5分； 以上扣分，扣完为止		
3.3	无人机降落	降落在指定地点内	10	未降落到指定地点，扣10分		
4	工作结束					
4.1	安全劳动防护用品	安全劳动防护用品恢复原位	5	安全劳动防护用品未放到原位扣 5分		
4.2	恢复现场	将无人机及相关设备恢复原样	5	设备未轻拿轻放，恢复不彻底扣 5分		
5	工作终结汇报	向考评员报告工作已结束，场地已清理	5	未汇报扣5分		
6	其他要求					
6.1	动作要求	动作熟练顺畅	5	动作不正确扣5分		
6.2	安全要求	严格遵守“四不伤害”原则，不得损坏工器具和设备	5	损坏工器具扣5分		
合计			100			

Jc0003362011　利用无人机进行交流线路单回耐张干字塔耐张线夹红外测温。（100分）

考核知识点：无人机巡检作业

难易度：中

技能等级评价专业技能考核操作工作任务书

一、任务名称

利用无人机进行交流线路单回耐张干字塔耐张线夹红外测温。

二、适用工种

无人机巡检工高级工。

三、具体任务

无人机飞行交流线路单回耐张干字塔操作，对该基杆塔的耐张线夹进行红外测温，并对测量数值进行记录。

四、工作规范及要求

（1）按要求准备现场飞行设备。

（2）对现场的单回路耐张塔的耐张线夹进行红外测温，能用典型红外成像设备进行设置和拍摄并读取热图数据，并对测量数值进行记录。

（3）飞行过程中不得碰塔、导线等。

（4）降落在指定地点。

五、考核及时间要求

本考核操作时间为30分钟，时间到停止考评。

技能等级评价专业技能考核操作评分标准

<table>
<tr><td>工种</td><td colspan="5">无人机巡检工</td><td>评价等级</td><td>高级工</td></tr>
<tr><td>项目模块</td><td colspan="4">无人机巡检作业—架空输电线路精细化巡检</td><td>编号</td><td colspan="2">Jc0003362011</td></tr>
<tr><td>单位</td><td colspan="2"></td><td>准考证号</td><td colspan="2"></td><td>姓名</td><td></td></tr>
<tr><td>考试时限</td><td colspan="2">30分钟</td><td>题型</td><td colspan="2">单项操作</td><td>题分</td><td>100分</td></tr>
<tr><td>成绩</td><td></td><td>考评员</td><td></td><td>考评组长</td><td></td><td>日期</td><td></td></tr>
<tr><td>试题正文</td><td colspan="7">利用无人机进行交流线路单回耐张干字塔耐张线夹红外测温</td></tr>
<tr><td>需要说明的问题和要求</td><td colspan="7">（1）按要求准备现场飞行设备。
（2）对现场的单回路耐张塔的耐张线夹进行红外测温，能用典型红外成像设备进行设置和拍摄并读取热图数据，并对测量数值进行记录。
（3）飞行过程中不得碰塔、导线等。
（4）降落在指定地点</td></tr>
</table>

序号	项目名称	质量要求	满分	扣分标准	扣分原因	得分
1	工作准备					
1.1	安全劳动防护用品的准备	正确选择佩戴安全帽，穿全套工装，包括工作服、绝缘鞋、棉手套等	5	未按规定正确佩戴安全帽、穿工作服、绝缘鞋、戴棉手套等每项扣2分，扣完为止		
1.2	无人机及相关设备准备与摆放	熟练地做好无人机的检查与准备工作	5	现场凌乱，摆放不整齐，准备不到位，未正确检查，检查漏一项扣1分，扣完为止		
2	工作许可					
2.1	许可方式	向考评员示意准备就绪，申请开始工作	5	未申请开始考试扣5分		
3	工作步骤及技术要求					
3.1	无人机起飞检查	按要求起飞无人机，起飞前进行检查	10	未检查扣10分； 起飞不成功扣10分； 以上扣分，扣完为止		
3.2	利用无人机进行交流线路单回耐张干字塔耐张线夹红外测温	对现场的单回路耐张塔的耐张线夹进行红外测温，能用典型红外成像设备进行设置和拍摄并读取热图数据，并对测量数值进行记录	40	未完成扣40分； 超出飞行区域扣5分； 少测温一处照片扣5分； 测温数据不合格一处扣5分； 以上扣分，扣完为止		
3.3	无人机降落	降落在指定地点内	10	未降落到指定地点，扣10分		
4	工作结束					
4.1	安全劳动防护用品	安全劳动防护用品恢复原位	5	安全劳动防护用品未放到原位扣5分		
4.2	恢复现场	将无人机及相关设备恢复原样	5	设备未轻拿轻放，恢复不彻底扣5分		
5	工作终结汇报	向考评员报告工作已结束，场地已清理	5	未汇报扣5分		

续表

序号	项目名称	质量要求	满分	扣分标准	扣分原因	得分
6	其他要求					
6.1	动作要求	动作熟练顺畅	5	动作不正确扣 5 分		
6.2	安全要求	严格遵守“四不伤害”原则，不得损坏工器具和设备	5	损坏工器具扣 5 分		
合计			100			

Jc0004342012　金具类缺陷隐患识别。(100 分)

考核知识点：架空输电线路常见缺陷和隐患识别

难易度：中

技能等级评价专业技能考核操作工作任务书

一、任务名称

金具类缺陷隐患识别。

二、适用工种

无人机巡检工高级工。

三、具体任务

对无人机所拍摄的照片进行金具类缺陷隐患识别。

（1）被考核人员独立完成。

（2）利用计算机画图软件找出金具类缺陷并圈出。

（3）最终给出缺陷命名和缺陷等级。

四、工作规范及要求

（1）熟练掌握计算机画图软件的使用。

（2）缺陷命名的规则。

（3）缺陷等级分类知识。

（4）场地、设备、工具和材料：计算机 1 台、笔纸若干。

五、考核及时间要求

本考核操作时间为 6 分钟。

技能等级评价专业技能考核操作评分标准

<table>
<tr><td>工种</td><td colspan="5">无人机巡检工</td><td>评价等级</td><td>高级工</td></tr>
<tr><td>项目模块</td><td colspan="4">缺陷与隐患查找及原因分析—架空输电线路常见缺陷和隐患识别</td><td>编号</td><td colspan="2">Jc0003362012</td></tr>
<tr><td>单位</td><td colspan="2"></td><td>准考证号</td><td colspan="2"></td><td>姓名</td><td></td></tr>
<tr><td>考试时限</td><td>6 分钟</td><td>题型</td><td colspan="3">单项操作</td><td>题分</td><td>100 分</td></tr>
<tr><td>成绩</td><td></td><td>考评员</td><td></td><td>考评组长</td><td></td><td>日期</td><td></td></tr>
<tr><td>试题正文</td><td colspan="7">金具类缺陷隐患识别</td></tr>
<tr><td>需要说明的问题和要求</td><td colspan="7">（1）熟练掌握计算机画图软件的使用。
（2）考生须在 6 分钟之内完成缺陷隐患识别</td></tr>
</table>

续表

序号	项目名称	质量要求	满分	扣分标准	扣分原因	得分
1	照片格式确认	确保所拍摄照片格式正确，能被计算机画图软件打开	20	照片打不开或打开错误扣5分		
2	计算机画图软件的使用					
2.1	应用计算机画图软件	能够熟练应用画图软件	10	不能熟练应用画图软件扣5分		
2.2	利用计算机画图软件找出金具类缺陷并圈出	能够准确找到缺陷部位并圈出	20	没有找到缺陷部位或找到的缺陷不足扣15分		
3	缺陷命名的规则	按照“相—侧—部—问”顺序进行命名	25	缺陷命名规则错误扣10分		
4	缺陷等级分类	按照“一般、严重、危急”进行缺陷等级分类	20	等级分类错误扣10分		
5	时间	必须在规定的时间内完成考核任务	5	超出10秒扣1分，扣完为止		
合计			100			

Jc0004342013　导地线类缺陷隐患识别。(100分)

考核知识点：架空输电线路常见缺陷和隐患识别

难易度：中

技能等级评价专业技能考核操作工作任务书

一、任务名称

导地线类缺陷隐患识别。

二、适用工种

无人机巡检工高级工。

三、具体任务

对无人机所拍摄的照片进行导地线类缺陷隐患识别。

(1) 被考核人员独立完成。

(2) 利用计算机画图软件找出导地线类缺陷并圈出。

(3) 最终给出缺陷命名和缺陷等级。

四、工作规范及要求

(1) 熟练掌握计算机画图软件的使用。

(2) 缺陷命名的规则。

(3) 缺陷等级分类知识。

(4) 场地、设备、工具和材料：计算机1台、笔纸若干。

五、考核及时间要求

本考核操作时间为6分钟。

技能等级评价专业技能考核操作评分标准

工种	无人机巡检工					评价等级	高级工
项目模块	缺陷与隐患查找及原因分析—架空输电线路常见缺陷和隐患识别				编号	Jc0004342013	
单位			准考证号			姓名	
考试时限	6分钟	题型		单项操作		题分	100分
成绩		考评员		考评组长		日期	

续表

试题正文	导地线类缺陷隐患识别
需要说明的问题和要求	（1）熟练掌握计算机画图软件的使用。 （2）考生须在6分钟之内完成缺陷隐患识别

序号	项目名称	质量要求	满分	扣分标准	扣分原因	得分
1	照片格式确认	确保所拍摄照片格式正确，能被计算机画图软件打开	20	照片打不开或打开错误扣5分		
2	计算机画图软件的使用					
2.1	应用计算机画图软件	能够熟练应用画图软件	10	不能熟练应用画图软件扣5分		
2.2	利用计算机画图软件找出导地线类缺陷并圈出	能够准确找到缺陷部位并圈出	20	没有找到缺陷部位或找到的缺陷不足扣15分		
3	缺陷命名的规则	按照“相—侧—部—问”顺序进行命名	25	缺陷命名规则错误扣10分		
4	缺陷等级分类	按照“一般、严重、危急”进行缺陷等级分类	20	等级分类错误扣10分		
5	时间	必须在规定的时间内完成考核任务	5	超出10秒扣1分，扣完为止		
合计			100			

Jc0004342014　杆塔本体类缺陷隐患识别。（100分）

考核知识点：架空输电线路常见缺陷和隐患识别

难易度：中

技能等级评价专业技能考核操作工作任务书

一、任务名称

杆塔本体类缺陷隐患识别。

二、适用工种

无人机巡检工高级工。

三、具体任务

对无人机所拍摄的照片进行杆塔本体类缺陷隐患识别。

（1）被考核人员独立完成。

（2）利用计算机画图软件找出杆塔本体类缺陷并圈出。

（3）最终给出缺陷命名和缺陷等级。

四、工作规范及要求

（1）熟练掌握计算机画图软件的使用。

（2）缺陷命名的规则。

（3）缺陷等级分类知识。

（4）场地、设备、工具和材料：计算机1台、笔纸若干。

五、考核及时间要求

本考核操作时间为6分钟。

技能等级评价专业技能考核操作评分标准

工种	无人机巡检工					评价等级	高级工
项目模块	缺陷与隐患查找及原因分析—架空输电线路常见缺陷和隐患识别				编号	Jc0004342014	
单位			准考证号			姓名	
考试时限	6分钟		题型	单项操作		题分	100分
成绩		考评员		考评组长		日期	
试题正文	杆塔本体类缺陷隐患识别						
需要说明的问题和要求	（1）熟练掌握计算机画图软件的使用。 （2）考生须在6分钟之内完成缺陷隐患识别						

序号	项目名称	质量要求	满分	扣分标准	扣分原因	得分
1	照片格式确认	确保所拍摄照片格式正确，能被计算机画图软件打开	20	照片打不开或打开错误扣5分		
2	计算机画图软件的使用					
2.1	应用计算机画图软件	能够熟练应用画图软件	10	不能熟练应用画图软件扣5分		
2.2	利用计算机画图软件找出杆塔本体类缺陷并圈出	能够准确找到缺陷部位并圈出	20	没有找到缺陷部位或找到的缺陷不足扣15分		
3	缺陷命名的规则	按照“相—侧—部—问”顺序进行命名	25	缺陷命名规则错误扣10分		
4	缺陷等级分类	按照“一般、严重、危急”进行缺陷等级分类	20	等级分类错误扣10分		
5	时间	必须在规定的时间内完成考核任务	5	超出10秒扣1分，扣完为止		
合计			100			

Jc0004342015　通道类缺陷隐患识别。（100分）

考核知识点：架空输电线路常见缺陷和隐患识别

难易度：中

技能等级评价专业技能考核操作工作任务书

一、任务名称

通道类缺陷隐患识别。

二、适用工种

无人机巡检工高级工。

三、具体任务

对无人机所拍摄的照片进行通道类缺陷隐患识别。

（1）被考核人员独立完成。

（2）利用计算机画图软件找出通道类缺陷并圈出。

（3）最终给出缺陷命名和缺陷等级。

四、工作规范及要求

（1）熟练掌握计算机画图软件的使用。

（2）缺陷命名的规则。

（3）缺陷等级分类知识。

（4）场地、设备、工具和材料：计算机 1 台、笔纸若干。

五、考核及时间要求

本考核操作时间为 6 分钟。

技能等级评价专业技能考核操作评分标准

工种	无人机巡检工					评价等级	高级工
项目模块	缺陷与隐患查找及原因分析—架空输电线路常见缺陷和隐患识别				编号	Jc0004342015	
单位			准考证号			姓名	
考试时限	6 分钟		题型	单项操作		题分	100 分
成绩		考评员		考评组长		日期	
试题正文	通道类缺陷隐患识别						
需要说明的问题和要求	（1）熟练掌握计算机画图软件的使用。 （2）考生须在 6 分钟之内完成缺陷隐患识别						

序号	项目名称	质量要求	满分	扣分标准	扣分原因	得分
1	照片格式确认	确保所拍摄照片格式正确，能被计算机画图软件打开	20	照片打不开或打开错误扣 5 分		
2	计算机画图软件的使用					
2.1	应用计算机画图软件	能够熟练应用画图软件	10	不能熟练应用画图软件扣 5 分		
2.2	利用计算机画图软件找出通道类缺陷并圈出	能够准确找到缺陷部位并圈出	20	没有找到缺陷部位或找到的缺陷不足扣 15 分		
3	缺陷命名的规则	按照“相—侧—部—问”顺序进行命名	25	缺陷命名规则错误扣 10 分		
4	缺陷等级分类	按照“一般、严重、危急”进行缺陷等级分类	20	等级分类错误扣 10 分		
5	时间	必须在规定的时间内完成考核任务	5	超出 10 秒扣 1 分，扣完为止		
合计			100			

Jc0004342016 杆塔基础类缺陷隐患识别。（100 分）

考核知识点：架空输电线路常见缺陷和隐患识别

难易度：中

技能等级评价专业技能考核操作工作任务书

一、任务名称

杆塔基础类缺陷隐患识别。

二、适用工种

无人机巡检工高级工。

三、具体任务

对无人机所拍摄的照片进行杆塔基础类缺陷隐患识别。

（1）被考核人员独立完成。

（2）利用计算机画图软件找出杆塔基础类缺陷并圈出。

（3）最终给出缺陷命名和缺陷等级。

四、工作规范及要求

（1）熟练掌握计算机画图软件的使用。

（2）缺陷命名的规则。

（3）缺陷等级分类知识。

（4）场地、设备、工具和材料：计算机 1 台、笔纸若干。

五、考核及时间要求

本考核操作时间为 6 分钟。

技能等级评价专业技能考核操作评分标准

工种	无人机巡检工			评价等级	高级工	
项目模块	缺陷与隐患查找及原因分析—架空输电线路常见缺陷和隐患识别		编号	Jc0004342016		
单位		准考证号		姓名		
考试时限	6 分钟	题型	单项操作	题分	100 分	
成绩		考评员		考评组长		日期
试题正文	杆塔基础类缺陷隐患识别					
需要说明的问题和要求	（1）熟练掌握计算机画图软件的使用。 （2）考生须在 6 分钟之内完成缺陷隐患识别					
序号	项目名称	质量要求	满分	扣分标准	扣分原因	得分
1	照片格式确认	确保所拍摄照片格式正确，能被计算机画图软件打开	20	照片打不开或打开错误扣 5 分		
2	计算机画图软件的使用					
2.1	应用计算机画图软件	能够熟练应用画图软件	10	不能熟练应用画图软件扣 5 分		
2.2	利用计算机画图软件找出杆塔基础类缺陷并圈出	能够准确找到缺陷部位并圈出	20	没有找到缺陷部位或找到的缺陷不足扣 15 分		
3	缺陷命名的规则	按照“相—侧—部—间”顺序进行命名	25	缺陷命名规则错误扣 10 分		
4	缺陷等级分类	按照“一般、严重、危急”进行缺陷等级分类	20	等级分类错误扣 10 分		
5	时间	必须在规定的时间内完成考核任务	5	超出 10 秒扣 1 分，扣完为止		
合计			100			

Jc0003342017　利用无人机对 750kV 交流线路单回耐张干字塔中相跳线及耐张串金具进行飞行并巡检拍照。（100 分）

考核知识点：架空输电线路常见缺陷和隐患识别

难易度：中

技能等级评价专业技能考核操作工作任务书

一、任务名称

利用无人机对 750kV 交流线路单回耐张干字塔中相跳线及耐张串金具进行飞行并巡检拍照。

二、适用工种

无人机巡检工高级工。

三、具体任务

无人机飞行交流线路单回耐张干字塔中相跳线及耐张串金具进行飞行巡检操作，并按照架空输电线路多旋翼无人机巡检影像拍摄指导手册中的要求，进行巡检拍照。

四、工作规范及要求

（1）按要求准备现场飞行设备。

（2）飞行过程及拍照顺序按照架空输电线路多旋翼无人机巡检影像拍摄指导手册中的要求，面向大号侧先拍左相，再拍中相，后拍右相，先拍小号侧，再拍跳线串，后拍大号侧。小号侧先拍导线端，后拍横担端，跳线串先拍横担端，后拍导线端，大号侧先拍横担端，后拍导线端。巡检拍摄的照片要清晰，满足相关要求。满足架空输电线路多旋翼无人机巡检影像拍摄指导手册中，交流线路单回耐张干字塔的拍摄规则及质量要求。

（3）飞行过程中不得碰塔、导线等。

（4）降落在指定地点。

五、考核及时间要求

本考核操作时间为30分钟，时间到停止考评。

技能等级评价专业技能考核操作评分标准

工种	无人机巡检工					评价等级	高级工
项目模块	无人机巡检作业—架空输电线路精细化巡检				编号	Jc0003342017	
单位			准考证号			姓名	
考试时限	30分钟		题型	单项操作		题分	100分
成绩		考评员		考评组长		日期	
试题正文	利用无人机对750kV交流线路单回耐张干字塔中相跳线及耐张串金具进行飞行并巡检拍照						
需要说明的问题和要求	（1）按要求准备现场飞行设备。 （2）飞行过程及拍照顺序按照架空输电线路多旋翼无人机巡检影像拍摄指导手册中的要求，面向大号侧先拍左相，再拍中相，后拍右相，先拍小号侧，再拍跳线串，后拍大号侧。小号侧先拍导线端，后拍横担端，跳线串先拍横担端，后拍导线端，大号侧先拍横担端，后拍导线端。巡检拍摄的照片要清晰，满足相关要求。满足架空输电线路多旋翼无人机巡检影像拍摄指导手册中，交流线路单回耐张干字塔的拍摄规则及质量要求。 （3）飞行过程中不得碰塔、导线等。 （4）降落在指定地点						

序号	项目名称	质量要求	满分	扣分标准	扣分原因	得分
1	工作准备					
1.1	安全劳动防护用品的准备	正确选择佩戴安全帽，穿全套工装，包括工作服、绝缘鞋、棉手套等	5	未按规定正确佩戴安全帽、穿工作服、绝缘鞋、戴棉手套等每项扣2分，扣完为止		
1.2	无人机及相关设备准备与摆放	熟练地做好无人机的检查与准备工作	5	现场凌乱，摆放不整齐，准备不到位，未正确检查，检查漏一项扣1分，扣完为止		
2	工作许可					
2.1	许可方式	向考评员示意准备就绪，申请开始工作	5	未申请开始考试扣5分		
3	工作步骤及技术要求					
3.1	无人机起飞	按要求起飞无人机，起飞前进行检查	10	未检查扣10分； 起飞不成功扣10分； 以上扣分，扣完为止		
3.2	利用无人机对交流线路单回耐张干字塔中相跳线及耐张串金具进行飞行并巡检拍照	飞行过程及拍照顺序按照架空输电线路多旋翼无人机巡检影像拍摄指导手册中的要求，面向大号侧先拍左相，再拍中相，后拍右相，先拍小号侧，再拍跳线串，后拍大号侧。小号侧先拍导线端，后拍横担端，跳线串先拍横担端，后拍导线端，大号侧先拍横担端，后拍导线端。巡检拍摄的照片要清晰，满足相关要求。满足架空输电线路多旋翼无人机巡检影像拍摄指导手册中，交流线路单回耐张干字塔的拍摄规则及质量要求	40	未完成扣40分； 超出飞行区域扣5分； 少拍摄一处照片扣5分； 拍照顺序不满足要求扣10分照片不满足要求一处扣5分； 以上扣分，扣完为止		

续表

序号	项目名称	质量要求	满分	扣分标准	扣分原因	得分
3.3	无人机降落	降落在指定地点内	10	未降落到指定地点，扣 10 分		
4	工作结束					
4.1	安全劳动防护用品	安全劳动防护用品恢复原位	5	安全劳动防护用品未放到原位扣 5 分		
4.2	恢复现场	将无人机及相关设备恢复原样	5	设备未轻拿轻放，恢复不彻底扣 5 分		
5	工作终结汇报	向考评员报告工作已结束，场地已清理	5	未汇报扣 5 分		
6	其他要求					
6.1	动作要求	动作熟练顺畅	5	动作不正确扣 5 分		
6.2	安全要求	严格遵守“四不伤害”原则，不得损坏工器具和设备	5	损坏工器具扣 5 分		
合计			100			

Jc0003342018　利用无人机对 750kV 交流线路双回耐张塔中相跳线及耐张串金具进行飞行并巡检拍照。（100 分）

考核知识点：架空输电线路常见缺陷和隐患识别

难易度：中

技能等级评价专业技能考核操作工作任务书

一、任务名称

利用无人机对 750kV 交流线路双回耐张塔中相跳线及耐张串金具进行飞行并巡检拍照。

二、适用工种

无人机巡检工高级工。

三、具体任务

无人机飞行交流线路双回耐张干字塔中相跳线及耐张串金具进行飞行巡检操作，并按照架空输电线路多旋翼无人机巡检影像拍摄指导手册中的要求，进行巡检拍照。

四、工作规范及要求

（1）按要求准备现场飞行设备。

（2）飞行过程及拍照顺序按照架空输电线路多旋翼无人机巡检影像拍摄指导手册中的要求，面向大号侧先拍左相，再拍中相，后拍右相，先拍小号侧，再拍跳线串，后拍大号侧。小号侧先拍导线端，后拍横担端，跳线串先拍横担端，后拍导线端，大号侧先拍横担端，后拍导线端。巡检拍摄的照片要清晰，满足相关要求。满足架空输电线路多旋翼无人机巡检影像拍摄指导手册中，交流线路单回耐张干字塔的拍摄规则及质量要求。

（3）飞行过程中不得碰塔、导线等。

（4）降落在指定地点。

五、考核及时间要求

本考核操作时间为 30 分钟，时间到停止考评。

技能等级评价专业技能考核操作评分标准

工种	无人机巡检工					评价等级	高级工
项目模块	无人机巡检作业—架空输电线路精细化巡检				编号	Jc0003342018	
单位			准考证号			姓名	
考试时限	30 分钟		题型	单项操作		题分	100 分
成绩		考评员		考评组长		日期	
试题正文	利用无人机对 750kV 交流线路双回耐张塔中相跳线及耐张串金具进行飞行并巡检拍照						
需要说明的问题和要求	（1）按要求准备现场飞行设备。 （2）飞行过程及拍照顺序按照架空输电线路多旋翼无人机巡检影像拍摄指导手册中的要求，面向大号侧先拍左相，再拍中相，后拍右相，先拍小号侧，再拍跳线串，后拍大号侧。小号侧先拍导线端，后拍横担端，跳线串先拍横担端，后拍导线端，大号侧先拍横担端，后拍导线端。巡检拍摄的照片要清晰，满足相关要求。满足架空输电线路多旋翼无人机巡检影像拍摄指导手册中，交流线路单回耐张干字塔的拍摄规则及质量要求。 （3）飞行过程中不得碰塔、导线等。 （4）降落在指定地点						

序号	项目名称	质量要求	满分	扣分标准	扣分原因	得分
1	工作准备					
1.1	安全劳动防护用品的准备	正确选择佩戴安全帽，穿全套工装，包括工作服、绝缘鞋、棉手套等	5	未按规定正确佩戴安全帽、穿工作服、绝缘鞋、戴棉手套等每项扣 2 分，扣完为止		
1.2	无人机及相关设备准备与摆放	熟练地做好无人机的检查与准备工作	5	现场凌乱，摆放不整齐，准备不到位，未正确检查，检查漏一项扣 1 分，扣完为止		
2	工作许可					
2.1	许可方式	向考评员示意准备就绪，申请开始工作	5	未申请开始考试扣 5 分		
3	工作步骤及技术要求					
3.1	无人机起飞	按要求起飞无人机，起飞前进行检查	10	未检查扣 10 分； 起飞不成功扣 10 分； 以上扣分，扣完为止		
3.2	利用无人机对 750kV 交流线路双回耐张塔中相跳线及耐张串金具进行飞行并巡检拍照	飞行过程及拍照顺序按照架空输电线路多旋翼无人机巡检影像拍摄指导手册中的要求，面向大号侧先拍左相，再拍中相，后拍右相，先拍小号侧，再拍跳线串，后拍大号侧。小号侧先拍导线端，后拍横担端，跳线串先拍横担端，后拍导线端，大号侧先拍横担端，后拍导线端。巡检拍摄的照片要清晰，满足相关要求。满足架空输电线路多旋翼无人机巡检影像拍摄指导手册中，交流线路单回耐张干字塔的拍摄规则及质量要求	40	未完成扣 40 分； 超出飞行区域扣 5 分； 少拍摄一处照片扣 5 分； 拍照顺序不满足要求扣 10 分； 照片不满足要求一处扣 5 分； 以上扣分，扣完为止		
3.3	无人机降落	降落在指定地点内	10	未降落到指定地点，扣 10 分		
4	工作结束					
4.1	安全劳动防护用品	安全劳动防护用品恢复原位	5	安全劳动防护用品未放到原位扣 5 分		
4.2	恢复现场	将无人机及相关设备恢复原样	5	设备未轻拿轻放，恢复不彻底扣 5 分		
5	工作终结汇报	向考评员报告工作已结束，场地已清理	5	未汇报扣 5 分		
6	其他要求					
6.1	动作要求	动作熟练顺畅	5	动作不正确扣 5 分		
6.2	安全要求	严格遵守“四不伤害”原则，不得损坏工器具和设备	5	损坏工器具扣 5 分		
合计			100			

Jc0003342019　利用无人机绕塔双回路线路通道飞行操作。（100分）

考核知识点：架空输电线路常见缺陷和隐患识别

难易度：中

技能等级评价专业技能考核操作工作任务书

一、任务名称

利用无人机绕塔双回路线路通道飞行操作。

二、适用工种

无人机巡检工高级工。

三、具体任务

围绕指定双回路线路通道进行环绕飞行，环绕飞行4圈，模拟检查导线及线路通道，按正常规范要求起飞与降落，且降落在指定地点，不得偏离航线飞行，期间不得碰撞导线、杆塔等。

四、工作规范及要求

（1）按要求准备现场飞行设备。

（2）飞行过程中不得飞离飞行区域，高度不得过高，飞行高度处于越过通道内线路最高点部位。

（3）飞行过程中不得碰塔、导线等。

（4）降落在指定地点，根据降落环数得分。

五、考核及时间要求

本考核操作时间为30分钟，时间到停止考评。

技能等级评价专业技能考核操作评分标准

<table>
<tr><td>工种</td><td colspan="5">无人机巡检工</td><td>评价等级</td><td>高级工</td></tr>
<tr><td>项目模块</td><td colspan="4">无人机巡检作业—架空输电线路精细化巡检</td><td>编号</td><td colspan="2">Jc0003342019</td></tr>
<tr><td>单位</td><td colspan="3"></td><td>准考证号</td><td></td><td>姓名</td><td></td></tr>
<tr><td>考试时限</td><td colspan="2">30分钟</td><td>题型</td><td colspan="2">单项操作</td><td>题分</td><td>100分</td></tr>
<tr><td>成绩</td><td></td><td>考评员</td><td></td><td>考评组长</td><td></td><td>日期</td><td></td></tr>
<tr><td>试题正文</td><td colspan="7">利用无人机绕塔双回路线路通道飞行操作</td></tr>
<tr><td>需要说明的问题和要求</td><td colspan="7">（1）按要求准备现场飞行设备
（2）飞行过程中不得飞离飞行区域，高度不得过高，飞行高度处于越过通道内线路最高点部位。
（3）飞行过程中不得碰塔、导线等。
（4）降落在指定地点，根据降落环数得分</td></tr>
</table>

序号	项目名称	质量要求	满分	扣分标准	扣分原因	得分
1	工作准备					
1.1	安全劳动防护用品的准备	正确选择佩戴安全帽，穿全套工装，包括工作服、绝缘鞋、棉手套等	5	未按规定正确佩戴安全帽、穿工作服、绝缘鞋、戴棉手套等每项扣2分，扣完为止		
1.2	无人机及相关设备准备与摆放	熟练地做好无人机的检查与准备工作	5	现场凌乱，摆放不整齐，准备不到位，未正确检查，检查漏一项扣1分，扣完为止		
2	工作许可					
2.1	许可方式	向考评员示意准备就绪，申请开始工作	5	未申请开始考试扣5分		
3	工作步骤及技术要求					
3.1	无人机起飞	按要求起飞无人机，起飞前进行检查	10	未检查扣10分； 一次起飞不成功扣10分； 以上扣分，扣完为止		

续表

序号	项目名称	质量要求	满分	扣分标准	扣分原因	得分
3.2	无人机围绕塔飞行第1圈	（1）完成环绕一圈。 （2）不碰撞导线、杆塔。 （3）不中途坠机或落地。 （4）不超出飞行区域。 （5）飞行高度为杆塔高度一半左右	10	未完成扣10分； 超出飞行区域扣5分； 高度不满足符合的飞行高度，扣5分； 以上扣分，扣完为止		
3.3	无人机围绕塔飞行第2圈	（1）完成环绕一圈。 （2）不碰撞导线、杆塔。 （3）不中途坠机或落地。 （4）不超出飞行区域。 （5）飞行高度为杆塔高度一半左右	10	未完成扣10分； 超出飞行区域扣5分； 高度不满足符合的飞行高度，扣5分； 以上扣分，扣完为止		
3.4	无人机围绕塔飞行第3圈	（1）完成环绕一圈。 （2）不碰撞导线、杆塔。 （3）不中途坠机或落地。 （4）不超出飞行区域。 （5）飞行高度为杆塔高度一半左右	10	未完成扣10分； 超出飞行区域扣5分； 高度不满足符合的飞行高度，扣5分； 以上扣分，扣完为止		
3.5	无人机围绕塔飞行第4圈	（1）完成环绕一圈。 （2）不碰撞导线、杆塔。 （3）不中途坠机或落地。 （4）不超出飞行区域。 （5）飞行高度为杆塔高度一半左右	10	未完成扣10分； 超出飞行区域扣5分； 高度不满足符合的飞行高度，扣5分； 以上扣分，扣完为止		
3.6	无人机降落	降落在指定地点内，地点现场设置为同心圆，根据降落环数得分	10	10环满分10分，根据降落环数得分		
4	工作结束					
4.1	安全劳动防护用品	安全劳动防护用品恢复原位	5	安全劳动防护用品未放到原位扣5分		
4.2	恢复现场	将无人机及相关设备恢复原样	5	设备未轻拿轻放，恢复不彻底扣5分		
5	工作终结汇报	向考评员报告工作已结束，场地已清理	5	未汇报扣5分		
6	其他要求					
6.1	动作要求	动作熟练顺畅	5	动作不正确扣5分		
6.2	安全要求	严格遵守“四不伤害”原则，不得损坏工器具和设备	5	损坏工器具扣5分		
合计			100			

Jc0003342020　利用无人机绕塔单回路线路通道飞行操作。（100分）

考核知识点：架空输电线路常见缺陷和隐患识别

难易度：中

技能等级评价专业技能考核操作工作任务书

一、任务名称

利用无人机绕塔单回路线路通道飞行操作。

二、适用工种

无人机巡检工高级工。

三、具体任务

围绕指定单回路线路通道进行环绕飞行，环绕飞行4圈，模拟检查导线及线路通道，按正常规范要求起飞与降落，且降落在指定地点，不得偏离航线飞行，期间不得碰撞导线、杆塔等。

四、工作规范及要求

（1）按要求准备现场飞行设备。

（2）飞行过程中不得飞离飞行区域，高度不得过高，飞行高度处于越过通道内线路最高点部位。

（3）飞行过程中不得碰塔、导线等。

（4）降落在指定地点，根据降落环数得分。

五、考核及时间要求

本考核操作时间为15分钟，时间到停止考评。

技能等级评价专业技能考核操作评分标准

<table>
<tr><td>工种</td><td colspan="5">无人机巡检工</td><td>评价等级</td><td>高级工</td></tr>
<tr><td>项目模块</td><td colspan="4">无人机巡检作业—架空输电线路精细化巡检</td><td>编号</td><td colspan="2">Jc0003342020</td></tr>
<tr><td>单位</td><td colspan="2"></td><td>准考证号</td><td colspan="2"></td><td>姓名</td><td></td></tr>
<tr><td>考试时限</td><td>15 分钟</td><td>题型</td><td colspan="3">单项操作</td><td>题分</td><td>100 分</td></tr>
<tr><td>成绩</td><td></td><td>考评员</td><td></td><td>考评组长</td><td></td><td>日期</td><td></td></tr>
<tr><td>试题正文</td><td colspan="7">利用无人机绕塔单回路线路通道飞行操作</td></tr>
<tr><td>需要说明的问题和要求</td><td colspan="7">（1）按要求准备现场飞行设备。
（2）飞行过程中不得飞离飞行区域，高度不得过高，飞行高度处于越过通道内线路最高点部位。
（3）飞行过程中不得碰塔、导线等。
（4）降落在指定地点，根据降落环数得分</td></tr>
</table>

序号	项目名称	质量要求	满分	扣分标准	扣分原因	得分
1	现场布置					
1.1	现场相关工器具材料的准备与摆放	工器具材料的准备与摆放能够规整有序，现场不凌乱	10	现场凌乱，摆放不整齐，准备不到位扣10分		
2	无人机绕塔飞行操作					
2.1	无人机起飞	按要求起飞无人机，起飞前进行检查	10	未检查扣10分； 起飞不成功扣10分； 以上扣分，扣完为止		
2.2	无人机围绕塔飞行第1圈	（1）完成环绕一圈。 （2）不碰撞导线、杆塔。 （3）不中途坠机或落地。 （4）不超出飞行区域。 （5）飞行高度为杆塔高度一半左右	15	未完成扣15分； 超出飞行区域扣5分； 高度不满足符合的飞行高度，扣5分； 以上扣分，扣完为止		
2.3	无人机围绕塔飞行第2圈	（1）完成环绕一圈。 （2）不碰撞导线、杆塔。 （3）不中途坠机或落地。 （4）不超出飞行区域。 （5）飞行高度为杆塔高度一半左右	15	未完成扣15分； 超出飞行区域扣5分； 高度不满足符合的飞行高度，扣5分； 以上扣分，扣完为止		
2.4	无人机围绕塔飞行第3圈	（1）完成环绕一圈。 （2）不碰撞导线、杆塔。 （3）不中途坠机或落地。 （4）不超出飞行区域。 （5）飞行高度为杆塔高度一半左右	15	未完成扣15分； 超出飞行区域扣5分； 高度不满足符合的飞行高度，扣5分； 以上扣分，扣完为止		
2.5	无人机围绕塔飞行第4圈	（1）完成环绕一圈。 （2）不碰撞导线、杆塔。 （3）不中途坠机或落地。 （4）不超出飞行区域。 （5）飞行高度为杆塔高度一半左右	15	未完成扣15分； 超出飞行区域扣5分； 高度不满足符合的飞行高度，扣5分； 以上扣分，扣完为止		
2.6	无人机降落	降落在指定地点内，地点现场设置为同心圆，根据降落环数得分	10	10环满分10分，根据降落环数得分		

续表

序号	项目名称	质量要求	满分	扣分标准	扣分原因	得分
3	现场恢复	恢复现场	10	未进行现场恢复扣 10 分； 恢复不彻底扣 5 分		
合计			100			

Jc0003342021　无人机在 GPS 状态下，进行“8”字形路线绕桩飞行，并返回原点。(100 分)

考核知识点：基础能力

难易度：易

技能等级评价专业技能考核操作工作任务书

一、任务名称

无人机在 GPS 状态下，进行“8”字形路线绕桩飞行，并返回原点。

二、适用工种

无人机巡检工高级工。

三、具体任务

被考核人员在 10 分钟之内完成无人机进行“8”字形路线绕桩飞行，并返回原点。

四、工作规范及要求

（1）飞行过程中姿态平稳，不能有停顿。

（2）速度不能过快。

（3）水平偏移量不能超过 20cm，高度偏差不能超过 20cm。

（4）无人机不能碰到桩，机头方向与飞行方向一致。

（5）场地、设备、工具和材料：无人机 1 架，无人机起飞场地，围栏、安全警示牌等。

（6）危险点、安全措施和注意事项。

1）危险点：无人机机械故障、无人机装机障碍物、无人机伤及人员。

2）安全措施：无人机起飞降落应在空旷场地；无人机操作区域应装设围栏，操作区距起降区距离不小于 5m；飞行时实时关注无人机电池电量；遇有 5 级及以上大风，雷、雨、大雾等天气情况立即停止飞行；无人机一旦遇到紧急情况则立即返航。

3）注意事项：时刻观察周围环境、无人机飞行姿态，做好应急准备。

五、考核及时间要求

本考核要求无人机在空中悬停后 10 分钟之内完成飞行。

技能等级评价专业技能考核操作评分标准

<table>
<tr><td>工种</td><td colspan="5">无人机巡检工</td><td>评价等级</td><td>高级工</td></tr>
<tr><td>项目模块</td><td colspan="4">基础能力—多旋翼无人机水平“8”字飞行</td><td>编号</td><td colspan="2">Jc0003342021</td></tr>
<tr><td>单位</td><td colspan="2"></td><td>准考证号</td><td colspan="2"></td><td>姓名</td><td></td></tr>
<tr><td>考试时限</td><td colspan="2">10 分钟</td><td>题型</td><td colspan="2">单项操作</td><td>题分</td><td>100 分</td></tr>
<tr><td>成绩</td><td></td><td>考评员</td><td></td><td>考评组长</td><td></td><td>日期</td><td></td></tr>
<tr><td>试题正文</td><td colspan="7">无人机在 GPS 状态下，进行“8”字形路线绕桩飞行，并返回原点</td></tr>
</table>

续表

需要说明的问题和要求	（1）飞行过程中应平稳匀速，不能有停顿。 （2）速度不能过快。 （3）旋转偏移量不能超过 20cm，高度偏差不能超过 20cm。 （4）转弯顺滑，机头方向与飞行方向一致。 （5）考生须在无人机悬停后 10 分钟之内完成“8”字形路线绕桩飞行动作

序号	项目名称	质量要求	满分	扣分标准	扣分原因	得分
1	工作准备					
1.1	安全劳动防护用品的准备	正确选择佩戴安全帽，穿全套工装，包括工作服、绝缘鞋、棉手套等	5	未按规定正确佩戴安全帽、穿工作服、绝缘鞋、戴棉手套等每项扣 2 分，扣完为止		
1.2	无人机起飞前准备	熟练地做好无人机起飞前的检查与准备工作	5	未正确检查，检查漏一项扣 1 分，扣完为止		
2	工作许可					
2.1	许可方式	向考评员示意准备就绪，申请开始工作	5	未申请开始考试扣 5 分		
3	工作步骤及技术要求					
3.1	无人机检查	检查无人机桨叶安装是否正确，电池是否安装到位	5	不检查者扣 5 分		
3.2	电池电量检查	检查电池电量是否充足	5	不检查者扣 5 分		
3.3	飞行安全	飞行过程中服从考官指令，不得出现失控情况	10	不服从命令者扣 10 分		
3.4	起飞时	起飞要果断、快速，不能有大晃动	5	起飞时不果断，有晃动扣 3 分		
3.5	沿“8”字形路线绕桩飞行	飞行过程中姿态平稳，不能出现掉高、上升现象，不得碰桩	20	飞行过程中出现掉高、上升现象扣 10 分； 碰桩不合格		
3.6	降落时	降落应平稳、缓慢，落地瞬间应平稳，不能有弹跳	5	降落时不平稳，有弹跳者扣 3 分		
3.7	时间要求	必须在规定的时间内完成考核任务	10	超出时间者每 10 秒扣 1 分，扣完为止		
4	工作结束					
4.1	安全劳动防护用品	安全劳动防护用品恢复原位	5	安全劳动防护用品未放到原位扣 5 分		
4.2	恢复现场	将遥控器恢复原样	5	设备未轻拿轻放，恢复不彻底扣 5 分		
5	工作终结汇报	向考评员报告工作已结束，场地已清理	5	未汇报扣 5 分		
6	其他要求					
6.1	动作要求	动作熟练顺畅	5	动作不正确扣 1～5 分		
6.2	安全要求	严格遵守“四不伤害”原则，不得损坏工器具和设备	5	损坏工器具扣 5 分		
合计			100			

Jc0001343022　无人机绕杆飞行。（100 分）

考核知识点：无人机的操作

难易度：难

技能等级评价专业技能考核操作工作任务书

一、任务名称

无人机绕杆飞行。

二、适用工种

无人机巡检工高级工。

三、具体任务

被考核人员在4分钟之内完成无人机绕杆飞行。

四、工作规范及要求

（1）飞行过程中姿态平稳，飞行动作应连贯，速度均匀，不能有停顿。

（2）速度不能过快。

（3）水平偏移量不能超过80cm，高度偏差不能超过100cm。

（4）飞行路线应绕杆飞行，机头方向与飞行方向一致。

（5）场地、设备、工具和材料：无人机1架，杆子，围栏、安全警示牌等。

（6）危险点、安全措施和注意事项。

1）危险点：无人机机械故障、无人机撞击障碍物、无人机伤及人员。

2）安全措施：无人机起飞降落应在空旷场地；无人机操作区域应装设围栏，操作区距起降区距离不小于5m；飞行时实时关注无人机电池电量；遇有5级及以上大风，雷、雨、大雾等天气情况立即停止飞行；无人机一旦遇到紧急情况则立即返航。

3）注意事项：时刻观察周围环境、无人机飞行姿态，做好应急准备。

五、考核及时间要求

本考核要求无人机在空中悬停后4分钟之内完成绕杆飞行。

技能等级评价专业技能考核操作评分标准

工种	无人机巡检工					评价等级	高级工
项目模块	基础能力—无人机绕杆飞行				编号	Jc0001343022	
单位			准考证号			姓名	
考试时限	4分钟	题型		单项操作		题分	100分
成绩		考评员		考评组长		日期	
试题正文	无人机绕杆飞行						
需要说明的问题和要求	（1）飞行动作应连贯，速度均匀，不能有停顿。 （2）速度不能过快。 （3）旋转偏移量不能超过80cm，高度偏差不能超过100cm。 （4）飞行路线应绕杆飞行，机头方向与飞行方向一致。 （5）考生须在无人机悬停后4分钟之内完成绕杆飞行动作						

序号	项目名称	质量要求	满分	扣分标准	扣分原因	得分
1	作业人员入场	着装整齐、精神面貌良好	10	若有违规情况，视情况扣1～5分		
2	起飞前准备					
2.1	无人机检查	检查无人机桨叶安装是否正确，电池是否安装到位	5	不检查者扣5分		
2.2	电池电量检查	检查电池电量是否充足	5	不检查者扣5分		
3	飞行安全	飞行过程中服从考官指令，不得出现失控情况	15	不服从命令者扣15分		

续表

序号	项目名称	质量要求	满分	扣分标准	扣分原因	得分
4	飞行姿态					
4.1	起飞时	起飞要果断、快速，不能有大晃动	10	起飞时不果断，有晃动扣3分		
4.2	绕杆飞行	飞行过程中姿态平稳，不能出现掉高、上升现象，飞行路线应绕杆飞行	40	飞行过程中出现掉高、上升现象扣10分； 未按照绕杆路线飞行扣10分		
4.3	降落时	降落应平稳、缓慢，落地瞬间应平稳，不能有弹跳	10	降落时不平稳，有弹跳者扣3分		
5	时间要求	必须在规定的时间内完成考核任务	5	超出时间者每10秒扣1分，扣完为止		
合计			100			

Jc0003343023　坠机后续处置。（100分）

考核知识点：设备故障处理

难易度：难

技能等级评价专业技能考核操作工作任务书

一、任务名称

坠机后续处置。

二、适用工种

无人机巡检工高级工。

三、具体任务

（1）熟练掌握坠机处理流程和要点，并能正确实施。

（2）能正确评估坠机对现场周边环境、设备和人员等造成的损失和影响程度。

（3）正确指定现场处置技术和安全等措施，并正确实施。

（4）熟练掌握坠机设备回收和处置、证据采集和证物保存等各项工作内容，并能正确实施。

（5）熟悉设备保险报案流程。

四、工作规范及要求

（1）掌握无人机出现坠机时，正确处理流程，设备回收、处置流程。

（2）给定条件：书面试题。

（3）书面问题：无人机坠机后处置流程。

五、考核及时间要求

本考核操作时间为10分钟。

技能等级评价专业技能考核操作评分标准

工种	无人机巡检工				评价等级	高级工
项目模块	无人机巡检作业—空中设备故障和异常报警处理			编号	Jc0003343023	
单位		准考证号			姓名	
考试时限	10分钟	题型	单项操作		题分	100分
成绩		考评员		考评组长		日期	
试题正文	坠机后续处置					
需要说明的问题和要求	（1）熟练掌握坠机处理流程和要点，并能正确实施。 （2）熟练掌握坠机设备回收和处置、证据采集和证物保存等各项工作内容，并能正确实施。 （3）考生须在10分钟之内完成坠机后续处置					

续表

序号	项目名称	质量要求	满分	扣分标准	扣分原因	得分
1	坠机处理					
1.1	掌握坠机处理流程和要点	正确掌握坠机处理流程和要点	20	不准确的扣 10～20 分		
1.2	评估坠机对现场周边环境、设备和人员等造成的损失和影响程度	正确评估坠机对现场周边环境、设备和人员等造成的损失和影响程度	20	不准确的扣 10～20 分		
1.3	指定现场处置技术和安全等措施	正确指定现场处置技术和安全等措施	10	不熟悉的扣 1～10 分		
2	设备回收					
2.1	坠机设备回收和处置、证据采集和证物保存等各项工作内容	熟悉坠机设备回收和处置、证据采集和证物保存等各项工作内容	30	不熟悉的扣 15～30 分		
3	设备保险					
3.1	设备保险报案流程	熟悉设备保险报案流程	15	不熟悉的扣 1～15 分		
4	时间	必须在 10 分钟之内完成考核任务	5	超出 10 秒扣 1 分，扣完为止		
合计			100			

Jc0003343024　自主巡检。（100 分）

考核知识点：架空输电线路精细化巡检

难易度：难

技能等级评价专业技能考核操作工作任务书

一、任务名称

自主巡检。

二、适用工种

无人机巡检工高级工。

三、具体任务

描述对自主巡检技术的理解。

四、工作规范及要求

（1）需熟练掌握架空输电线路无人机自主巡检技术。

（2）给定条件：书面试题。

（3）书面问题：架空输电线路无人机自主巡检技术的内容。

五、考核及时间要求

本考核操作时间为 20 分钟。

技能等级评价专业技能考核操作评分标准

<table>
<tr><td>工种</td><td colspan="5">无人机巡检工</td><td>评价等级</td><td>高级工</td></tr>
<tr><td>项目模块</td><td colspan="4">无人机巡检作业—架空输电线路精细化巡检</td><td>编号</td><td colspan="2">Jc0003343024</td></tr>
<tr><td>单位</td><td colspan="3"></td><td>准考证号</td><td></td><td>姓名</td><td></td></tr>
<tr><td>考试时限</td><td colspan="2">20 分钟</td><td>题型</td><td colspan="2">单项操作</td><td>题分</td><td>100 分</td></tr>
<tr><td>成绩</td><td></td><td>考评员</td><td></td><td>考评组长</td><td></td><td>日期</td><td></td></tr>
<tr><td>试题正文</td><td colspan="7">自主巡检</td></tr>
</table>

续表

需要说明的问题和要求	（1）描述自主巡检技术的理解。 （2）熟练掌握架空输电线路无人机自主巡检技术。 （3）考生须在20分钟之内完成

序号	项目名称	质量要求	满分	扣分标准	扣分原因	得分
1	自主巡检					
1.1	RTK技术	熟悉RTK技术的原理与应用	20	不熟悉的扣5～20分		
1.2	航线编制	熟悉航线规划的流程与要点	35	不熟悉的扣20～35分		
1.3	航线执行	掌握执行航线时的注意事项与措施	20	不熟悉的扣5～20分		
1.4	自主巡检的整体流程	熟练掌握自主巡检技术的内容	20	不熟悉的扣5～20分		
2	时间	必须在20分钟之内完成考核任务	5	超出10秒扣1分，扣完为止		
合计			100			

Jc0003343025　编写无人机初级工技能培训方案。（100分）

考核知识点：无人机巡检作业

难易度：难

技能等级评价专业技能考核操作工作任务书

一、任务名称

编写无人机初级工技能培训方案。

二、适用工种

无人机巡检工高级工。

三、具体任务

某单位有李四等5名无人机初级工需进行巡检技能培训。针对此项工作，考生编写一份无人机初级工技能培训方案。

四、工作规范及要求

结合培训任务按照以下要求完成无人机初级工技能培训方案的编写：

（1）培训项目为实操项目。

（2）培训相关内容由考生自行组织。

五、考核及时间要求

本考核时间共40分钟，每超过2分钟扣1分，到45分钟终止考核。

技能等级评价专业技能考核操作评分标准

工种	无人机巡检工					评价等级	高级工
项目模块	无人机巡检作业—架空输电线路精细化巡检				编号	Jc0003343025	
单位			准考证号			姓名	
考试时限	40分钟		题型	单项操作		题分	100分
成绩		考评员		考评组长		日期	
试题正文	编写无人机初级工技能培训方案						
需要说明的问题和要求	（1）培训内容应为技能实操项目。 （2）内容不作限制，由考生自行组织						

续表

序号	项目名称	质量要求	满分	扣分标准	扣分原因	得分
1	培训目标	应有明确的培训目标	10	缺少一项扣10分		
2	培训人	应有明确的授课人	10	缺少一项扣10分		
3	培训对象	应明确培训对象	10	缺少一项扣10分		
4	培训内容	（1）应有具体的培训项目名称。 （2）应有项目的具体内容	20	缺少一项扣10分		
5	培训方式	应有明确的培训方式，培训方式为实操	10	缺少一项扣10分		
6	培训时间与地点	应明确培训时间，培训地点	20	缺少一项扣10分		
7	培训考核方式	应明确培训的考核方式，考核方式为实操	10	缺少一项扣10分		
8	其他相关事宜	其他相关的培训事宜，如奖惩方式、劳动纪律等要求	10	缺少一项扣10分		
合计			100			

Jc0003343026　无人机在姿态状态下，进行定点降落。（100分）

考核知识点：无人机的操作

难易度：难

技能等级评价专业技能考核操作工作任务书

一、任务名称

无人机在姿态状态下，进行定点降落。

二、适用工种

无人机巡检工高级工。

三、具体任务

被考核人员在4分钟之内完成无人机姿态状态下，进行定点降落。

四、工作规范及要求

（1）飞行过程中姿态平稳，飞行动作应连贯，速度均匀，不能有停顿。

（2）速度不能过快。

（3）水平偏移量不能超过5cm，纵向偏差不能超过5cm。

（4）场地、设备、工具和材料：无人机1架，杆子，围栏、安全警示牌等。

（5）危险点、安全措施和注意事项。

1）危险点：无人机机械故障、无人机撞击障碍物、无人机伤及人员。

2）安全措施：无人机起飞降落应在空旷场地；无人机操作区域应装设围栏，操作区距起降区距离不小于5m；飞行时实时关注无人机电池电量；遇有5级及以上大风，雷、雨、大雾等天气情况立即停止飞行；无人机一旦遇到紧急情况则立即返航。

3）注意事项：时刻观察周围环境、无人机飞行姿态，做好应急准备。

五、考核及时间要求

本考核要求无人机在空中悬停后4分钟之内完成定点降落。

技能等级评价专业技能考核操作评分标准

工种	无人机巡检工			评价等级	高级工
项目模块	无人机巡检作业—架空输电线路精细化巡检		编号	Jc0003343026	
单位		准考证号		姓名	

续表

考试时限	4 分钟		题型		单项操作	题分	100 分
成绩		考评员		考评组长		日期	
试题正文	无人机在姿态状态下，进行定点降落						
需要说明的问题和要求	（1）飞行动作应连贯，速度均匀，不能有停顿。 （2）速度不能过快。 （3）降落偏移量不能超过横向纵向 5cm。 （4）降落应平稳。 （5）考生须在无人机悬停后 4 分钟之内完成定点降落动作						

序号	项目名称	质量要求	满分	扣分标准	扣分原因	得分
1	作业人员入场	着装整齐、精神面貌良好	10	若有违规情况，视情况扣 1～5 分		
2	起飞前准备					
2.1	无人机检查	检查无人机桨叶安装是否正确，电池是否安装到位	5	不检查者扣 5 分		
2.2	电池电量检查	检查电池电量是否充足	5	不检查者扣 5 分		
3	飞行安全	飞行过程中服从考官指令，不得出现失控情况	15	不服从命令者扣 15 分		
4	飞行姿态					
4.1	起飞时	起飞要果断、快速，不能有大晃动	10	起飞时不果断，有晃动扣 3 分		
4.2	降落时	降落应平稳、缓慢，落地瞬间应平稳，不能有弹跳，应满足要求	50	降落时不平稳，有弹跳者扣 3 分； 超过偏移量扣 10 分		
5	时间要求	必须在规定的时间内完成考核任务	5	超出时间者每 10 秒扣 1 分，扣完为止		
合计			100			

Jc0002343027　搭载 DJI 飞控的多旋翼无人机磁罗盘校准。（100 分）

考核知识点： 多旋翼无人机指南针校准

难易度： 难

技能等级评价专业技能考核操作工作任务书

一、任务名称

搭载 DJI 飞控的多旋翼无人机磁罗盘校准。

二、适用工种

无人机巡检工高级工。

三、具体任务

校准搭载 DJI 飞控的多旋翼无人机磁罗盘。

四、工作规范及要求

（1）操作熟练，正确校准。

（2）着装整齐，正确使用工器具及劳动防护用品。

五、考核及时间要求

本考核操作时间为 20 分钟，时间到停止考评，每超时一分钟扣 1 分。

技能等级评价专业技能考核操作评分标准

工种	无人机巡检工					评价等级	高级工
项目模块	设备使用与维护保养—多旋翼无人机巡检系统结构、原理				编号	Jc0002343027	
单位			准考证号			姓名	
考试时限	20 分钟		题型	单项操作		题分	100 分
成绩		考评员		考评组长		日期	
试题正文	搭载 DJI 飞控的多旋翼无人机磁罗盘校准						
需要说明的问题和要求	（1）要求单人操作，两人配合。 （2）按照要求做好安全措施，正确使用个人劳动防护用品						

序号	项目名称	质量要求	满分	扣分标准	扣分原因	得分
1	工作准备					
1.1	安全劳动防护用品的准备	正确选择佩戴安全帽，穿全套工装，包括工作服、绝缘鞋、棉手套等	5	未按规定正确佩戴安全帽、穿工作服、绝缘鞋、戴棉手套等每项扣 2 分，扣完为止		
1.2	无人机及相关设备准备与摆放	熟练地做好无人机的检查与准备工作	5	现场凌乱，摆放不整齐，准备不到位，未正确检查，检查漏一项扣 1 分，扣完为止		
2	工作许可					
2.1	许可方式	向考评员示意准备就绪，申请开始工作	5	未申请开始考试扣 5 分		
3	工作步骤及技术要求					
3.1	切换模式	快速切换模式选择开关 5 次以上	10	操作不熟练，酌情扣 1～10 分； 模式切换次数小于 5 次，扣 10 分		
3.2	水平旋转	飞行器指示灯变常亮灯时，水平旋转飞行器约 360°	20	飞行器指示灯未常亮，旋转飞行器，扣 20 分； 飞行器水平旋转度数不符合要求，酌情扣 1～10 分； 以上扣分，扣完为止		
3.3	垂直旋转	飞行器指示灯变颜色后，垂直旋转飞行器约 360° 机头朝下	20	飞行器指示灯未变色，旋转飞行器，扣 20 分； 飞行器垂直旋转度数不符合要求，酌情扣 1～10 分； 机头未朝下，扣 10 分； 以上扣分，扣完为止		
3.4	校准成功	指示灯恢复正常闪亮，校准成功	10	指示灯未恢复正常，扣 10 分		
4	工作结束					
4.1	安全劳动防护用品	安全劳动防护用品恢复原位	5	安全劳动防护用品未放到原位扣 5 分		
4.2	恢复现场	将无人机及相关设备恢复原样	5	设备未轻拿轻放，恢复不彻底扣 5 分		
5	工作终结汇报	向考评员报告工作已结束，场地已清理	5	未汇报扣 5 分		
6	其他要求					
6.1	动作要求	动作熟练顺畅	5	动作不正确扣 1～5 分		
6.2	安全要求	严格遵守“四不伤害”原则，不得损坏工器具和设备	5	损坏工器具扣 5 分		
合计			100			

第四部分
技　师

第七章 无人机巡检工技师技能笔答

Jb0001231001 试述安全工具使用前的检查应注意什么。(5分)

考核知识点：工器具使用

难易度：易

标准答案：

（1）工器具保管良好，外观清洁、干燥。无损伤痕迹和变形，无挪作他用的现象。

（2）安全工具的电压等级应与运行设备的电压等级相符，并在试验合格的有效期间内。

（3）使用安全工具时应严格执行规程规定。基本安全工具必须借助于辅助安全工具的配合，才可实施操作。

（4）检查发现安全工具存在损伤，绝缘性能降低时，应予澄清。否则，应进行可靠性试验证明。

Jb0001232002 输电线路检修的主要项目有哪些？(5分)

考核知识点：输电线路运行维护

难易度：中

标准答案：

（1）杆塔紧固螺栓。

（2）混凝土杆内排水。

（3）绝缘子清扫。

（4）防震器和防舞动装置维修调整。

（5）砍修剪树。

（6）修补防汛设施。

（7）修补巡线道、桥。

（8）修补防鸟设施和拆巢。

（9）各种在线检测设备维修调整。

（10）瓷绝缘子涂PRTV长效涂料。

Jb0001232003 输电线路根据巡视结果和实际情况主要维修的项目有哪些？(5分)

考核知识点：输电线路运行维护

难易度：中

标准答案：

（1）更换或补装杆塔构件。

（2）杆塔铁件防腐。

（3）杆塔倾斜扶正。

（4）金属基础、拉线防腐。

（5）调整、更新拉线及金具。

（6）混凝土杆及混凝土构件修补。

（7）更换绝缘子。

（8）更换导线、地线及金具。

（9）导线、地线损伤补修。

（10）调整导线、地线弧垂。

（11）处理不合格交叉跨越。

（12）并沟线夹、跳线连板检修紧固。

（13）间隔棒更换、检修。

（14）接地装置和防雷设施维修。

（15）补齐线路名称、杆号、相位等各种标志及警告指示、防护标志、色标。

Jb0001231004　电力设施保护范围包括什么？（5 分）

考核知识点：输电线路运行维护

难易度：易

标准答案：

电力设施保护范围包括处于运行、备用、检修、停用和正在建设的电力设施。

Jb0001233005　防止输电线路发生季节性事故，应采取哪些措施？（5 分）

考核知识点：输电线路运行与维护

难易度：难

标准答案：

运行中的架空输电线路由于受大自然气象条件变化，如风、雨、雪、雷电、覆冰、洪水、雾等的影响都会危及线路安全运行，严重时会造成事故；因此，应与可能引起各种季节性事故的自然灾害做斗争，搞好事故预防工作，线路的季节性事故的预防工作根据各地气候及地形条件有所不同，一般采取下列措施：春季主要抓防冻，防鸟害、防树害工作，夏季应继续抓防树害及防雷、防洪工作，秋季抓防风及防雷，冬季应抓好防污闪（防雾）防冻及防雷准备等工作，应根据各条线路的具体情况，列入年度重点预防检查及进行的工作项目，把维护工作做细做好。

Jb0001232006　简述无人机的分类及作用。（5 分）

考核知识点：无人机分级分类

难易度：中

标准答案：

（1）中型无人直升机指空机质量大于 7kg 且小于等于 116kg 的无人直升机，一般是单旋翼带尾桨式无人直升机，适用于中等距离的多任务精细化巡检。

（2）小型无人直升机指空机质量小于等于 7kg 的无人直升机，一般是电动多旋翼无人机，适用于短距离的多方位精细化巡检和故障巡检。

（3）中型固定翼无人机指空机质量大于 7kg 且小于等于 20kg 的固定翼无人机，续航时间一般大于等于 2h，适用于大范围通道巡检、应急巡检和灾情普查。

（4）小型固定翼无人机指空机质量小于等于 7kg 的固定翼无人机，续航时间一般大于等于 1h，适用于小范围通道巡检、应急巡检和灾情普查。

Jb0001231007　简述架空线路纵断面图的意义。（5 分）

考核知识点：架空输电线路巡视知识

难易度：易

标准答案：
架空输电线路纵断面图反映沿线路中心线地形的起伏形状及被交叉跨越物的标高。

Jb0001231008 架空地线的作用是什么？（5分）
考核知识点：架空输电线路导地线基本知识
难易度：易
标准答案：
（1）减少雷电直接击于导线的机会。
（2）架空地线一般直接接地，它依靠低的接地电阻泄导雷电流，以降低雷击过电压。
（3）架空地线对导线的屏蔽及导线、架空地线间的耦合作用，降低雷击过电压。
（4）在导线断线情况下，架空地线对杆塔起一定的支持作用。
（5）绝缘架空地线有时还用于通信，有时也用于融冰。

Jb0001232009 何谓输电线路的耐雷水平？线路耐雷水平与哪些因素有关？（5分）
考核知识点：输电线路日常运维知识
难易度：中
标准答案：
（1）线路耐雷水平是指雷击线路时绝缘子不发生闪络的最大雷电流幅值。
（2）影响因素：① 绝缘子串50%的冲击放电电压；② 耦合系数；③ 接地电阻大小；④ 架空地线的分流系数；⑤ 杆塔高度；⑥ 导线平均悬挂高度。

Jb0001231010 架空输电线路巡检模式有哪些？（5分）
考核知识点：架空输电线路巡检类型
难易度：易
标准答案：
针对架空输电线路的巡检，目前主要有人工巡检、有人直升机巡检和无人机巡检三种巡检模式。

Jb0001231011 简述直线杆塔类型与作用。（5分）
考核知识点：架空输电线路巡检知识
难易度：易
标准答案：
（1）普通直线杆塔：用于导线、地线的正常支撑。
（2）直线换位杆塔：用于导线换位。
（3）直线跨越杆塔：用于跨越河流、道路、电力线路等设施。
（4）直线转角杆塔：功能类似于普通直线杆塔，但用于线路小转角处。

Jb0001232012 简述承力塔类型与作用。（5分）
考核知识点：架空输电线路巡检知识
难易度：中
标准答案：
（1）耐张杆塔：用于线路分段控制，一般不超过5°。
（2）转角杆塔：改变线路前进方向。

（3）终端杆塔：用于线路起止点，主要承受一侧张力。
（4）换位杆塔：用于导线换位。
（5）跨越杆塔：用于跨越河流、道路、电力线路等设施。
（6）分歧杆塔：用于线路分支线处。

Jb0001231013　简述伯努利定律的内容。（5分）
考核知识点：空气动力学基础知识
难易度：易
标准答案：
定常流动时，同一流管的任一截面上，静压与动压之和恒定流速大的地方，动压大，静压就小；流速小的地方，动压小，静压就大。

Jb0001231014　简述失速的概念。（5分）
考核知识点：无人机基础知识
难易度：易
标准答案：
失速是指翼型气动攻角增加到一定程度（达到临界值）时，翼型所产生的升力突然减小的一种状态。

Jb0001232015　常用的能见度有哪七类？（5分）
考核知识点：无人机相关气象知识
难易度：中
标准答案：
（1）航空能见度。
（2）有效能见度。
（3）主导能见度。
（4）跑道能见度。
（5）垂直能见度。
（6）倾斜能见度。
（7）最小能见度。

Jb0001231016　无人机采用的导航技术包括哪几类？（5分）
考核知识点：无人机基础知识
难易度：易
标准答案：
（1）惯性导航。
（2）卫星导航。
（3）视觉导航。
（4）地磁导航。
（5）多普勒导航等。

Jb0001231017 无刷电机要改变转向应如何处理？（5分）

考核知识点：无人机系统知识

难易度：易

标准答案：

电调与电机连线3根中任意兑换2根。

Jb0001231018 清洁能源主要包括哪些（最少列举五项）？（5分）

考核知识点：无人机系统知识

难易度：易

标准答案：

（1）水能。

（2）风能。

（3）太阳能。

（4）核能。

（5）海洋能。

（6）生物质能。

Jb0001231019 美国手、日本手和中国手有什么区别？（5分）

考核知识点：无人机系统知识

难易度：易

标准答案：

美国手是左手油门和方向，右手副翼、俯仰；日本手是右手油门和副翼、左手是方向与俯仰；中国手是左手副翼、俯仰，右手油门与方向。

Jb0001231020 遥控器开机之前要检查什么？（5分）

考核知识点：无人机系统知识

难易度：易

标准答案：

电池是否安装、摇杆是否损坏、天线是否损坏。

Jb0001231021 哪三个参数影响电机效率？（5分）

考核知识点：无人机系统知识

难易度：易

标准答案：

直径、高度、KV值。

Jb0001232022 使用小型无人直升机巡检系统进行的作业，其人员配置如何要求？（5分）

考核知识点：无人机巡检作业工作安全规程

难易度：中

标准答案：

使用小型无人直升机巡检系统进行的架空输电线路巡检作业，作业人员包括工作负责人（1名）

和工作班成员，分别担任程控手和操控手，工作负责人可兼任程控手或操控手，但不得同时兼任。必要时，也可增设 1 名专职工作负责人，此时工作班成员至少包括程控手和操控手。

Jb0001231023　使用固定翼无人机巡检系统进行的作业，其中人员配置如何要求？（5 分）

考核知识点：无人机巡检作业工作安全规程

难易度：易

标准答案：

使用固定翼无人机巡检系统进行的架空输电线路巡检作业，作业人员包括工作负责人（1 名）和工作班成员。工作班成员至少包括程控手和操控手。

Jb0001231024　Q/GDW 11399—2015《架空输电线路无人机巡检作业安全工作规程》规定工作许可人应满足什么要求？（5 分）

考核知识点：电力安全工作规程

难易度：易

标准答案：

工作许可人应由熟悉空域使用相关管理规定和政策、熟悉地形地貌和环境条件、熟悉线路情况、熟悉无人机巡检系统、熟悉本规程，具有航线申请、空管报批相关工作经验，并经省（地、市）检修公司分管生产领导书面批准的人员担任。

Jb0001231025　Q/GDW 11399—2015《架空输电线路无人机巡检作业安全工作规程》规定工作负责人应满足什么要求？（5 分）

考核知识点：电力安全工作规程

难易度：易

标准答案：

工作负责人（监护人）应由熟悉线路情况、熟悉无人机巡检系统、熟悉工作规程，具有相关工作经验，并经省（地、市）检修公司分管生产领导书面批准的人员担任。

Jb0001233026　Q/GDW 11399—2015《架空输电线路无人机巡检作业安全工作规程》规定工作负责人（监护人）的安全职责有哪些？（5 分）

考核知识点：电力安全工作规程

难易度：难

标准答案：

（1）正确安全地组织开展巡检作业工作，按国家相关法律法规规定正确使用空域，及时纠正不安全行为。

（2）负责检查航线规划、安全策略设置和作业方案等是否正确完备，必要时予以补充。

（3）负责检查工作票所列安全措施是否正确完备，是否符合现场实际条件，必要时予以补充。

（4）工作前对工作班成员进行危险点告知、交代安全措施和技术措施，并确认每一个工作班成员都已知晓。

（5）严格执行工作票所列安全措施。

（6）督促、监护工作班成员遵守本规程，正确使用劳动防护用品和执行现场安全措施，及时纠正不安全行为。

（7）确认工作班成员精神状态是否良好，必要时予以调整。

Jb0001231027 Q/GDW 11399—2015《架空输电线路无人机巡检作业安全工作规程》规定工作许可人的安全职责有哪些？（5 分）

考核知识点：电力安全工作规程

难易度：易

标准答案：

（1）负责审查飞行空域是否已获批准。

（2）负责审查航线规划是否满足安全飞行要求。

（3）负责审查安全措施等是否正确完备。

（4）负责审查安全策略设置等是否正确完备。

（5）负责审查异常处理措施是否正确完备。

（6）负责按相关要求向当地民航军管部门办理作业申请。

Jb0001231028 Q/GDW 11399—2015《架空输电线路无人机巡检作业安全工作规程》规定工作班成员的安全职责有哪些？（5 分）

考核知识点：电力安全工作规程

难易度：易

标准答案：

（1）熟悉工作内容、工作流程，掌握安全措施，明确工作中的危险点，并履行确认手续。

（2）严格遵守安全规章制度、技术规程和劳动纪律，对自己在工作中的行为负责，互相关心工作安全，并监督本规程的执行和现场安全措施的实施。

（3）正确使用安全工器具和劳动防护用品。

Jb0001231029 简述保证无人机巡检安全的技术措施。（5 分）

考核知识点：电力安全工作规程

难易度：易

标准答案：

（1）航线规划。

（2）安全策略设置。

（3）航前检查。

（4）航巡监控。

（5）航后检查。

Jb0001231030 Q/GDW 11399—2015《架空输电线路无人机巡检作业安全工作规程》规定工作票制度应按哪些方式进行？（5 分）

考核知识点：电力安全工作规程

难易度：易

标准答案：

（1）填用架空输电线路无人机巡检作业工作票。

（2）填用架空输电线路无人机巡检作业工作单。

Jb0001231031 填用架空输电线路无人机巡检作业工作票的工作有哪些？（5 分）

考核知识点：电力安全工作规程

难易度： 易

标准答案：

使用中型无人直升机和固定翼无人机巡检系统按计划开展的线路设备巡检、通道环境巡视、线路勘察和灾情巡视等工作。

Jb0001231032　填用架空输电线路无人机巡检作业工作单的工作有哪些？（5分）

考核知识点： 电力安全工作规程

难易度： 易

标准答案：

（1）使用小型无人直升机巡检系统开展的线路设备巡检、通道环境巡视、线路勘察和灾情巡视等工作。

（2）在突发自然灾害或线路故障等情况下需紧急使用无人机巡检系统开展的工作。

Jb0001233033　申请飞行空域一般需要提前7日提交申请并提交哪些文件？（5分）

考核知识点： 空域申请

难易度： 难

标准答案：

（1）国籍标志和登记标志。

（2）驾驶员相应的资质证书。

（3）飞行器性能数据和三视图。

（4）可靠的通信保障方案。

（5）特殊情况处置预案。

Jb0001232034　民用无人驾驶航空器在空域内运行要对其活动计划进行评估，包括哪些内容？（5分）

考核知识点： 空域申请

难易度： 中

标准答案：

包括飞行活动类型或目的、飞行规则（目视或仪表飞行）、操控方式（视距内或超视距，无线电视距内或超无线电视距等）、预定的飞行日期、起飞地点、降落地点、巡航速度、巡航高度、飞行路线和空域、飞行时间和次数。

Jb0001232035　不同区域线路（区段）巡视周期的一般规定是什么？（5分）

考核知识点： 架空输电线路运行维护

难易度： 中

标准答案：

（1）城市（城镇）及近郊区域的巡视周期一般为1个月。

（2）远郊、平原等一般区域的巡视周期一般为2个月。

（3）高山大岭、沿海滩涂、戈壁沙漠等车辆人员难以到达区域的巡视周期一般为3个月。在大雪封山等特殊情况下，采取空中巡视、在线监测等手段后可适当延长周期，但不应超过6个月。

（4）以上为设备和通道环境的全面巡视，对特殊区段应增加通道环境的巡视次数。

Jb0001231036 特殊区段包括哪些？（5分）

考核知识点：架空输电线路运行维护

难易度：易

标准答案：

（1）大跨越。

（2）多雷区。

（3）重污区。

（4）重冰区。

（5）微地形、气象区。

（6）采动影响区。

Jb0002231037 什么是无人机巡检系统？（5分）

考核知识点：无人机巡检系统

难易度：易

标准答案：

指利用无人机搭载可见光、红外等检测设备，完成架空输电线路巡检任务的作业系统。一般由无人机分系统、任务载荷分系统和综合保障分系统组成，包括无人直升机（按结构形式一般分为单旋翼带尾桨式和多旋翼式）巡检系统和固定翼无人机巡检系统。

Jb0003232038 Q/GDW 11399—2015《架空输电线路无人机巡检作业安全工作规程》规定：航线规划应避开有哪些区域？（5分）

考核知识点：航线规划

难易度：中

标准答案：

航线规划应避开空中管制区、重要建筑和设施，尽量避开人员活动密集区、通信阻隔区、无线电干扰区、大风或切变风多发区和森林防火区等地区。对首次进行无人机巡检作业的线段，航线规划时应留有充足裕量，与以上区域保持足够的安全距离。

Jb0003233039 简述输电线路无人机巡检系统组成。（5分）

考核知识点：无人机巡检系统

难易度：难

标准答案：

输电线路无人机巡检系统包括无人机分系统、任务载荷分系统和综合保障分系统。

无人机分系统包括无人机平台、通信系统和地面站系统。无人机平台包括无人机本体和飞行控制系统，通信系统包括数据传输系统和视频传输系统，无人直升机巡检系统的地面站系统包括硬件设备、飞行控制软件和检测软件等。

任务载荷分系统包括任务设备和地面显控单元。

综合保障分系统一般包括供电设备、动力供给（一般为动力电池）、风速仪和频谱仪等专用工具、备品备件和车辆等。

Jb0003232040　简述输电线路小型无人直升机巡检作业的关键技术要求。（5分）

考核知识点：无人机巡检作业

难易度：中

标准答案：

输电线路小型无人直升机巡检作业应满足以下技术要求：

（1）应始终保持通视状态下作业。

（2）不应采用手动飞行模式在巡检作业点进行巡检作业。可采用自主或增稳飞行模式飞至巡检作业点，然后以增稳模式进行巡检作业。

（3）不可长时间在设备正上方悬停，不可在重要建筑及设施、公路和铁路等的正上方悬停。

（4）巡检作业时，巡检飞行速度不宜大于10m/s。

（5）距线路设备距离不小于5m，距周边障碍物距离不小于10m。

Jb0003232041　简述公司协同巡检常用机型的功能定位。（5分）

考核知识点：无人机的使用

难易度：中

标准答案：

直升机主要对220kV及以上各电压等级交直流线路开展计划巡检。

中、大型无人直升机作为直升机巡检范围和周期的补充，对交直流线路上开展常规巡检和状态巡检等工作。

小型无人直升机作为人工巡视的补充，对交直流线路开展单塔巡检、故障巡检和小范围通道巡查等工作。

固定翼无人机用于开展通道巡检和灾后电网评估等。

Jb0003231042　输电线路无人机巡检系统操作培训有哪些？（5分）

考核知识点：无人机操作

难易度：易

标准答案：

输电线路无人机巡检系统操作培训包括理论培训、模拟器培训、实操培训。

Jb0003231043　直升机巡检面临的问题有哪些？（5分）

考核知识点：无人机使用

难易度：易

标准答案：

直升机巡检面临的问题：巡检成本高、巡检频次低，安全风险高、人员安全隐患大，作业人员资质要求高、培训周期长，维护保养要求高、后勤保障复杂。

Jb0003231044　无人机巡检与人工巡检和直升机巡检相比，优点有哪些？（5分）

考核知识点：无人机使用

难易度：易

标准答案：

无人机巡检与人工巡检相比，优点在于：受地形限制小、巡检效率高、塔头巡检效果好；与直升机巡检相比，优点在于可快速部署、巡检成本低、操作简单。

Jb0003231045 无人机巡检系统分为哪些系统？（5分）

考核知识点：多旋翼无人机巡检系统结构、原理

难易度：易

标准答案：

无人机巡检系统分为小型无人直升机巡检系统、中型无人直升机巡检系统、大型无人直升机巡检系统、固定翼无人机巡检系统。

Jb0003231046 架空输电线路为什么要定期检修？（5分）

考核知识点：输电线路运行维护

难易度：易

标准答案：

为了维持架空输电线路及其附件、附属设备的安全运行，并使失去可靠性的线路、设备及其附件恢复原设计的机械性能的要求，所以必须对架空线路进行定期检修。

Jb0003232047 输电线路如何防止鸟害？（5分）

考核知识点：输电线路运行维护

难易度：中

标准答案：

（1）增加巡线次数，随时拆除鸟巢。

（2）安装惊鸟装置，使鸟类不敢接近架空线路。常用的具体方法有：① 在杆塔上部挂镜子或玻璃片；② 装风车或翻板；③ 在杆塔上挂带有颜色或能发声响的物品；④ 在杆塔上部吊死鸟；⑤ 在鸟类集中处还可以用猎枪或爆竹来惊鸟。这些办法虽然行之有效，但时间较长后，鸟类习以为常也会失去作用，所以最好是各种办法交换使用。

Jb0003232048 无人直升机正常巡检时，可见光巡检主要检查内容有哪些？（5分）

考核知识点：无人机巡检

难易度：中

标准答案：

无人直升机正常巡检时，可见光巡检主要检查内容为导、地线，绝缘子，金具，杆塔，基础，附属设施，通道走廊等外部可见异常情况和缺陷。

Jb0003233049 动力电池性能类检测的安全要求有哪些？（5分）

考核知识点：无人机巡检系统检测检验

难易度：难

标准答案：

（1）蓄电池进行过充放电试验时，不出现爆炸、起火等异常情况。

（2）蓄电池进行短路试验时，不出现爆炸、起火等异常情况。

（3）蓄电池进行加热试验时，不出现爆炸、起火等异常情况。

（4）蓄电池进行挤压试验时，不出现爆炸、起火等异常情况。

（5）蓄电池进行针刺试验时，不出现爆炸、起火等异常情况。

（6）蓄电池模块进行振动试验时，不能出现放电电流锐变、电压异常、蓄电池壳变形、电解液溢出等现象，并保持连接可靠、结构完好，不出现装机松动的情况。

Jb0003231050　无人机飞行功能类检测方法有哪些？（5分）

考核知识点：无人机巡检系统检测检验

难易度：易

标准答案：

（1）自检功能检测方法。

（2）飞行基本功能检测方法。

（3）巡检能力检测方法。

（4）测控距离检测方法。

（5）飞行安全策略检测方法。

Jb0003231051　无人机一般环境适应性能类检测内容和要求是什么？（5分）

考核知识点：无人机巡检系统检测检验

难易度：易

标准答案：

（1）高低温存储。被测无人机巡检系统在－20℃～＋65℃存储温度条件下存储2h后，外观、结构无明显变化，且飞行功能正常。

（2）跌落（带包装）性能。被测无人机巡检系统（带包装）在跌落高度 1000mm 处跌落2次后，外观正常无损伤，且飞行功能正常。

Jb0003232052　简述无人机回收的操作。（5分）

考核知识点：无人机巡检

难易度：中

标准答案：

（1）巡检任务结束后无人机返航，返回至在降落点上方并悬停。

（2）降低无人机高度至25m左右，确认降落地面平整后方可进行降落操作。

（3）无人机直升机降落采取增稳模式手动降落。

（4）降落时应注意观察垂直下降率，确保无人机下降率不超过1.5m/s。

（5）在无人机桨叶还未完全停止下来前，严禁任何人接近无人机。

Jb0003233053　简述无人机风险预控及安全保证机制。（5分）

考核知识点：无人机巡检

难易度：难

标准答案：

（1）无人机直升机巡检作业应办理工作票手续。大、中型机巡检作业应办理《无人机直升机巡检作业第一种工作票》，小型机巡检作业应办理《无人机直升机巡检作业第二种工作票》。

（2）每次巡检作业前，应根据相应机型、巡查项目编制《无人机直升机巡检作业指导书》，其内容主要包括适用范围、编制依据、工作准备、操作流程、操作步骤、安全措施、所需工器具。

（3）无人机直升机巡检作业应有本单位相应的《无人机直升机巡检作业应急处置预案》，预案内容应包含无人机巡检作业危险点、风险预控措施、发生应急事件后的处置流程等。

Jb0003231054　简述无人机作业申请前工作负责人应做哪些准备工作。（5分）

考核知识点：无人机巡检

难易度：易

标准答案：

（1）巡检作业前 3 个工作日，工作负责人应向线路途经区域的空管部门履行航线报批手续。

（2）巡检作业前 3 个工作日，工作负责人应向调度、安监部门履行报备手续。

（3）巡检作业前 1 个工作日，工作负责人应提前了解作业现场当天的气象情况，决定是否能够进行飞行巡检作业，并再次向当地空管部门申请放飞许可。

Jb0003232055 《架空输电线路无人直升机巡检系统》中规定飞行功能应满足什么要求？（5 分）

考核知识点：飞行功能要求

难易度：中

标准答案：

（1）应具备全自主起降功能。

（2）一般应具备手动、增稳和全自主三种飞行模式，三种飞行模式应能自由切换。

（3）飞行状态和任务模式可灵活设置，设置内容包括但不限于飞行航线、高度、速度，起飞和降落方式，安全策略等，且在地面站上应有参数设置界面。

（4）应具备任务规划功能，一般宜具备在飞行过程中实时修改航路点的功能。

（5）飞行任务可保存，支持重复调用和编辑。

（6）应具备一键返航功能。

Jb0003231056 简述申报飞行空域所需提供的文件。（5 分）

考核知识点：无人机作业流程

难易度：易

标准答案：

（1）国籍标志和登记标志。

（2）驾驶员相应的资质证书。

（3）飞行器性能数据和三视图。

（4）可靠的通信保障方案。

（5）特殊情况处置预案。

Jb0003231057 简述飞行巡检工作流程。（5 分）

考核知识点：无人机作业流程

难易度：易

标准答案：

（1）编制计划。

（2）审批计划。

（3）运维检修部安排巡检任务。

（4）征求运行单位、省调和安监部意见，确定航巡重点。

（5）机组航巡作业。

（6）航巡结束。

（7）信息处理提交报告至运检部。

（8）任务结束。

Jb0003231058　简述不同大小机型无人机直升机的起降点大小。（5分）

考核知识点：无人机作业流程

难易度：易

标准答案：

（1）大型无人机直升机：5m×5m左右大小平整的地面。

（2）中型无人机直升机：3m×3m左右大小平整的地面。

（3）小型无人机直升机：1m×1m左右大小平整的地面。

Jb0003232059　简述无人机对输电线路设备巡检的项目。（5分）

考核知识点：无人机巡检

难易度：中

标准答案：

（1）导、地线断裂。

（2）防振锤、间隔棒位移或脱落等缺陷。

（3）复合绝缘子伞裙撕裂、断裂等严重缺陷；玻璃绝缘子自爆等。

（4）杆塔结构变形、倾斜、倾覆监测。

（5）接地基础、护坡等设施状态监测。

（6）其他明显的设备缺陷。

Jb0003232060　简述巡检结束后设备回收的注意事项。（5分）

考核知识点：无人机巡检

难易度：中

标准答案：

设备回收时，应将油门熄火，设备断电，检查各部件状态，对无人机巡检系统进行清洁、紧固，确认无人机巡检系统完好。如有损坏，应及时维修无人机、地面站设备拆卸装箱、装车。电动无人机应将动力电池拆卸，储存于专用电池箱中；油动无人机宜将油箱内剩余油量抽出，并单独存放。核对设备和工具清单，确认现场无遗漏。入库前应再次检查核对。

Jb0003231061　多旋翼无人机的运动方式有哪些？（5分）

考核知识点：无人机基本操作

难易度：易

标准答案：

（1）垂直运动。

（2）仰俯运动。

（3）滚转运动。

（4）偏航运动。

（5）前后运动。

（6）倾向运动。

Jb0003231062　无人机红外光巡检可以发现哪些缺陷？（5分）

考核知识点：无人机巡检

难易度：易

标准答案：

（1）导线、引流线发热点。

（2）线夹接触点发热。

（3）绝缘子击穿发热。

（4）耐张压接管、导线接续管等及其他连接点发热。

Jb0003232063 无人机可见光巡检可以发现哪些缺陷？（5 分）

考核知识点：无人机巡检

难易度：中

标准答案：

（1）导线、引流线断线、断股，异物悬挂。

（2）线夹松脱。

（3）闪络、破损、污秽等。

（4）铁塔鸟窝、缺材、变形等。

（5）防振锤位移、缺失、损坏。

（6）附属设备：缺失。

（7）线路通道：植被生长情况、违章建筑、地质灾害等。

Jb0004231064 《架空输电线路无人机巡检技术》中，绝缘子是架空高压输电线路的重要组成部分，其是否存在缺陷将直接影响各电网的安全运行。绝缘子由于长期受野外环境的侵蚀，通常会产生很多故障，玻璃、瓷质和合成绝缘子的各自特性。试列出绝缘子上常见故障问题。并指出玻璃绝缘子最需要识别诊断的缺陷故障。（5 分）

考核知识点：缺陷查找

难易度：易

标准答案：

绝缘子常见故障包括自爆、掉串、裂纹破损、闪络放电和异物等。其中玻璃绝缘子片自爆导致的掉片损伤是玻璃绝缘子最需要识别诊断的缺陷。

Jb0004232065 《架空输电线路无人机巡检技术》中，大中型无人机直升机完成设定的架空输电线路巡检任务后，进行无人机的回收操作，在无人机返航降落时根据相关的安全操作规范进行回收，具体有哪些内容？（5 分）

考核知识点：无人机的使用

难易度：中

标准答案：

（1）巡检任务结束后无人机返航，返回至在降落点上方并悬停。

（2）降低无人机高度至 25m 左右，确认降落地面平整后方可进行降落操作。

（3）无人机直升机降落采取增稳模式手动降落。

（4）降落时应注意观察垂直下降率，确保无人机下降率不超过 1.5m/s。

（5）在无人机桨叶还未完全停止前，严禁任何人接近无人机。

Jb0004231066 《架空输电线路无人机巡检技术》中，小型旋翼机巡线的优缺点有哪些？（5 分）

考核知识点：无人机的使用

难易度：易

标准答案：

（1）优点：体积小，质量轻，作业灵活，起降方便，运输条件要求低。

（2）缺点：续航时间短，充电时间长，可携带的观察检测设备单一，单程飞行完的巡线工作量有限。

第八章 无人机巡检工技师技能操作

Jc0001243001 多旋翼无人机 GPS 模式水平“8”字退飞。(100 分)

考核知识点：GPS 模式水平“8”字退飞

难易度：难

技能等级评价专业技能考核操作工作任务书

一、任务名称

多旋翼无人机 GPS 模式水平“8”字退飞。

二、适用工种

无人机巡检工技师。

三、具体任务

（1）正确组装无人机。

（2）多旋翼无人机使用 GPS 模式水平“8”字退飞。

四、工作规范及要求

（1）精神面貌良好，着装整齐。

（2）按照要求正确组装多旋翼无人机。

（3）“8”字退飞偏移不得超高 0.5m。

五、考核及时间要求

本考核操作时间为 30 分钟，时间到停止考评，每超 1 分钟扣 2 分。

技能等级评价专业技能考核操作评分标准

工种	无人机巡检工					评价等级	技师
项目模块	基础能力—多旋翼无人机水平“8”字飞行				编号	Jc0001243001	
单位			准考证号			姓名	
考试时限	30 分钟		题型	单项操作		题分	100 分
成绩		考评员		考评组长		日期	
试题正文	多旋翼无人机 GPS 模式水平“8”字退飞						
需要说明的问题和要求	（1）要求 1 人操作。 （2）按照要求做好安全措施，正确使用劳动防护用品。 （3）无人机由考场提供						

序号	项目名称	质量要求	满分	扣分标准	扣分原因	得分
1	工作准备					
1.1	安全劳动防护用品的准备	正确选择佩戴安全帽，穿全套工装，包括工作服、绝缘鞋、棉手套等	5	未按规定正确佩戴安全帽、穿工作服、绝缘鞋、戴棉手套等每项扣 2 分，扣完为止		
1.2	无人机及相关设备准备与摆放	熟练地做好无人机的检查与准备工作	5	现场凌乱，摆放不整齐，准备不到位，未正确检查，检查漏一项扣 1 分，扣完为止		
2	工作许可					
2.1	许可方式	向考评员示意准备就绪，申请开始工作	5	未申请开始考试扣 5 分		

续表

序号	项目名称	质量要求	满分	扣分标准	扣分原因	得分
3	工作步骤及技术要求					
3.1	准备工作	着装整齐、符合规范、精神面貌良好	10	着装不整齐、精神不振，扣5分； 未佩戴安全帽或佩戴错误，扣5分； 无人机功能自检（电池电压、遥控遥测和导航定位功能）缺项或未向考官汇报结果，扣5分； 未向现场考官申请进入指定操作区（功能检测完成后），扣5分； 以上扣分，扣完为止		
3.2	无人机“8”字飞行	（1）向考官汇报需要考试的科目，考官批准后方可进行无人机“8”字飞行。 （2）考官下达任务后将无人机切换至GPS模式。 （3）无人机在“8”字飞行中要飞行平稳，机头与飞行方向一致。 （4）飞行轨迹水平偏差不大于0.5m。 （5）飞行轨迹垂直偏差不大于0.5m	40	未向考官汇报考试科目，扣5分； 未下达命令擅自进行“8”字飞行，扣5分； 进入“8”字飞行后未将无人机切换至GPS模式，扣20分； 机尾方向与飞行方向夹角超过45°，扣10分； 飞行轨迹水平偏差大于0.5m，扣10分； 飞行轨迹垂直偏差大于0.5m，扣10分； 以上扣分，扣完为止		
3.3	无人机降落	考官下达降落命令，将无人机降落在指定降落点	10	无人机降落不稳，扣5分； 无人机未降落到指定降落点（不得超过0.5m）扣5分； 无人机降落发生坠机，扣5分； 无人机降落后未汇报，扣5分； 以上扣分，扣完为止		
4	工作结束					
4.1	安全劳动防护用品	安全劳动防护用品恢复原位	5	安全劳动防护用品未放到原位扣5分		
4.2	恢复现场	将无人机及设备恢复原样	5	设备未轻拿轻放，恢复不彻底扣5分		
5	工作终结汇报	向考评员报告工作已结束，场地已清理	5	未汇报扣5分		
6	其他要求					
6.1	动作要求	动作熟练顺畅	5	动作不正确扣1～5分		
6.2	安全要求	严格遵守“四不伤害”原则，不得损坏工器具和设备	5	损坏工器具扣5分		
合计			100			

Jc0001241002　多旋翼无人机第一视角飞行。（100分）

考核知识点：第一视角飞行

难易度：易

技能等级评价专业技能考核操作工作任务书

一、任务名称

多旋翼无人机第一视角飞行。

二、适用工种

无人机巡检工技师。

三、具体任务

能熟练以第一视角飞行模式操控主要型号多旋翼无人机完成起飞、飞行和降落动作；能在视场位置信息丢失情况下，仅通过图传和数传显示的无人机位置和姿态等信息，熟练操控无人机返航至目视范围。

四、工作规范及要求

（1）飞行操作人员在无人机起飞降落期间不能目视无人机。

（2）仅通过图传或数传获取无人机位置、姿态、方位等信息。

（3）操作无人机返回起飞位置。

（4）危险点、安全措施和注意事项。

危险点和安全措施：

1）飞行人员不能目视飞机，要防止无人机飞偏，造成无人机飞丢或坠机。

2）防止无人机对地面人员及财产造成损失。

3）在地面做好航前和航后检查。

4）与考试无关人员不得进入无人机飞行区域。

5）地面上设置安全员，在无人机发生危险时可以随时接管无人机。

注意事项：掌握无人机的相关性能参数以及操作方式。

（5）场地、设备、工具和材料：场地需要满足多旋翼无人机起降要求，设备为多旋翼无人机系统。

五、考核及时间要求

本考核操作时间为 15 分钟。

技能等级评价专业技能考核操作评分标准

工种	无人机巡检工					评价等级	技师
项目模块	基础能力—第一视角飞行				编号	Jc0001241002	
单位			准考证号			姓名	
考试时限	15 分钟		题型	单项操作		题分	100 分
成绩		考评员		考评组长		日期	
试题正文	多旋翼无人机第一视角飞行						
需要说明的问题和要求	（1）飞行操作人员在无人机起飞、降落期间不能目视无人机。 （2）仅通过图传或数传获取无人机位置、姿态、方位等信息。 （3）操作无人机返回起飞位置。 （4）考生须在 15 分钟之内完成第一视角飞行						

序号	项目名称	质量要求	满分	扣分标准	扣分原因	得分
1	工作准备					
1.1	安全劳动防护用品的准备	正确选择佩戴安全帽，穿全套工装，包括工作服、绝缘鞋、棉手套等	5	未按规定正确佩戴安全帽、穿工作服、绝缘鞋、戴棉手套等每项扣 2 分，扣完为止		
1.2	无人机及相关设备准备与摆放	熟练地做好无人机的检查与准备工作	5	现场凌乱，摆放不整齐，准备不到位，未正确检查，检查漏一项扣 1 分，扣完为止		
2	工作许可					
2.1	许可方式	向考评员示意准备就绪，申请开始工作	5	未申请开始考试扣 5 分		
3	工作步骤及技术要求					
3.1	无人机飞行前检查	检查无人机起飞前的各项性能是否正常	5	不检查的扣 1～5 分		
3.2	无人机飞行中的姿态	无人机飞行过程中姿态要求平稳	10	飞行中姿态不平稳的扣 1～10 分		
3.3	完成起飞、飞行和降落动作	能够熟练以第一视角飞行模式操控多旋翼无人机完成起飞、飞行和降落动作	10	操控不熟练地扣 5～10 分		
3.4	仅通过图传或数传获取无人机位置、姿态、方位等信息	仅通过图传或数传显示的无人机位置、姿态、方位等信息，熟练操控无人机返航至目视范围	10	无法操控无人机返航至目视范围的扣 6～10 分		

续表

序号	项目名称	质量要求	满分	扣分标准	扣分原因	得分
3.5	恶劣天气的应急处置	如遇天气突变情况，能熟练执行相关应急措施	10	天气突变时，不能够及时合理处置扣 1～10 分		
3.6	无人机降落后检查	无人机平稳降落后，应进行航后检查	10	不进行航后检查的扣 1～10 分		
3.7	时间	必须在 15 分钟之内完成考核任务	5	超出 10 秒扣 1 分，扣完为止		
4	工作结束					
4.1	安全劳动防护用品	安全劳动防护用品恢复原位	5	安全劳动防护用品未放到原位扣 5 分		
4.2	恢复现场	将无人机及设备恢复原样	5	设备未轻拿轻放，恢复不彻底扣 5 分		
5	工作终结汇报	向考评员报告工作已结束，场地已清理	5	未汇报扣 5 分		
6	其他要求					
6.1	动作要求	动作熟练顺畅	5	动作不正确扣 1～5 分		
6.2	安全要求	严格遵守“四不伤害”原则，不得损坏工器具和设备	5	损坏工器具扣 5 分		
合计			100			

Jc0001241003　固定翼无人机第一视角飞行。（100 分）

考核知识点：第一视角飞行

难易度：易

技能等级评价专业技能考核操作工作任务书

一、任务名称

固定翼无人机第一视角飞行。

二、适用工种

无人机巡检工技师。

三、具体任务

能熟练以第一视角飞行模式操控主要型号固定翼无人机完成起飞、飞行和降落动作；能在视场位置信息丢失情况下，仅通过图传和数传显示的无人机位置和姿态等信息，熟练操控无人机返航至目视范围。

四、工作规范及要求

（1）飞行操作人员在无人机起飞降落期间不能目视无人机。

（2）仅通过图传或数传获取无人机位置、姿态、方位等信息。

（3）操作无人机返回起飞位置。

（4）危险点、安全措施和注意事项。

危险点和安全措施：

1）飞行人员不能目视飞机，要防止无人机飞偏，造成无人机飞丢或坠机。

2）防止无人机对地面人员及财产造成损失。

3）在地面做好航前和航后检查。

4）与考试无关人员不得进入无人机飞行区域。

5）地面上设置安全员，在无人机发生危险时可以随时接管无人机。

注意事项：掌握无人机的相关性能参数以及操作方式。

（5）场地、设备、工具和材料：场地需要满足固定翼无人机起降要求，设备为固定翼无人机系统。

五、考核及时间要求

本考核操作时间为 15 分钟。

技能等级评价专业技能考核操作评分标准

工种	无人机巡检工					评价等级	技师
项目模块	基础能力—第一视角飞行				编号		Jc0001241003
单位			准考证号			姓名	
考试时限	15 分钟		题型	单项操作		题分	100 分
成绩		考评员		考评组长		日期	
试题正文	固定翼无人机第一视角飞行						
需要说明的问题和要求	（1）飞行操作人员在无人机起飞降落期间不能目视无人机。 （2）仅通过图传或数传获取无人机位置、姿态、方位等信息。 （3）操作无人机返回起飞位置。 （4）考生须在 15 分钟之内完成第一视角飞行						

序号	项目名称	质量要求	满分	扣分标准	扣分原因	得分
1	工作准备					
1.1	安全劳动防护用品的准备	正确选择佩戴安全帽，穿全套工装，包括工作服、绝缘鞋、棉手套等	5	未按规定正确佩戴安全帽、穿工作服、绝缘鞋、戴棉手套等每项扣 2 分，扣完为止		
1.2	无人机及相关设备准备与摆放	熟练地做好无人机的检查与准备工作	5	现场凌乱，摆放不整齐，准备不到位，未正确检查，检查漏一项扣 1 分，扣完为止		
2	工作许可					
2.1	许可方式	向考评员示意准备就绪，申请开始工作	5	未申请开始考试扣 5 分		
3	工作步骤及技术要求					
3.1	无人机飞行前检查	检查无人机起飞前的各项性能是否正常	5	不检查的扣 1～5 分		
3.2	无人机飞行中的姿态	无人机飞行过程中姿态要求平稳	10	飞行中姿态不平稳的扣 1～5 分		
3.3	完成起飞、飞行和降落动作	能够熟练以第一视角飞行模式操控固定翼无人机完成起飞、飞行和降落动作	10	操控不熟练地扣 1～10 分		
3.4	仅通过图传或数传获取无人机位置、姿态、方位等信息	仅通过图传或数传显示的无人机位置、姿态、方位等信息，熟练操控无人机返航至目视范围	10	无法操控无人机返航至目视范围的扣 6～10 分		
3.5	恶劣天气的应急处置	如遇天气突变情况，能熟练执行相关应急措施	10	天气突变时，不能够及时合理处置扣 1～10 分		
3.6	无人机降落后检查	无人机平稳降落后，应进行航后检查	10	不进行航后检查的扣 1～10 分		
3.7	时间	必须在 15 分钟之内完成考核任务	5	超出 10 秒扣 1 分，扣完为止		
4	工作结束					
4.1	安全劳动防护用品	安全劳动防护用品恢复原位	5	安全劳动防护用品未放到原位扣 5 分		
4.2	恢复现场	将无人机及设备恢复原样	5	设备未轻拿轻放，恢复不彻底扣 5 分		
5	工作终结汇报	向考评员报告工作已结束，场地已清理	5	未汇报扣 5 分		
6	其他要求					
6.1	动作要求	动作熟练顺畅	5	动作不正确扣 1～5 分		
6.2	安全要求	严格遵守“四不伤害”原则，不得损坏工器具和设备	5	损坏工器具扣 5 分		
合计			100			

Jc0002241004　云台的维护保养。(100分)

考核知识点：任务设备使用与维护保养

难易度：易

技能等级评价专业技能考核操作工作任务书

一、任务名称

云台的维护保养。

二、适用工种

无人机巡检工技师。

三、具体任务

对给定的云台进行检查，发现其中的故障点并维修。

四、工作规范及要求

(1)熟练完成云台检查、保养工作。

(2)熟练完成云台一般故障排查和维修工作。

(3)注意事项：云台轻拿轻放，避免二次损坏。

(4)场地、设备、工具和材料：云台、维修小工具。

五、考核及时间要求

本考核操作时间为10分钟。

技能等级评价专业技能考核操作评分标准

工种	无人机巡检工				评价等级	技师
项目模块	设备使用与维护保养—任务设备使用与维护保养			编号	Jc0002241004	
单位		准考证号			姓名	
考试时限	10分钟	题型	单项操作		题分	100分
成绩		考评员		考评组长	日期	
试题正文	云台的维护保养					
需要说明的问题和要求	(1)熟练完成云台检查、保养工作。 (2)熟练完成云台一般故障排查和维修工作。 (3)考生须在10分钟之内完成云台的维护与保养					

序号	项目名称	质量要求	满分	扣分标准	扣分原因	得分
1	工作准备					
1.1	安全劳动防护用品的准备	正确选择佩戴安全帽，穿全套工装，包括工作服、绝缘鞋、棉手套等	5	未按规定正确佩戴安全帽、穿工作服、绝缘鞋、戴棉手套等每项扣2分，扣完为止		
1.2	相关设备准备与摆放	熟练地做好相关设备的检查与准备工作	5	现场凌乱，摆放不整齐，准备不到位，未正确检查，检查漏一项扣1分，扣完为止		
2	工作许可					
2.1	许可方式	向考评员示意准备就绪，申请开始工作	5	未申请开始考试扣5分		
3	工作步骤及技术要求					
3.1	轻拿轻放	注意云台轻拿轻放，避免二次损坏	10	不轻拿轻放的，扣10分		
3.2	故障排查与维修	能够完成云台一般故障排查和维修工作	20	查不出故障的扣10～15分； 不会维修的扣10～15分； 以上扣分，扣完为止		
3.3	保养	熟知云台保养要点与流程	20	不懂保养步骤的扣10～20分		

续表

序号	项目名称	质量要求	满分	扣分标准	扣分原因	得分
3.4	时间	必须在10分钟之内完成考核任务	10	超出10秒扣1分，扣完为止		
4	工作结束					
4.1	安全劳动防护用品	安全劳动防护用品恢复原位	5	安全劳动防护用品未放到原位扣5分		
4.2	恢复现场	将设备恢复原样	5	设备未轻拿轻放，恢复不彻底扣5分		
5	工作终结汇报	向考评员报告工作已结束，场地已清理	5	未汇报扣5分		
6	其他要求					
6.1	动作要求	动作熟练顺畅	5	动作不正确扣1～5分		
6.2	安全要求	严格遵守“四不伤害”原则，不得损坏工器具和设备	5	损坏工器具扣5分		
合计			100			

Jc0002241005 红外成像设备的维护保养。(100分)

考核知识点：任务设备使用与维护保养

难易度：易

技能等级评价专业技能考核操作工作任务书

一、任务名称

红外成像设备的维护保养。

二、适用工种

无人机巡检工技师。

三、具体任务

拆卸红外成像设备，找出内部故障点并维修，完成某个零部件的保养工作。

四、工作规范及要求

(1) 熟练完成红外设备拆卸工作。

(2) 熟练完成红外设备检查、保养工作。

(3) 完成红外设备一般故障点的检查和维修。

(4) 注意事项：拆卸时保证内部结构完整，零部件专门存放。

(5) 场地、设备、工具和材料：红外成像设备、拆卸工具、保养工具、维修工具等。

五、考核及时间要求

本考核操作时间为10分钟。

技能等级评价专业技能考核操作评分标准

<table>
<tr><td>工种</td><td colspan="5">无人机巡检工</td><td>评价等级</td><td>技师</td></tr>
<tr><td>项目模块</td><td colspan="4">设备使用与维护保养—任务设备使用与维护保养</td><td>编号</td><td colspan="2">Jc0002241005</td></tr>
<tr><td>单位</td><td colspan="3"></td><td>准考证号</td><td></td><td>姓名</td><td></td></tr>
<tr><td>考试时限</td><td colspan="2">10分钟</td><td>题型</td><td colspan="2">单项操作</td><td>题分</td><td>100分</td></tr>
<tr><td>成绩</td><td></td><td>考评员</td><td></td><td>考评组长</td><td></td><td>日期</td><td></td></tr>
<tr><td>试题正文</td><td colspan="7">红外成像设备的维护保养</td></tr>
</table>

续表

需要说明的问题和要求	（1）熟练完成红外设备拆卸工作。 （2）熟练完成红外设备检查、保养工作。 （3）完成红外设备一般故障点的检查和维修。 （4）考生须在 10 分钟之内完成云台的维护与保养

序号	项目名称	质量要求	满分	扣分标准	扣分原因	得分
1	工作准备					
1.1	安全劳动防护用品的准备	正确选择佩戴安全帽，穿全套工装，包括工作服、绝缘鞋、棉手套等	5	未按规定正确佩戴安全帽、穿工作服、绝缘鞋、戴棉手套等每项扣 2 分，扣完为止		
1.2	相关设备准备与摆放	熟练地做好相关设备的检查与准备工作	5	现场凌乱，摆放不整齐，准备不到位，未正确检查，检查漏一项扣 1 分，扣完为止		
2	工作许可					
2.1	许可方式	向考评员示意准备就绪，申请开始工作	5	未申请开始考试扣 5 分		
3	工作步骤及技术要求					
3.1	轻拿轻放	注意红外成像设备轻拿轻放，避免二次损坏	10	不轻拿轻放的，扣 10 分		
3.2	拆卸	拆卸时保证内部结构完整，零部件专门存放	10	不轻拿轻放的，扣 10 分		
3.3	故障排查与维修	能够完成红外成像设备一般故障的排查和维修工作	15	查不出故障的扣 10～15 分； 不会维修的扣 10～15 分； 以上扣分，扣完为止		
3.4	保养	熟知红外成像设备保养要点与流程	15	不懂保养步骤的扣 10～15 分		
3.5	时间	必须在 10 分钟之内完成考核任务	10	超出 10 秒扣 1 分，扣完为止		
4	工作结束					
4.1	安全劳动防护用品	安全劳动防护用品恢复原位	5	安全劳动防护用品未放到原位扣 5 分		
4.2	恢复现场	将设备恢复原样	5	设备未轻拿轻放，恢复不彻底扣 5 分		
5	工作终结汇报	向考评员报告工作已结束，场地已清理	5	未汇报扣 5 分		
6	其他要求					
6.1	动作要求	动作熟练顺畅	5	动作不正确扣 1～5 分		
6.2	安全要求	严格遵守“四不伤害”原则，不得损坏工器具和设备	5	损坏工器具扣 5 分		
合计			100			

Jc0002241006　便携式发电机操作。（100 分）

考核知识点： 保障设备使用

难易度： 易

技能等级评价专业技能考核操作工作任务书

一、任务名称

便携式发电机操作。

二、适用工种

无人机巡检工技师。

三、具体任务

熟练掌握便携式发电机组成、工作原理、主要技术性能指标、功能和使用注意事项，并熟练使用；能完成一般故障排查。

四、工作规范及要求

（1）操作人员需要掌握发电机的各个组成部分、工作原理以及性能参数。

（2）熟练掌握发电机的操作方法，能正确连接线路，并按照正确的步骤进行操作。

（3）利用发电机对不同用电设备进行电能输出。

（4）危险点、安全措施和注意事项。

危险点和安全措施：

1）加注规定型号的燃料。

2）切勿在封闭场所使用，必须在通风良好的场所使用。

3）切勿在加油时抽烟或在火焰附近进行加油。

4）现场只能有操作人员以及工作人员，无关人员不得在现场。

5）现场配备灭火设备，以防万一。

注意事项：掌握发电机的操作步骤，以及链接注意事项。

五、考核及时间要求

本考核操作时间为15分钟。

技能等级评价专业技能考核操作评分标准

工种	无人机巡检工				评价等级	技师
项目模块	设备使用与维护保养—保障设备使用			编号	Jc0002241006	
单位			准考证号		姓名	
考试时限	15分钟	题型	单项操作		题分	100分
成绩		考评员		考评组长	日期	
试题正文	便携式发电机操作					
需要说明的问题和要求	（1）操作人员需要掌握发电机的各个组成部分、工作原理以及性能参数。 （2）熟练掌握发电机的操作方法，能正确连接线路，并按照正确的步骤进行操作。 （3）利用发电机对不同用电设备进行电能输出。 （4）考生须在15分钟之内完成该试题					

序号	项目名称	质量要求	满分	扣分标准	扣分原因	得分
1	工作准备					
1.1	安全劳动防护用品的准备	正确佩戴安全帽，穿全套工装，包括工作服、绝缘鞋、棉手套等	5	未按规定正确佩戴安全帽、穿工作服、绝缘鞋、戴棉手套每项扣2分，扣完为止		
1.2	工器具的选用、准备	考试开始前自行挑选和检查所用工器具，正确挑选出合格、性能良好的工器具，熟练正确使用各种工器具	5	挑选错误一次扣1分，未正确使用一次扣1分，扣完为止		
2	工作许可					
2.1	许可方式	向考评员示意准备就绪，申请开始工作	5	未申请开始考试扣5分		
3	工作步骤及技术要求					
3.1	便携式发电机的各组成部分	需要掌握发电机的各个组成部分	10	不熟悉的扣5～10分		
3.2	工作原理与性能参数	需要掌握发电机工作原理以及性能参数	10	不熟悉的扣5～10分		
3.3	正确连接线路	能正确连接线路，并按照正确的步骤进行操作	15	操作不正确的扣10～15分		

续表

序号	项目名称	质量要求	满分	扣分标准	扣分原因	得分
3.4	连接用电设备	利用发电机对不同用电设备进行电能输出	15	不能输出的扣 15 分		
3.5	时间	必须在 15 分钟之内完成考核任务	10	超出 10 秒扣 1 分，扣完为止		
4	工作结束					
4.1	安全工器具	安全工器具恢复原位	5	安全工器具未放到原位扣 5 分		
4.2	工器具装箱	工器具装箱恢复原位	5	工器具设备未轻拿轻放扣 5 分		
5	工作终结汇报	向考评员报告工作已结束，场地已清理	5	未汇报扣 5 分		
6	其他要求					
6.1	动作要求	动作熟练顺畅	5	动作不正确扣 1～5 分		
6.2	安全要求	严格遵守“四不伤害”原则，不得损坏工器具和设备	5	损坏工器具扣 5 分		
合计			100			

Jc0002241007　多旋翼无人机地面站软件应用。（100 分）

考核知识点：多旋翼无人机巡检系统结构、原理

难易度：易

技能等级评价专业技能考核操作工作任务书

一、任务名称

多旋翼无人机地面站软件应用。

二、适用工种

无人机巡检工技师。

三、具体任务

熟练掌握多旋翼无人机地面站软件的操作，地面站操作界面上各个模块对应的含义和功能，地面站软件的调试。

四、工作规范及要求

（1）熟练掌握多旋翼无人机地面站软件的操作。

（2）熟练掌握地面站操作界面上各个模块对应的含义和功能（如地面站的航线模板设置、飞行仪表盘的调取和识别、飞行参数的读取、电池电量的读取等）。

（3）多旋翼无人机地面站软件的调试。

（4）危险点、安全措施和注意事项。

危险点和安全措施：在地面做好无人机航前和航后检查，确保无人机处于安全运行状态。

注意事项：掌握地面站相关技术参数、操作步骤以及连接注意事项。

（5）场地、设备、工具和材料：多旋翼无人机系统、地面站软件及硬件。

五、考核及时间要求

本考核操作时间为 10 分钟。

技能等级评价专业技能考核操作评分标准

工种	无人机巡检工				评价等级	技师
项目模块	设备使用与维护保养—多旋翼无人机巡检系统结构、原理			编号	Jc0002241007	
单位		准考证号			姓名	

续表

考试时限	10 分钟		题型	单项操作		题分	100 分
成绩		考评员		考评组长		日期	
试题正文	多旋翼无人机地面站软件应用						
需要说明的问题和要求	（1）熟练掌握多旋翼无人机地面站软件的操作。 （2）熟练掌握地面站操作界面上各个模块对应的含义和功能。 （3）地面站软件的调试。 （4）考生须在 10 分钟之内完成该试题						

序号	项目名称	质量要求	满分	扣分标准	扣分原因	得分
1	地面站软件各个模块对应的含义	熟练掌握多旋翼无人机地面站操作界面上各个模块对应的含义和功能	25	不熟悉的扣 10～25 分		
2	地面站软件的操作	熟练掌握地面站软件的操作	50	不会操作的扣 20～50 分		
3	地面站软件的调试	熟练地调试地面站软件	20	不会调试的扣 5～20 分		
4	时间	必须在 10 分钟之内完成考核任务	5	超出 10 秒扣 1 分，扣完为止		
合计			100			

Jc0002241008 固定翼无人机地面站软件应用。(100 分)

考核知识点：固定翼无人机巡检系统结构、原理

难易度：易

技能等级评价专业技能考核操作工作任务书

一、任务名称

固定翼无人机地面站软件应用。

二、适用工种

无人机巡检工技师。

三、具体任务

熟练掌握固定翼无人机地面站软件的操作，地面站操作界面上各个模块对应的含义和功能，地面站软件的调试。

四、工作规范及要求

（1）熟练掌握固定翼无人机地面站软件的操作。

（2）熟练掌握地面站操作界面上各个模块对应的含义和功能（如地面站的航线模板设置、飞行仪表盘的调取和识别、飞行参数的读取、电池电量的读取等）。

（3）固定翼无人机地面站软件的调试。

（4）危险点、安全措施和注意事项。

危险点和安全措施：在地面做好无人机航前和航后检查，确保无人机处于安全运行状态。

注意事项：掌握地面站相关技术参数、操作步骤以及连接注意事项。

（5）场地、设备、工具和材料：固定翼无人机系统、地面站软件及硬件。

五、考核及时间要求

本考核操作时间为 10 分钟。

技能等级评价专业技能考核操作评分标准

工种	无人机巡检工		评价等级	技师
项目模块	设备使用与维护保养—多旋翼无人机巡检系统结构、原理	编号	Jc0002241008	

续表

单位			准考证号		姓名	
考试时限	10 分钟	题型	单项操作		题分	100 分
成绩		考评员		考评组长	日期	
试题正文	固定翼无人机地面站软件应用					
需要说明的问题和要求	（1）熟练掌握固定翼无人机地面站软件的操作。 （2）熟练掌握地面站操作界面上各个模块对应的含义和功能。 （3）地面站软件的调试。 （4）考生须在 10 分钟之内完成该试题					

序号	项目名称	质量要求	满分	扣分标准	扣分原因	得分
1	地面站软件各个模块对应的含义	熟练掌握固定翼无人机地面站操作界面上各个模块对应的含义和功能	25	不熟悉的扣 10～25 分		
2	地面站软件的操作	熟练掌握地面站软件的操作	50	不会操作的扣 20～50 分		
3	地面站软件的调试	熟练地调试地面站软件	20	不会调试的扣 5～20 分		
4	时间	必须在 10 分钟之内完成考核任务	5	超出 10 秒扣 1 分		
	合计		100			

Jc0002241009　红外成像设备的操作。（100 分）

考核知识点：任务设备使用与维护保养

难易度：易

技能等级评价专业技能考核操作工作任务书

一、任务名称

红外成像设备的操作。

二、适用工种

无人机巡检工技师。

三、具体任务

完成红外成像设备参数设置，将其挂载至无人机云台上，并进行设备试拍。

四、工作规范及要求

（1）熟练掌握红外成像设备工作原理、技术要求。

（2）熟练掌握红外成像设备使用方法。

（3）安装红外成像设备应准确牢靠。

（4）场地、设备、工具和材料：无人机 1 架、红外成像设备。

五、考核及时间要求

本考核操作时间为 10 分钟。

技能等级评价专业技能考核操作评分标准

工种	无人机巡检工				评价等级	技师
项目模块	设备使用与维护保养—任务设备使用与维护保养			编号	Jc0002241009	
单位			准考证号		姓名	
考试时限	10 分钟	题型	单项操作		题分	100 分
成绩		考评员		考评组长	日期	

续表

试题正文	红外成像设备的操作
需要说明的问题和要求	（1）熟练掌握红外成像设备工作原理、技术要求。 （2）熟练掌握红外成像设备使用方法。 （3）安装红外成像设备应准确牢靠。 （4）考生须在 10 分钟之内完成红外成像设备的操作

序号	项目名称	质量要求	满分	扣分标准	扣分原因	得分
1	工作准备					
1.1	安全劳动防护用品的准备	正确佩戴安全帽，穿全套工装，包括工作服、绝缘鞋、棉手套等	5	未按规定正确佩戴安全帽、穿工作服、绝缘鞋、戴棉手套每项扣 2 分，扣完为止		
1.2	工器具的选用、准备	考试开始前自行挑选和检查所用工器具，正确挑选出合格、性能良好的工器具，熟练正确使用各种工器具	5	挑选错误一次扣 1 分； 未正确使用一次扣 1 分		
2	工作许可					
2.1	许可方式	向考评员示意准备就绪，申请开始工作	5	未申请开始考试扣 5 分		
3	工作步骤及技术要求					
3.1	工作原理、技术要求	熟练掌握红外成像设备工作原理、技术要求	20	不熟悉的扣 10～20 分		
3.2	使用方法	熟练掌握红外成像设备使用方法	20	不会操作的扣 10～20 分		
3.3	安装方法	安装红外成像设备应准确牢靠	10	安装错误的扣 5～10 分		
3.4	时间	必须在 10 分钟之内完成考核任务	10	超出 10 秒扣 1 分，扣完为止		
4	工作结束					
4.1	安全工器具	安全工器具恢复原位	5	安全工器具未放到原位扣 5 分		
4.2	工器具装箱	工器具装箱恢复原位	5	工器具设备未轻拿轻放扣 5 分		
5	工作终结汇报	向考评员报告工作已结束，场地已清理	5	未汇报扣 5 分		
6	其他要求					
6.1	动作要求	动作熟练顺畅	5	动作不正确扣 1～5 分		
6.2	安全要求	严格遵守“四不伤害”原则，不得损坏工器具和设备	5	损坏工器具扣 5 分		
合计			100			

Jc0002241010 卫星导航定位设备的使用。(100 分)

考核知识点：保障设备使用

难易度：易

技能等级评价专业技能考核操作工作任务书

一、任务名称

卫星导航定位设备的使用。

二、适用工种

无人机巡检工技师。

三、具体任务

输入指定坐标点，找出相应地点，并正确设置导航路线。

四、工作规范及要求

（1）熟练掌握卫星导航定位设备组成、工作原理。

（2）熟练掌握卫星导航定位设备主要性能指标、功能和使用方法。

（3）场地、设备、工具和材料：卫星导航定位设备。

五、考核及时间要求

本考核操作时间为5分钟。

技能等级评价专业技能考核操作评分标准

工种	无人机巡检工				评价等级	技师
项目模块	设备使用与维护保养—保障设备使用			编号	Jc0002241010	
单位		准考证号			姓名	
考试时限	5分钟	题型	单项操作		题分	100分
成绩		考评员		考评组长		日期	
试题正文	卫星导航定位设备的使用					
需要说明的问题和要求	（1）熟练掌握卫星导航定位设备组成、工作原理。 （2）熟练掌握卫星导航定位设备主要性能指标、功能和使用方法。 （3）考生须在5分钟之内完成卫星导航定位					

序号	项目名称	质量要求	满分	扣分标准	扣分原因	得分
1	工作准备					
1.1	安全劳动防护用品的准备	正确佩戴安全帽，穿全套工装，包括工作服、绝缘鞋、棉手套等	5	未按规定正确佩戴安全帽、穿工作服、绝缘鞋、戴棉手套每项扣2分，扣完为止		
1.2	工器具的选用、准备	考试开始前自行挑选和检查所用工器具，正确挑选出合格、性能良好的工器具，熟练正确使用各种工器具	5	挑选错误一次扣1分； 未正确使用一次扣1分		
2	工作许可					
2.1	许可方式	向考评员示意准备就绪，申请开始工作	5	未申请开始考试扣5分		
3	工作步骤及技术要求					
3.1	设备组成、原理	熟练掌握卫星导航定位设备组成、工作原理	20	不熟练地扣10～20分		
3.2	设备性能指标、功能和使用方法	熟练掌握卫星导航定位设备主要性能指标、功能和使用方法	30	不熟悉的扣20～30分		
3.3	时间	必须在5分钟之内完成考核任务	10	超出10秒扣1分，扣完为止		
4	工作结束					
4.1	安全工器具	安全工器具恢复原位	5	安全工器具未放到原位扣5分		
4.2	工器具装箱	工器具装箱恢复原位	5	工器具设备未轻拿轻放扣5分		
5	工作终结汇报	向考评员报告工作已结束，场地已清理	5	未汇报扣5分		
6	其他要求					
6.1	动作要求	动作熟练顺畅	5	动作不正确扣1～5分		
6.2	安全要求	严格遵守“四不伤害”原则，不得损坏工器具和设备	5	损坏工器具扣5分		
合计			100			

Jc0003243011　无人机巡检技能培训方案的编写。（100 分）

考核知识点： 无人机巡检作业

难易度： 难

技能等级评价专业技能考核操作工作任务书

一、任务名称

无人机巡检技能培训方案的编写。

二、适用工种

无人机巡检工技师。

三、具体任务

某单位有张三等 10 名无人机巡检工需进行无人机巡检技能培训。针对此项工作，考生编写一份无人机巡检技能培训方案。

四、工作规范及要求

结合培训任务按照以下要求完成无人机巡检技能培训方案的编写：

（1）培训项目为实操项目。

（2）培训相关内容由考生自行组织。

五、考核及时间要求

考核时间共 40 分钟，每超过 2 分钟扣 1 分，到 45 分钟终止考核。

技能等级评价专业技能考核操作评分标准

工种	无人机巡检工					评价等级	技师
项目模块	无人机巡检作业—架空输电线路精细化巡检				编号	Jc0003243011	
单位			准考证号			姓名	
考试时限	40 分钟		题型	单项操作		题分	100 分
成绩		考评员		考评组长		日期	
试题正文	无人机巡检技能培训方案的编写						
需要说明的问题和要求	（1）培训内容应为技能实操项目。 （2）内容不作限制，由考生自行组织						

序号	项目名称	质量要求	满分	扣分标准	扣分原因	得分
1	培训目标	应有明确的培训目标	10	缺少一项扣 10 分		
2	培训人	应有明确的授课人	10	缺少一项扣 10 分		
3	培训对象	应明确培训对象	10	缺少一项扣 10 分		
4	培训内容	（1）应有具体的培训项目名称。 （2）应有项目的具体内容	20	缺少一项扣 10 分		
5	培训方式	应有明确的培训方式，培训方式为实操	10	缺少一项扣 10 分		
6	培训时间与地点	应明确培训时间、培训地点	20	缺少一项扣 10 分		
7	培训考核方式	应明确培训的考核方式，考核方式为实操	10	缺少一项扣 10 分		
8	其他相关事宜	其他相关的培训事宜，如奖惩方式、劳动纪律等要求	10	缺少一项扣 10 分		
合计			100			

Jc0003243012　利用无人机进行交流线路双回耐张塔飞行并巡检拍照。（100分）

考核知识点：无人机巡检作业

难易度：难

技能等级评价专业技能考核操作工作任务书

一、任务名称

利用无人机进行交流线路双回耐张塔飞行并巡检拍照。

二、适用工种

无人机巡检工技师。

三、具体任务

无人机飞行交流线路双回耐张塔操作，并按照架空输电线路多旋翼无人机巡检影像拍摄指导手册中的要求，进行巡检拍照。

四、工作规范及要求

（1）按要求准备现场飞行设备。

（2）飞行过程及拍照顺序按照架空输电线路多旋翼无人机巡检影像拍摄指导手册中的要求，面向大号侧先拍左回，后拍右回，先拍下相，再拍中相，后拍上相（对侧先拍上相，再拍中相，后拍下相，∩形顺序拍摄），先拍小号侧，再拍跳线，后拍大号侧，小号侧先拍导线端，后拍横担端，跳线串先拍横担端，后拍导线端，大号侧先拍横担端，后拍导线端。巡检拍摄的照片要清晰，满足相关要求。满足架空输电线路多旋翼无人机巡检影像拍摄指导手册中，交流线路双回耐张塔的拍摄规则及质量要求。

（3）飞行过程中不得碰塔、导线等。

（4）降落在指定地点。

五、考核及时间要求

本考核操作时间为30分钟，时间到停止考评。

技能等级评价专业技能考核操作评分标准

<table>
<tr><td>工种</td><td colspan="5">无人机巡检工</td><td>评价等级</td><td>技师</td></tr>
<tr><td>项目模块</td><td colspan="4">无人机巡检作业—架空输电线路精细化巡检</td><td>编号</td><td colspan="2">Jc0003243012</td></tr>
<tr><td>单位</td><td colspan="2"></td><td>准考证号</td><td colspan="2"></td><td>姓名</td><td></td></tr>
<tr><td>考试时限</td><td colspan="2">30分钟</td><td>题型</td><td colspan="2">单项操作</td><td>题分</td><td>100分</td></tr>
<tr><td>成绩</td><td></td><td>考评员</td><td></td><td>考评组长</td><td></td><td>日期</td><td></td></tr>
<tr><td>试题正文</td><td colspan="7">利用无人机进行交流线路双回耐张塔飞行并巡检拍照</td></tr>
<tr><td>需要说明的问题和要求</td><td colspan="7">（1）按要求准备现场飞行设备。
（2）飞行过程及拍照顺序按照架空输电线路多旋翼无人机巡检影像拍摄指导手册中的要求，面向大号侧先拍左回，后拍右回，先拍下相，再拍中相，后拍上相（对侧先拍上相，再拍中相，后拍下相，∩形顺序拍摄），先拍小号侧，再拍跳线，后拍大号侧，小号侧先拍导线端，后拍横担端，跳线串先拍横担端，后拍导线端，大号侧先拍横担端，后拍导线端。巡检拍摄的照片要清晰，满足相关要求。满足架空输电线路多旋翼无人机巡检影像拍摄指导手册中，交流线路双回耐张塔的拍摄规则及质量要求。
（3）飞行过程中不得碰塔、导线等。
（4）降落在指定地点</td></tr>
</table>

序号	项目名称	质量要求	满分	扣分标准	扣分原因	得分
1	工作准备					
1.1	安全劳动防护用品的准备	正确选择佩戴安全帽，穿全套工装，包括工作服、绝缘鞋、棉手套等	5	未按规定正确佩戴安全帽、穿工作服、绝缘鞋、戴棉手套等每项扣2分，扣完为止		
1.2	无人机及相关设备准备与摆放	熟练地做好无人机的检查与准备工作	5	现场凌乱，摆放不整齐，准备不到位，未正确检查，检查漏一项扣1分，扣完为止		

续表

序号	项目名称	质量要求	满分	扣分标准	扣分原因	得分
2	工作许可					
2.1	许可方式	向考评员示意准备就绪，申请开始工作	5	未申请开始考试扣5分		
3	工作步骤及技术要求					
3.1	无人机起飞	按要求起飞无人机，起飞前进行检查	10	未检查扣10分；起飞不成功扣10分；以上扣分，扣完为止		
3.2	利用无人机进行交流线路双回耐张塔飞行并巡检拍照	飞行过程及拍照顺序按照架空输电线路多旋翼无人机巡检影像拍摄指导手册中的要求，面向大号侧先拍左回，后拍右回，先拍下相，再拍中相，后拍上相（对侧先拍上相，再拍中相，后拍下相，∩形顺序拍摄），先拍小号侧，再拍跳线，后拍大号侧，小号侧先拍导线端，后拍横担端，跳线串先拍横担端，后拍导线端，大号侧先拍横担端，后拍导线端。巡检拍摄的照片要清晰，满足相关要求。满足架空输电线路多旋翼无人机巡检影像拍摄指导手册中，交流线路双回耐张塔的拍摄规则及质量要求	40	超出飞行区域扣5分； 少拍摄一处照片扣5分； 拍照顺序不满足要求扣10分； 照片不满足要求一处扣5分； 以上扣分，扣完为止		
3.3	无人机降落	降落在指定地点内	10	未降落到指定地点，扣10分		
4	工作结束					
4.1	安全劳动防护用品	安全劳动防护用品恢复原位	5	安全劳动防护用品未放到原位扣5分		
4.2	恢复现场	将无人机及设备恢复原样	5	设备未轻拿轻放，恢复不彻底扣5分		
5	工作终结汇报	向考评员报告工作已结束，场地已清理	5	未汇报扣5分		
6	其他要求					
6.1	动作要求	动作熟练顺畅	5	动作不正确扣5分		
6.2	安全要求	严格遵守“四不伤害”原则，不得损坏工器具和设备	5	损坏工器具扣5分		
合计			100			

Jc0003241013 架空输电线路直线塔精细化巡检。(100分)

考核知识点：架空输电线路精细化巡检

难易度：易

技能等级评价专业技能考核操作工作任务书

一、任务名称

架空输电线路直线塔精细化巡检。

二、适用工种

无人机巡检工技师。

三、具体任务

对直线塔进行精细化巡检作业，拍摄杆塔全身、通道环境、杆号牌、杆塔头部等部位。

四、工作规范及要求

(1) 工作从工作票宣读完毕后开始进行，即巡检人员从听完工作票后开始考核。

(2) 熟练掌握无人机精细化巡检路线的选择，重要部位的拍摄技巧。

(3) 危险点、安全措施和注意事项。

主要危险点：无人机机械故障、无人机撞击障碍物、无人机伤及人员。

安全措施：

1）无人机起飞降落应在空旷场地。

2）无人机操作区应装设围栏，操作区距起降区距离不小于 5m。

3）无人机外观检查，GPS 增稳模式检查。

4）飞行时实时关注无人机电池电量。

5）遇有 5 级及以上大风、雷、雨、大雾等天气情况应立即停止飞行。

6）无人机一旦遇到紧急情况，应立即返航。

注意事项：时刻观察周围环境，无人机飞行姿态，做好应急准备。

（4）场地、设备、工具和材料：直线杆塔 1 基、无人机 1 架、围栏（遮栏）、安全帽等。

五、考核及时间要求

本考核操作时间为 10 分钟。

技能等级评价专业技能考核操作评分标准

工种	无人机巡检工				评价等级	技师	
项目模块	无人机巡检作业—架空输电线路精细化巡检			编号	Jc0003241013		
单位			准考证号		姓名		
考试时限	10 分钟	题型		单项操作	题分	100 分	
成绩		考评员		考评组长		日期	
试题正文	架空输电线路直线塔精细化巡检						
需要说明的问题和要求	（1）熟练掌握输电线路直线塔精细化巡视的技能操作。 （2）考生须在 10 分钟之内完成精细化巡检作业						

序号	项目名称	质量要求	满分	扣分标准	扣分原因	得分
1	工作准备					
1.1	安全劳动防护用品的准备	正确选择佩戴安全帽，穿全套工装，包括工作服、绝缘鞋、棉手套等	5	未按规定正确佩戴安全帽、穿工作服、绝缘鞋、戴棉手套等每项扣 2 分，扣完为止		
1.2	无人机及相关设备准备与摆放	熟练地做好无人机的检查与准备工作	5	现场凌乱，摆放不整齐，准备不到位，未正确检查，检查漏一项扣 1 分，扣完为止		
2	工作许可					
2.1	许可方式	向考评员示意准备就绪，申请开始工作	5	未申请开始考试扣 5 分		
3	工作步骤及技术要求					
3.1	无人机飞行前检查	检查无人机起飞前的各项性能是否正常	5	不检查的扣 1～5 分		
3.2	无人机飞行中的姿态	无人机飞行过程中姿态要求平稳	10	飞行中姿态不平稳的扣 5～10 分		
3.3	巡检路线的选择	选择正确的巡检路线对杆塔本体、附属设施及通道进行精细化巡视	10	巡检路线偏离或者不正确扣 1～10 分		
3.4	拍摄角度的选择	选择合理的角度对目标物进行拍摄	10	拍摄角度不合理的扣 6～10 分		
3.5	重要部位的拍摄技巧	对重要部位应有技巧性的拍摄，图像质量满足要求	10	拍摄重要部位应有技巧性，图像质量不佳的扣 1～10 分		
3.6	恶劣天气的应急处置	如遇天气突变情况，能熟练执行相关应急措施	5	天气突变时，不能够及时合理处置扣 1～5 分		
3.7	无人机降落	无人机应平稳降落，无弹跳现象发生	5	降落过程中发生弹跳现象扣 1～5 分		
3.8	时间	必须在 10 分钟之内完成考核任务	5	超出 10 秒扣 1 分，扣完为止		

续表

序号	项目名称	质量要求	满分	扣分标准	扣分原因	得分
4	工作结束					
4.1	安全劳动防护用品	安全劳动防护用品恢复原位	5	安全劳动防护用品未放到原位扣5分		
4.2	恢复现场	将无人机及设备恢复原样	5	设备未轻拿轻放，恢复不彻底扣5分		
5	工作终结汇报	向考评员报告工作已结束，场地已清理	5	未汇报扣5分		
6	其他要求					
6.1	动作要求	动作熟练顺畅	5	动作不正确扣1～5分		
6.2	安全要求	严格遵守“四不伤害”原则，不得损坏工器具和设备	5	损坏工器具扣5分		
合计			100			

Jc0003241014　架空输电线路耐张塔精细化巡检。(100分)

考核知识点：架空输电线路精细化巡检

难易度：易

技能等级评价专业技能考核操作工作任务书

一、任务名称

架空输电线路耐张塔精细化巡检。

二、适用工种

无人机巡检工技师。

三、具体任务

对耐张塔进行精细化巡检作业，拍摄杆塔全身、通道环境、杆号牌、杆塔头部等部位。

四、工作规范及要求

（1）工作从工作票宣读完毕后开始进行，即巡检人员从听完工作票后开始考核。

（2）熟练掌握无人机精细化巡检路线的选择，重要部位的拍摄技巧。

（3）危险点、安全措施和注意事项。

主要危险点：无人机机械故障、无人机撞击障碍物、无人机伤及人员。

安全措施：

1）无人机起飞降落应在空旷场地。

2）无人机操作区应装设围栏，操作区距起降区距离不小于5m。

3）无人机外观检查，GPS增稳模式检查。

4）飞行时实时关注无人机电池电量。

5）遇有5级及以上大风、雷、雨、大雾等天气情况应立即停止飞行。

6）无人机一旦遇到紧急情况，应立即返航。

注意事项：时刻观察周围环境，无人机飞行姿态，做好应急准备。

（4）场地、设备、工具和材料：耐张杆塔1基、无人机1架、围栏（遮栏）、安全帽等。

五、考核及时间要求

本考核操作时间为15分钟。

技能等级评价专业技能考核操作评分标准

工种	无人机巡检工					评价等级	技师
项目模块	无人机巡检作业—架空输电线路精细化巡检				编号	Jc0003241014	
单位			准考证号			姓名	
考试时限	15 分钟		题型	单项操作		题分	100 分
成绩		考评员		考评组长		日期	
试题正文	架空输电线路耐张塔精细化巡检						
需要说明的问题和要求	（1）熟练掌握输电线路耐张塔精细化巡视的技能操作。 （2）考生须在 15 分钟之内完成精细化巡检作业						

序号	项目名称	质量要求	满分	扣分标准	扣分原因	得分
1	工作准备					
1.1	安全劳动防护用品的准备	正确选择佩戴安全帽，穿全套工装，包括工作服、绝缘鞋、棉手套等	5	未按规定正确佩戴安全帽、穿工作服、绝缘鞋、戴棉手套等每项扣 2 分，扣完为止		
1.2	无人机及相关设备准备与摆放	熟练地做好无人机的检查与准备工作	5	现场凌乱，摆放不整齐，准备不到位，未正确检查，检查漏一项扣 1 分，扣完为止		
2	工作许可					
2.1	许可方式	向考评员示意准备就绪，申请开始工作	5	未申请开始考试扣 5 分		
3	工作步骤及技术要求					
3.1	无人机飞行前检查	检查无人机起飞前的各项性能是否正常	5	不检查的扣 1～5 分		
3.2	无人机飞行中的姿态	无人机飞行过程中姿态要求平稳	10	飞行中姿态不平稳的扣 1～10 分		
3.3	巡检路线的选择	选择正确的巡检路线对杆塔本体、附属设施及通道进行精细化巡视	10	巡检路线偏离或者不正确扣 1～10 分		
3.4	拍摄角度的选择	选择合理的角度对目标物进行拍摄	10	拍摄角度不合理的扣 6～10 分		
3.5	重要部位的拍摄技巧	对重要部位应有技巧性的拍摄，图像质量满足要求	10	拍摄重要部位应有技巧性，图像质量不佳的扣 1～10 分		
3.6	恶劣天气的应急处置	如遇天气突变情况，能熟练执行相关应急措施	5	天气突变时，不能及时合理处置扣 1～5 分		
3.7	无人机降落	无人机应平稳降落，无弹跳现象发生	5	降落过程中发生弹跳现象扣 1～5 分		
3.8	时间	必须在 15 分钟之内完成考核任务	5	超出 10 秒扣 1 分，扣完为止		
4	工作结束					
4.1	安全劳动防护用品	安全劳动防护用品恢复原位	5	安全劳动防护用品未放到原位扣 5 分		
4.2	恢复现场	将无人机及设备恢复原样	5	设备未轻拿轻放，恢复不彻底扣 5 分		
5	工作终结汇报	向考评员报告工作已结束，场地已清理	5	未汇报扣 5 分		
6	其他要求					
6.1	动作要求	动作熟练顺畅	5	动作不正确扣 1～5 分		
6.2	安全要求	严格遵守“四不伤害”原则，不得损坏工器具和设备	5	损坏工器具扣 5 分		
合计			100			

Jc0003242015　多旋翼通道巡检。（100 分）

考核知识点： 通道巡检

难易度： 中

技能等级评价专业技能考核操作工作任务书

一、任务名称

多旋翼通道巡检。

二、适用工种

无人机巡检工技师。

三、具体任务

运用多旋翼完成两基杆塔之间的通道巡检，并对通道情况进行拍摄。

四、工作规范及要求

（1）熟练掌握通道巡检内容和要求。

（2）熟练完成巡检作业点选择、巡检飞行参数设置。

（3）熟练掌握巡检设备参数设置。

（4）拍摄的影像范围合理，目标清晰且主要特征明显可辨。

（5）危险点、安全措施和注意事项。

主要危险点：无人机机械故障、无人机撞击障碍物、无人机伤及人员。

安全措施：

1）无人机起飞降落应在空旷场地。

2）无人机操作区应装设围栏，操作区距起降区距离不小于 5m。

3）飞行时实时关注无人机电池电量。

4）遇有 5 级及以上大风、雷、雨、大雾等天气情况应立即停止飞行。

5）无人机一旦遇到紧急情况，应立即返航。

注意事项：注意多旋翼巡检系统技术性能状态和周围环境。

（6）场地、设备、工具和材料：多旋翼、两基杆塔之间的线路通道、围栏（遮栏）等。

五、考核及时间要求

本考核操作时间为 15 分钟。

技能等级评价专业技能考核操作评分标准

<table>
<tr><td>工种</td><td colspan="4">无人机巡检工</td><td>评价等级</td><td colspan="2">技师</td></tr>
<tr><td>项目模块</td><td colspan="3">无人机巡检作业—通道巡检</td><td>编号</td><td colspan="3">Jc0003242015</td></tr>
<tr><td>单位</td><td colspan="2"></td><td>准考证号</td><td></td><td>姓名</td><td colspan="2"></td></tr>
<tr><td>考试时限</td><td>15 分钟</td><td>题型</td><td colspan="2">单项操作</td><td>题分</td><td colspan="2">100 分</td></tr>
<tr><td>成绩</td><td></td><td>考评员</td><td></td><td>考评组长</td><td></td><td>日期</td><td></td></tr>
<tr><td>试题正文</td><td colspan="7">多旋翼通道巡检</td></tr>
<tr><td>需要说明的问题和要求</td><td colspan="7">（1）熟练掌握通道巡检内容和要求。
（2）熟练完成巡检作业点选择、巡检飞行参数设置。
（3）熟练掌握巡检设备参数设置。
（4）拍摄的影像范围合理，目标清晰且主要特征明显可辨。
（5）考生须在 15 分钟之内完成通道巡检</td></tr>
<tr><td>序号</td><td>项目名称</td><td>质量要求</td><td>满分</td><td colspan="2">扣分标准</td><td>扣分原因</td><td>得分</td></tr>
<tr><td>1</td><td>工作准备</td><td></td><td></td><td colspan="2"></td><td></td><td></td></tr>
<tr><td>1.1</td><td>安全劳动防护用品的准备</td><td>正确选择佩戴安全帽，穿全套工装，包括工作服、绝缘鞋、棉手套等</td><td>10</td><td colspan="2">未按规定正确佩戴安全帽、穿工作服、绝缘鞋、戴棉手套等每项扣 2 分，扣完为止</td><td></td><td></td></tr>
</table>

续表

序号	项目名称	质量要求	满分	扣分标准	扣分原因	得分
1.2	无人机及相关设备准备与摆放	熟练地做好无人机的检查与准备工作	5	现场凌乱，摆放不整齐，准备不到位，未正确检查，检查漏一项扣1分，扣完为止		
2	工作许可					
2.1	许可方式	向考评员示意准备就绪，申请开始工作	5	未申请开始考试扣5分		
3	工作步骤及技术要求					
3.1	飞行前检查	检查无人机起飞前的各项性能是否正常	5	不检查的扣1～5分		
3.2	飞行过程中姿态平稳	无人机飞行过程中姿态平稳	5	飞行中姿态不平稳的扣1～5分		
3.3	通道巡检的内容和要求	熟练掌握通道巡检的内容和要求	10	对通道巡检的内容和要求不明确的扣5～10分		
3.4	作业点的选择	熟练完成作业点的选择	5	作业点的选择不合理的扣5分		
3.5	参数设置	熟练掌握各项参数的设置	10	参数设置不正确的扣1～10分		
3.6	影像的拍摄	拍摄的影像应范围合理、目标清晰且主要特征明显	10	拍摄的影像不清晰、不满足要求的扣5～10分		
3.7	恶劣天气的应急处置	如遇天气突变情况，能熟练执行相关应急措施	5	天气突变时，不能够及时合理处置扣1～5分		
3.8	无人机降落	无人机应平稳降落，无弹跳现象发生	5	降落过程中发生弹跳现象扣1～5分		
3.9	时间	必须在规定的时间之内完成考核任务	5	超时后每10秒扣1分，扣完为止		
4	工作结束					
4.1	安全劳动防护用品	安全劳动防护用品恢复原位	5	安全劳动防护用品未放到原位扣5分		
4.2	恢复现场	将无人机及设备恢复原样	5	设备未轻拿轻放，恢复不彻底扣5分		
5	工作终结汇报	向考评员报告工作已结束，场地已清理	5	未汇报扣5分		
6	其他要求					
6.1	动作要求	动作熟练顺畅	3	动作不正确扣1～3分		
6.2	安全要求	严格遵守“四不伤害”原则，不得损坏工器具和设备	2	损坏工器具扣2分		
合计			100			

Jc0003243016　多旋翼无人机通道巡检。（100分）

考核知识点：通道巡检

难易度：难

技能等级评价专业技能考核操作工作任务书

一、任务名称

多旋翼无人机通道巡检。

二、适用工种

无人机巡检工技师。

三、具体任务

（1）正确组装无人机。

（2）使用多旋翼无人机对通道进行巡检。

四、工作规范及要求

（1）精神面貌良好，着装整齐。

（2）按照要求正确组装多旋翼无人机。

（3）云台使用视频录制模式。

五、考核及时间要求

本考核操作时间为40分钟，时间到停止考评，每超1分钟扣2分。

技能等级评价专业技能考核操作评分标准

工种	无人机巡检工					评价等级	技师
项目模块	无人机巡检作业—通道巡检				编号	Jc0003243016	
单位			准考证号			姓名	
考试时限	40分钟		题型	单项操作		题分	100分
成绩		考评员		考评组长		日期	
试题正文	多旋翼无人机通道巡检						
需要说明的问题和要求	（1）要求2人操作。 （2）按照要求做好安全措施，正确使用劳动防护用品。 （3）无人机由考场提供						

序号	项目名称	质量要求	满分	扣分标准	扣分原因	得分
1	工作准备					
1.1	安全劳动防护用品的准备	正确选择佩戴安全帽，穿全套工装，包括工作服、绝缘鞋、棉手套等	5	未按规定正确佩戴安全帽、穿工作服、绝缘鞋、戴棉手套等每项扣2分，扣完为止		
1.2	无人机及相关设备准备与摆放	熟练地做好无人机的检查与准备工作	5	现场凌乱，摆放不整齐，准备不到位，未正确检查，检查漏一项扣1分，扣完为止		
2	工作许可					
2.1	许可方式	向考评员示意准备就绪，申请开始工作	5	未申请开始考试扣5分		
3	工作步骤及技术要求					
3.1	准备工作	（1）进行实地现场勘查，环顾四周查看飞行场地是否平整、开阔，是否有影响飞行的物体，是否有良好的降落环境。 （2）检查无人机工具及配件是否齐全，检查电子元件是否有损坏，检查无人机线路是否有松动，检查电池电量。 （3）安装无人机云台。 （4）安装多旋翼螺旋桨。 （5）安装电池	10	着装不整齐、精神不振，扣5分； 现场勘查不到位，扣5分； 检查工具、配件、电子元件、线路不到位，扣5分/项； 云台、电池安装错误或不牢固，扣10分； 以上扣分，扣完为止		
3.2	多旋翼无人机航线规划	（1）打开遥控、打开地面站软件、无人机上电，等待飞控自检完成。 （2）在地面站上根据通道巡检要求规划航线。 （3）检查航线无误后并上传航线。 （4）无人机起飞并进入所规划航线对通道进行视频拍摄	40	未打开遥控器、地面站软件，扣5分/项； 地面站设置错误或未按要求，扣10分； 未检查航线或未上传航线，扣10分； 无人机进入规划航线失败，扣10分； 以上扣分，扣完为止		
3.3	无人机归航	任务完成后，按照考官要求将无人机降落在指定位置	10	降高后未汇报无人机飞行数据（位置、高度、电压），扣5分/项； 降落未在指定区域，每超过0.5m，扣5分； 以上扣分，扣完为止		
4	工作结束					
4.1	安全劳动防护用品	安全劳动防护用品恢复原位	5	安全劳动防护用品未放到原位扣5分		
4.2	恢复现场	将无人机及设备恢复原样	5	设备未轻拿轻放，恢复不彻底扣5分		

续表

序号	项目名称	质量要求	满分	扣分标准	扣分原因	得分
5	工作终结汇报	向考评员报告工作已结束，场地已清理	5	未汇报扣5分		
6	其他要求					
6.1	动作要求	动作熟练顺畅	5	动作不正确扣1～5分		
6.2	安全要求	严格遵守“四不伤害”原则，不得损坏工器具和设备	5	损坏工器具扣5分		
	合计		100			

Jc0003242017　固定翼通道巡检。（100分）

考核知识点：通道巡检

难易度：中

技能等级评价专业技能考核操作工作任务书

一、任务名称

固定翼通道巡检。

二、适用工种

无人机巡检工技师。

三、具体任务

运用固定翼完成两基杆塔之间的通道巡检，并对通道情况进行拍摄，最后对固定翼进行伞降回收。

四、工作规范及要求

（1）熟练掌握固定翼起飞和降落。

（2）熟练掌握固定翼巡检飞行路线设计。

（3）熟练掌握巡检设备参数设置。

（4）拍摄的影像范围合理，目标清晰且主要特征明显可辨。

（5）危险点、安全措施和注意事项。

主要危险点：无人机机械故障、无人机撞击障碍物、无人机伤及人员。

安全措施：

1）无人机起飞降落应在空旷场地。

2）无人机操作区应装设围栏，操作区距起降区距离不小于5m。

3）飞行时实时关注无人机电池电量。

4）遇有5级及以上大风、雷、雨、大雾等天气情况应立即停止飞行。

5）无人机一旦遇到紧急情况，应立即返航。

注意事项：注意固定翼巡检系统技术性能状态和周围环境。

（6）场地、设备、工具和材料：固定翼无人机、两基杆塔之间的线路通道、围栏（遮栏）等。

五、考核及时间要求

本考核操作时间为30分钟。

技能等级评价专业技能考核操作评分标准

工种	无人机巡检工			评价等级	技师
项目模块	无人机巡检作业—通道巡检		编号	Jc0003242017	
单位		准考证号		姓名	

续表

考试时限	30 分钟		题型	单项操作		题分	100 分
成绩		考评员		考评组长		日期	
试题正文	固定翼通道巡检						
需要说明的问题和要求	（1）熟练掌握固定翼起飞和降落。 （2）熟练掌握固定翼巡检飞行路线设计。 （3）熟练掌握巡检设备参数设置。 （4）拍摄的影像范围合理，目标清晰且主要特征明显可辨。 （5）考生须在 30 分钟之内完成通道巡检						

序号	项目名称	质量要求	满分	扣分标准	扣分原因	得分
1	工作准备					
1.1	安全劳动防护用品的准备	正确选择佩戴安全帽，穿全套工装，包括工作服、绝缘鞋、棉手套等	5	未按规定正确佩戴安全帽、穿工作服、绝缘鞋、戴棉手套等每项扣 2 分，扣完为止		
1.2	无人机及相关设备准备与摆放	熟练地做好无人机的检查与准备工作	5	现场凌乱，摆放不整齐，准备不到位，未正确检查，检查漏一项扣 1 分，扣完为止		
2	工作许可					
2.1	许可方式	向考评员示意准备就绪，申请开始工作	5	未申请开始考试扣 5 分		
3	工作步骤及技术要求					
3.1	飞行前检查	检查无人机起飞前的各项性能是否正常	5	不检查的扣 1～5 分		
3.2	飞行过程中姿态平稳	无人机飞行过程中姿态平稳	10	飞行中姿态不平稳的扣 5～10 分		
3.3	通道巡检的内容和要求	熟练掌握通道巡检的内容和要求	10	对通道巡检的内容和要求不明确的扣 5～10 分		
3.4	作业点的选择	熟练完成作业点的选择	5	作业点的选择不合理的扣 5 分		
3.5	参数设置	熟练掌握各项参数的设置	10	参数设置不正确的扣 1～10 分		
3.6	影像的拍摄	拍摄的影像应范围合理、目标清晰且主要特征明显	5	拍摄的影像不清晰、不满足要求的扣 1～5 分		
3.7	恶劣天气的应急处置	如遇天气突变情况，能熟练执行相关应急措施	5	天气突变时，不能及时合理处置扣 1～5 分		
3.8	伞降回收	顺利完成固定翼伞降回收	5	降落过程中发生弹跳现象扣 1～5 分		
3.9	时间	必须在规定的时间之内完成考核任务	5	超时后每 10 秒扣 1 分，扣完为止		
4	工作结束					
4.1	安全劳动防护用品	安全劳动防护用品恢复原位	5	安全劳动防护用品未放到原位扣 5 分		
4.2	恢复现场	将无人机及设备恢复原样	5	设备未轻拿轻放，恢复不彻底扣 5 分		
5	工作终结汇报	向考评员报告工作已结束，场地已清理	5	未汇报扣 5 分		
6	其他要求					
6.1	动作要求	动作熟练顺畅	5	动作不正确扣 1～5 分		
6.2	安全要求	严格遵守“四不伤害”原则，不得损坏工器具和设备	5	损坏工器具扣 5 分		
合计			100			

Jc0003243018 异常报警处置。(100 分)

考核知识点：空中设备故障和异常报警处理

难易度：难

技能等级评价专业技能考核操作工作任务书

一、任务名称

异常报警处置。

二、适用工种

无人机巡检工技师。

三、具体任务

熟悉无人机巡检系统各组部件异常告警相关功能设置，并能熟练操作；具备告警信息分析能力，熟练掌握无人机巡检系统异常情况应急处理相关知识。

四、工作规范及要求

（1）掌握无人机出现异常报警时报警方式。

（2）告警信息分析以及应急处理相关知识。

（3）给定条件：书面试题。

（4）书面问题：

1）无人机数传链路中断，异常告警方式。

2）无人机遥控链路中断，异常告警方式。

五、考核及时间要求

本考核操作时间为10分钟。

技能等级评价专业技能考核操作评分标准

工种	无人机巡检工				评价等级	技师
项目模块	无人机巡检作业—空中设备故障和异常报警处理			编号	Jc0003243018	
单位			准考证号		姓名	
考试时限	10分钟	题型	单项操作		题分	100分
成绩	考评员		考评组长		日期	
试题正文	异常报警处置					
需要说明的问题和要求	（1）掌握无人机出现异常报警时报警方式。 （2）告警信息分析以及应急处理相关知识。 （3）考生须在10分钟之内完成异常报警处置					

序号	项目名称	质量要求	满分	扣分标准	扣分原因	得分
1	异常告警					
1.1	异常告警方式	正确判断告警方式	20	不准确的扣10～20分		
1.2	异常告警相关功能设置	准确设置相关告警功能	20	不准确的扣10～20分		
2	告警处置					
2.1	告警信息分析	正确分析相关告警信息	25	不熟练的扣5～25分		
2.2	应急处理	熟悉应急处理相关知识	30	不熟悉的扣15～30分		
3	时间	必须在10分钟之内完成考核任务	5	超出10秒扣1分，扣完为止		
合计			100			

Jc0003243019　多旋翼无人机应急迫降。（100分）

考核知识点：应急迫降

难易度：难

技能等级评价专业技能考核操作工作任务书

一、任务名称

多旋翼无人机应急迫降。

二、适用工种

无人机巡检工技师。

三、具体任务

当考官提出应急迫降时，学员应选择合适的降落场地立即进行迫降。

四、工作规范及要求

（1）熟练掌握无人机保证人员安全需采取的技术措施和安全措施。

（2）能够快速制订迫降方案、确定迫降点。

（3）熟练掌握多旋翼无人机应急迫降操作流程和操作要点。

（4）危险点、安全措施和注意事项。

主要危险点：无人机机械故障、无人机撞击障碍物、无人机伤及人员。

安全措施：

1）无人机起飞降落应在空旷场地。

2）无人机操作区应装设围栏，操作区距起降区距离不小于 5m。

3）飞行时实时关注无人机电池电量。

4）遇有 5 级及以上大风，雷、雨、大雾等天气情况立即停止飞行。

5）无人机一旦遇到紧急情况则立即返航。

注意事项：注意多旋翼巡检系统技术性能状态和周围环境。

（5）场地、设备、工具和材料：无人机降落场地、模拟迫降场景、多旋翼无人机等。

五、考核及时间要求

本考核操作时间为 3 分钟。

技能等级评价专业技能考核操作评分标准

工种	无人机巡检工					评价等级	技师
项目模块	无人机巡检作业—应急迫降				编号	Jc0003243019	
单位			准考证号			姓名	
考试时限	3 分钟		题型	单项操作		题分	100 分
成绩		考评员		考评组长		日期	
试题正文	多旋翼无人机应急迫降						
需要说明的问题和要求	（1）熟练掌握无人机保证人员安全需采取的技术措施和安全措施。 （2）能够快速制订迫降方案、确定迫降点。 （3）熟练掌握多旋翼无人机应急迫降操作流程和操作要点。 （4）考生须在 3 分钟之内完成应急迫降						

序号	项目名称	质量要求	满分	扣分标准	扣分原因	得分
1	安全措施、技术措施	熟练掌握无人机保证人员安全需采取的技术措施和安全措施	20	不熟练的扣 5～20 分		
2	迫降点	能够快速制订迫降方案、确定迫降点	30	迫降点选择不准确的扣 10～30 分		
3	应急操作	熟练掌握多旋翼无人机应急迫降操作流程和操作要点	45	操作失误的扣 45 分		
4	时间	必须在 3 分钟之内完成考核任务	5	超出 10 秒扣 1 分，扣完为止		
合计			100			

Jc0003243020　固定翼无人机应急迫降。（100 分）

考核知识点：应急迫降

难易度：难

技能等级评价专业技能考核操作工作任务书

一、任务名称

固定翼无人机应急迫降。

二、适用工种

无人机巡检工技师。

三、具体任务

当考官提出应急迫降时，学员应选择合适的降落场地立即进行迫降。

四、工作规范及要求

（1）熟练掌握无人机保证人员安全需采取的技术措施和安全措施。

（2）能够快速制订迫降方案、确定迫降点。

（3）熟练掌握固定翼无人机应急迫降操作流程和操作要点。

（4）危险点、安全措施和注意事项。

主要危险点：无人机机械故障、无人机撞击障碍物、无人机伤及人员。

安全措施：

1）无人机起飞降落应在空旷场地。

2）无人机操作区应装设围栏，操作区距起降区距离不小于 5m。

3）飞行时实时关注无人机电池电量。

4）遇有 5 级及以上大风，雷、雨、大雾等天气情况立即停止飞行。

5）无人机一旦遇到紧急情况则立即返航。

注意事项：注意多旋翼巡检系统技术性能状态和周围环境。

（5）场地、设备、工具和材料：无人机降落场地、模拟迫降场景、固定翼无人机等。

五、考核及时间要求

本考核操作时间为 3 分钟。

技能等级评价专业技能考核操作评分标准

工种	无人机巡检工					评价等级	技师
项目模块	无人机巡检作业—应急迫降				编号	Jc0003243020	
单位		准考证号				姓名	
考试时限	3 分钟		题型	单项操作		题分	100 分
成绩		考评员		考评组长		日期	
试题正文	固定翼无人机应急迫降						
需要说明的问题和要求	（1）熟练掌握无人机保证人员安全需采取的技术措施和安全措施。 （2）能够快速制订迫降方案、确定迫降点。 （3）熟练掌握固定翼无人机应急迫降操作流程和操作要点。 （4）考生须在 3 分钟之内完成应急迫降						

序号	项目名称	质量要求	满分	扣分标准	扣分原因	得分
1	安全措施、技术措施	熟练掌握无人机保证人员安全需采取的技术措施和安全措施	20	不熟练的扣 5～20 分		
2	迫降点	能够快速制订迫降方案、确定迫降点	30	迫降点选择不准确的扣 10～30 分		

续表

序号	项目名称	质量要求	满分	扣分标准	扣分原因	得分
3	应急操作	熟练掌握固定翼无人机应急迫降操作流程和操作要点	45	操作失误的扣 45 分		
4	时间	必须在 3 分钟之内完成考核任务	5	超出 10 秒扣 1 分，扣完为止		
合计			100			

Jc0004241021　红外数据处理。(100 分)

考核知识点： 巡检数据处理与分析

难易度： 易

技能等级评价专业技能考核操作工作任务书

一、任务名称

红外数据处理。

二、适用工种

无人机巡检工技师。

三、具体任务

利用软件将红外数据进行热图数据导出，标注红外数据最高温位置，并判断是否为缺陷，最后按照规范进行文件夹分类，并完成文件命名。

四、工作规范及要求

（1）熟练掌握红外数据处理软件的使用方法。

（2）熟悉红外影像标注规范。

（3）熟练掌握线路运行规范。

（4）熟练掌握文件的命名规范。

（5）熟练掌握可见光影像文件夹分类标准。

（6）场地、设备、工具和材料：红外数据、计算机、红外处理软件。

五、考核及时间要求

本考核操作时间为 10 分钟。

技能等级评价专业技能考核操作评分标准

工种	无人机巡检工					评价等级	技师
项目模块	缺陷与隐患查找及原因分析—巡检数据处理与分析				编号	Jc0004241021	
单位			准考证号			姓名	
考试时限	10 分钟		题型	单项操作		题分	100 分
成绩		考评员		考评组长		日期	
试题正文	红外数据处理						
需要说明的问题和要求	（1）熟练掌握红外数据处理软件的使用方法。 （2）熟悉红外影像标注规范。 （3）熟练掌握线路运行规范。 （4）熟练掌握文件的命名规范。 （5）熟练掌握可见光影像文件夹分类标准。 （6）考生须在 10 分钟之内完成红外数据处理						

续表

序号	项目名称	质量要求	满分	扣分标准	扣分原因	得分
1	数据导出	正确导出红外数据	20	不会导出的扣 10～20 分		
2	数据处理	正确处理红外数据的缺陷	35	处理不准确的扣 5～35 分		
3	数据命名	正确命名红外数据的缺陷	20	命名错误的扣 20 分		
4	文件夹分类	正确分类已命名的文件	20	分类错误的扣 20 分		
5	时间	必须在 10 分钟之内完成考核任务	5	超出 10 秒扣 1 分，扣完为止		
合计			100			

Jc0004242022　无人机精细化巡检——巡检绝缘子自爆缺陷。（100 分）

考核知识点：缺陷与隐患查找及原因分析

难易度：中

技能等级评价专业技能考核操作工作任务书

一、任务名称

无人机精细化巡检——巡检绝缘子自爆缺陷。

二、适用工种

无人机巡检工技师。

三、具体任务

通过无人机飞行，对已知绝缘子自爆缺陷进行巡视查找拍照，并口述对该缺陷进行分析及防范措施建议。

四、工作规范及要求

（1）按要求准备现场飞行设备。

（2）飞行过程及拍照按照架空输电线路多旋翼无人机巡检影像拍摄指导手册中的要求进行。巡检拍摄的照片要清晰，满足相关要求，能识记缺陷与隐患分类及分级规则，且能正确评估缺陷与隐患对电力设备运行带来的影响和程度；并针对绝缘子自爆缺陷，口述对该缺陷进行分析及防范措施建议。

（3）飞行过程中不得碰塔、导线等。

（4）降落在指定地点。

五、考核及时间要求

（1）本考核操作时间为 30 分钟，时间到停止考评。

（2）绝缘子自爆缺陷的原因：由于玻璃绝缘子的机械特性，在运行中零值的玻璃绝缘伞裙会自行爆裂。玻璃绝缘子零值，发生自爆，要及时进行更换。

（3）措施及建议：应加强钢化玻璃绝缘子的入网验收工作，严格核实生产厂家的产品库存放置时间，电科院应对同批次、同厂家的绝缘子进行相关试验，深入分析自爆原因，避免类似缺陷的出现。

技能等级评价专业技能考核操作评分标准

工种	无人机巡检工			评价等级	技师
项目模块	缺陷与隐患查找及原因分析—缺陷与隐患原因分析		编号	Jc0004242022	
单位		准考证号		姓名	

续表

考试时限	30分钟		题型	单项操作		题分	100分
成绩		考评员		考评组长		日期	
试题正文	无人机精细化巡检——巡检绝缘子自爆缺陷						
需要说明的问题和要求	（1）按要求准备现场飞行设备。 （2）飞行过程及拍照按照架空输电线路多旋翼无人机巡检影像拍摄指导手册中的要求进行。巡检拍摄的照片要清晰，满足相关要求，能识记缺陷与隐患分类及分级规则，且能正确评估缺陷与隐患对电力设备运行带来的影响和程度；并针对绝缘子自爆缺陷，口述对该缺陷进行分析及防范措施建议。 （3）飞行过程中不得碰塔、导线等。 （4）降落在指定地点						

序号	项目名称	质量要求	满分	扣分标准	扣分原因	得分
1	工作准备					
1.1	安全劳动防护用品的准备	正确选择佩戴安全帽，穿全套工装，包括工作服、绝缘鞋、棉手套等	5	未按规定正确佩戴安全帽、穿工作服、绝缘鞋、戴棉手套等每项扣2分，扣完为止		
1.2	无人机及相关设备准备与摆放	熟练地做好无人机的检查与准备工作	5	现场凌乱，摆放不整齐，准备不到位，未正确检查，检查漏一项扣1分，扣完为止		
2	工作许可					
2.1	许可方式	向考评员示意准备就绪，申请开始工作	5	未申请开始考试扣5分		
3	工作步骤及技术要求					
3.1	无人机起飞	按要求起飞无人机，起飞前进行检查	10	未检查扣10分； 起飞不成功扣10分； 以上扣分，扣完为止		
3.2	通过无人机飞行，对已知绝缘子自爆缺陷进行巡视查找拍照，并口述对该缺陷进行分析及防范措施建议	飞行过程及拍照按照架空输电线路多旋翼无人机巡检影像拍摄指导手册中的要求进行。巡检拍摄的照片要清晰，满足相关要求，能识记缺陷与隐患分类及分级规则，且能正确评估缺陷与隐患对电力设备运行带来的影响和程度；并针对绝缘子自爆缺陷，口述对该缺陷进行分析及防范措施建议	40	未完成扣40分； 超出飞行区域扣5分； 口述不全面扣10分； 以上扣分，扣完为止		
3.3	无人机降落	降落在指定地点内	10	未降落到指定地点，扣10分		
4	工作结束					
4.1	安全劳动防护用品	安全劳动防护用品恢复原位	5	安全劳动防护用品未放到原位扣5分		
4.2	恢复现场	将无人机及设备恢复原样	5	设备未轻拿轻放，恢复不彻底扣5分		
5	工作终结汇报	向考评员报告工作已结束，场地已清理	5	未汇报扣5分		
6	其他要求					
6.1	动作要求	动作熟练顺畅	5	动作不正确扣5分		
6.2	安全要求	严格遵守“四不伤害”原则，不得损坏工器具和设备	5	损坏工器具扣5分		
合计			100			

Jc0004242023 无人机精细化巡检——巡检均压环破损缺陷。(100分)

考核知识点：缺陷与隐患查找及原因分析

难易度：中

技能等级评价专业技能考核操作工作任务书

一、任务名称

无人机精细化巡检——巡检均压环破损缺陷。

二、适用工种

无人机巡检工技师。

三、具体任务

通过无人机飞行，对已知均压环破损缺陷进行巡视查找拍照，并口述对该缺陷进行分析及防范措施建议。

四、工作规范及要求

（1）按要求准备现场飞行设备。

（2）飞行过程及拍照按照架空输电线路多旋翼无人机巡检影像拍摄指导手册中的要求进行。巡检拍摄的照片要清晰，满足相关要求，能识记缺陷与隐患分类及分级规则，且能正确评估缺陷与隐患对电力设备运行带来的影响和程度；并针对均压环破损缺陷，口述对该缺陷进行分析及防范措施建议。

（3）飞行过程中不得碰塔、导线等。

（4）降落在指定地点。

五、考核及时间要求

（1）本考核操作时间为 30 分钟，时间到停止考评。

（2）均压环破损缺陷的原因：线路发生短路跳闸，短路电流产生热效应将导线侧均压环烧伤，均压环的锌层会被破坏或直接烧出洞，经过长时间腐蚀，均压环破损。

（3）措施及建议：对烧伤严重的均压环进行更换。对运行时间长的线路，要结合登塔检查金具的腐蚀情况。

技能等级评价专业技能考核操作评分标准

工种	无人机巡检工					评价等级	技师
项目模块	缺陷与隐患查找及原因分析—缺陷与隐患原因分析				编号	Jc0004242023	
单位			准考证号			姓名	
考试时限	30 分钟		题型	单项操作		题分	100 分
成绩		考评员		考评组长		日期	
试题正文	无人机精细化巡检——巡检均压环破损缺陷						
需要说明的问题和要求	（1）按要求准备现场飞行设备。 （2）飞行过程及拍照按照架空输电线路多旋翼无人机巡检影像拍摄指导手册中的要求进行。巡检拍摄的照片要清晰，满足相关要求，能识记缺陷与隐患分类及分级规则，且能正确评估缺陷与隐患对电力设备运行带来的影响和程度；并针对均压环破损缺陷，口述对该缺陷进行分析及防范措施建议。 （3）飞行过程中不得碰塔、导线等。 （4）降落在指定地点						

序号	项目名称	质量要求	满分	扣分标准	扣分原因	得分
1	工作准备					
1.1	安全劳动防护用品的准备	正确选择佩戴安全帽，穿全套工装，包括工作服、绝缘鞋、棉手套等	5	未按规定正确佩戴安全帽、穿工作服、绝缘鞋、戴棉手套等每项扣 2 分，扣完为止		
1.2	无人机及相关设备准备与摆放	熟练地做好无人机的检查与准备工作	5	现场凌乱，摆放不整齐，准备不到位，未正确检查，检查漏一项扣 1 分，扣完为止		

续表

序号	项目名称	质量要求	满分	扣分标准	扣分原因	得分
2	工作许可					
2.1	许可方式	向考评员示意准备就绪，申请开始工作	5	未申请开始考试扣 5 分		
3	工作步骤及技术要求					
3.1	无人机起飞	按要求起飞无人机，起飞前进行检查	10	未检查扣 10 分； 起飞不成功扣 10 分； 以上扣分，扣完为止		
3.2	通过无人机飞行，对已知均压环破损缺陷进行巡视查找拍照，并口述对该缺陷进行分析及防范措施建议	飞行过程及拍照按照架空输电线路多旋翼无人机巡检影像拍摄指导手册中的要求进行。巡检拍摄的照片要清晰，满足相关要求，能识记缺陷与隐患分类及分级规则，且能正确评估缺陷与隐患对电力设备运行带来的影响和程度；并针对均压环破损缺陷，口述对该缺陷进行分析及防范措施建议	40	未完成扣 40 分； 超出飞行区域扣 5 分； 口述不全面扣 10 分； 以上扣分，扣完为止		
3.3	无人机降落	降落在指定地点内	10	未降落到指定地点，扣 10 分		
4	工作结束					
4.1	安全劳动防护用品	安全劳动防护用品恢复原位	5	安全劳动防护用品未放到原位扣 5 分		
4.2	恢复现场	将无人机及设备恢复原样	5	设备未轻拿轻放，恢复不彻底扣 5 分		
5	工作终结汇报	向考评员报告工作已结束，场地已清理	5	未汇报扣 5 分		
6	其他要求					
6.1	动作要求	动作熟练顺畅	5	动作不正确扣 5 分		
6.2	安全要求	严格遵守“四不伤害”原则，不得损坏工器具和设备	5	损坏工器具扣 5 分		
合计			100			

Jc0004241024 无人机精细化巡检——杆塔类缺陷标注及照片命名。(100 分)

考核知识点：缺陷与隐患查找及原因分析

难易度：易

技能等级评价专业技能考核操作工作任务书

一、任务名称

无人机精细化巡检——杆塔类缺陷标注及照片命名。

二、适用工种

无人机巡检工技师。

三、具体任务

对已拍照的杆塔类缺陷照片进行手动重命名，并标注缺陷。

四、工作规范及要求

对已拍照的杆塔类缺陷照片进行手动重命名，将照片文件放入指定存放路径内，同时将照片中的缺陷进行标注，标注方式利用红色矩形框标注，使用文字在旁边标注主要缺陷内容，例如锈蚀、鸟窝、缺材等。

五、考核及时间要求

本考核操作时间为 30 分钟，时间到停止考评。

技能等级评价专业技能考核操作评分标准

工种	无人机巡检工					评价等级	技师
项目模块	缺陷与隐患查找及原因分析—缺陷与隐患分类及分级				编号	Jc0004241024	
单位			准考证号			姓名	
考试时限	30 分钟		题型	单项操作		题分	100 分
成绩		考评员		考评组长		日期	
试题正文	无人机精细化巡检——杆塔类缺陷标注及照片命名						
需要说明的问题和要求	对已拍照的杆塔类缺陷照片进行手动重命名，将照片文件放入指定存放路径内，同时将照片中的缺陷进行标注，标注方式利用红色矩形框标注，使用文字在旁边标注主要缺陷内容，例如锈蚀、鸟窝、缺材等						

序号	项目名称	质量要求	满分	扣分标准	扣分原因	得分
1	工作准备					
1.1	安全劳动防护用品的准备	正确选择佩戴安全帽，穿全套工装，包括工作服、绝缘鞋、棉手套等	5	未按规定正确佩戴安全帽、穿工作服、绝缘鞋、戴棉手套等每项扣 2 分，扣完为止		
1.2	相关设备准备与摆放	熟练地做好相关设备的检查与准备工作	5	现场凌乱，摆放不整齐，准备不到位，未正确检查，检查漏一项扣 1 分，扣完为止		
2	工作许可					
2.1	许可方式	向考评员示意准备就绪，申请开始工作	5	未申请开始考试扣 5 分		
3	工作步骤及技术要求					
3.1	对已拍照的杆塔类缺陷照片进行手动重命名，并标注缺陷	对已拍照的杆塔类缺陷照片进行手动重命名，将照片文件放入指定存放路径内，同时将照片中的缺陷进行标注，标注方式利用红色矩形框标注，使用文字在旁边标注主要缺陷内容，例如锈蚀、鸟窝、缺材等	60	整体未完成扣 60 分，命名部分未完成扣 30 分，标注缺陷部分未完成扣 30 分		
4	工作结束					
4.1	安全劳动防护用品	安全劳动防护用品恢复原位	5	安全劳动防护用品未放到原位扣 5 分		
4.2	恢复现场	将设备恢复原样	5	设备未轻拿轻放，恢复不彻底扣 5 分		
5	工作终结汇报	向考评员报告工作已结束，场地已清理	5	未汇报扣 5 分		
6	其他要求					
6.1	动作要求	动作熟练顺畅	5	动作不正确扣 5 分		
6.2	安全要求	严格遵守“四不伤害”原则，不得损坏工器具和设备	5	损坏工器具扣 5 分		
合计			100			

Jc0004241025　无人机精细化巡检——导地线类缺陷标注及照片命名。（100 分）

考核知识点： 缺陷与隐患查找及原因分析

难易度： 易

技能等级评价专业技能考核操作工作任务书

一、任务名称

无人机精细化巡检——导地线类缺陷标注及照片命名。

二、适用工种

无人机巡检工技师。

三、具体任务

对已拍照的导地线类缺陷照片进行手动重命名，并标注缺陷。

四、工作规范及要求

对已拍照的导地线类缺陷照片进行手动重命名，将照片文件放入指定存放路径内，同时将照片中的缺陷进行标注，标注方式利用红色矩形框标注，使用文字在旁边标注主要缺陷内容，如散股、断股等。

五、考核及时间要求

本考核操作时间为30分钟，时间到停止考评。

技能等级评价专业技能考核操作评分标准

工种	无人机巡检工					评价等级	技师
项目模块	缺陷与隐患查找及原因分析—缺陷与隐患分类及分级				编号	Jc0004241025	
单位			准考证号			姓名	
考试时限	30分钟		题型	单项操作		题分	100分
成绩		考评员		考评组长		日期	
试题正文	无人机精细化巡检——导地线类缺陷标注及照片命名						
需要说明的问题和要求	对已拍照的导地线类缺陷照片进行手动重命名，将照片文件放入指定存放路径内，同时将照片中的缺陷进行标注，标注方式利用红色矩形框标注，使用文字在旁边标注主要缺陷内容，如散股、断股等						

序号	项目名称	质量要求	满分	扣分标准	扣分原因	得分
1	工作准备					
1.1	安全劳动防护用品的准备	正确选择佩戴安全帽，穿全套工装，包括工作服、绝缘鞋、棉手套等	5	未按规定正确佩戴安全帽、穿工作服、绝缘鞋、戴棉手套等每项扣2分，扣完为止		
1.2	相关设备准备与摆放	熟练地做好相关设备的检查与准备工作	5	现场凌乱，摆放不整齐，准备不到位，未正确检查，检查漏一项扣1分，扣完为止		
2	工作许可					
2.1	许可方式	向考评员示意准备就绪，申请开始工作	5	未申请开始考试扣5分		
3	工作步骤及技术要求					
3.1	对已拍照的导地线类缺陷照片进行手动重命名，并标注缺陷	对已拍照的导地线类缺陷照片进行手动重命名，将照片文件放入指定存放路径内，同时将照片中的缺陷进行标注，标注方式利用红色矩形框标注，使用文字在旁边标注主要缺陷内容，如散股、断股等	60	整体未完成扣60分，命名部分未完成扣30分，标注缺陷部分未完成扣30分		
4	工作结束					
4.1	安全劳动防护用品	安全劳动防护用品恢复原位	5	安全劳动防护用品未放到原位扣5分		
4.2	恢复现场	将设备恢复原样	5	设备未轻拿轻放，恢复不彻底扣5分		
5	工作终结汇报	向考评员报告工作已结束，场地已清理	5	未汇报扣5分		
6	其他要求					
6.1	动作要求	动作熟练顺畅	5	动作不正确扣5分		
6.2	安全要求	严格遵守“四不伤害”原则，不得损坏工器具和设备	5	损坏工器具扣5分		
合计			100			

Jc0004241026 无人机精细化巡检——绝缘子类缺陷标注及照片命名。(100分)

考核知识点：缺陷与隐患查找及原因分析

难易度：易

技能等级评价专业技能考核操作工作任务书

一、任务名称

无人机精细化巡检——绝缘子类缺陷标注及照片命名。

二、适用工种

无人机巡检工技师。

三、具体任务

对已拍照的绝缘子类缺陷照片进行手动重命名，并标注缺陷。

四、工作规范及要求

对已拍照的绝缘子类缺陷照片进行手动重命名，将照片文件放入指定存放路径内，同时将照片中的缺陷进行标注，标注方式利用红色矩形框标注，使用文字在旁边标注主要缺陷内容，如自爆、破损、钢帽锈蚀等。

五、考核及时间要求

本考核操作时间为30分钟，时间到停止考评。

技能等级评价专业技能考核操作评分标准

工种	无人机巡检工					评价等级	技师
项目模块	缺陷与隐患查找及原因分析—缺陷与隐患分类及分级				编号	Jc0004241026	
单位			准考证号			姓名	
考试时限	30分钟		题型	单项操作		题分	100分
成绩		考评员		考评组长		日期	
试题正文	无人机精细化巡检——绝缘子类缺陷标注及照片命名						
需要说明的问题和要求	对已拍照的绝缘子类缺陷照片进行手动重命名，将照片文件放入指定存放路径内，同时将照片中的缺陷进行标注，标注方式利用红色矩形框标注，使用文字在旁边标注主要缺陷内容，如自爆、破损、钢帽锈蚀等						

序号	项目名称	质量要求	满分	扣分标准	扣分原因	得分
1	工作准备					
1.1	安全劳动防护用品的准备	正确选择佩戴安全帽，穿全套工装，包括工作服、绝缘鞋、棉手套等	5	未按规定正确佩戴安全帽、穿工作服、绝缘鞋、戴棉手套等每项扣2分，扣完为止		
1.2	相关设备准备与摆放	熟练地做好相关设备的检查与准备工作	5	现场凌乱，摆放不整齐，准备不到位，未正确检查，检查漏一项扣1分，扣完为止		
2	工作许可					
2.1	许可方式	向考评员示意准备就绪，申请开始工作	5	未申请开始考试扣5分		
3	工作步骤及技术要求					
3.1	对已拍照的绝缘子类缺陷照片进行手动重命名，并标注缺陷	对已拍照的绝缘子类缺陷照片进行手动重命名，将照片文件放入指定存放路径内，同时将照片中的缺陷进行标注，标注方式利用红色矩形框标注，使用文字在旁边标注主要缺陷内容，如自爆、破损、钢帽锈蚀等	60	整体未完成扣60分，命名部分未完成扣30分，标注缺陷部分未完成扣30分		
4	工作结束					
4.1	安全劳动防护用品	安全劳动防护用品恢复原位	5	安全劳动防护用品未放到原位扣5分		
4.2	恢复现场	将设备恢复原样	5	设备未轻拿轻放，恢复不彻底扣5分		
5	工作终结汇报	向考评员报告工作已结束，场地已清理	5	未汇报扣5分		
6	其他要求					
6.1	动作要求	动作熟练顺畅	5	动作不正确扣5分		
6.2	安全要求	严格遵守“四不伤害”原则，不得损坏工器具和设备	5	损坏工器具扣5分		
合计			100			

Jc0004241027 无人机精细化巡检——通道隐患类缺陷标注及照片命名。（100 分）

考核知识点：缺陷与隐患查找及原因分析

难易度：易

技能等级评价专业技能考核操作工作任务书

一、任务名称

无人机精细化巡检——通道隐患类缺陷标注及照片命名。

二、适用工种

无人机巡检工技师。

三、具体任务

对已拍照的通道外部隐患的隐患照片进行手动重命名，并标注隐患。

四、工作规范及要求

对已拍照的通道外部隐患的隐患照片进行手动重命名，将照片文件放入指定存放路径内，同时将照片中的隐患进行标注，标注方式利用红色矩形框标注，使用文字在旁边标注主要隐患内容，如建房、种树、施工等。

五、考核及时间要求

本考核操作时间为 30 分钟，时间到停止考评。

技能等级评价专业技能考核操作评分标准

工种	无人机巡检工					评价等级	技师
项目模块	缺陷与隐患查找及原因分析—缺陷与隐患分类及分级				编号	Jc0004241027	
单位			准考证号			姓名	
考试时限	30 分钟		题型	单项操作		题分	100 分
成绩		考评员		考评组长		日期	
试题正文	无人机精细化巡检——通道隐患类缺陷标注及照片命名						
需要说明的问题和要求	对已拍照的通道外部隐患的隐患照片进行手动重命名，将照片文件放入指定存放路径内，同时将照片中的隐患进行标注，标注方式利用红色矩形框标注，使用文字在旁边标注主要隐患内容，如建房、种树、施工等						

序号	项目名称	质量要求	满分	扣分标准	扣分原因	得分
1	工作准备					
1.1	安全劳动防护用品的准备	正确选择佩戴安全帽，穿全套工装，包括工作服、绝缘鞋、棉手套等	5	未按规定正确佩戴安全帽、穿工作服、绝缘鞋、戴棉手套等每项扣 2 分，扣完为止		
1.2	相关设备准备与摆放	熟练地做好相关设备的检查与准备工作	5	现场凌乱，摆放不整齐，准备不到位，未正确检查，检查漏一项扣 1 分，扣完为止		
2	工作许可					
2.1	许可方式	向考评员示意准备就绪，申请开始工作	5	未申请开始考试扣 5 分		
3	工作步骤及技术要求					
3.1	对已拍照的通道外部隐患的隐患照片进行手动重命名，并标注隐患	对已拍照的通道外部隐患的隐患照片进行手动重命名，将照片文件放入指定存放路径内，同时将照片中的隐患进行标注，标注方式利用红色矩形框标注，使用文字在旁边标注主要隐患内容，如建房、种树、施工等	60	整体未完成扣 60 分，命名部分未完成扣 30 分，标注缺陷部分未完成扣 30 分		
4	工作结束					
4.1	安全劳动防护用品	安全劳动防护用品恢复原位	5	安全劳动防护用品未放到原位扣 5 分		

续表

序号	项目名称	质量要求	满分	扣分标准	扣分原因	得分
4.2	恢复现场	将设备恢复原样	5	设备未轻拿轻放，恢复不彻底扣5分		
5	工作终结汇报	向考评员报告工作已结束，场地已清理	5	未汇报扣5分		
6	其他要求					
6.1	动作要求	动作熟练顺畅	5	动作不正确扣5分		
6.2	安全要求	严格遵守“四不伤害”原则，不得损坏工器具和设备	5	损坏工器具扣5分		
合计			100			

Jc0001241028　通过搭载红外热像仪的无人机对1基单回路耐张塔耐张管进行拍摄，并对测温数据进行分析。（100分）

考核知识点：缺陷与隐患查找及原因分析

难易度：易

技能等级评价专业技能考核操作工作任务书

一、任务名称

通过搭载红外热像仪的无人机对1基单回路耐张塔耐张管进行拍摄，并对测温数据进行分析。

二、适用工种

无人机巡检工技师。

三、具体任务

能够独立完成1基单回路耐张塔耐张管红外拍摄工作，并进行数据分析。

四、工作规范及要求

（1）按要求进行红外成像设备组装。

（2）按要求起飞。

（3）通过搭载红外热像仪的无人机对1基单回路耐张塔耐张管进行拍摄，并对测温数据进行分析。

（4）返回降落。

五、考核及时间要求

本考核操作时间为30分钟，时间到停止考评。

技能等级评价专业技能考核操作评分标准

<table>
<tr><td>工种</td><td colspan="5">无人机巡检工</td><td>评价等级</td><td>技师</td></tr>
<tr><td>项目模块</td><td colspan="4">基础能力—拍摄技术</td><td>编号</td><td colspan="2">Jc0001241028</td></tr>
<tr><td>单位</td><td colspan="2"></td><td>准考证号</td><td colspan="2"></td><td>姓名</td><td></td></tr>
<tr><td>考试时限</td><td colspan="2">30分钟</td><td>题型</td><td colspan="2">单项操作</td><td>题分</td><td>100分</td></tr>
<tr><td>成绩</td><td></td><td>考评员</td><td></td><td>考评组长</td><td></td><td>日期</td><td></td></tr>
<tr><td>试题正文</td><td colspan="7">通过搭载红外热像仪的无人机对1基单回路耐张塔耐张管进行拍摄，并对测温数据进行分析</td></tr>
<tr><td>需要说明的问题和要求</td><td colspan="7">（1）按要求进行红外成像设备组装。
（2）按要求起飞。
（3）通过搭载红外热像仪的无人机对1基单回路耐张塔耐张管进行拍摄，并对测温数据进行分析。
（4）返回降落</td></tr>
</table>

续表

序号	项目名称	质量要求	满分	扣分标准	扣分原因	得分
1	工作准备					
1.1	安全劳动防护用品的准备	正确选择佩戴安全帽，穿全套工装，包括工作服、绝缘鞋、棉手套等	5	未按规定正确佩戴安全帽、穿工作服、绝缘鞋、戴棉手套等每项扣 2 分，扣完为止		
1.2	无人机及相关设备准备与摆放	熟练地做好无人机的检查与准备工作	5	现场凌乱，摆放不整齐，准备不到位，未正确检查，检查漏一项扣 1 分，扣完为止		
2	工作许可					
2.1	许可方式	向考评员示意准备就绪，申请开始工作	5	未申请开始考试扣 5 分		
3	工作步骤及技术要求					
3.1	通过搭载红外热像仪的无人机对 1 基单回路耐张塔耐张管进行拍摄，并对测温数据进行分析	照片质量满足要求，数据分析正确	60	整体未完成扣 60 分，测温数据未分析扣 30 分		
4	工作结束					
4.1	安全劳动防护用品	安全劳动防护用品恢复原位	5	安全劳动防护用品未放到原位扣 5 分		
4.2	恢复现场	将无人机及设备恢复原样	5	设备未轻拿轻放，恢复不彻底扣 5 分		
5	工作终结汇报	向考评员报告工作已结束，场地已清理	5	未汇报扣 5 分		
6	其他要求					
6.1	动作要求	动作熟练顺畅	5	动作不正确扣 5 分		
6.2	安全要求	严格遵守“四不伤害”原则，不得损坏工器具和设备	5	损坏工器具扣 5 分		
合计			100			

Jc0001241029　通过搭载红外热像仪的无人机对 1 基直线塔绝缘子串进行拍摄，并对测温数据进行分析。(100 分)

考核知识点：缺陷与隐患查找及原因分析

难易度：易

技能等级评价专业技能考核操作工作任务书

一、任务名称

通过搭载红外热像仪的无人机对 1 基直线塔绝缘子串进行拍摄，并对测温数据进行分析。

二、适用工种

无人机巡检工技师。

三、具体任务

能够独立完成 1 基直线塔绝缘子串红外拍摄工作，并进行数据分析。

四、工作规范及要求

(1) 按要求进行红外成像设备组装。

(2) 按要求起飞。

(3) 通过搭载红外热像仪的无人机对 1 基直线塔绝缘子串进行拍摄，并对测温数据进行分析。

(4) 返回降落。

五、考核及时间要求

本考核操作时间为30分钟，时间到停止考评。

技能等级评价专业技能考核操作评分标准

工种	无人机巡检工					评价等级	技师
项目模块	基础能力—拍摄技术				编号	Jc0001241029	
单位			准考证号			姓名	
考试时限	30分钟		题型	单项操作		题分	100分
成绩		考评员		考评组长		日期	
试题正文	通过搭载红外热像仪的无人机对1基直线塔绝缘子串进行拍摄，并对测温数据进行分析						
需要说明的问题和要求	（1）按要求进行红外成像设备组装。 （2）按要求起飞。 （3）通过搭载红外热像仪的无人机对1基直线塔绝缘子串进行拍摄，并对测温数据进行分析。 （4）返回降落。						

序号	项目名称	质量要求	满分	扣分标准	扣分原因	得分
1	现场工器具准备与摆放					
1.1	现场相关工器具材料的准备与摆放	工器具材料的准备与摆放规整有序，现场不凌乱	10	现场凌乱，摆放不整齐，准备不到位扣10分		
1.2	按要求进行红外成像设备组装	组装过程不出错	10	未组装成功或链接不通，扣10分		
2	对已拍照的绝缘子类红外照片进行手动重命名，并标注缺陷	通过搭载红外热像仪的无人机对1基直线塔绝缘子串进行拍摄，并对测温数据进行分析	60	整体未完成扣60分，测温数据未分析扣40分		
3	返回降落，现场恢复	返回降落，恢复现场	20	未进行现场恢复扣10分，恢复不彻底扣5分		
合计			100			

Jc0004242030 无人机精细化巡检——金具类缺陷标注及照片命名。(100分)

考核知识点： 缺陷与隐患查找及原因分析

难易度： 易

技能等级评价专业技能考核操作工作任务书

一、任务名称

无人机精细化巡检——金具类缺陷标注及照片命名。

二、适用工种

无人机巡检工技师。

三、具体任务

对已拍照的金具类缺陷照片进行手动重命名，并进行标注。

四、工作规范及要求

对已拍照的金具类缺陷照片进行手动重命名，将照片文件放入指定存放路径内，同时将照片中的缺陷进行标注，标注方式利用红色矩形框标注，使用文字在旁边标注主要缺陷内容，如开口销缺失、防震锤锈蚀等。

五、考核及时间要求

本考核操作时间为 30 分钟，时间到停止考评。

技能等级评价专业技能考核操作评分标准

工种	无人机巡检工			评价等级	技师
项目模块	缺陷与隐患查找及原因分析—缺陷与隐患分类及分级		编号	Jc0004242030	
单位		准考证号		姓名	
考试时限	30 分钟	题型	单项操作	题分	100 分
成绩		考评员	考评组长		日期
试题正文	无人机精细化巡检——金具类缺陷标注及照片命名				
需要说明的问题和要求	对已拍照的金具类缺陷照片进行手动重命名，将照片文件放入指定存放路径内，同时将照片中的缺陷进行标注，标注方式利用红色矩形框标注，使用文字在旁边标注主要缺陷内容，如开口销缺失、防震锤锈蚀等				

序号	项目名称	质量要求	满分	扣分标准	扣分原因	得分
1	工作准备					
1.1	安全劳动防护用品的准备	正确选择佩戴安全帽，穿全套工装，包括工作服、绝缘鞋、棉手套等	5	未按规定正确佩戴安全帽、穿工作服、绝缘鞋、戴棉手套等每项扣 2 分，扣完为止		
1.2	相关设备准备与摆放	熟练地做好相关设备的检查与准备工作	5	现场凌乱，摆放不整齐，准备不到位，未正确检查，检查漏一项扣 1 分，扣完为止		
2	工作许可					
2.1	许可方式	向考评员示意准备就绪，申请开始工作	5	未申请开始考试扣 5 分		
3	工作步骤及技术要求					
3.1	对已拍照的金具类缺陷照片进行手动重命名，并标注缺陷	对已拍照的金具类缺陷照片进行手动重命名，将照片文件放入指定存放路径内，同时将照片中的缺陷进行标注，标注方式利用红色矩形框标注，使用文字在旁边标注主要缺陷内容，如开口销缺失、防震锤锈蚀等	60	整体未完成扣 60 分，命名部分未完成扣 30 分，标注缺陷部分未完成扣 30 分		
4	工作结束					
4.1	安全劳动防护用品	安全劳动防护用品恢复原位	5	安全劳动防护用品未放到原位扣 5 分		
4.2	恢复现场	将设备恢复原样	5	设备未轻拿轻放，恢复不彻底扣 5 分		
5	工作终结汇报	向考评员报告工作已结束，场地已清理	5	未汇报扣 5 分		
6	其他要求					
6.1	动作要求	动作熟练顺畅	5	动作不正确扣 5 分		
6.2	安全要求	严格遵守“四不伤害”原则，不得损坏工器具和设备	5	损坏工器具扣 5 分		
合计			100			

Jc0004242031　对已拍照的附属设施类缺陷照片进行手动重命名，并标注缺陷。（100 分）

考核知识点：缺陷与隐患查找及原因分析

难易度：中

技能等级评价专业技能考核操作工作任务书

一、任务名称

对已拍照的附属设施类缺陷照片进行手动重命名，并标注缺陷。

二、适用工种

无人机巡检工技师。

三、具体任务

对已拍照的附属设施类缺陷照片进行手动重命名，并进行缺陷标注。

四、工作规范及要求

对已拍照的附属设施类缺陷照片进行手动重命名，将照片文件放入指定存放路径内，同时将照片中的缺陷进行标注，标注方式利用红色矩形框标注，使用文字在旁边标注主要缺陷内容，如相序牌丢失、防鸟刺脱落等。

五、考核及时间要求

本考核操作时间为30分钟，时间到停止考评。

技能等级评价专业技能考核操作评分标准

工种	无人机巡检工					评价等级	技师
项目模块	缺陷与隐患查找及原因分析—缺陷与隐患分类及分级				编号	Jc0004242031	
单位			准考证号			姓名	
考试时限	30分钟		题型	单项操作		题分	100分
成绩		考评员		考评组长		日期	
试题正文	对已拍照的附属设施类缺陷照片进行手动重命名，并标注缺陷						
需要说明的问题和要求	对已拍照的附属设施类缺陷照片进行手动重命名，将照片文件放入指定存放路径内，同时将照片中的缺陷进行标注，标注方式利用红色矩形框标注，使用文字在旁边标注主要缺陷内容，如相序牌丢失、防鸟刺脱落等						

序号	项目名称	质量要求	满分	扣分标准	扣分原因	得分
1	工作准备					
1.1	安全劳动防护用品的准备	正确选择佩戴安全帽，穿全套工装，包括工作服、绝缘鞋、棉手套等	5	未按规定正确佩戴安全帽、穿工作服、绝缘鞋、戴棉手套等每项扣2分，扣完为止		
1.2	相关设备准备与摆放	熟练地做好相关设备的检查与准备工作	5	现场凌乱，摆放不整齐，准备不到位，未正确检查，检查漏一项扣1分，扣完为止		
2	工作许可					
2.1	许可方式	向考评员示意准备就绪，申请开始工作	5	未申请开始考试扣5分		
3	工作步骤及技术要求					
3.1	对已拍照的附属设施类缺陷照片进行手动重命名，并标注缺陷	对已拍照的附属设施类缺陷照片进行手动重命名，将照片文件放入指定存放路径内，同时将照片中的缺陷进行标注，标注方式利用红色矩形框标注，使用文字在旁边标注主要缺陷内容，如相序牌丢失、防鸟刺脱落等	60	整体未完成扣60分，命名部分未完成扣30分，标注缺陷部分未完成扣30分		
4	工作结束					
4.1	安全劳动防护用品	安全劳动防护用品恢复原位	5	安全劳动防护用品未放到原位扣5分		
4.2	恢复现场	将设备恢复原样	5	设备未轻拿轻放，恢复不彻底扣5分		

续表

序号	项目名称	质量要求	满分	扣分标准	扣分原因	得分
5	工作终结汇报	向考评员报告工作已结束，场地已清理	5	未汇报扣 5 分		
6	其他要求					
6.1	动作要求	动作熟练顺畅	5	动作不正确扣 5 分		
6.2	安全要求	严格遵守“四不伤害”原则，不得损坏工器具和设备	5	损坏工器具扣 5 分		
合计			100			

Jc0003343032 编写无人机中级工技能培训方案。(100 分)

考核知识点：无人机巡检作业

难易度：难

技能等级评价专业技能考核操作工作任务书

一、任务名称

编写无人机中级工技能培训方案。

二、适用工种

无人机巡检工技师。

三、具体任务

某单位有李四等 5 名无人机中级工需进行巡检技能培训。针对此项工作，考生编写一份无人机中级工技能培训方案。

四、工作规范及要求

结合培训任务按照以下要求完成无人机中级工技能培训方案的编写：

(1) 培训项目为实操项目。

(2) 培训相关内容由考生自行组织。

五、考核及时间要求

考核时间共 40 分钟，每超过 2 分钟扣 1 分，到 45 分钟终止考核。

技能等级评价专业技能考核操作评分标准

工种	无人机巡检工				评价等级	技师
项目模块	无人机巡检作业—架空输电线路精细化巡检			编号	Jc0003343032	
单位		准考证号			姓名	
考试时限	40 分钟	题型	单项操作		题分	100 分
成绩		考评员		考评组长	日期	
试题正文	编写无人机中级工技能培训方案					
需要说明的问题和要求	(1) 培训内容应为技能实操项目。 (2) 内容不作限制，由考生自行组织					

序号	项目名称	质量要求	满分	扣分标准	扣分原因	得分
1	培训目标	应有明确的培训目标	10	缺少一项扣 10 分		

续表

序号	项目名称	质量要求	满分	扣分标准	扣分原因	得分
2	培训人	应有明确的授课人	10	缺少一项扣 10 分		
3	培训对象	应明确培训对象	10	缺少一项扣 10 分		
4	培训内容	（1）应有具体的培训项目名称。 （2）应有项目的具体内容	20	缺少一项扣 10 分		
5	培训方式	应有明确的培训方式，培训方式为实操	10	缺少一项扣 10 分		
6	培训时间与地点	应明确培训时间及地点	20	缺少一项扣 10 分		
7	培训考核方式	应明确培训的考核方式，考核方式为实操	10	缺少一项扣 10 分		
8	其他相关事宜	其他相关的培训事宜，如奖惩方式、劳动纪律等要求	10	缺少一项扣 10 分		
合计			100			

Jc0003343033　编写无人机高级工技能培训方案。（100 分）

考核知识点：无人机巡检作业

难易度：难

技能等级评价专业技能考核操作工作任务书

一、任务名称

编写无人机高级工技能培训方案。

二、适用工种

无人机巡检工技师。

三、具体任务

某单位有李四等 5 名无人机高级工需进行巡检技能培训。针对此项工作，考生编写一份无人机高级工技能培训方案。

四、工作规范及要求

结合培训任务按照以下要求完成无人机高级工技能培训方案的编写：

（1）培训项目为实操项目。

（2）培训相关内容由考生自行组织。

五、考核及时间要求

考核时间共 40 分钟，每超过 2 分钟扣 1 分，到 45 分钟终止考核。

技能等级评价专业技能考核操作评分标准

<table>
<tr><td>工种</td><td colspan="6">无人机巡检工</td><td>评价等级</td><td>技师</td></tr>
<tr><td>项目模块</td><td colspan="5">无人机巡检作业—架空输电线路精细化巡检</td><td>编号</td><td colspan="2">Jc0003343033</td></tr>
<tr><td>单位</td><td colspan="3"></td><td>准考证号</td><td colspan="2"></td><td>姓名</td><td></td></tr>
<tr><td>考试时限</td><td colspan="2">40 分钟</td><td>题型</td><td colspan="3">单项操作</td><td>题分</td><td>100 分</td></tr>
<tr><td>成绩</td><td></td><td>考评员</td><td></td><td>考评组长</td><td colspan="2"></td><td>日期</td><td></td></tr>
<tr><td>试题正文</td><td colspan="8">编写无人机高级工技能培训方案</td></tr>
<tr><td>需要说明的问题和要求</td><td colspan="8">（1）培训内容应为技能实操项目。
（2）内容不作限制，由考生自行组织</td></tr>
</table>

续表

序号	项目名称	质量要求	满分	扣分标准	扣分原因	得分
1	培训目标	应有明确的培训目标	10	缺少一项扣 10 分		
2	培训人	应有明确的授课人	10	缺少一项扣 10 分		
3	培训对象	应明确培训对象	10	缺少一项扣 10 分		
4	培训内容	（1）应有具体的培训项目名称。 （2）应有项目的具体内容	20	缺少一项扣 10 分		
5	培训方式	应有明确的培训方式，培训方式为实操	10	缺少一项扣 10 分		
6	培训时间与地点	应明确培训时间及地点	20	缺少一项扣 10 分		
7	培训考核方式	应明确培训的考核方式，考核方式为实操	10	缺少一项扣 10 分		
8	其他相关事宜	其他相关的培训事宜，如奖惩方式、劳动纪律等要求	10	缺少一项扣 10 分		
合计			100			

Jc0003343034 编写无人机初级工技能培训方案。(100 分)

考核知识点：无人机巡检作业

难易度：难

技能等级评价专业技能考核操作工作任务书

一、任务名称

编写无人机初级工技能培训方案。

二、适用工种

无人机巡检工技师。

三、具体任务

某单位有李四等 5 名无人机初级工需进行巡检技能培训。针对此项工作，考生编写一份无人机初级工技能培训方案。

四、工作规范及要求

结合培训任务按照以下要求完成无人机初级工技能培训方案的编写：

（1）培训项目为实操项目。

（2）培训相关内容由考生自行组织。

五、考核及时间要求

考核时间共 40 分钟，每超过 2 分钟扣 1 分，到 45 分钟终止考核。

技能等级评价专业技能考核操作评分标准

工种	无人机巡检工					评价等级	技师
项目模块	无人机巡检作业—架空输电线路精细化巡检				编号	Jc0003343034	
单位		准考证号				姓名	
考试时限	40 分钟	题型	单项操作			题分	100 分
成绩		考评员		考评组长		日期	
试题正文	编写无人机初级工技能培训方案						

续表

需要说明的问题和要求	（1）培训内容应为技能实操项目。 （2）内容不作限制，由考生自行组织

序号	项目名称	质量要求	满分	扣分标准	扣分原因	得分
1	培训目标	应有明确的培训目标	10	缺少一项扣 10 分		
2	培训师	应有明确的授课人	5	缺少一项扣 5 分		
3	培训对象	应明确培训对象	5	缺少一项扣 5 分		
4	培训内容	（1）应有具体的培训项目名称。 （2）应有项目的具体内容	40	缺少一项扣 20 分		
5	培训方式	应有明确的培训方式，培训方式为线上或线下	10	缺少一项扣 10 分		
6	培训时间与地点	应明确培训时间及地点	10	缺少一项扣 10 分		
7	考核方式	应明确培训的考核方式，考核方式为实操	10	缺少一项扣 10 分		
8	其他相关事宜	其他相关的培训事宜，如奖惩方式、劳动纪律等要求	10	缺少一项扣 10 分		
合计			100			

第五部分
高级技师

第九章　无人机巡检工高级技师技能笔答

Jb0001132001　各类架空输电线路金具代表字母分别为什么？（5分）

考核知识点：架空输电线路金具分类

难易度：中

标准答案：

悬垂线夹类，以字母C表示；耐张线夹类，以字母N表示；连接金具类，无分类代表字母，型号首字按产品名称首字，但不与分类分代表字母重复；接续金具类，以字母J表示；防护金具类，以字母F表示；T接金具类，以字母T表示；设备线夹类，以字母S表示；母线金具类，以字母M表示。

Jb0001133002　杆塔拉线有哪些种类？其作用是什么？（5分）

考核知识点：架空输电线路拉线种类与作用

难易度：难

标准答案：

拉线杆塔是靠拉线来稳定的，“四方拉线”可以平衡杆塔各个方向的拉力，使杆塔不因此产生弯曲、倾斜和倒杆塔。拉线一般有以下几个作用：

（1）用来平衡导线、地线的不平衡张力，这类拉线称为导线拉线、地线拉线。主要用在耐张杆塔，也有用在架空地线双变单的直线杆架空地线尽头杆。

（2）用来实现杆塔稳定的称为稳定拉线、主要用在直线单杆、双杆、V形塔、八字形塔等“四方拉线”“V形拉线”。

（3）在施工或检修中紧线、挂线、更换导地线、锈蚀拉线等作业时，由于原来的杆塔力系平衡破坏或过牵引，会引起杆塔或构件受力变形、倾倒等，往往要事先在检修的杆塔上设置临时拉线，以维持杆塔原先的受力平衡。

（4）有些杆塔的结构拉线和特殊作用拉线，如耐张杆的内角拉线、地线顶架（羊角）上的水平拉线、在多雷区易击杆塔的塔顶增装防雷拉线。

Jb0001133003　为什么要在连接固定螺栓上带双帽和弹簧垫圈？（5分）

考核知识点：架空输电线路固定螺栓带双帽与弹簧垫圈的原因

难易度：难

标准答案：

线路杆塔挂点处或有的金具需采用双螺母及螺母下垫弹簧垫圈，这是为了防止受力螺栓的螺母在日常运行中，受导线、铁塔的振动而逐渐回松，因此称为防松措施。

依靠双帽的防松作用，是用两只螺母戴上后，用两把扳手相互相反方向紧固，靠两只螺母的相互挤压来完成防回松。弹簧垫圈的防松作用是靠弹簧垫圈被螺母压紧后，弹簧垫圈对螺母产生反作用力，使螺母与螺杆上螺纹间的摩擦力增加，从而使螺母不易回松。也有在螺母紧固后，在螺杆、螺母上点上油漆作为防松措施。

Jb0001132004 工作期间工作负责人若因故暂时离开、长时间离开工作现场时，有何规定？（5分）

考核知识点：工作负责人暂时离开或长时间离开工作现场的规定

难易度：中

标准答案：

工作期间，工作负责人若因故暂时离开工作现场时，应指定能胜任的人员临时代替，离开前应将工作现场交代清楚，并告知工作班成员。原工作负责人返回工作现场时，也应履行同样的交接手续。若工作负责人必须长时间离开工作现场时，应由原工作票签发人变更工作负责人，履行变更手续，并告知全体工作人员及工作许可人。原、现工作负责人应做好必要的交接。

Jb0001132005 试述哪些工作地点需悬挂标示牌和装设遮栏（围栏）。（5分）

考核知识点：悬挂标示牌和装设遮栏（围栏）的工作地点

难易度：中

标准答案：

在一经合闸即可送电到工作地点的断路器（开关）、隔离开关（刀闸）及跌落式熔断器的操作处，均应悬挂“禁止合闸，线路有人工作！”或“禁止合闸，有人工作！”的标示牌。进行地面配电设备部分停电的工作，人员工作时距设备小于Q/GDW 11399—2015《架空输电线路无人机巡检作业安全工作规程》表1安全距离以内的未停电设备，应增设临时围栏；临时围栏应装设牢固，并悬挂“止步，高压危险！”的标示牌。在城区、人口密集区地段或交通道口和通行道路上施工时，工作场所周围应装设遮栏（围栏），并在相应部位装设标示牌。高压配电设备做耐压试验时应在周围设围栏，围栏上应向外悬挂适当数量的“止步，高压危险！”标示牌。

Jb0001132006 为了防止在同杆塔架设多回路中误登有电线路及直流线路中误登有电极，应采取哪些措施？（5分）

考核知识点：防止误登杆塔的措施

难易度：中

标准答案：

每基杆塔应设识别标记（色标、判别标识等）和线路名称、杆号。工作前应发给作业人员相对应线路的识别标记。经核对停电检修线路的识别标记和线路名称、杆号无误，验明线路确已停电并挂好接地线后，工作负责人方可发令开始工作。登杆塔和在杆塔上工作时，每基杆塔都应设专人监护。作业人员登杆塔前应核对停电检修线路的识别标记和线路名称、杆号无误后，方可攀登。登杆塔至横担处时，应再次核对停电线路的识别标记与双重称号，确认无误后方可进入停电线路侧横担。

Jb0001132007 邻近高压线路感应电压的防护有哪些规定？（5分）

考核知识点：邻近高压线路感应电压的防护

难易度：中

标准答案：

（1）在330kV及以上电压等级的带电线路杆塔上及变电站构架上作业，应采取穿着静电感应防护服、导电鞋等防静电感应措施（220kV线路杆塔上作业时宜穿导电鞋）。

（2）在±400kV及以上电压等级的直流线路单极停电侧进行工作时，应穿着全套屏蔽服。

（3）带电更换架空地线或架设耦合地线时，应通过金属滑车可靠接地。

（4）绝缘架空地线应视为带电体。作业人员与绝缘架空地线之间的距离不应小于0.4m（1000kV

为 0.6m）；如需在绝缘架空地线上作业时，应用接地线或个人保安线将其可靠接地或采用等电位方式进行。

（5）用绝缘绳索传递大件金属物品（包括工具、材料等）时，杆塔或地面上作业人员应将金属物品接地后再接触，以防电击。

Jb0001133008　Q/GDW 11399—2015《架空输电线路无人机巡检作业安全工作规程》中航线规划如何要求？（5分）

考核知识点：航线规划要求

难易度：难

标准答案：

（1）应严格按照批复后的空域进行航线规划。

（2）应根据巡检作业要求和所用无人机巡检系统技术性能进行航线规划。

（3）航线规划应避开空中管制区、重要建筑和设施，尽量避开人员活动密集区、通信阻隔区、无线电干扰区、大风或切变风多发区和森林防火区等地区。

（4）对首次进行无人机巡检作业的线段，航线规划时应留有充足裕量，与以上区域保持足够的安全距离。航线规划时，无人机巡检系统飞行航时应留有裕度。

（5）对已经飞行过的巡检作业航线，每架次任务的飞行航时应不超过无人机巡检系统作业航时，并留有一定裕量。

（6）对首次实际飞行的巡检作业航线，每架次任务的飞行航时应充分考虑无人机巡检系统作业航时，留有充足裕量。

（7）除必要的跨越外，无人机巡检系统不得在公路、铁路两侧路基外各 100m 之间飞行，距油气管线边缘距离不得小于 100m。

（8）除必要外，航线不得跨越高速铁路，尽量避免跨越高速公路。

（9）选定的无人机巡检系统起飞和降落区应远离公路、铁路、重要建筑和设施，尽量避开周边军事禁区、军事管理区、森林防火区和人员活动密集区等，且满足对应机型的技术指标要求。

（10）不得在无人机巡检系统飞行过程中更改巡检航线。

Jb0001133009　Q/GDW 11399—2015《架空输电线路无人机巡检作业安全工作规程》中使用小型无人直升机巡检系统的巡检作业如何要求？（5分）

考核知识点：小型无人直升机巡检系统巡检要求

难易度：难

标准答案：

（1）操控手应在巡检作业前一个工作日完成所用无人直升机巡检系统的检查，确认状态正常，准备好现场作业工器具以及备品备件等物资。

（2）应在通信链路畅通范围内进行巡检作业。在飞至巡检作业点的过程中，通常应在目视可及范围内；在巡检作业点进行拍照、摄像等作业时，应保持目视可及。

（3）可采用自主或增稳飞行模式控制无人直升机巡检系统飞至巡检作业点，然后以增稳飞行模式进行拍照、摄像等作业。不应采用手动飞行模式。

（4）无人直升机巡检系统到达巡检作业点后，宜由程控手进行拍照、摄像等作业。

（5）程控手与操控手之间应保持信息畅通。若需要对无人直升机巡检系统的位置、姿态等进行调整，程控手应及时告知操控手具体要求，由操控手根据现场情况和无人直升机状态决定是否实施。实施操作应由操控手通过遥控器进行。

（6）无人直升机巡检系统不应长时间在设备上方悬停，不应在重要建筑及设施、公路和铁路等的上方悬停。

（7）巡检作业时，无人直升机巡检系统距线路设备距离不宜小于 5m，距周边障碍物距离不宜小于 10m。

（8）巡检飞行速度不宜大于 10m/s。

Jb0001133010 Q/GDW 11399—2015《架空输电线路无人机巡检作业安全工作规程》中对特殊工况应急处理是如何规定的？（5分）

考核知识点：特殊工况应急处理

难易度：难

标准答案：

（1）巡检作业区域出现雷雨、大风等可能影响作业的突变天气时，应及时评估巡检作业安全性，在确保安全后方可继续执行巡检作业，否则应采取措施控制无人机巡检系统避让、返航或就近降落。

（2）巡检作业区域出现其他飞行器或漂浮物时，应立即评估巡检作业安全性，在确保安全后方可继续执行巡检作业，否则应采取避让措施。

（3）无人机巡检系统飞行过程中，若班组成员身体出现不适或受其他干扰影响作业，应迅速采取措施保证无人机巡检系统安全，情况紧急时，可立即控制无人机巡检系统返航或就近降落。

Jb0001132011 Q/GDW 11399—2015《架空输电线路无人机巡检作业安全工作规程》中对资料管理是如何规定的？（5分）

考核知识点：资料管理

难易度：中

标准答案：

（1）每次巡检作业结束后，工作负责人应填写无人机巡检系统使用记录单，记录无人机巡检系统作业表现及当前状态等信息，并于第二个工作日内前交维护保养人员。

（2）设备运维单位应建立线路资料信息，包括线路走向和走势、交叉跨越情况、杆塔坐标、周边地形地貌等，并核实无误。

（3）设备运维单位应提前掌握线路周边重要建筑和设施、人员活动密集区、空中管制区、无线电干扰区、通信阻隔区、大风或切变风多发区、森林防火区和无人区等的分布情况，提前建立各型无人机巡检系统正常以及备选起飞和降落区档案，由工作许可人在地图上进行标注，并及时更新。工作负责人应在每次巡检作业结束后的第二个工作日内前将相关变化情况报送工作许可人。

Jb0001133012 《民用无人驾驶航空器系统空中交通管理办法》（MD-TM-2016-004）中规定的民用航空使用空域范围内开展民用无人驾驶航空器系统飞行活动，除满足哪些条件的情况外，应通过地区管理局评审？（5分）

考核知识点：地区管理局评审

难易度：难

标准答案：

民用航空使用空域范围内开展民用无人驾驶航空器系统飞行活动，除满足以下全部条件的情况外，应通过地区管理局评审：

（1）机场净空保护区以外。

（2）民用无人驾驶航空器最大起飞重量小于或等于 7kg。

（3）在视距内飞行，且天气条件不影响持续可见无人驾驶航空器。

（4）在昼间飞行。

（5）飞行速度不大于 120km/h。

（6）民用无人驾驶航空器符合适航管理相关要求。

（7）驾驶员符合相关资质要求。

（8）在进行飞行前驾驶员完成对民用无人驾驶航空器系统的检查。

（9）不得对飞行活动以外的其他方面造成影响，包括地面人员、设施、环境安全和社会治安等。

（10）运营人应确保其飞行活动持续符合以上条件。

Jb0001133013　《民用无人机驾驶员管理规定》（AC-61-FS-2016-20R1）中关于行业协会对无人机系统驾驶员的管理如何要求？（5 分）

考核知识点：行业协会对无人机系统驾驶员的管理

难易度：难

标准答案：

（1）实施无人机系统驾驶员管理的行业协会须具备以下条件：

1）正式注册五年以上的全国性行业协会，并具有行业相关性。

2）设立了专门的无人机管理机构。

3）建立了可发展完善的理论知识评估方法，可以测评人员的理论水平。

4）建立了可发展完善的安全操作技能评估方法，可以评估人员的操控、指挥和管理技能。

5）建立了驾驶员考试体系和标准化考试流程，可实现驾驶员训练、考试全流程电子化实时监测。

6）建立了驾驶员管理体系，可以统计和管理驾驶员在持证期间的运行和培训的飞行经历、违章处罚等记录。

7）已经在民航局备案。

（2）行业协会对申请人实施考核后签发训练合格证，在第 5 条第（2）款所述情况下运行的无人机系统中担任驾驶员，必须持有该合格证。

（3）训练合格证应定期更新，更新时应对新的法规要求、新的知识和驾驶技术等内容实施必要的培训，如需要，应进行考核。

（4）行业协会每六个月向局方提交报告，内容包括训练情况、技术进步情况、遇到的困难和问题、事故和事故征候、训练合格证统计信息等。

Jb0001133014　《轻小无人机运行规定》中管理方式是如何要求的？（5 分）

考核知识点：《轻小无人机运行规定》

难易度：难

标准答案：

（1）民用无人机的运行管理：

1）电子围栏。

① 对于Ⅲ、Ⅳ、Ⅵ类和Ⅶ类无人机，应具备并使用电子围栏功能。

② 对于在重点地区和机场净空区以下运行Ⅱ类和Ⅴ类无人机，应具备并使用电子围栏功能。

2）接入无人机云的民用无人机。

① 对于重点地区和机场净空区以下使用的Ⅱ类和Ⅴ类的民用无人机，应接入无人机云，或者仅将其地面操控设备位置信息接入无人机云，报告频率最少每分钟一次。

② 对于Ⅲ、Ⅳ、Ⅵ和Ⅶ类的民用无人机应接入无人机云，在人口稠密区报告频率最少每秒一次。

在非人口稠密区报告频率最少每30秒一次。

③ 对于在融合空域运行的Ⅳ类的民用无人机，增加被动反馈系统。

3）未接入无人机云的民用无人机。运行前需提前向管制部门提出申请，并提供有效监视手段。

（2）民用无人机运营人的管理。

根据《民用航空法》规定，无人机运营人应当对无人机投保地面第三人责任险。

Jb0001132015 根据《架空输电线路无人机作业空域申请和使用管理办法（试行）》（运检二〔2017〕158号）规定，空域申请流程第一步要求是什么？（5分）

考核知识点： 空域申请流程

难易度： 中

标准答案：

根据《架空输电线路无人机作业空域申请和使用管理办法（试行）》（运检二〔2017〕158号）规定，空域申请流程第一步流程为任务审批，主要要求如下：

按照法规中对于空域申请内容的要求，各省（自治区、直辖市）电力公司于每年11月5日前统一上报无人机年度作业计划及飞行空域申请文件，由相关部门汇总后统一提交至各战区空军参谋部航管处进行审批。空域申请文件内容通常包括作业单位、机型种类、操控方式、作业时间范围、作业区域编号、航线、高度及示意图，应急处置措施，联系人和联系方式等。

Jb0001132016 根据《架空输电线路无人机作业空域申请和使用管理办法（试行）》（运检二〔2017〕158号）规定，空域申请流程第二步的要求是什么？（5分）

考核知识点： 空域申请流程

难易度： 中

标准答案：

根据《架空输电线路无人机作业空域申请和使用管理办法（试行）》（运检二〔2017〕158号）规定，空域申请流程第二步流程为计划申请，主要要求如下：

在批复许可的作业飞行空域内开展无人机作业时，省检修（或省送变电）和地市公司应在作业飞行前1天的15时前采用电话或传真等方式向作业飞行空域所属飞行管制分区进行作业飞行计划申请。在同一飞行空域范围内且连续多天开展的无人机作业，根据所属飞行管制分区意见可申请常备计划（第一次申报时说明连续工作的起止日期。常备计划申请获批后，无须在每日作业飞行前1天的15时前申报飞行计划，在作业飞行当天进行飞行动态通报即可）。

Jb0001131017 根据《架空输电线路无人机作业空域申请和使用管理办法（试行）》（运检二〔2017〕158号）规定，空域申请流程第三步的要求是什么？（5分）

考核知识点： 空域申请流程

难易度： 中

标准答案：

根据《架空输电线路无人机作业空域申请和使用管理办法（试行）》（运检二〔2017〕158号）规定，空域申请流程第三步流程为飞行申请，主要要求如下：

现场作业时，班组作业人员应与所属飞行管制分区建立可靠的通信联络，进行飞行动态通报。飞行动态通报一般包括：当日第一次作业飞行前1小时，通报飞行准备情况、当日预计作业时间；当日飞行结束时，通报作业结束时间。具体通报时间和内容按空域批复函要求执行。

Jb0001133018　可见光成像设备中，曝光是一项重要技术参数，关于曝光如何定义？（5分）

考核知识点：曝光的定义

难易度：难

标准答案：

曝光三要素为光圈、快门、ISO。

（1）光圈。光圈是一个用来控制光线透过镜头进入机身内感光面光量的装置，它通常是在镜头内。表达光圈大小用f和数值表示，光圈f值=镜头的焦距/镜头光圈的直径。f值通常包含f1.0、f1.4、f2.0、f2.8、f4.0、f5.6、f8.0、f11、f16、f22、f32，光圈值越小，镜头中通光的孔径就越大，相比光圈值大的光圈进光量就越多。

（2）快门。拍摄照片时控制曝光时间长短的参数。过快的快门速度会导致照片成像时进光量不足，照片曝光度不足，图片偏暗。过慢的快门速度会导致照片进光时间过度，照片过曝，或照片拖影，影响分辨。

（3）ISO。ISO 又称感光度，是衡量底片对于光的灵敏程度，为减少曝光时间，使用较高敏感度通常会导致影像质量降低，易出现噪点。在拍照时，设置光圈大小，可以决定照片的亮度（通光量），同时也决定了照片的背景/前景虚化效果（景深透视）；设置快门速度同样可以决定照片的亮度，但是也同时受限制于具体拍摄需要，如必须使用慢速快门拍摄或者需要使用高速快门抓取瞬间的情况。所以在调节这两个曝光要素时，需要考虑到它们会影响照片其他方面的效果。ISO和它们不一样，它不会受限于其他因素，只需根据自己的需要来自由调节它的大小。

控制ISO即控制相机传感器对当下光线的敏感程度，ISO设置越高，敏感度越高，如果要保证照片一定的曝光量，需要的快门速度不用那么慢，或者光圈不用那么大；ISO设置越低，敏感度越低，如果要保证照片一定的曝光量，需要的快门速度和光圈大小都需要更慢或者更大。

传统意义上讲，低ISO是指ISO值为50～400，高ISO值是指大于800。使用低ISO能拍摄出相对细腻的画质，使用高ISO能在光线不足的情况下将快门速度保持在安全快门以内，保证画面“不糊”。在光线充足时，建议使用较低的ISO拍照；在光线昏暗时，推荐使用较高的ISO拍照。

Jb0001131019　红外成像设备使用注意事项有哪些？影响红外热像拍摄质量的外部因素及对策有哪些？（5分）

考核知识点：红外成像设备使用

难易度：难

标准答案：

在日常使用红外成像设备进行巡检作业时，会影响测温精度的因素包括：① 物体的反射率，如反光的金属表面，反射率较高，测出来的温度会偏低；② 辐射背景温度，如果是晴天无云影响较小，如果多云影响会加大；③ 空气的影响，包括温度和湿度，温度和湿度越高，越容易影响物体的测温，精度会越差；④ 空气的厚度，也就是相机与被测量问题的距离越远，受影响越大，测量越不准。

影响红外热像拍摄质量的一些外部因素及对策如下：

（1）雨雾天气因素会影响红外热成像巡检拍摄质量。解决方法：对于通常的红外巡检，尽量天气好了再出门；但对于复合绝缘子的检测，阴冷的雨雾天气是最佳检测时机。

（2）阳光直射会影响图像判读以及测温结果。解决方法：逆光飞行、全程全动态多角度录像，也可以通过调节云台角度减缓阳光干扰。

（3）复杂“空—地”目标环境会影响红外成像质量。解决方法：固定色温显示范围或采用智能调节设备。

（4）复杂地理环境会影响飞行安全。解决方法：做好任务规划，针对不同塔型确定最佳飞行方式。

（5）±800kV 直流等特高压输电线路会干扰飞机磁力计以及红外图像画面，可使用 50mm 以上长焦距设备，条件允许情况下采用光学变焦及更高分辨率（1024×768）热像仪在相对比较安全的远距离上进行拍摄。

Jb0001131020 简述轻、微型旋翼无人机一般是安装定距螺旋桨还是非定距螺旋桨。（5 分）

考核知识点：微型旋翼无人机螺旋桨的常用种类

难易度：易

标准答案：

定距螺旋桨。

Jb0001131021 试问什么是螺旋桨的螺距？（5 分）

考核知识点：螺旋桨的螺距

难易度：易

标准答案：

螺距即螺旋桨在空气中旋转一圈，桨平面经过的距离，单位为英寸（in）。

Jb0001131022 轻型、微型无人机常用的定距螺旋桨通常采用什么表示方法来标定其尺寸规格？（5 分）

考核知识点：定距螺旋桨标定尺寸规格

难易度：易

标准答案：

定距螺旋桨尺寸通常用 $X \times Y$ 来表示，其中 X 代表螺旋桨直径，单位为英寸（in），Y 代表螺距，即螺旋桨在空气中旋转一圈桨平面经过的距离，单位为英寸（in）。

Jb0001131023 22×10 的螺旋桨表示什么意思？（5 分）

考核知识点：螺旋桨示数的含义

难易度：易

标准答案：

桨径 22in，约为 55.88cm；螺距 10in，约为 25.4cm。

Jb0001131024 无人机业界一般如何规定螺旋桨的正、反桨？（5 分）

考核知识点：螺旋桨的正、反桨

难易度：易

标准答案：

根据无人机行业习惯，通常定义右旋前进的螺旋桨为正桨，左旋前进的螺旋桨为反桨。

Jb0001131025 直径 20in 以下的螺旋桨通常可由哪些材质制造？（5 分）

考核知识点：螺旋桨常用材质

难易度：易

标准答案：

木材、工程塑料或碳纤维等材质。

Jb0001131026　简述什么是无人机任务规划。（5分）

考核知识点：无人机任务规划

难易度：易

标准答案：

无人机任务规划是指根据无人机需要完成的任务、无人机的技术状态以及携带任务载荷的类型，对无人机制定飞行路线并进行任务分配。

Jb0001131027　简述导航子系统的功能。（5分）

考核知识点：导航子系统的功能

难易度：易

标准答案：

导航子系统的功能是向无人机提供相对于所选定的参考坐标系的位置、速度、飞行姿态，引导无人机沿指定航线安全、准时、准确地飞行。

Jb0001131028　简述飞控子系统的功能。（5分）

考核知识点：飞控子系统的功能

难易度：易

标准答案：

飞控子系统是无人机完成起飞、空中飞行、执行任务、返场回收等整个飞行过程的核心系统，对无人机实现全权控制与管理，因此，飞控子系统之于无人机相当于驾驶员之于有人机，是无人机执行任务的关键。

Jb0001131029　飞控子系统的必备基础功能包括哪些？（5分）

考核知识点：飞控子系统的必备基础功能

难易度：易

标准答案：

飞控子系统必备基础功能包括：① 无人机姿态稳定与控制；② 无人机飞行管理；③ 应急控制。

Jb0001131030　无人机导航飞控系统常用的传感器有哪些？（最少列举三项）（5分）

考核知识点：导航子系统的功能

难易度：易

标准答案：

无人机导航飞控系统常用的传感器包括角速率传感器、姿态传感器、位置传感器、迎角侧滑角传感器、加速度传感器、高度传感器及空速传感器等。

Jb0001131031　无人机角速率传感器的作用是什么？有什么安装要求？（5分）

考核知识点：导航子系统的功能

难易度：易

标准答案：

用于感受无人机绕机体轴的转动角率，以构成角速率反馈，改善系统的阻尼特性、提高稳定性。角速率传感器应安装在无人机重心附近，安装轴线与要感受的机体轴向平行，并特别注意极性的正确性。

Jb0001131032　无人机姿态传感器的作用是什么？有什么安装要求？（5分）

考核知识点：无人机姿态传感器作用以及安装要求

难易度：易

标准答案：

姿态传感器用于感受无人机的俯仰、滚转和航向角度，用于实现姿态稳定与航向控制功能。姿态传感器应安装在无人机重心附近，振动要尽可能小，有较高的安装精度要求。

Jb0001131033　无人机高度传感器的作用是什么？选择时主要应考虑哪些指标？（5分）

考核知识点：无人机高度传感器作用以及主要参考指标

难易度：易

标准答案：

高度传感器用于感受无人机的飞行高度，是高度保持的必备传感器。选择时应根据需要侧重考虑合适的测量范围和测量精度。

Jb0001131034　无人机位置传感器的作用是什么？选择时主要应考虑哪些因素？（5分）

考核知识点：无人机位置传感器的性质

难易度：易

标准答案：

位置传感器用于感受无人机的位置，是飞行轨迹控制的必要前提。位置传感器的选择一般要考虑与飞行时间相关的导航精度、成本和可用性等问题。

Jb0001131035　典型的无人机位置传感器都有哪些？请列举三项，并说明各自的安装要求？（5分）

考核知识点：无人机位置传感器的性质

难易度：易

标准答案：

典型的位置传感器包括惯性导航设备、GPS卫星导航接收机以及磁航向传感器。

惯性导航设备有安装位置和较高的安装度要求；GPS的安装主要应避免天线的遮挡问题。磁航向传感器要安装在受铁磁性物影响最小且相对固定的地方，安装件应采用非磁性材料制造。

Jb0001131036　什么是螺旋桨的螺距？（5分）

考核知识点：无人机基础知识

难易度：易

标准答案：

螺旋桨旋转一周，前进的距离就叫螺距。

Jb0001133037　如果在操控无人机飞行时，意外造成他人人身财产安全，应如何处理？（5分）

考核知识点：无人机基础知识

难易度：难

标准答案：

首先应看所属事故属于人身安全事故还是财产安全事故，如果是人身事故，则首先视伤者情况，伤无大碍则首先与当事人协商，如果不能解决则请求当地村委会或者居委会进行调解，如果调解不成则拨打110，请求当地警方进行处理。如果伤情严重，应首先将伤者送往医院，然后再进行其他处理。

如果是财产事故，则首先与当事人协商，如果不能解决则请求当地村委会或者居委会进行调解，如果调解不成则拨打110，请求当地警方进行处理。

Jb0001132038　电池装在飞机上面还是下面，飞机更平稳？（5分）

考核知识点：无人机基础知识

难易度：中

标准答案：

下侧，因为重点低了，悬停更平稳：如果装在上侧，飞机操控能更灵敏。

Jb0001132039　什么叫BEC？（5分）

考核知识点：无人机基础知识

难易度：中

标准答案：

BEC也叫降压模块，将电池的高电压降低至+5V的低电压，给飞控供电，飞控再给接收机供+5V的电压。

Jb0001133040　训练机所用螺旋桨的型号1238代表什么意思？（5分）

考核知识点：无人机基础知识

难易度：难

标准答案：

12代表螺旋桨的直径为12in，3.8代表旋转一周，飞机上升或前进的距离（也叫螺距）为3.8in。

Jb0001132041　在高海拔的地方如何调动油针？为什么？（5分）

考核知识点：无人机基础知识

难易度：中

标准答案：

要调小油针，因为发动机的正常工作需要满足一定的油气混合比，高海拔地区空气稀薄，需要减小进油量才能满足合适的油气混合比。所以高海拔地区飞机飞不高，也飞不快，载重也小。

Jb0001131042　电调有哪些作用？（5分）

考核知识点：无人机系统知识

难易度：易

标准答案：

（1）直流转交流。

（2）改变电机转速。

（3）BEC输出。

（4）过热保护。

（5）刹车。

（6）接收飞控信号。

Jb0001131043　多旋翼无人机轴距代表什么意思？（5分）

考核知识点：无人机系统知识

难易度：易

标准答案：

相对电机轴间距离，业内轴距用来简单描述多旋翼的大小。

Jb0001131044　电调输入和输出的波形是什么？（5分）

考核知识点：无人机系统知识

难易度：易

标准答案：

方波或者矩形波。

Jb0001131045　当电调出现故障，用什么电调替代？（5分）

考核知识点：无人机系统知识

难易度：易

标准答案：

相同功率大小的，或者功率稍大的电调。

Jb0002133046　简述地面站系统的定义与功能。（5分）

考核知识点：地面站系统的定义与功能

难易度：难

标准答案：

地面站系统（GROUND STATION）也称为任务规划与控制站，它作为整个无人机系统的指挥中心，其控制内容包括飞行器的飞行过程、飞行航迹、有效载荷的任务功能、通信链路的正常工作以及飞行器的发射和回收。任务规划主要是指在飞行过程中，无人机的飞行航迹受到飞行计划指引；控制是指在飞行过程中，对整个无人机系统的各个模块进行控制，按照操作手的预设要求，执行相应的动作。地面站系统的典型功能如下：

（1）姿态控制。地面站在传感器获得相应的无人机飞行状态信息后，通过数据链路将信息数据传输到地面站。计算机处理信息，解算出控制要求，形成控制指令和控制参数，再通过数据链路将控制指令和控制参数传输到无人机上的飞控，通过后者实现对无人机的操控。

（2）机身任务设备数据的显示和控制。有效载荷是无人机任务的执行单元。地面站根据任务要求实现对有效载荷的控制，如拍照、录像或投放物资等，并通过对有效载荷状态的显示，来实现对任务执行情况的监管。

（3）任务规划、位置监控及航线的地图显示。任务规划主要包括研究任务区域地图、标定飞行路线及向操作员提供规划数据等，方便操作手实时监控无人机状态。

（4）导航和目标定位。在遇到特殊情况时，需要地面站对无人机实现实时的导航控制，使无人机按照安全的路线飞行。

Jb0002131047　简述无人机动力系统工作原理。（5分）

考核知识点：无人机动力系统工作原理

难易度：难

标准答案：

无人机动力系统基本工作原理是由动力装置带动螺旋桨旋转，螺旋桨产生前进的推（拉）力或向上的拉力，带动无人机进行飞行。

螺旋桨是最终产生升力的部分，由无刷电机进行驱动，整个无人机最终是因为螺旋桨的旋转而获得升力并进行飞行。在多旋翼无人机中，螺旋桨与电机进行直接固定，螺旋桨的转速等同于电机的转速。无刷电机必须在无刷电子调速器（控制器）的控制下进行工作，它是能量转换的设备，将电能转换为机械能并最终获得升力。电子调速器由电池进行供电，将直流电转换为无刷电机需要的三相交流电，并且对电机进行调速控制，调速的信号来源于主控。电池是整个系统的电力储备部分，负责为整个系统进行供电，而充电器则是地面设备，负责为电池进行供电。

Jb0002132048　简述无人机飞控系统工作原理。（5分）

考核知识点：无人机飞控系统工作原理

难易度：中

标准答案：

无人机飞控系统实时采集陀螺仪、加速度计等各传感器测量的飞行状态数据、接收无线电测控终端传输的由地面站上行链路送来的控制命令及数据，经计算处理，输出控制指令给执行机构，实现对无人机中各种飞行模态的控制和对任务设备的管理与控制；同时将无人机的状态数据及电机、机载电源系统、任务载荷的工作状态参数实时传送给机载无线电数据终端，经无线电下行链路发送回地面站。

Jb0002133049　简述无人机链路系统工作原理。（5分）

考核知识点：无人机链路系统工作原理

难易度：难

标准答案：

无人机链路系统是无人机系统的“神经链路”，是连接飞行器和地面控制人员或信息中心的纽带。数据链分为上行数据链（从地面站到无人机）和下行数据链（从无人机到地面站），上行数据链路的主功能是发送飞行路径数据、任务指令等，然后储存到飞机自动飞行控制系统、任务载荷中。下行数据链路的主要功能是发送飞机的基本参数信息（位置信息、油量等），以及任务载荷所采集的数据到地面站。

数据链路的传输采用无线信号，无线信号容易受大气条件、设备故障、敌方干扰等因素的影响，从而导致无人机失去控制或坠毁。因此卫星数据链、信号中继平台（基站、车、无人机等）常被用于保障数据链的畅通。

无人机链路系统由三个部分组成，分别是数据处理系统、接口处理以及数据处理终端。数据处理系统主要任务是实现信息的格式化处理，通常情况下，可以在协处理器中进行数据处理部分，同时可以通过标准数据接口完成与主处理器间的通信，来实现多处理系统中的格式化处理。而在单处理系统中，则相对简单许多，可以由主处理器来直接实现。该部分在接受遥控指令数据以及各种传感器数据后，在进行下一步发放、存储前，进行封装处理。

完成接口与不同数据链之间的转换是接口处理单元的主要任务，通过该部分可以使无人机数据达到共享、一致的效果。而数据处理终端由加解密设备、网络控制器和调制解调器构成，主要是在通信协议的控制下进行数据的处理，该部分也是无人机数据链最为基础与核心的部分。

Jb0002132050　无人机设备台账主要有哪些内容？（5分）

考核知识点：无人机设备台账

难易度：中

标准答案：

无人机设备台账一般包括无人机设备购置台账、无人机设备使用台账、无人机设备维护保养台账、无人机设备报废台账以及无人机配件使用台账等内容。

设备台账使用时，应根据任务性质选取特定的设备台账进行使用信息的登记，登记信息包括但不限于设备名称、资产编号、设备编号、资产名称、型号、规格、制造厂商、使用日期等。无人机巡检操作人员应严格按照无人机设备管理相关规定，熟悉设备使用、维护保养等信息模块。

Jb0002133051　可见光成像设备使用与维护保养主要有哪些内容？（5分）

考核知识点： 可见光成像设备使用与维护保养

难易度： 难

标准答案：

（1）可见光成像设备使用：

1）不要直接拍摄烈日或者强光。可见光成像设备在使用时尽量不要直接拍摄太阳或强光，长时间对着强光很可能会损坏相机的测光系统。

2）飞行前，确保摄像头模块保护玻璃镜清洁。

3）远离强磁场和强电场。强磁场或强电场会影响相机中电路的正常工作，甚至造成故障。所以不要把设备随手放在有强磁场和强电场的电气设备上。

4）在高温、高湿环境中使用，镜头容易发霉、电路易出故障。如果在潮湿环境中使用后或不慎相机被雨淋湿，要及时晾干或吹干。

5）防烟避尘。不可在烟、尘很大的地方使用，迫不得已在此环境中使用后应及时清洁处理。

（2）可见光成像设备维护保养：

1）注意清洁。相机的镜头要用专用的试纸、布擦拭，以免刮伤。要去除镜头上的尘埃时，最好用吹毛刷，不要用纸或布；要湿试镜片时，用合格清洁剂，不要用酒精之类的强溶剂。

2）发霉处理。镜头发霉极轻微时，用干净的一般软毛刷或空气喷嘴清除里外所有的灰尘。清镜头要用镜头用的软毛刷或擦眼镜用的鹿皮，药水可在镜头脏时才用，但不可直接滴在镜头上，要滴在鹿皮或试镜纸上再擦，不可用面纸。除镜头外，其他部分可用稀释过的清洁剂加鹿皮来轻擦，去除脏污及指纹。准备有封口的透明塑胶袋置入相机，放入一个除湿剂，再放入一张白纸（标明保养日期），即可封口。

3）设备存放。可见光设备不用时应先检查确认电源已经关闭，然后保存到相机袋里。较长时间不用时，应把电池取出来，防止电池漏液而损坏机件。

Jb0002132052　简述无人机巡检作业现场勘查内容及要求。（5分）

考核知识点： 无人机巡检作业现场勘查内容及要求

难易度： 中

标准答案：

无人机巡检作业前，应根据巡检任务需求，收集所需巡检线路的地理位置分布图，提前掌握巡检线路走向和走势、交叉跨越、杆塔坐标、巡检区域地形地貌、起飞和降落点环境、交通运输条件及其他航线规划条件，对复杂地形、复杂气象条件下或夜间开展的无人机巡检作业以及现场勘查认为危险性、复杂性和困难程度较大的无人机巡检作业，应专门编制组织措施、技术措施、安全措施。现场勘查至少由无人机操作员和现场负责人参与完成，并正确填写“无人机巡检作业现场勘查记录单”。

Jb0002133053　简述万用表的使用方法及日常维护保养要求。（5分）

考核知识点： 万用表的使用方法及日常维护保养要求

难易度： 难

标准答案：

（1）万用表的使用方法。

1）在使用万用表之前，应先进行机械调零，即在没有被测电量时，使万用表指针指在零电压或零电流的位置上。

2）在使用万用表过程中，不能用手去接触表笔的金属部分，一方面可以保证测量的准确性，另一方面也可以保证人身安全。

3）在测某一电量时，不能在测量的同时换挡，尤其是在测量高电压或大电流时，更应注意。如需换挡，应先断开表笔，换挡后再去测量。

4）万用表在使用时，必须水平放置，以免造成误差。同时，还要注意避免外界磁场对万用表的影响。

5）万用表使用完毕，应将转换开关置于交流电压的最大挡。如果长期不使用，还应将万用表内部的电池取出来，以免电池腐蚀表内其他器件。

6）欧姆挡在使用过程中，应注意选择合适的倍率，使指针指示在中值附近，不能带电测量电阻，保证被测电阻不能有并联支路。测量晶体管、电解电容等有极性元件的等效电阻时，必须注意两支笔的极性。

（2）万用表的日常维护保养。

1）拨动开关时用力适度，避免造成不必要的开关金属片损坏。

2）数字万用表要防潮。

3）仪表结构精密，减少不必要的灰尘掉落。

4）避免强烈的冲击与振动。

5）避免在磁场较强的范围使用。

6）万用表定期校准，校准时应选用同类或精度较高的数字仪表，按先校直流挡，然后校交流挡，最后校电容挡的顺序进行。

7）万用表不使用时，应当断开电源，长期不使用时应取出电池单独存放，以免电池溶解液流出腐蚀机内零件。

Jb0002133054 风速仪的使用方法及使用时的注意事项有哪些？（5 分）

考核知识点：风速仪的使用方法及使用时的注意事项

难易度：难

标准答案：

（1）风速仪的使用方法。

1）将电池装入电池仓 LCD 屏幕显示，然后进入待机模式，装上电池盖。

2）开机，LCD 显示风速及温度，同时背光灯亮 15 s 后背光灯熄灭。

3）按“MODE”键保持 3 s，风速仪进入设置状态，此时可看到“m/s”风速单位闪动，按“SET”键选择风速温度，按背部转换开关，可实现单位转换。

4）当风叶转动时，可实现风速测量，屏幕上显示风速值同时显示出温度值。

5）同时按“MODE”与“SET”键关机，开机 15min 无操作则自动关机。

（2）风速仪使用时的注意事项。

1）禁止在可燃性气体环境中使用风速仪。

2）禁止将风速仪探头置于可燃性气体中。

3）不要拆卸或改装风速仪，否则易导致电击或火灾。

4）依据使用说明书的要求正确使用风速仪。若使用不当，可能导致触电、火灾和传感器的损坏。

5）在使用中，如遇风速仪散发出异常气味、声音或冒烟，或有液体流入风速仪内部，应立即关机取出电池。

6）不要将探头和风速仪本体暴露在雨中。

7）不要触摸探头内部传感器部位。

8）风速仪长期不使用时，应取出内部的电池。

9）不要将风速仪放置在高温、高湿、多尘和阳光直射的地方。

10）不要用挥发性液体来擦拭风速仪。

11）不要摔落或重压风速仪。

12）不要在风速仪带电的情况下触摸探头的传感器部位。

Jb0002131055　导航飞控计算机简称飞控计算机，是导航飞控系统的核心部件，从无人机飞行控制的角度来看，飞控计算机应具备哪些功能？（5分）

考核知识点：无人机飞行控制应具备的功能

难易度：易

标准答案：

（1）姿态稳定与控制。

（2）导航与制导控制。

（3）自主飞行控制。

（4）自动起飞、着陆控制。

Jb0002131056　无人机电气系统主要包括哪三个部分？（5分）

考核知识点：无人机电气系统

难易度：易

标准答案：无人机电气系统一般包括电源、配电系统、用电设备三部分。

Jb0002131057　无人机地面站的功能通常包括哪些方面？（5分）

考核知识点：无人机地面站的功能

难易度：易

标准答案：

无人机地面站系统的功能通常包括指挥调度、任务规划、操作控制、显示记录等。

Jb0002131058　标准的无人机地面站通常包括哪四类硬件？（5分）

考核知识点：标准的无人机地面站的功能

难易度：易

标准答案：

标准的无人机地面站通常由数据链路控制、飞行控制、载荷控制、载荷数据处理四类硬件构成。

Jb0002132059　无人机的发射起飞方式主要有哪些？（最少列举三种方式）（5分）

考核知识点：无人机的发射起飞方式

难易度：中

标准答案：

（1）手抛，采用人力手掷起飞，一般用于微型无人机。

（2）弹射，采用压缩空气或橡皮筋等储能发射无人机，一般用于轻、微型无人机。
（3）零长发射，采用火箭助推方式发射无人机，一般用于小、轻、微型无人机。
（4）投放发射，采用母机挂载发射方式或投抛方式发射无人机，一般用于小、轻型无人机。
（5）滑跑起飞，采用跑道滑跑起飞，一般用于大、小型无人机。

Jb0002131060　无人机的回收降落方式主要有哪些？（最少列举三种方式）（5分）
考核知识点：无人机的回收降落方式
难易度：易
标准答案：
（1）伞降回收，利用机载降落伞回收无机，一般用于小、轻、微型无人机。
（2）撞网回收，利用地面回收网引导无人机撞网回收，一般用于轻、微型无人机。
（3）气囊回收，利用机载气囊装置回收无人机，一般用于微型无人机。
（4）滑跑降落利用地面跑道滑跑降落，一般用于大、小型无人机。

Jb0002131061　无人机通信链路需要使用无线电资源，目前世界上无人机的频谱使用主要集中在哪三个波段？（5分）
考核知识点：无人机的频谱使用波段
难易度：易
标准答案：
UHF、L和C波段。

Jb0002131062　简述伯努利原理。（5分）
考核知识点：伯努利原理
难易度：易
标准答案：
在一个流体系统，如气流、水流中，流动速度增加，流体的静压将减反之，流动速度减小，流体的静压将增始终保持不变但是流体的静压和动压之和，称为总压始终保持不变。

Jb0002131063　简述机翼升力的产生原理。（5分）
考核知识点：翼升力的产生原理
难易度：易
标准答案：
相对气流流经机翼上、下表面时的流速不同（上快下慢）导致机翼上下表面气压不同，上表面压强小于下表面，故而形成向上的升力。

Jb0002131064　简述大气的组成。（5分）
考核知识点：大气的组成
难易度：易
标准答案：
大气的组成包括78%的氮气、21%的氧气以及1%的其他气体。

Jb0002131065　简述大气的垂直分层结构。（5分）

考核知识点：大气的垂直分层结构

难易度：易

标准答案：

由地表向上分别为：对流层、平流层、中间层、热层、散逸层。

Jb0002131066　大气对流层内的气温随高度的升高如何变化？（5分）

考核知识点：大气对流层内的气温变化

难易度：易

标准答案：

气温随高度的升高而降低。

Jb0002131067　大气压力随海拔的增加将如何变化？（5分）

考核知识点：大气压力随海拔高度的变化

难易度：易

标准答案：

随着海拔升高，空气变得稀薄，大气压力也随之降低，一般来说，高度每增加1000ft，气压力就会降低1in水银柱高度。

Jb0002131068　目前民用空域分为哪五类区域？（5分）

考核知识点：民用空域五类区域

难易度：易

标准答案：

飞行情报区、空中交通服务空域、禁航区、限制区和危险区。

Jb0002131069　简述什么是飞行情报区，设置目的是什么。（5分）

考核知识点：飞行情报区的设置目的

难易度：易

标准答案：

飞行情报区（flight information region，FIR），又称飞航情报区、飞行信息区，由国际民航组织（ICAO）所划定，能够区分各个国家或地区在该区的航管及航空情报服务的责任区，是为提供飞航情报服务和告警服务而划定范围的空域，主要目的是为民航提供飞行服务保障，当飞机发生事故时，便于展开搜寻及救援。

Jb0002131070　我国划设了哪9个飞行情报区？（5分）

考核知识点：我国划设的飞行情报区

难易度：易

标准答案：

我国划设了9个飞行情报区：沈阳、北京、上海、武汉、广州、昆明、兰州、乌鲁木齐和三亚。

Jb0002131071　目前我国民用遥控驾驶航空器系统使用的空域主要分为哪两类？（5分）

考核知识点：我国民用遥控驾驶航空器系统使用的空域分类

难易度：易

标准答案：

目前我国民用遥控驾驶航空器系统使用的空域分为融合空域和隔离空域。融合空域是指有其他载人航空器同时运行的空域。隔离空域是指专门分配给遥控驾驶航空器运行的空域，通过限制其他载人航空器的进入以规避碰撞风险。

Jb0002131072　简述 GPS 导航系统的功用和基本原理。（5 分）

考核知识点：GPS 导航系统的功用和基本原理

难易度：易

标准答案：

利用 GPS 定位卫星，可在全球范围内实时进行定位、导航。GPS 导航系统的基本原理是测量出已知位置的卫星到用户接收机之间的距离，然后综合多颗卫星的数据就可知道接收机的具体位置。

Jb0002131073　简述惯性导航系统的基本原理。（5 分）

考核知识点：惯性导航系统的基本原理

难易度：易

标准答案：

惯性导航系统利用惯性元件（加速度计）来测量运载体本身的加速度，经过积分运算得到速度和位置，从而达到对运载体导航定位的目的。

Jb0002132074　简述多旋翼无人机作业结束回航的具体流程及安全注意事项。（5 分）

考核知识点：多旋翼无人机安全使用

难易度：中

标准答案：

（1）回航前，驾驶员应正确判断风向、风速，通过实时图传观察周围环境，特别注意难以清晰显示的地线、导线。

（2）回航过程中，应平稳、缓慢地降低无人机高度，现场负责人根据具体情况，每隔 5～10s 通报飞行高度，同时确认起降场地无外物。

（3）飞行器降落后，断开飞行器主电源，关闭遥控电源，填写多旋翼无人机现场作业记录表。

Jb0002132075　激光雷达技术对于架空输电线路有哪些典型应用？（5 分）

考核知识点：激光雷达的应用

难易度：中

标准答案：

（1）建立基于数字化输电走廊基础地理信息系统，便于精细化管理。

（2）实现输电线路的精确面积、体积、长度等其他物理量的测算。

（3）通过高程模型自动识别外力破坏隐患、杆塔绝缘子倾斜信息、基础位移等。

（4）为多旋翼无人机自动驾驶，提供高精度导航数据。

Jb0002131076　激光雷达常用的作业方法有哪几类？（5 分）

考核知识点：激光雷达的应用

难易度：易

标准答案：

（1）载人直升机激光雷达扫描。
（2）固定翼无人机激光雷达扫描。
（3）多旋翼无人机激光雷达扫描。

Jb0002131077 无人机巡检工作后机身如何进行保养？（5分）
考核知识点：多旋翼无人机日常保养知识
难易度：易
标准答案：
每次航拍无人机飞行结束，都应对无人机做保养擦拭。
电动无人机：可选用质地柔软的除尘毛巾擦拭浮灰。
油动航拍无人机：先用浓度较高的酒精喷涂在机体表面稀释油污，然后用除尘毛巾反复多次擦拭干净。

Jb0002132078 简述多旋翼飞机分解和组装的注意事项。（5分）
考核知识点：多旋翼无人机日常保养知识
难易度：中
标准答案：
（1）为防止零件丢失，应将拆解的零件按所属部件分开存放。
（2）分解时如有必要，需检查所拆解的零件是否有损伤或异常。
（3）分解的零件可用无水乙醇或有机溶剂擦拭清洁。
（4）组装前确认零件完好数量正确。
（5）严格按照装配要求组装飞机。
（6）两人配合工作时应保持密切联系。

Jb0002131079 选定的无人机巡检系统起飞和降落区应满足哪些要求？（5分）
考核知识点：无人机的使用
难易度：易
标准答案：
选定的无人机巡检系统起飞和降落区应远离公路、铁路、重要建筑和设施，尽量避开周边军事禁区、军事管理区、森林防火区和人员活动密集区等，且满足对应机型的技术指标要求。

Jb0002131080 航后检查都应注意哪些方面？（5分）
考核知识点：无人机的使用
难易度：易
标准答案：
（1）当天巡检作业结束后，应按所用无人机巡检系统要求进行检查和维护工作，对外观及关键零部件进行检查。应清理现场，核对设备和工器具清单，确认现场无遗漏。
（2）对于油动力无人机巡检系统，应将油箱内剩余油品抽出，对于电动力无人机巡检系统，应将电池取出。取出的油品和电池应按要求保管。

Jb0002131081 使用中型无人机巡检作业前程控手和操控手分别需要做哪些准备工作？（5分）
考核知识点：无人机的使用

难易度：易

标准答案：

（1）操控手应在巡检作业前一个工作日完成所用中型无人直升机巡检系统的检查，确认状态正常，准备好现场作业工器具以及备品备件等物资，并向工作负责人汇报检查和准备结果。

（2）程控手应在巡检作业前一个工作日完成航线规划工作，编辑生成飞行航线、各巡检作业点作业方案和安全策略，并交工作负责人检查无误。

Jb0002232082　无人机现场作业应具备哪些技术条件？（5分）

考核知识点：无人机的使用

难易度：中

标准答案：

无人机作业起降场地应符合要求，各部件连接紧固件安全可靠，起飞前应设置无人机巡检应急安全策略，如失控保护设定等，并进行检查，确保指标正常，作业时飞行性能稳定，动力装置运行良好，通信、图传、数传遥控等信号传输正常，距离信号干扰源保持300m以上距离。

Jb0002131083　使用固定翼无人机巡检作业前程控手和操控手分别需要做哪些准备工作？（5分）

考核知识点：无人机的使用

难易度：易

标准答案：

（1）操控手应在巡检作业前一个工作日完成所用固定翼无人机巡检系统的检查，确认状态正常，准备好现场作业工器具以及备品备件等物资，并向工作负责人汇报检查和准备结果。

（2）程控手应在巡检作业前一个工作日完成航线规划工作，编辑生成飞行航线、各巡检作业点作业方案和安全策略，并交工作负责人检查无误。

Jb0002132084　简述电池的使用要求。（5分）

考核知识点：无人机的使用

难易度：中

标准答案：

（1）在将电池安装或拔出飞行器之前，需保持电池的电源关闭，勿在电源打开的状态下拔插电池，否则会损坏电源接口。飞行器安装的两块电池，剩余电量必须相同，电池拔出后，要及时盖好插座防尘盖子。

（2）充电时应保证电池和充电器周围无易燃、可燃物的物品，电池充放电要严格按照使用说明书要求执行。

（3）为避免电池使用寿命的损害，禁止在飞行结束后，立即对电池进行充电，应等电池温度降至常温后再进行充电。

Jb0002131085　对无人机电池进行保养时，发现什么情况时，应更换电池？（5分）

考核知识点：设备使用与维护保养

难易度：易

标准答案：

（1）电池运作时间，缩短到少于原始运作时间的 80%。

（2）电池充电时间在大幅度延长。
（3）电池有膨胀、有形损伤的状况。

Jb0002131086 中型无人直升机系统与任务吊舱配置安装应满足哪些接口适配？（5分）
考核知识点：无人机的使用
难易度：易
标准答案：
中型无人直升机系统与任务吊舱配置安装应满足机械、电气和通信接口适配。

Jb0002132087 多旋翼飞行器在更换任务载荷后，除了平时的常规检查外，还应进行什么检查？（5分）
考核知识点：多旋翼飞行器
难易度：中
标准答案：
更换新的任务载荷后，由于新的载荷重量可能会与老的载荷不同，会导致无人机的重心位置偏移，所以要进行重心位置检查并进行调整。

Jb0002133088 无人机在飞行中晃动过大或反应滞后，除了飞控感度的原因，还有可能是什么原因？（5分）
考核知识点：无人机飞行知识
难易度：难
标准答案：
（1）多旋翼飞行器机臂刚度不够，或有安装旷量。
（2）多旋翼机体太大致使转动惯量太大。
（3）多旋翼螺旋桨太重，加减速慢致使操纵响应慢。
（4）固定翼机体或舵面刚度不够，连杆、摇臂或舵机本身有旷量。

Jb0002131089 固定翼地面检查自动驾驶模式操纵反馈时，机翼左倾时，左副翼舵面应向下还是向上？为什么？（5分）
考核知识点：固定翼无人机
难易度：易
标准答案：
应下偏，产生稳定恢复力矩。

Jb0002131090 自动定高飞行时，飞行器持续升高或下降，可能的原因是什么？（5分）
考核知识点：定高飞行
难易度：易
标准答案：
高度传感器故障或动力系统故障。

Jb0002131091 U-cloud 优云系统在实际作业中都有哪些具体应用？（5分）
考核知识点：优云系统

难易度：易

标准答案：

申报飞行计划、获取禁飞区信息、获取气象资料、统计训练时间、统计作业面积等。

Jb0002132092　一架在 150m 高度顺风飞行的直升机，发动机突然失效，应该怎么操作？（5 分）

考核知识点：发动机失效

难易度：中

标准答案：

自旋降落：切入姿态或手动，调整方向逆风，总距收到最小，加速旋翼旋转，垂直下落，距地面还有一定距离时将总距推至最大，降落。

Jb0002133093　简述定点转弯、协调转弯、自适应协调转弯的区别。（5 分）

考核知识点：无人机转弯

难易度：难

标准答案：

定点转弯，旋翼在悬停状态下转弯，会精确通过每个 GPS 位置点，在每个位置点会减速、悬停、停留，停留的时间可以设置。协调转弯，飞行速度、油门基本不变，旋翼会偏离 GPS 位置点，可能会在航线拐弯的外侧。自适应协调转弯，飞行速度，油门会随航线转弯而减速，旋翼会偏离 GPS 位置点，但不会出现在航线拐弯的外侧。

固定翼只使用协调转弯。

Jb0002133094　使用遥控器遥控飞行时，如果无人机反应时断时续或无反应，应如何操作？（5 分）

考核知识点：遥控无人机飞行

难易度：难

标准答案：

多数此类情况出现在无人机目视较远距离飞行、遥控器电力不足、有外界干扰的情况下现阶段多数自动驾驶仪都有失控保护功能会切入自动驾驶，此时为了防止自驾仪在手动、自动之间切来切去反而造成危险，需要果断切换遥控器开关进入自动模式并关闭遥控器。之后等无人机自动飞回较近距离或检查遥控器电源，等待干扰消失。

Jb0003133095　简述输电线路精细化巡检的主要内容及主要要求。（5 分）

考核知识点：输电线路精细化巡检

难易度：难

标准答案：

多旋翼无人机精细化巡视是指利用多旋翼无人机对输电线路杆塔、通道及其附属设施进行全方位高效率巡视，可以发现螺栓、销钉等这些无法通过人工地面巡视发现的缺陷的巡视作业。巡检主要对输电线路杆塔、导地线、绝缘子串、金具、通道环境、基础、接地装置、附属设施等 8 大单元进行检查；巡检时根据线路运行情况和检查要求，选择性搭载相应的检测设备进行可见光巡检、红外巡检项目。巡检项目可以单独进行，也可以根据需要组合进行。可见光巡检主要检查内容为：导地线（光缆）、绝缘子、金具、杆塔、基础、附属设施、通道走廊等外部可见异常情况和缺陷。红外巡检主要检查内容为：导线接续管、耐张管、跳线线夹及绝缘子等相关发热异常情况。

Jb0003133096　无人机巡检作业过程中，起降现场的风险来源有什么？对应的预防控制措施是什么？（5分）

考核知识点：起降现场危险源辨识

难易度：难

标准答案：

起降现场风险来源：

（1）场地不平坦，有杂物，面积过小，周围有遮挡。

预防控制措施：按要求选取合适的场地。

（2）多旋翼无人机 3～5m 内有影响无人机起降的人员或物品。

预防控制措施：明确多旋翼无人机起降安全范围，严禁安全范围内存在人或物品。

（3）固定翼无人机在起降跑道上有影响无人机起降的人员或物品。

预防控制措施：明确固定翼无人机起降安全范围，拉起警戒带，严禁安全范围内存在人或物品。

（4）多旋翼无人机起飞和降落时发生事故：

预防控制措施：

1）巡检人员严格按照产品使用说明书使用产品。

2）起飞前进行详细检查。

3）注意阵风变化。

4）多旋翼无人机进行自检。

（5）固定翼无人机起飞和降落时发生事故。

预防控制措施：

1）巡检人员严格按照产品使用说明书使用产品。

2）起飞前进行详细检查。

3）固定翼无人机进行自检。

4）无人机操作员具备相应机型操作资质。

Jb0003133097　无人机巡检作业过程中，飞行故障及事故的风险来源有什么？对应的预防控制措施是什么？（5分）

考核知识点：飞行故障及事故危险源辨识

难易度：难

标准答案：

飞行故障及事故风险来源：

（1）飞行过程中零部件脱落。

预防控制措施：起飞前做好详细检查，零部件螺钉应紧固，确保各零部件连接安全、牢固。

（2）巡检范围内存在影响飞行安全的障碍物（交叉跨越线路、通信铁塔等）或禁飞区。

预防控制措施：

1）巡检前做好巡检计划，充分掌握巡检线路及周边环境情况资料；

2）现场充分观察周边情况；

3）作业时提高警惕，保持安全距离；

4）靠近禁飞区及时返航。

（3）微地形、微气象区作业。

预防控制措施：现场充分了解当前的地形、气象条件，作业时提高警惕。

（4）安全距离不足导致导线对多旋翼无人机放电。

预防控制措施：满足各电压等级带电作业的安全距离要求。

（5）无人机与线路本体发生碰撞。

预防控制措施：作业时无人机与线路本体至少保持水平距离 5m。

（6）恶劣天气影响。

预防控制措施：

1）作业前应及时全面掌握飞行区域气象资料，严禁在雷、雨、大风（根据多旋翼抗风性能而定）或者大雾等恶劣天气下进行飞行作业；

2）在遇到天气突变时，应立即返场。

（7）通信中断。

预防控制措施：

1）预设通信中断自动返航功能。

2）根据现场情况，设置失控返航或悬停。设置为失控返航时，应注意检查返航高度以免发生碰撞。

（8）动力设备突发故障。

预防控制措施：

1）由自主飞行模式切换回手动控制，取得飞机的控制权。

2）迅速减小飞行速度，尽量保持飞机平衡，尽快安全降落。

（9）GPS 故障或信号接收故障，多旋翼迷航。

预防控制措施：在测控通信正常情况下，由自主飞行模式切换回手动模式，尽快安全降落或返航。

Jb0003133098 架空输电线路缺陷的分级及相关定义是什么？（5 分）

考核知识点：架空输电线路缺陷的分级

难易度：难

标准答案：

缺陷分级，以国家电网有限公司为例，架空输电线路缺陷根据其严重程度分为危急、严重、一般缺陷。详细的缺陷评级方式，可以参考《国家电网公司输电线路运维管理规定》[国网（运检/4）305—2014]。

（1）危急缺陷。危机缺陷指缺陷情况已危及线路安全运行，随时可能导致线路发生事故，既危险又紧急的缺陷。危急缺陷消除时间不应超过 24h，或临时采取确保线路安全的技术措施进行处理，随后消除。

（2）严重缺陷。严重缺陷指缺陷情况对线路安全运行已构成严重威胁，短期内线路尚可维持安全运行，情况虽危险，但紧急程度较危急缺陷次之的一类缺陷。此类缺陷的处理一般不超过 1 周，最多不超过 1 个月，消除前须加强监视。

（3）一般缺陷。一般缺陷指缺陷情况对线路的安全运行威胁较小，在一定期间内不影响线路安全运行的缺陷，此类缺陷一般应在一个检修周期内予以消除，需要停电时列入年度、月度停电检修计划。

Jb0003133099 架空输电线路中，附属设施类缺陷主要有哪些？（5 分）

考核知识点：附属设施类缺陷

难易度：难

标准答案：

附属设施类缺陷指附加在线路本体上的线路标识、安全标志牌、各种技术监测或具有特殊用途的设备（如在线监测、防雷、防鸟装置等）发生的缺陷。

（1）标志牌、杆号牌（含相序）、色标牌、警告牌图文不清、破损、缺少、挂错、内容差错。

（2）航空标志破损、缺少。

（3）在线监测装置功能缺失、采集箱松动、元件缺失、太阳能板松动和脱落。

（4）避雷器松动、脱落、击伤、脱离器断开、缺件、缺螺栓、计数器进水、计数器图文不清、计数器表面破损、计数器连线松动、计数器连线脱落、馈线距离不足、间隙破损、支架松动、支架脱落、炸开。

（5）避雷针松动、脱落、位移、缺件。

（6）耦合地线断股、伤股、锈蚀、补修绑扎线松散、异物。

（7）防鸟设施松动、损坏、缺失。

（8）支架螺钉缺失、支架螺钉松动、支架脱落、支架缺失、灼伤、磨损、接线盒脱落、接线盒密封不良、掉线、补修绑扎线松散。

外部隐患指外部环境变化对线路的安全运行已构成某种潜在性威胁的情况，如在线路保护区内违章建房、种植树竹、堆物、取土及各种施工作业等。

（1）线路和地面距离与居民区距离不足、与非居民区距离不足、与交通困难地区距离不足。

（2）线路和山坡距离与步行可以到达的山坡距离不足、与步行不能到达的山坡距离不足。

（3）导线和弱电线路最小垂直距离不足。

（4）导线与防火防爆水平间距离不足。

Jb0003133100 架空输电线路中，杆塔类典型缺陷主要有哪些？造成缺陷的原因有什么？防治缺陷的措施及建议有哪些？（5分）

考核知识点：杆塔类典型缺陷、产生的原因及防范措施

难易度：难

标准答案：

（1）典型缺陷。杆塔类典型缺陷主要表现为塔身筑鸟巢、挂异物，铁塔锈蚀，零部件丢失或松动，混凝土电杆酥裂等。

（2）缺陷原因。

1）鸟巢：线路周围没有较高树木，鸟类喜欢将巢穴设在杆塔上，可结合地面巡视进行检查统计，在鸟类筑巢期后结合登塔检查进行拆除。有些鸟巢还有铁丝、铝线，拆除时要远离导线抛掷，防止发生危险。

2）铁塔锈蚀：塔材角铁生产时留有杂质，造成镀锌层附着不牢固，长时间使用后镀锌层被破坏，塔材沿杂质缝隙开始腐蚀起皮。对严重腐蚀塔材进行更换处理，轻微腐蚀采取除锈涂刷防锈油漆方法。新线路塔材镀锌层不平整，容易存在此缺陷。

3）零部件丢失或松动：杆塔在风力作用下发生振动，引起螺栓松动或丢失，造成塔材松动，使杆塔强度降低，容易引发线路倒塔故障的发生。运行线路要按周期对线路杆塔进行螺栓紧固，可采用涂刷油漆防松或安装防松螺栓帽的方法处理，对新线路建议直接安装防松螺帽，减少运行维护量。此缺陷可结合地面巡线进行检查，对线路常年处在风口的杆塔以及出现舞动现象的线路区段要重点巡视。也可使用扭力扳手，对螺栓的力矩值进行抽查。

（3）措施及建议。

1）对鸟类活动频繁区域要加强巡视，安装驱鸟装置，及时拆除已筑鸟巢，防止鸟粪引起的闪络事故或复合绝缘子伞裙被啄食。

2）运行单位应根据输电线路运行环境以及天气情况，必要时对杆塔本体是否发生倾斜进行检查。同时，针对特殊区域，如泄洪区、采空区等，进行特殊巡视，并及时安装在线监测装置，以及安排相关测量工作。

3）运行单位应按照运行规程规定，对线路及杆塔进行杆塔防松改造，对铁塔锈蚀、灰杆酥裂的线路定期防腐刷漆。新建线路投运1年后，进行一次全面检查。在新线路铁塔施工过程中应加强质检，运行15年以上线路结合登塔作业进行检查，特别是海边和强酸碱污染源附近要重点检查。

Jb0003133101　架空输电线路中，导线类缺陷主要的典型缺陷有哪些？造成缺陷的原因有什么？防治缺陷的措施及建议有哪些？（5分）

考核知识点：导线类典型缺陷、产生的原因及防范措施

难易度：难

标准答案：

（1）典型缺陷。导线类典型缺陷主要表现为悬挂异物、断股、锈蚀、散股等。

（2）缺陷原因。

1）导线断股：由于石场飞石或导线施工时受伤，经过长时间运行疲劳或导线遗留异物磨损造成断股。按损伤程度，根据规程规定进行处理。线路附近有石场或放炮施工作业后，在大风雪舞动天气沿线路外侧进行巡视检查，容易发现此缺陷。

2）悬挂异物：在春冬季节，地膜和大棚塑料布进行更换，由于废旧塑料布固定不牢，在风力作用下刮到导线上，从而发生短路故障。

（3）措施及建议。

1）在专业巡视的基础上，加大技防措施的应用力度，加装视频监视装置，并适当调整环境巡视周期。

2）针对悬挂异物缺陷，运行单位需要排查周边环境，对婚庆公司、饭店、垃圾处理厂等易产生漂浮物的场所进行重点宣传，防止异物短路故障。

3）对存在断股、锈蚀缺陷的线路，运行单位应将处缺工作列入生产计划，在周期内处理完毕。

4）及时安排带电作业进行处理，或使用无人机、激光清障装置等新装备清除异物。在春冬季节，应加强电力宣传，并要求农民对通道内大棚塑料固定好后再进行拆除。

Jb0003131102　通控器在开启电源之前，要先检查什么？（5分）

考核知识点：无人机基础知识

难易度：易

标准答案：

先检查遥控器的天线，遥控器的遥杆是否完好正常，有没有放置电池，放置电池的位置是否完好。

Jb0003131103　螺旋桨装在轴上或者轴下哪个省电？（5分）

考核知识点：无人机基础知识

难易度：易

标准答案：

耗电程度基本一致；轴上：进气通畅，但排气不通；轴下：进气不通畅，排气通畅。

Jb0003131104　为什么6S电池要用7根平衡线？（5分）

考核知识点：无人机基础知识

难易度：易

标准答案：

需要对每块电芯进行电压监测，其中一根接正极，其余六根焊接在负极。

Jb0003131105　简述遥控器电源、地面站电源、飞控电源打开的顺序。(5分)

考核知识点：无人机基础知识

难易度：易

标准答案：

地面站电源、遥控器电源、飞控电源。

Jb0003131106　地面站前三项要检查的事项是什么？（5分）

考核知识点：无人机基础知识

难易度：易

标准答案：

（1）卫星的连接数，应大于等于7颗。

（2）飞机的动力电池电压。

（3）地面站的电池电压。

Jb0003131107　飞机降落后，检查什么？（5分）

考核知识点：无人机基础知识

难易度：易

标准答案：

（1）测电：每片电池电压是否均衡。

（2）电机：检查温度是否异常。

Jb0003132108　一个电机温度异常，原因是什么？（5分）

考核知识点：无人机基础知识

难易度：中

标准答案：

（1）轴承磨损。

（2）飞机负荷过大。

（3）电机线虚接。

（4）线圈破损。

Jb0003132109　“8”字飞行的操作要领是什么？（5分）

考核知识点：无人机基础知识

难易度：中

标准答案：

当飞机进入“8”字两个圆的切点的时候为进入左圆，打俯仰和偏航，观察飞机姿态，适当打横滚，保持压杆，左圆改出阶段反方向压杆，回到切点进入右圆，如法炮制。

Jb0003132110　飞机的飞行性能参数有哪些？（5分）

考核知识点：无人机基础知识

难易度：中
标准答案：
速度、高度、航时、航程、载荷和抗风性。

Jb0003131111　民用无人机系统有哪几条链路？（5分）
考核知识点：无人机基础知识
难易度：易
标准答案：
遥控器上行、图传下行和数传上下行。

Jb0003131112　写出地面站中最重要的三个参数？（5分）
考核知识点：无人机基础知识
难易度：易
标准答案：
经纬度（位置）、高程（海拔高度）和速度（地速）。

Jb0003132113　悬停和前进哪个更加耗电？（5分）
考核知识点：无人机基础知识
难易度：中
标准答案：
悬停更耗电，因为悬停的时候，诱导阻力较大，飞机需要提供更多的升力来平衡，而前飞由于惯性作用节省了一部分功率。

Jb0003131114　地面站规划中，航点的属性有哪些？（5分）
考核知识点：无人机基础知识
难易度：易
标准答案：
经纬度、高度、速度、航点类型和名称。

Jb0003131115　地面站下行链路数据有哪些是必须密切关注的？（5分）
考核知识点：无人机基础知识
难易度：易
标准答案：
GPS定位精度、电池电压、遥控器信号和导航模式。

Jb0003131116　GPS信号质量在什么情况时不能或尽量不起飞？（5分）
考核知识点：无人机基础知识
难易度：易
标准答案：
5.9m＜GNSS精度＜8.0m；GNSS精度＞8.0m。

Jb0003131117　实现空中记录航点的必备要素是什么？（5分）

考核知识点：无人机基础知识

难易度：易

标准答案：

把 waypoint 按键放置在下方位置，安全降落，把航线导出到航点编辑器。

Jb000313118 航线规划时，针对每个航点可设置的任务有哪些？（5 分）

考核知识点：无人机基础知识

难易度：易

标准答案：拍照、全景、改变高度。

Jb0003131119 航线规划完成后必须检查的任务项目包括什么？（5 分）

考核知识点：无人机基础知识

难易度：易

标准答案：

航线总长、存储空间、飞行时间、任务位置。

Jb0003131120 遥控器的报警声包括哪些信息？（5 分）

考核知识点：无人机基础知识

难易度：易

标准答案：

飞行电池电压低、遥控信号中断、GPS 信号丢失。

Jb0003131121 哪项设置是可以通过终端通信进行设置的？（5 分）

考核知识点：无人机基础知识

难易度：易

标准答案：

格式化 SD 卡、重置飞行器。

Jb0003131122 当飞行器在视距外飞行时，可以通过哪几种方式识别机头朝向？（5 分）

考核知识点：无人机基础知识

难易度：易

标准答案：

遥控器、地面站软件、实时视频。

Jb0003132123 GPS 信号丢失时，不可能出现的导航模式是什么？（5 分）

考核知识点：无人机基础知识

难易度：中

标准答案：

GNSS-PH、GNSS-DPH、GNSS-WP。

Jb0003132124 遥控信号丢失时，可能出现的导航模式是什么？（5 分）

考核知识点：无人机基础知识

难易度：中

标准答案：

GNSS-HM、GNSS-DPH、GNSS-WP。

Jb0003132125　视频信号丢失时，可能出现的导航模式有哪些？（5分）

考核知识点：无人机基础知识

难易度：中

标准答案：

GNSS-HM、GNSS-DPH、GNSS-WP、MAG-RC。

Jb0003133126　规划航线时，应当注意的设置都有哪些？（5分）

考核知识点：无人机基础知识

难易度：难

标准答案：

（1）航线属性：航线类型、定位模式、自动校正地形问题、斜线飞往目标点、初始水平速度、初始垂直速度。

（2）航点规划属性：相对高度、航点动作的任务和悬停。

（3）多航点属性：水平速度、垂直速度、航点上的相机控制。

Jb0003133127　简述如何正确使用和维护保养飞行器电池。（5分）

考核知识点：无人机基础知识

难易度：难

标准答案：

使用注意：起飞前用电池电压检测仪检查电池是否已经充满电，各片电芯电压是否一致。飞行结束后应尽快断开电池与飞行器连接电源线，防止电池过放电。刚飞完的电池较热，待电池温度降到常温后再进行充电。

维护保养：避免将电池正负极短路或水弄湿电池。电池在高温或低温下使用都会影响电池的性能或寿命，避免电池放在阳光下暴晒，室外温度低于室温时应对电池做保温处理后再飞行。使用充电箱对电池充放电都不能在高温或低温环境下进行。长期不用就要将电池用贮存方法进行充电存放，每月至少对电池做一次充放电，以保证电池电子处在流动状态。

Jb0003133128　简述如何将飞行器SD卡里的飞行数据导出。（5分）

考核知识点：无人机基础知识

难易度：难

标准答案：

取出飞行器SD卡连接计算机，打开地面站软件，选择飞行数据记录器，选择DIR2页面读取SD卡，在软件右侧找到需要的飞行数据，鼠标右键选择文件复制到合适的存储路径。或者在mdCockpit数据文件夹的Cardfiles文件夹里找到对应的飞行数据。

Jb0003133129　在高海拔的地方如何调动油针？为什么？（5分）

考核知识点：无人机基础知识

难易度：难

标准答案：

要调小油针，因为发动机的正常工作需要满足一定的油气混合比，高海拔地区空气稀薄，需要减少进油量才能满足合适的油气混合比，所以高海拔的飞机飞不高，也飞不快，载重也小。

Jb0003132130　外转子电机与内转子电机哪个转速更快？（5 分）

考核知识点：无人机基础知识

难易度：中

标准答案：

内转子转速更快，相同功率下，半径越小转速越快。

Jb0003131131　起飞前，遥控器开关的初始位置应该是在哪个位置？（5 分）

考核知识点：无人机的操作

难易度：易

标准答案：

Photo↑、E 滑杆↓、F 滑杆↓。

Jb0003132132　哪些情况会导致飞行器进入自动迫降模式？（5 分）

考核知识点：无人机的操作

难易度：中

标准答案：

飞行电池电压低、遥控器没电、GPS 信号中断且遥控信号丢失。

Jb0003133133　飞行器接收不到遥控器信号时该如何排查故障？（5 分）

考核知识点：无人机的操作

难易度：难

标准答案：

（1）遥控器检查：遥控器的天线是否连接好，教练开关是否打到 MASTER 处。

（2）飞行器检查：天线是否连接牢固，天线馈线是否连接牢固，接收机与飞行器的连接线是否连接牢固。

（3）频率检查：检查遥控器与飞行器上的遥控接收机的频率是否一致。

Jb0003133134　飞行器 GPS 信号丢失时采取哪些紧急措施来保证飞行器安全？（5 分）

考核知识点：无人机的操作

难易度：难

标准答案：

飞行器 GPS 丢失信号时，尽量保持冷静，首先将 WAYPOINT 键拨回中间位置，退出动态锁定模式，然后确定飞行器的位置和航向，尽快调整机头朝前。如果飞行器在视距范围，尽快手动将飞行器降落后检查。如果飞行器超视距飞行，可通过遥控器的遥测界面或者地面站软件界面，确定方位，尽快手动控制飞行器返回起飞点附近，降落检查。

Jb0003133135　如何完整的通过遥控器实现手动规划航点并记录保存到飞行器上以便下次执行自动驾驶？（5 分）

考核知识点：无人机的操作

难易度：难

标准答案：

起飞前先确认飞行器上没有可执行航线，如果有，需要清空机载航线。将飞行器飞到想要建立的第一个规划点处，将 WAYPOINT 键拨到向下位置，飞行器会记录到第一个航点，在此航点的停留时间即 WAYPOINT 键向下的停留时间。然后将 WAYPOINT 键打回最上方，将飞行器飞向第二个要规划的航点上，将 WAYPOINT 键拨到向下位置，飞行器会记录到第二个航点，如此方法记录规划的航点，将飞行器安全降落，关闭电机，成功记录航点需要一个完整并且正常的飞行。飞行器就会自动生成航线，下次飞行时就可执行。

Jb0003133136　有哪几种情况会使飞行器进入自动返航模式，飞行器如何执行？（5 分）

考核知识点：无人机的操作

难易度：难

标准答案：

两种情况：一是遥控器信号持续丢失 30s（包含关闭遥控器电源），二是 SHIFT 键向上按住，将 WAYPOINT 键拨到下方位置，飞行器都会进入自动返航模式。飞行器进入自动返航模式后首先自动调整航向，使得机尾对准起飞点。如果此时飞行器高度低于 30m，则原地垂直升高到 30m，然后以 5m/s 的速度返回起飞点上方悬停；如果此时飞行器高度高于 30m，则在原高度以 5m/s 的速度返回起飞点上方悬停。此时需要切换到动态锁定模式，然后手动降落。

Jb0003132137　遥控器在开启电源之前，要先检查什么？（5 分）

考核知识点：无人机的操作

难易度：中

标准答案：

先检查遥控器的天线，遥控器的摇杆是否完好正常，有没有放置电池，放置电池的位置是否完好。

Jb0003131138　分析飞行器运动特性需要用到哪些坐标系统？（5 分）

考核知识点：坐标系基础知识

难易度：易

标准答案：

（1）大地坐标系统。

（2）地心固定坐标系统。

（3）本地北东地坐标系统。

（4）机载北东地坐标系统。

（5）机体轴坐标系统。

Jb0003131139　多轴飞行器都有哪些用途？（5 分）

考核知识点：多旋翼飞机基础知识

难易度：易

标准答案：

（1）应急救灾。

（2）军用侦察。

（3）警用监视。
（4）能源行业巡检。
（5）娱乐。

Jb0003131140　地面站电子地图显示的信息分为几个方面，各有何作用？（5分）

考核知识点：地面站知识

难易度：易

标准答案：

（1）无人机位置和飞行轨迹。
（2）无人机航迹规划信息。
（3）其他辅助信息。

Jb0003131141　地面站航迹优化系统具体实现哪些功能？（5分）

考核知识点：地面站知识

难易度：易

标准答案：

航迹优化系统是指航迹规划完成后，系统根据无人机飞行的最小转弯半径和最大俯仰角对航迹进行优化处理，制订出适合无人机飞行的轨迹。

Jb0003131142　无人机航迹规划需要综合应用哪些技术？（5分）

考核知识点：无人机航迹规划应用

难易度：易

标准答案：

无人机航迹规划需要综合应用导航技术、地理信息技术、远程感知技术，以获得全面详细的无人机飞行现状以及环境信息，结合无人机自身指标技术特点，按照一定的航迹规划方法，制订最优或次优路径。

Jb0003132143　巡检作业时设备异常如何处理？（5分）

考核知识点：异常报警处理

难易度：中

标准答案：

（1）无人机巡检系统在空中飞行时发生故障或遇紧急意外情况等，应尽可能控制无人机巡检系统在安全区域紧急降落。

（2）无人机巡检系统飞行时，若通信链路长时间中断，且在预计时间内仍未返航，应根据掌握的无人机巡检系统最后地理坐标位置或机载追踪器发送的报文等信息及时寻找。

Jb0003132144　巡检作业时特殊工况应如何应急处理？（5分）

考核知识点：异常报警处理

难易度：中

标准答案：

（1）巡检作业区域出现雷雨、大风等可能影响作业的突变天气时，应及时评估巡检作业安全性，在确保安全后方可继续执行巡检作业，否则应采取措施控制无人机巡检系统避让、返航或就近降落。

（2）巡检作业区域出现其他飞行器或漂浮物时，应立即评估巡检作业安全性，在确保安全后方可继续执行巡检作业，否则应采取避让措施。

（3）无人机巡检系统飞行过程中，若班组成员身体出现不适或受其他干扰影响作业，应迅速采取措施保证无人机巡检系统安全，情况紧急时，可立即控制无人机巡检系统返航或就近降落。

Jb0003131145　现场勘查都应核实哪些信息？（5分）

考核知识点：现场勘查

难易度：易

标准答案：

现场勘察应核实线路走向和走势、交叉跨越情况、杆塔坐标、巡检区域地形地貌、起飞和降落点环境、交通运输条件及其他危险点等，确认巡检航线规划条件。

Jb0003131146　程控手应如何进行航巡监控？（5分）

考核知识点：无人机巡检作业

难易度：易

标准答案：

程控手应始终注意观察无人机巡检系统发动机或电机转速、电池电压、航向、飞行姿态等遥测参数，判断系统工作是否正常。如有异常，应及时判断原因，采取应对措施。

Jb0003132147　操控手应如何进行航巡监控？（5分）

考核知识点：无人机巡检作业

难易度：中

标准答案：

操控手应始终注意观察无人机巡检系统飞行姿态，发动机或电动机运转声音等信息，判断系统工作是否正常。如有异常，应及时判断原因，采取应对措施。

Jb0003133148　现场飞行过程中注意事项有哪些？（5分）

考核知识点：无人机巡检作业

难易度：难

标准答案：

（1）无人机操作人员平稳匀速控制无人机按预定飞行方案飞行，检查过程中作业人员始终保持对尾飞行，如遇特殊情况，无人机操作人员应按现场负责人要求更改飞行方案。

（2）无特殊情况下，多旋翼无人机巡检飞行速度保持匀速飞行，最大速度不大于10m/s。

（3）现场负责人通过地面站的实时画面调整云台角度，控制拍照/录像等，取得相应的作业数据。

（4）现场操作人员操控过程中无人机应始终处于目视可及的范围内，不得有遮挡，在执行飞行任务区域要注意周边是否有信号塔干扰因素、房屋、树木等，现场情况如有不利飞行因素，操作人员立即停止作业。

（5）作业过程中现场负责人每间隔1～2min需向无人机操作人员报告无人机的状态信息，达到飞行预警值时，现场负责人及时通知无人机操作员操作无人机返航。

Jb0003131149　小型旋翼机在输电线路巡检中有何优缺点？（5分）

考核知识点：无人机巡检作业

难易度：易

标准答案：

体积小，质量轻，作业灵活，起降方便，运输条件要求低，但是续航时间短，充电时间长，可携带的观察检测设备单一，单次飞行完成的巡检工作量有限。小型旋翼机可配备到巡视班组，跟随班组深入线路现场，完成一些对于人工巡视有困难的任务。

Jb0003133150 飞行器自主降落过程中，到达返航点上方时，若降落保护功能生效，飞行器具体表现是什么？（5分）

考核知识点：空中设备故障和异常报警处理

难易度：难

标准答案：

（1）若飞行器降落，保护功能检测到地面可降落时，飞行器将直接降落。

（2）若飞行器降落，保护功能检测结果为不适合降落时（如下方为不平整地面或水面），则飞行器悬停，等待用户操作；即使严重低电量报警时，飞行器检测到不平整的地面仍然会悬停，当电量为0%时才开始下降，过程中依旧可以控制飞行器其他方向的飞行动作。

（3）若飞行器降落，保护功能无法检测到地面情况时，则下降到离地面 0.7m 时，提示用户是否需要继续降落。用户确认安全后，点击确认或者拉油门摇杆到底保持 2s，飞行器降落。

Jb0004131151 DL/T 1482—2015《架空输电线路无人机巡检作业技术导则》适用于何种无人机的巡检作业？（5分）

考核知识点：架空输电线路巡视知识

难易度：易

标准答案：

本标准适用于采用固定翼无人机、旋翼无人机对架空输电线路进行的巡检作业。

Jb0004131152 什么情况下宜采取上方巡检方式进行无人机巡检作业？（5分）

考核知识点：《架空输电线路无人机巡检作业技术导则》

难易度：易

标准答案：

（1）采用固定翼无人机进行通道巡检时，宜采用上方巡检方式。

（2）采取上方巡检方式时，巡检高度一般至少为线路地线上方 100m。

Jb0004131153 根据 DL/T 1482—2015《架空输电线路无人机巡检作业技术导则》，简述无人机型分系统的组成。（5分）

考核知识点：《架空输电线路无人机巡检作业技术导则》

难易度：易

标准答案：

无人机巡检系统应包括无人机分系统、任务载荷分系统和综合保障分系统。

Jb0004131154 无人机巡检人员作业人员的基本条件有哪些？（5分）

考核知识点：《架空输电线路无人机巡检作业技术导则》

难易度：易

标准答案：

（1）经医师鉴定，无妨碍工作的病症（体格检查每两年至少一次）。

（2）具备必要的电气、机械、气象、航线规划等巡检飞行知识和相关业务技能，熟悉 Q/GDW 1799.2—2013《国家电网公司电力安全工作规程　线路部分》和 Q/GDW 11399—2015《架空输电线路无人机巡检作业安全工作规程》，并经考试合格。

（3）具备必要的安全生产知识，学会紧急救护法。

Jb0004131155　在进行杆塔巡检时，大、中型无人机在进行杆塔巡检时的安全距离分别是多少？（5分）

考核知识点：《架空输电线路无人机巡检作业技术导则》

难易度：易

标准答案：

巡检作业时，大型无人机巡检系统距线路设备空间距离不小于 50m、水平距离不小于 30m，距周边障碍物距离不小于 70m；巡检作业时，中型无人机巡检系统距线路设备空间距离不小于 30m、水平距离不小于 25m，距周边障碍物距离不小于 50m。

Jb0004131156　架空输电线路进行无人机巡检作业工作票制度有哪些？（5分）

考核知识点：《架空输电线路无人机巡检作业技术导则》

难易度：易

标准答案：

（1）填用架空输电线路无人机巡检作业工作票。

（2）填用架空输电线路无人机巡检作业工作单。

Jb0004131157　无人机对线路本体进行巡检时的巡检对象有哪些？（5分）

考核知识点：《架空输电线路无人机巡检作业技术导则》

难易度：易

标准答案：

（1）地基与基面。

（2）杆塔基础。

（3）杆塔。

（4）接地装置。

（5）绝缘子。

（6）导线、地线、引流线、OPGW。

（7）线路金具。

Jb0004131158　根据 DL/T 1482—2015《架空输电线路无人机巡检作业技术导则》，开展无人机巡检作业的人员要求是什么？（5分）

考核知识点：《架空输电线路无人机巡检作业技术导则》

难易度：易

标准答案：

（1）专业人员均应具有三年及以上高压输电线路运行维护工作经验，熟悉航空、气象、地理等必要知识。掌握 DL/T 741—2019《架空输电线路运行规程》有关专业知识并熟悉 GB 26859—2011《电

力安全工作规程　电力线路部分》的相关规定。

（2）操作人员应熟悉无人机巡检作业方法和技术手段，通过相应机型的操作培训，考试合格后持证上岗。

Jb0004132159　无人机可见光巡检可以发现哪些缺陷？（5 分）

考核知识点：无人机巡检

难易度：中

标准答案：

（1）导线、引流线断线、断股，异物悬挂。

（2）线夹松脱。

（3）闪络、破损、污秽等。

（4）铁塔鸟窝、缺材、变形等。

（5）防振锤位移、缺失、损坏。

（6）附属设备：缺失。

（7）线路通道：植被生长情况、违章建筑、地质灾害等。

Jb0004131160　无人机巡检检查交叉跨越变化时应注意哪些方面？（5 分）

考核知识点：《架空输电线路无人机巡检作业技术导则》

难易度：易

标准答案：

无人机巡检检查交叉跨越变化时应注意是否出现新建或改建电力及通信线路、道路、铁路、索道、管道等。

Jb0004131161　根据 DL/T 1482—2015《架空输电线路无人机巡检作业技术导则》，无人机巡检作业现场应远离哪些危险点？（5 分）

考核知识点：《架空输电线路无人机巡检作业技术导则》

难易度：易

标准答案：

作业现场应远离爆破、射击、烟雾、火焰、机场、人群密集、高大建筑、军事管辖、无线电干扰等可能影响无人机飞行的区域，无人机不宜从变电站、电厂上空穿越。

Jb0004131162　根据 DL/T 1482—2015《架空输电线路无人机巡检作业技术导则》，无人机巡检作业现场应采取哪些消防安全措施？（5 分）

考核知识点：《架空输电线路无人机巡检作业技术导则》

难易度：易

标准答案：

作业现场应做好灭火等安全防护措施，严禁出现吸烟和明火现象，带至现场的油料应单独存放。

Jb0004131163　精细巡检适用于什么线路？（5 分）

考核知识点：《架空输电线路无人机巡检作业技术导则》

难易度：易

标准答案：

精细巡检适用于在首次开展无人机巡检的线路、存在缺陷或异常的线路以及需要开展精细化巡检的线路。

Jb0004131164　根据DL/T 1482—2015《架空输电线路无人机巡检作业技术导则》，无人机巡检作业人员数量配置要求是什么？（5分）

考核知识点：《架空输电线路无人机巡检作业技术导则》

难易度：易

标准答案：

应根据巡检任务和所用机型合理配置人员，小型机需操作人员2～3名，中型机需操作人员3～4名，大型机需操作人员5～8名。

Jb0004131165　根据DL/T 1482—2015《架空输电线路无人机巡检作业技术导则》，地面保障设备应该包括哪些？（5分）

考核知识点：《架空输电线路无人机巡检作业技术导则》

难易度：易

标准答案：

供电设备、燃油箱、抽油泵、备用电池、充电器、测频仪和专用工器具等。

Jb0004133166　简述无人机风险预控及安全保证机制。（5分）

考核知识点：无人机巡检

难易度：难

标准答案：

（1）无人机直升机巡检作业应办理工作票手续。大、中型机巡检作业应办理《无人机直升机巡检作业第一种工作票》，小型机巡检作业应办理《无人机直升机巡检作业第二种工作票》。

（2）每次巡检作业前，应根据相应机型、巡查项目编制《无人机直升机巡检作业指导书》，其内容主要包括适用范围、编制依据、工作准备、操作流程、操作步骤、安全措施、所需工器具。

（3）无人机直升机巡检作业应有本单位相应的《无人机直升机巡检作业应急处置预案》，预案内容应包含无人机巡检作业危险点、风险预控措施、发生应急事件后的处置流程等。

Jb0004132167　简述无人机作业申请前工作负责人应做哪些准备工作。（5分）

考核知识点：无人机巡检

难易度：中

标准答案：

（1）巡检作业前3个工作日，工作负责人应向线路途经区域的空管部门履行航线报批手续。

（2）巡检作业前3个工作日，工作负责人应向调度、安监部门履行报备手续。

（3）巡检作业前1个工作日，工作负责人应提前了解作业现场当天的气象情况，决定是否能够进行飞行巡检作业，并再次向当地空管部门申请放飞许可。

Jb0004133168　《架空输电线路无人直升机巡检系统》中规定飞行功能应满足什么要求？（5分）

考核知识点：飞行功能要求

难易度：难

标准答案：

（1）应具备全自主起降功能。

（2）一般应具备手动、增稳和全自主三种飞行模式，三种飞行模式应能自由切换。

（3）飞行状态和任务模式可灵活设置，设置内容包括但不限于飞行航线、高度、速度，起飞和降落方式，安全策略等，且在地面站上应有参数设置界面。

（4）应具备任务规划功能，一般宜具备在飞行过程中实时修改航路点的功能。

（5）飞行任务可保存，支持重复调用和编辑。

（6）应具备一键返航功能。

Jb0004131169　简述申报飞行空域所需提供的文件。（5分）

考核知识点：无人机作业流程

难易度：易

标准答案：

（1）国籍标志和登记标志。

（2）驾驶员相应的资质证书。

（3）飞行器性能数据和三视图。

（4）可靠的通信保障方案。

（5）特殊情况处置预案。

Jb0004132170　简述飞行巡检工作流程。（5分）

考核知识点：无人机作业流程

难易度：中

标准答案：

（1）编制计划。

（2）审批计划。

（3）运维检修部安排巡检任务。

（4）征求运行单位、省调和安监部意见，确定航巡重点。

（5）机组航巡作业。

（6）航巡结束。

（7）信息处理提交报告至运检部。

（8）任务结束。

Jb00041331171　简述不同大小机型无人机直升机的起降点大小。（5分）

考核知识点：无人机作业流程

难易度：易

标准答案：

（1）大型无人机直升机：5m×5m左右大小平整的地面。

（2）中型无人机直升机：3m×3m左右大小平整的地面。

（3）小型无人机直升机：1m×1m左右大小平整的地面。

Jb0004131172　简述无人机对输电线路设备巡检的项目。（5分）

考核知识点：无人机巡检

难易度：易

标准答案：

（1）导、地线断裂。
（2）防振锤、间隔棒位移或脱落等缺陷。
（3）复合绝缘子伞裙撕裂、断裂等严重缺陷；玻璃绝缘子自爆等。
（4）杆塔结构变形、倾斜、倾覆监测。
（5）接地基础、护坡等设施状态监测。
（6）其他明显的设备缺陷。

Jb00041332173　简述巡检结束后设备回收的注意事项。（5分）

考核知识点：无人机巡检

难易度：中

标准答案：

设备回收时，应将油门熄火，设备断电，检查各部件状态，对无人机巡检系统进行清洁、紧固，确认无人机巡检系统完好。如有损坏，应及时维修无人机、地面站设备拆卸装箱、装车。电动无人机应将动力电池拆卸，储存于专用电池箱中；油动无人机宜将油箱内剩余油量抽出，并单独存放。核对设备和工具清单，确认现场无遗漏。入库前应再次检查核对。

Jb0004131174　多旋翼无人机的运动方式有哪些？（5分）

考核知识点：无人机基本操作

难易度：易

标准答案：

（1）垂直运动。
（2）仰俯运动。
（3）滚转运动。
（4）偏航运动。
（5）前后运动。
（6）倾向运动。

Jb0004131175　无人机红外光巡检可以发现哪些缺陷？（5分）

考核知识点：无人机巡检

难易度：易

标准答案：

（1）导线、引流线发热点。
（2）线夹接触点发热。
（3）绝缘子击穿发热。
（4）耐张压接管、导线接续管等及其他连接点发热。

Jb0004131176　简述故障巡检的概念。（5分）

考核知识点：无人机巡检基础知识

难易度：易

标准答案：

（1）线路故障后，根据故障信息，确定重点巡检区段、部位和巡检内容，采用无人机巡检作业和精细检查。

（2）故障巡检主要是查找或确认故障点，检查设备受损和其他异常情况。

Jb0004131177 无刷电机是直流电机还是交流电机？（5分）

考核知识点： 电机的基本知识

难易度： 易

标准答案：

如果单看电机是交流，如果把电调与电机看作一体则为直流。

Jb0004131178 无人机对附属设施进行巡检时的巡检对象有哪些？（5分）

考核知识点： 无人机巡检基础知识

难易度： 易

标准答案：

（1）防雷装置。

（2）防鸟装置。

（3）监测装置。

（4）航空警示器材。

（5）防舞防冰装置。

（6）ADSS光缆。

（7）杆号、警告、防护、指示、相位等标志。

Jb0004131179 多旋翼是不是任意方向都可以作为机头，指向飞行方向，为什么？（5分）

考核知识点： 无人机的使用

难易度： 易

标准答案：

不是，磁罗盘和IMU的安装都有指向性要求。即使能够使用无头模式飞行的多旋翼其实也是有头的。

Jb0004131180 国家遥控航空模型飞行员技术等级标准管理实施工作由哪些组织负责？（5分）

考核知识点： 无人机基础知识

难易度： 易

标准答案：

由中国航空运动协会具体负责、实施。

Jb0004131181 遥控模型飞行场地为什么要设置安全线？（5分）

考核知识点： 无人机基础知识

难易度： 易

标准答案：

安全线是隔离模型飞行区和人员活动区标志线，为确保参加活动人群安全，一定要设置具有隔离的标志线，也就是安全线。

Jb0004131182　固定翼无人机机翼的平面几何形状有哪几种？（5 分）

考核知识点：无人机基础知识

难易度：易

标准答案：

矩形、梯形、椭圆形、三角形以及这些形状的组合型。

Jb0004131183　多旋翼飞行器由哪几个部分组成？（5 分）

考核知识点：无人机基础知识

难易度：易

标准答案：

机身、主旋翼、尾旋翼、起落架、动力系统、控制系统。

Jb0004131184　无人机地面起飞前检查时，遥控器推油门，油门舵机不响应或旋翼电机不旋转，可能是由哪些原因造成的？（5 分）

考核知识点：无人机的飞行

难易度：易

标准答案：

控制模式不对、遥控器没电、遥控器高频头没装或损坏、没对频、舵机故障或电机故障、电调故障等。

Jb0004131185　燃油固定翼起飞前动力系统应做哪些检查？（5 分）

考核知识点：无人机的动力

难易度：易

标准答案：

紧固件、油路、电路、大小油针、最大转速、怠速稳定性、震动、操纵连杆连接及间隙等。小飞机可改变姿态，观察不同姿态供油效果。

Jb0004131186　一般冬天和夏天相比，返航电压该怎么设置，为什么？（5 分）

考核知识点：无人机的调试

难易度：易

标准答案：

冬天的返航电压一般高于夏天，因为冬天气温低，锂电池的活性及放电能力也会降低，假如返航电压过低，有可能导致突然降压引发飞行事故。

Jb0004131187　无人机巡检检查防鸟装置时应注意哪些方面？（5 分）

考核知识点：无人机的调试

难易度：易

标准答案：

（1）固定式：破损、变形、螺栓松脱等。

（2）活动式：动作失灵、褪色、破损等。

（3）电子、光波、声响式：损坏。

Jb0004131188　旋翼无人机按照空机质量如何区分机型？（5分）

考核知识点：无人机基础知识

难易度：易

标准答案：

（1）116kg及以上为大型无人机。

（2）7～116kg为中型无人机。

（3）7kg及以下为小型无人机。

Jb0004132189　架空地线的作用是什么？（5分）

考核知识点：架空输电线路导地线基本知识

难易度：中

标准答案：

（1）减少雷电直接击于导线的机会。

（2）架空地线一般直接接地，它依靠低的接地电阻泄导雷电流，以降低雷击过电压。

（3）架空地线对导线的屏蔽及导线、架空地线间的耦合作用，降低雷击过电压。

（4）在导线断线情况下，架空地线对杆塔起一定的支持作用。

（5）绝缘架空地线有些还用于通信，有时也用于融冰。

Jb0004131190　什么是翼弦和翼展？（5分）

考核知识点：无人机基础知识

难易度：易

标准答案：

连接机翼前和后缘的线段叫翼弦，机翼左右翼尖的直线距离叫翼展。

Jb0004132191　固定翼无人机视距外链路中断，如何处置？（5分）

考核知识点：无人机的使用

难易度：中

标准答案：

首先调整地面链路天线位置。有些飞控能设置在链路中断多长时间后返航，这些事先要设置。如若全程时间到未能返航，可按航线地面寻找。如若该无人机加入优云系统，请联系优云服务商查找最终点。无人机应当在机身明显处张贴联系方式。

Jb0004131192　什么叫平飞？平飞的条件有哪些？（5分）

考核知识点：无人机基础知识

难易度：易

标准答案：

水平、匀速的直线飞行叫作平飞。平飞的条件：风速要小或无，环境选择宽阔的地方，不会受到大风和高低不等的建筑物影响，操作时要平稳不做多余步骤。

Jb0004131193　陀螺仪的作用是什么？（5分）

考核知识点：无人机基础知识

难易度：易

标准答案：
陀螺仪可以自动稳定直升机的航向。

Jb0004131194　锂聚合物电池上标示的指数 C 数指的是什么？（5 分）
考核知识点：无人机基础知识
难易度：易
标准答案：
是该电池的放电倍率。

Jb0004131195　遥控模型直升机飞行时距离操作手最近的安全距离是多少？（5 分）
考核知识点：无人机基础知识
难易度：易
标准答案：
5m。

Jb0004131196　模型甲醇内燃机所使用的燃料的主要成分是什么？（5 分）
考核知识点：无人机基础知识
难易度：易
标准答案：
甲醇、润滑油、硝基甲烷。

Jb0004131197　模型用动力电机的 KV 值指的是什么？（5 分）
考核知识点：无人机基础知识
难易度：易
标准答案：
指的是该电机每伏电压下的转速。

Jb0004131198　遥控模型直升机在悬停飞行时，一般主旋翼桨桨叶角度大约是多少？（5 分）
考核知识点：无人机基础知识
难易度：易
标准答案：
5°～5.5°。

Jb0004131199　油动遥控模型热火头点火电压是多少？（5 分）
考核知识点：无人机基础知识
难易度：易
标准答案：
直流 1.2～1.5V。

Jb0004131200　影响操纵性的三个主要因素是什么？（5 分）
考核知识点：无人机基础知识
难易度：易

标准答案：

（1）重心及重量分布。

（2）翼型。

（3）尾翼布局。

Jb0004132201 造成线路设备故障的主要原因有哪些？（5分）

考核知识点：架空输电线路故障巡视

难易度：中

标准答案：

（1）电力检修质量不达标。

（2）外部施工原因造成倒杆断线，电缆损坏。

（3）线路设备质量或老化造成故障，如电缆头老化引起线路短路，横担断裂引起接地等。

（4）气候因素造成故障，如雷雨季节电力线路遭遇雷击，电力线路杆塔处于低洼地带遭洪水冲倒引起线路受损等。

Jb0004131202 电力线路常见故障类别有哪些？（5分）

考核知识点：架空输电线路故障巡视

难易度：易

标准答案：

电力线路常见故障有两大类：接地故障和短路故障。

接地故障又分为金属性接地和非金属性接地两类；

短路故障又分为非接地相间短路（三相和两相短路）故障和接地短路（两相接地短路两点不同相接地短路）故障。

Jb0004133203 一线班组开展线路故障巡视时应注意哪些？（5分）

考核知识点：架空输电线路故障巡视

难易度：难

标准答案：

（1）班组巡视人员要特别注意自身人身安全，将故障线路视为带电，巡视发现问题不能私自处理，必须上报班组管理人员，在班组管理人员许可并布置完安全措施后方可处理。

（2）巡线时除了注意线路本身各部件及重点故障设备外，还应注意附近线路环境，有无侵线树木、建筑物和异物；线路附近有无施工痕迹、烧伤的鸟兽以及损害的绝缘子等物；发现与故障有关的物件和可疑物时，应做好记录并拍照及时上报，留作事故分析的证据。

（3）如果在已确认并切除的故障区段巡视未发现明显故障点，可填写工作票或事故应急抢修单并做好安全措施后对故障区段进行登杆检查，登杆检查可以发现杆塔上不明显的异常及地面巡视不易发现的设备损伤，如绝缘子上表面及避雷器轻微烧损等地面巡视的盲区。也可对故障区段进行分段绝缘遥测排查隐性故障点，如避雷器击穿、电缆绝缘击穿等。

Jb0004132204 输电线路故障的主要类型与特征是什么？（5分）

考核知识点：架空输电线路故障巡视

难易度：中

标准答案：

类型	多发时段	天气	地点	重合概率
雷击	夏秋	雷雨	山区、旷野	高
风偏	夏秋傍晚	强风	风口跨越档	低
污闪	秋冬夜晚	大雾、毛毛雨	重污区	低
鸟害	秋冬半夜	—	水库、平原	高
覆冰	春冬	雨、雪	重冰区、舞动区	低
外破	—	—	外破区	低
山火	烧荒、上坟	晴好	农林区	高
故障	夏季午后	高温	林区	低
误碰	白天	—	施工区	低

Jb0004133205　架空输电线路故障放电点的表象有哪些？（5分）

考核知识点：架空输电线路故障巡视

难易度：难

标准答案：

输电线路发生故障，必然出现千安级的短路电流，伴随着强烈的弧光放电、巨响和高温，在放电点上留下十分明显的灼伤点，特别是重合不成功或者再次故障时，会重复出现灼伤点。因此，能够在故障点放电点清晰地观察到故障表象。各种线路故障的放电通道是不完全相同的，因此对放电通道必须核查准确，从高压侧到低压侧，从起点到终点要逐一核对和查证，否则容易出现对故障现象的误判，如绕击故障与反击故障都会在绝缘子串上形成放电通道，如果仅从绝缘子上的放电迹象是不能判定故障类型的，要找到雷击的初始点，才能准确判定。线路故障的放电通道主要有两种：其一是在绝缘子串附近放电，因为绝缘子串是带电体中绝缘间隙最小点，当出现雷击、风偏、污闪、冰闪故障时，主要是在绝缘子串附近放电；其二是故障发生在导线档距中央，主要是闪击或对交叉、邻近物体放电。当绝缘子串附近出现放电时，一般会在导线、绝缘子串、塔身、接地体上留下放电痕迹，容易找到故障点，而档内导线出现放电时，则要通过地面调查和走导线检查才能找到故障点。在放电通道上，各个部位的迹象是有差别的。沿绝缘子放电时，绝缘子串的钢帽上会灼伤镀锌层，露出灰白色钢体，绝缘子表面会形成块状疤痕，故障绝缘子串上不是每片绝缘子都有灼伤点，但是导线侧和横担侧肯定有放电点，而且表象最为明显和严重；杆塔上的放电点一般在凸出部位，如塔脚钉、角钢脊背等，这是因为尖端部位更易引发放电；导线、地线上的放电点一般会有多处白色圆斑状伤痕，有时会呈现几米长的泛白区域；地线间隙上的放电点因为放电拉弧，高温下会出现明显的焊疤；接地引下线在泄放短路电流时，如果与杆塔接触不良，连接板上会出现明显的焊点。

Jb0004131206　什么危急缺陷？（5分）

考核知识点：缺陷与隐患分类及分级

难易度：易

标准答案：

危急缺陷是指电网设备在运行中发生了偏离且超过运行标准允许范围的误差，直接威胁安全运行并需立即处理的缺陷，否则，随时可能造成设备损坏、人身伤亡、大面积停电、火灾等事故。

Jb0004131207　什么是严重缺陷？（5分）

考核知识点：缺陷与隐患分类及分级

难易度：易

标准答案：

严重缺陷是指电网设备在运行中发生了偏离且超过运行标准允许范围的误差，对人身或设备有重要威胁，暂时尚能坚持运行，不及时处理有可能造成事故的缺陷。

Jb0004131208　什么是一般缺陷？（5分）

考核知识点：缺陷与隐患分类及分级

难易度：易

标准答案：

一般缺陷是指电网设备在运行中发生了偏离运行标准的误差，尚未超过允许范围，在一定期限内对安全运行影响不大的缺陷。

Jb0004131209　杆塔紧固螺栓、绝缘子清扫项目的检修周期是如何规定的？（5分）

考核知识点：缺陷与隐患原因分析

难易度：易

标准答案：

杆塔紧固螺栓检修周期为5年，新线投运需紧固1次。绝缘子清扫项目的检修周期为1～3年，根据污秽情况、盐密测量、运行经验调整周期。

Jb0004133210　线路检修可分几类？其内容有哪些？（5分）

考核知识点：缺陷与隐患原因分析

难易度：难

标准答案：

线路检修一般分为大修、小修和事故抢修，此外，还有改进工程也属检修范围。各自内容如下：

（1）大修：所谓大修，是指为了恢复或保持输电线路原设计应达到的电气性能和机械性能，并延长其寿命的检修工作。其主要内容包括；

1）清扫线路绝缘子，加强线路绝缘或更换防污型绝缘子。

2）杆塔、横担、拉杆及金具螺栓的紧固。

3）更换或补强杆塔及其附件。

4）加固杆塔或拉线基础。

5）修补导地线并调整弧垂。

6）调整防振锤的位置，更换或调整防振设施，进行防腐防锈处理。

7）更换个别档的导线或避雷线。

8）调整耐张段导线的弧垂。

9）恢复或加补接地装置。

10）处理交叉跨越，调整塔位，改换路径。

11）进行升压和降损改造。

12）进行防汛处理。

13）大修工作是计划检修，应编制大修计划。

（2）小修：小修工作是指为保证架空输电线路的安全运行和供电的可靠性而进行的检修工作。小修也称维修工程，它主要包括：绝缘子清扫，杆塔倾斜扶正，调整拉线，杆基、拉线坑填土，防护区内砍伐树木，导、地线断股修复修补，电杆、修补接地装置等。

（3）事故抢修。是由于地震、洪水、风暴以及外力袭击，使输电线路发生倒杆、断线、金具或绝缘子脱扣等事故，为保证线路尽快恢复供电而进行的恢复性工作。

此外，还有一种叫改进工程，是指为了提高线路安全运行性能、提高线路输送容量、改善劳动条件而对线路进行改进或拆除的检修工作。如更换大截面导线，增加避雷线、增加绝缘子片或将绝缘子更换为防污绝缘子，将木杆换为钢筋混凝土杆或铁塔等。改进工程属计划性检修，应编制改进工程计划。

第十章　无人机巡检工高级技师技能操作

Jc0001143001　多旋翼无人机姿态模式水平“8”字正飞。(100 分)

考核知识点：姿态模式水平“8”字正飞

难易度：难

技能等级评价专业技能考核操作工作任务书

一、任务名称

多旋翼无人机姿态模式水平“8”字正飞。

二、适用工种

无人机巡检工高级技师。

三、具体任务

(1)正确组装无人机。

(2)多旋翼无人机使用姿态模式飞行水平“8”字正飞。

四、工作规范及要求

(1)精神面貌良好，着装整齐。

(2)按照要求正确组装多旋翼无人机。

(3)“8”字飞行偏移不得超高 0.5m。

五、考核及时间要求

本考核操作时间为 30 分钟，时间到停止考评，每超 1 分钟扣 2 分。

技能等级评价专业技能考核操作评分标准

工种	无人机巡检工					评价等级	高级技师
项目模块	基础能力—多旋翼无人机水平“8”字飞行				编号	Jc0001143001	
单位			准考证号			姓名	
考试时限	30 分钟		题型	单项操作		题分	100 分
成绩		考评员		考评组长		日期	
试题正文	多旋翼无人机姿态模式水平“8”字正飞						
需要说明的问题和要求	(1)要求单人操作。 (2)按照要求做好安全措施，正确使用劳动防护用品。 (3)无人机由考场提供						

序号	项目名称	质量要求	满分	扣分标准	扣分原因	得分
1	工作准备					
1.1	安全劳动防护用品的准备	正确选择佩戴安全帽，穿全套工装，包括工作服、绝缘鞋、棉手套等	5	未按规定正确佩戴安全帽、穿工作服、绝缘鞋、戴棉手套等每项扣 2 分，扣完为止		
1.2	无人机及相关设备准备与摆放	熟练地做好无人机的检查与准备工作	5	现场凌乱，摆放不整齐，准备不到位，未正确检查，检查漏一项扣 1 分，扣完为止		
2	工作许可					
2.1	许可方式	向考评员示意准备就绪，申请开始工作	5	未申请开始考试扣 5 分		
3	工作步骤及技术要求					

续表

序号	项目名称	质量要求	满分	扣分标准	扣分原因	得分
3.1	无人机“8”字飞行	（1）向考官汇报需要考试的科目，考官批准后方可进行无人机“8”字飞行并将无人机切到姿态模式。 （2）无人机在“8”字飞行中要飞行平稳，机头与飞行方向一致。 （3）飞行轨迹水平偏差不大于0.5m。 （4）飞行轨迹垂直偏差不大于0.5m	40	未向考官汇报考试科目，扣10分； 未下达命令擅自进行“8”字飞行或进入“8”字飞行前未将无人机切到姿态模式，扣10分； 无人机8字飞行中飞行不匀速，扣10分； 机头方向与飞行方向夹角超过45°，扣10分； 飞行轨迹水平偏差大于0.5m，扣10分； 飞行轨迹垂直偏差大于0.5m，扣10分； 以上扣分，扣完为止		
3.2	无人机降落	考官下达降落命令，将无人机降落在指定降落点	10	无人机降落不稳，扣2分； 无人机未降落到指定降落点（不得超过0.5m）扣2分； 无人机降落发生坠机，扣5分； 无人机降落后未汇报，扣1分		
4	工作结束					
4.1	安全劳动防护用品	安全劳动防护用品恢复原位	5	安全劳动防护用品未放到原位扣5分		
4.2	恢复现场	将无人机及设备恢复原样	5	设备未轻拿轻放，恢复不彻底扣5分		
5	工作终结汇报	向考评员报告工作已结束，场地已清理	5	未汇报扣5分		
6	其他要求					
6.1	动作要求	动作熟练顺畅	5	动作不正确扣1～5分		
6.2	安全要求	严格遵守“四不伤害”原则，不得损坏工器具和设备	5	损坏工器具扣5分		
合计			100			

Jc0001143002　多旋翼无人机姿态模式水平“8”字退飞。（100分）

考核知识点：姿态模式水平“8”字退飞

难易度：难

技能等级评价专业技能考核操作工作任务书

一、任务名称

多旋翼无人机姿态模式水平“8”字退飞。

二、适用工种

无人机巡检工高级技师。

三、具体任务

（1）正确组装无人机。

（2）多旋翼无人机使用姿态模式水平“8”字退飞。

四、工作规范及要求

（1）精神面貌良好，着装整齐。

（2）按照要求正确组装多旋翼无人机。

（3）“8”字退飞偏移不得超高0.5m。

五、考核及时间要求

本考核操作时间为30分钟，时间到停止考评，每超1分钟扣2分。

技能等级评价专业技能考核操作评分标准

工种	无人机巡检工					评价等级	高级技师
项目模块	基础能力—多旋翼无人机水平“8”字飞行				编号	Jc0001143002	
单位			准考证号			姓名	
考试时限	30分钟		题型	单项操作		题分	100分
成绩		考评员		考评组长		日期	
试题正文	多旋翼无人机姿态模式水平“8”字退飞						
需要说明的问题和要求	（1）要求1人操作。 （2）按照要求做好安全措施，正确使用劳动防护用品。 （3）无人机由考场提供						

序号	项目名称	质量要求	满分	扣分标准	扣分原因	得分
1	工作准备					
1.1	安全劳动防护用品的准备	正确选择佩戴安全帽，穿全套工装，包括工作服、绝缘鞋、棉手套等	5	未按规定正确佩戴安全帽、穿工作服、绝缘鞋、戴棉手套等每项扣2分，扣完为止		
1.2	无人机及相关设备准备与摆放	熟练地做好无人机的检查与准备工作	5	现场凌乱，摆放不整齐，准备不到位，未正确检查，检查漏一项扣1分，扣完为止		
2	工作许可					
2.1	许可方式	向考评员示意准备就绪，申请开始工作	5	未申请开始考试扣5分		
3	工作步骤及技术要求					
3.1	无人机“8”字飞行	（1）向考官汇报需要考试的科目，考官批准后方可进行无人机“8”字飞行。 （2）考官下达任务后将无人机切换至姿态模式。 （3）无人机在“8”字飞行中要飞行平稳，机头与飞行方向一致。 （4）飞行轨迹水平偏差不大于0.5m。 （5）飞行轨迹垂直偏差不大于0.5m	50	未向考官汇报考试科目，扣5分； 未下达命令擅自进行“8”字飞行，扣5分； 进入“8”字飞行后未将无人机切换至姿态模式，扣20分； 机尾方向与飞行方向夹角超过45°，扣10分； 飞行轨迹水平偏差大于0.5m，扣10分； 飞行轨迹垂直偏差大于0.5m，扣10分； 以上扣分，扣完为止		
3.2	无人机降落	考官下达降落命令，将无人机降落在指定降落点	10	无人机降落不稳，扣5分； 无人机未降落到指定降落点（不得超过0.5m）扣5分； 无人机降落发生坠机，扣5分； 无人机降落后未汇报，扣5分 以上扣分，扣完为止		
4	工作结束					
4.1	安全劳动防护用品	安全劳动防护用品恢复原位	5	安全劳动防护用品未放到原位扣5分		
4.2	恢复现场	将无人机及设备恢复原样	5	设备未轻拿轻放，恢复不彻底扣5分		
5	工作终结汇报	向考评员报告工作已结束，场地已清理	5	未汇报扣5分		
6	其他要求					
6.1	动作要求	动作熟练顺畅	5	动作不正确扣1～5分		
6.2	安全要求	严格遵守“四不伤害”原则，不得损坏工器具和设备	5	损坏工器具扣5分		
合计			100			

Jc0002143003　点云数据处理。（100 分）

考核知识点：任务设备使用与维护保养

难易度：难

技能等级评价专业技能考核操作工作任务书

一、任务名称

点云数据处理。

二、适用工种

无人机巡检工高级技师。

三、具体任务

熟练掌握点云数据处理基本原理和流程：能熟练使用软件进行点云数据导入、分类、分析处理和合成等操作，能熟练完成三维浏览、平断面图生成、空间距离量测等操作。

四、工作规范及要求

（1）熟练掌握点云数据处理基本原理和流程。

（2）熟练使用软件进行点云数据导入、分类、分析处理和合成等操作。

（3）熟练完成三维测览、平断面图生成、空间距离量测等操作。

（4）场地、设备、工具和材料：点云数据处理软件。

（5）注意事项：点云数据处理软件操作应结合厂商给出的使用手册来进行。

五、考核及时间要求

本考核操作时间为 30 分钟。

技能等级评价专业技能考核操作评分标准

<table>
<tr><td>工种</td><td colspan="6">无人机巡检工</td><td>评价等级</td><td colspan="2">高级技师</td></tr>
<tr><td>项目模块</td><td colspan="5">设备使用与维护保养—任务设备使用与维护保养</td><td>编号</td><td colspan="3">Jc0002143003</td></tr>
<tr><td>单位</td><td colspan="3"></td><td>准考证号</td><td colspan="2"></td><td>姓名</td><td colspan="2"></td></tr>
<tr><td>考试时限</td><td colspan="2">30 分钟</td><td>题型</td><td colspan="3">单项操作</td><td>题分</td><td colspan="2">100 分</td></tr>
<tr><td>成绩</td><td></td><td>考评员</td><td></td><td>考评组长</td><td colspan="2"></td><td>日期</td><td colspan="2"></td></tr>
<tr><td>试题正文</td><td colspan="9">点云数据处理</td></tr>
<tr><td>需要说明的问题和要求</td><td colspan="9">（1）熟练掌握点云数据处理基本原理和流程。
（2）熟练使用软件进行点云数据导入、分类、分析处理和合成等操作。
（3）熟练完成三维浏览、平断面图生成、空间距离量测等操作。
（4）考生须在 30 分钟之内完成点云数据处理</td></tr>
<tr><td>序号</td><td>项目名称</td><td colspan="2">质量要求</td><td>满分</td><td colspan="3">扣分标准</td><td>扣分原因</td><td>得分</td></tr>
<tr><td>1</td><td>基本原理和流程</td><td colspan="2">熟练掌握点云数据处理基本原理和流程</td><td>30</td><td colspan="3">不熟悉的扣 10～30 分</td><td></td><td></td></tr>
<tr><td>2</td><td>操作</td><td colspan="2">熟练使用软件进行点云数据导入、分类、分析处理和合成等操作</td><td>35</td><td colspan="3">不会操作的扣 20～35 分</td><td></td><td></td></tr>
<tr><td>3</td><td>三维浏览</td><td colspan="2">熟练完成三维浏览、平断面图生成、空间距离量测等操作</td><td>30</td><td colspan="3">不能完成的扣 30 分</td><td></td><td></td></tr>
<tr><td>4</td><td>时间</td><td colspan="2">必须在 30 分钟之内完成考核任务</td><td>5</td><td colspan="3">超出 10 秒扣 1 分，扣完为止</td><td></td><td></td></tr>
<tr><td colspan="2">合计</td><td colspan="2"></td><td>100</td><td colspan="3"></td><td></td><td></td></tr>
</table>

Jc0002142004　口述基于 RTK 平台的电子围栏定义。(100 分)

考核知识点：任务设备使用与维护保养

难易度：中

技能等级评价专业技能考核操作工作任务书

一、任务名称

口述基于 RTK 平台的电子围栏定义。

二、适用工种

无人机巡检工高级技师。

三、具体任务

描述基于 RTK 平台的电子围栏的定义。

四、工作规范及要求

（1）需熟练掌握 RTK 平台的电子围栏的定义。

（2）给定条件：书面试题。

（3）书面问题：

1）RTK 平台的定义。

2）基于 RTK 平台的电子围栏的定义。

五、考核及时间要求

本考核操作时间为 10 分钟。

技能等级评价专业技能考核操作评分标准

<table>
<tr><td>工种</td><td colspan="5">无人机巡检工</td><td>评价等级</td><td>高级技师</td></tr>
<tr><td>项目模块</td><td colspan="4">设备使用与维护保养—任务设备使用与维护保养</td><td>编号</td><td colspan="2">Jc0002142004</td></tr>
<tr><td>单位</td><td colspan="3"></td><td>准考证号</td><td></td><td>姓名</td><td></td></tr>
<tr><td>考试时限</td><td colspan="2">10 分钟</td><td>题型</td><td colspan="2">单项操作</td><td>题分</td><td>100 分</td></tr>
<tr><td>成绩</td><td></td><td>考评员</td><td></td><td>考评组长</td><td></td><td>日期</td><td></td></tr>
<tr><td>试题正文</td><td colspan="7">口述基于 RTK 平台的电子围栏定义</td></tr>
<tr><td>需要说明的问题和要求</td><td colspan="7">（1）需熟练掌握 RTK 平台的电子围栏的定义。
（2）考生须在 10 分钟之内完成该试题</td></tr>
</table>

序号	项目名称	质量要求	满分	扣分标准	扣分原因	得分
1	RTK 平台的定义	熟练掌握 RTK 平台的定义	30	不熟练、内容不全的扣 10～30 分		
2	基于 RTK 平台的电子围栏定义					
2.1	电子围栏定义	熟练掌握基于 RTK 平台的电子围栏的定义	20	不熟练、内容不全的扣 10～20 分		
2.2	3D 立体围栏	熟练掌握 3D 立体围栏的定义	20	不熟练的扣 5～20 分		
2.3	4D 时空围栏	熟练掌握 4D 时空围栏的定义	20	不熟练的扣 5～20 分		
3	时间	必须在 10 分钟之内完成考核任务	10	超出 10 秒扣 1 分，扣完为止		
合计			100			

Jc0002142005　微型多旋翼无人机维护保养。(100 分)

考核知识点：微型多旋翼无人机维护保养

难易度：中

技能等级评价专业技能考核操作工作任务书

一、任务名称

微型多旋翼无人机维护保养。

二、适用工种

无人机巡检工高级技师。

三、具体任务

熟练掌握微型多旋翼无人机维修和保养要求；能熟练完成无人机机体、动力、导航定位、数据链路、地面站等各模块以及充电器等配套设备的检查、保养工作和一般故障排查及维修工作。

四、工作规范及要求

（1）掌握微型多旋翼无人机在飞行前后、长期放置过程中对飞行记录本以及维修手册的更改。

（2）掌握微型多旋翼无人机在使用过程中，对于备品备件、维修使用工具的管理。

（3）掌握微型多旋翼无人机电池的维护保养知识要求。

（4）掌握微型多旋翼无人机在维护保养后无人机调试（包括软件和硬件调试）。

（5）掌握微型多旋翼无人机维护保养后飞行测试知识。

（6）危险点、安全措施。

1）飞行操作人员在飞行过程中需要目视飞机，要防止无人机飞偏，造成无人机飞丢或坠机。

2）防止无人机对地面人员及财产造成损失。

3）在地面做好航前和航后检查。

4）地面上设置安全员，在无人机发生危险时可以随时接管无人机。

5）与考试无关人员不得进入无人机飞行区域。

6）多旋翼无人机在充放电时注意锂聚合物电池的安全工作。

（7）场地、设备、工具和材料：设备为多旋翼无人机系统，维护保养工具套装，电池充放电套装，调参软件，多旋翼无人机的飞行记录本以及维修手册。

五、考核及时间要求

本考核操作时间为15分钟。

技能等级评价专业技能考核操作评分标准

工种	无人机巡检工				评价等级	高级技师
项目模块	设备使用与维护保养—多旋翼无人机维护保养			编号	Jc0002142005	
单位		准考证号			姓名	
考试时限	15分钟	题型	单项操作		题分	100分
成绩	考评员		考评组长		日期	
试题正文	微型多旋翼无人机维护保养					
需要说明的问题和要求	（1）掌握多旋翼无人机在飞行前后、长期放置过程中对飞行记录本以及维修手册的更改。 （2）掌握多旋翼无人机在使用过程中，对于备品备件、维修使用工具的管理。 （3）掌握多旋翼无人机电池的维护保养知识要求。 （4）掌握多旋翼无人机在维护保养后无人机调试（包括软件和硬件调试）。 （5）掌握多旋翼无人机维护保养后飞行测试知识。 （6）考生须在15分钟之内完成多旋翼无人机维护保养					

序号	项目名称	质量要求	满分	扣分标准	扣分原因	得分
1	飞行记录本和维修手册	掌握微型多旋翼无人机在飞行前后、长期放置过程中对飞行记录本以及维修手册的更改	15	不熟悉的扣1～15分		

续表

序号	项目名称	质量要求	满分	扣分标准	扣分原因	得分
2	备品备件	掌握微型多旋翼无人机在使用过程中，对于备品备件、维修使用工具的管理	20	不熟悉的扣 1～20 分		
3	电池	掌握微型多旋翼无人机电池的维护保养知识要求	20	不熟悉的扣 1～20 分		
4	调试	掌握微型多旋翼无人机在维护保养后无人机调试（包括软件和硬件调试）	20	不熟悉的扣 1～20 分		
5	飞行测试	掌握微型多旋翼无人机维护保养后飞行测试知识	20	不熟悉的扣 1～20 分		
6	时间	必须在 15 分钟之内完成考核任务	5	超出 10 秒扣 1 分，扣完为止		
合计			100			

Jc0002142006　轻型多旋翼无人机维护保养。(100 分)

考核知识点：轻型多旋翼无人机维护保养

难易度：中

技能等级评价专业技能考核操作工作任务书

一、任务名称

轻型多旋翼无人机维护保养。

二、适用工种

无人机巡检工高级技师。

三、具体任务

熟练掌握轻型多旋翼无人机维修和保养要求；能熟练完成无人机机体、动力、导航定位、数据链路、地面站等各模块以及充电器等配套设备的检查、保养工作和一般故障排查及维修工作。

四、工作规范及要求

（1）掌握轻型多旋翼无人机在飞行前后、长期放置过程中对飞行记录本以及维修手册的更改。

（2）掌握轻型多旋翼无人机在使用过程中，对于备品备件、维修使用工具的管理。

（3）掌握轻型多旋翼无人机电池的维护保养知识要求。

（4）掌握轻型多旋翼无人机在维护保养后无人机调试（包括软件和硬件调试）。

（5）掌握轻型多旋翼无人机维护保养后飞行测试知识。

（6）危险点、安全措施

1）飞行操作人员在飞行过程中需要目视飞机，要防止无人机飞偏，造成无人机飞丢或坠机。

2）防止无人机对地面人员及财产造成损失。

3）在地面做好航前和航后检查。

4）地面上设置安全员，在无人机发生危险时可以随时接管无人机。

5）与考试无关人员不得进入无人机飞行区域。

6）多旋翼无人机在充放电时注意锂聚合物电池的安全工作。

（7）场地、设备、工具和材料：设备为多旋翼无人机系统，维护保养工具套装，电池充放电套装，调参软件，多旋翼无人机的飞行记录本以及维修手册。

五、考核及时间要求

本考核操作时间为 15 分钟。

技能等级评价专业技能考核操作评分标准

工种	无人机巡检工					评价等级	高级技师
项目模块	设备使用与维护保养—多旋翼无人机维护保养				编号	Jc0002142006	
单位			准考证号			姓名	
考试时限	15 分钟		题型	单项操作		题分	100 分
成绩		考评员		考评组长		日期	
试题正文	轻型多旋翼无人机维护保养						
需要说明的问题和要求	（1）掌握多旋翼无人机在飞行前后、长期放置过程中对飞行记录本以及维修手册的更改。 （2）掌握多旋翼无人机在使用过程中，对于备品备件、维修使用工具的管理。 （3）掌握多旋翼无人机电池的维护保养知识要求。 （4）掌握多旋翼无人机在维护保养后无人机调试（包括软件和硬件调试）。 （5）掌握多旋翼无人机维护保养后飞行测试知识。 （6）考生须在 15 分钟之内完成多旋翼无人机维护保养						

序号	项目名称	质量要求	满分	扣分标准	扣分原因	得分
1	飞行记录本和维修手册	掌握轻型多旋翼无人机在飞行前后、长期放置过程中对飞行记录本以及维修手册的更改	15	不熟悉的扣 1～15 分		
2	备品备件	掌握轻型多旋翼无人机在使用过程中，对于备品备件、维修使用工具的管理	20	不熟悉的扣 1～20 分		
3	电池	掌握轻型多旋翼无人机电池的维护保养知识要求	20	不熟悉的扣 1～20 分		
4	调试	掌握轻型多旋翼无人机在维护保养后无人机调试（包括软件和硬件调试）	20	不熟悉的扣 1～20 分		
5	飞行测试	掌握轻型多旋翼无人机维护保养后飞行测试知识	20	不熟悉的扣 1～20 分		
6	时间	必须在 15 分钟之内完成考核任务	5	超出 10 秒扣 1 分，扣完为止		
合计			100			

Jc0002142007　轻型固定翼无人机维护保养。（100 分）

考核知识点：轻型固定翼无人机维护保养

难易度：中

技能等级评价专业技能考核操作工作任务书

一、任务名称

轻型固定翼无人机维护保养。

二、适用工种

无人机巡检工高级技师。

三、具体任务

熟练掌握轻型固定翼无人机维修和保养要求；能熟练完成无人机机体、动力、导航定位、数据链路、地面站等各模块以及充电器等配套设备的检查、保养工作和一般故障排查及维修工作。

四、工作规范及要求

（1）掌握轻型固定翼无人机在飞行前后、长期放置过程中对飞行记录本以及维修手册的更改。

（2）掌握轻型固定翼无人机在使用过程中，对于备品备件、维修使用工具的管理。

（3）掌握轻型固定翼无人机电池的维护保养知识要求。

（4）掌握轻型固定翼无人机在维护保养后无人机调试（包括软件和硬件调试）。

（5）掌握轻型固定翼无人机维护保养后飞行测试知识。

（6）危险点、安全措施。

1）飞行操作人员在飞行过程中需要目视飞机，要防止无人机飞偏，造成无人机飞丢或坠机。

2）防止无人机对地面人员及财产造成损失。

3）在地面做好航前和航后检查。

4）地面上设置安全员，在无人机发生危险时可以随时接管无人机。

5）与考试无关人员不得进入无人机飞行区域。

6）固定翼无人机在充放电时注意锂聚合物电池的安全工作。

（7）场地、设备、工具和材料：设备为固定翼无人机系统，维护保养工具套装，电池充放电套装，调参软件，固定翼无人机的飞行记录本以及维修手册。

五、考核及时间要求

本考核操作时间为 15 分钟。

技能等级评价专业技能考核操作评分标准

<table>
<tr><td>工种</td><td colspan="6">无人机巡检工</td><td>评价等级</td><td>高级技师</td></tr>
<tr><td>项目模块</td><td colspan="4">设备使用与维护保养—多旋翼无人机维护保养</td><td colspan="2">编号</td><td colspan="2">Jc0002142007</td></tr>
<tr><td>单位</td><td colspan="3"></td><td>准考证号</td><td colspan="2"></td><td>姓名</td><td></td></tr>
<tr><td>考试时限</td><td colspan="2">15 分钟</td><td>题型</td><td colspan="3">单项操作</td><td>题分</td><td>100 分</td></tr>
<tr><td>成绩</td><td></td><td>考评员</td><td></td><td>考评组长</td><td colspan="2"></td><td>日期</td><td></td></tr>
<tr><td>试题正文</td><td colspan="8">轻型固定翼无人机维护保养</td></tr>
<tr><td>需要说明的问题和要求</td><td colspan="8">（1）掌握固定翼无人机在飞行前后、长期放置过程中对飞行记录本以及维修手册的更改。
（2）掌握固定翼无人机在使用过程中，对于备品备件、维修使用工具的管理。
（3）掌握固定翼无人机电池的维护保养知识要求。
（4）掌握固定翼无人机在维护保养后无人机调试（包括软件和硬件调试）。
（5）掌握固定翼无人机维护保养后飞行测试知识。
（6）考生须在 15 分钟之内完成固定翼无人机维护保养</td></tr>
<tr><td>序号</td><td>项目名称</td><td colspan="2">质量要求</td><td>满分</td><td colspan="2">扣分标准</td><td>扣分原因</td><td>得分</td></tr>
<tr><td>1</td><td>飞行记录本和维修手册</td><td colspan="2">掌握轻型固定翼无人机在飞行前后、长期放置过程中对飞行记录本以及维修手册的更改</td><td>15</td><td colspan="2">不熟悉的扣 1～15 分</td><td></td><td></td></tr>
<tr><td>2</td><td>备品备件</td><td colspan="2">掌握轻型固定翼无人机在使用过程中，对于备品备件、维修使用工具的管理</td><td>20</td><td colspan="2">不熟悉的扣 1～20 分</td><td></td><td></td></tr>
<tr><td>3</td><td>电池</td><td colspan="2">掌握轻型固定翼无人机电池的维护保养知识要求</td><td>20</td><td colspan="2">不熟悉的扣 1～20 分</td><td></td><td></td></tr>
<tr><td>4</td><td>调试</td><td colspan="2">掌握轻型固定翼无人机在维护保养后无人机调试（包括软件和硬件调试）</td><td>20</td><td colspan="2">不熟悉的扣 1～20 分</td><td></td><td></td></tr>
<tr><td>5</td><td>飞行测试</td><td colspan="2">掌握轻型固定翼无人机维护保养后飞行测试知识</td><td>20</td><td colspan="2">不熟悉的扣 1～20 分</td><td></td><td></td></tr>
<tr><td>6</td><td>时间</td><td colspan="2">必须在 15 分钟之内完成考核任务</td><td>5</td><td colspan="2">超出 10 秒扣 1 分，扣完为止</td><td></td><td></td></tr>
<tr><td colspan="2">合计</td><td colspan="2"></td><td>100</td><td colspan="2"></td><td></td><td></td></tr>
</table>

Jc0002142008　小型固定翼无人机维护保养。（100 分）

考核知识点：小型固定翼无人机维护保养

难易度：中

技能等级评价专业技能考核操作工作任务书

一、任务名称

小型固定翼无人机维护保养。

二、适用工种

无人机巡检工高级技师。

三、具体任务

熟练掌握小型固定翼无人机维修和保养要求；能熟练完成无人机机体、动力、导航定位、数据链路、地面站等各模块以及充电器等配套设备的检查、保养工作和一般故障排查及维修工作。

四、工作规范及要求

（1）掌握小型固定翼无人机在飞行前后、长期放置过程中对飞行记录本以及维修手册的更改。

（2）掌握小型固定翼无人机在使用过程中，对于备品备件、维修使用工具的管理。

（3）掌握小型固定翼无人机电池的维护保养知识要求。

（4）掌握小型固定翼无人机在维护保养后无人机调试（包括软件和硬件调试）。

（5）掌握小型固定翼无人机维护保养后飞行测试知识。

（6）危险点、安全措施。

1）飞行操作人员在飞行过程中需要目视飞机，要防止无人机飞偏，造成无人机飞丢或坠机。

2）防止无人机对地面人员及财产造成损失。

3）在地面做好航前和航后检查。

4）地面上设置安全员，在无人机发生危险时可以随时接管无人机。

5）与考试无关人员不得进入无人机飞行区域。

6）固定翼无人机在充放电时注意锂聚合物电池的安全工作。

（7）场地、设备、工具和材料：设备为固定翼无人机系统，维护保养工具套装，电池充放电套装，调参软件，固定翼无人机的飞行记录本以及维修手册。

五、考核及时间要求

本考核操作时间为 15 分钟。

技能等级评价专业技能考核操作评分标准

<table>
<tr><td>工种</td><td colspan="6">无人机巡检工</td><td>评价等级</td><td colspan="2">高级技师</td></tr>
<tr><td>项目模块</td><td colspan="5">设备使用与维护保养—固定翼无人机维护保养</td><td>编号</td><td colspan="3">Jc0002142008</td></tr>
<tr><td>单位</td><td colspan="3"></td><td>准考证号</td><td colspan="2"></td><td>姓名</td><td colspan="2"></td></tr>
<tr><td>考试时限</td><td colspan="2">15 分钟</td><td>题型</td><td colspan="3">单项操作</td><td>题分</td><td colspan="2">100 分</td></tr>
<tr><td>成绩</td><td></td><td>考评员</td><td></td><td>考评组长</td><td colspan="2"></td><td>日期</td><td colspan="2"></td></tr>
<tr><td>试题正文</td><td colspan="9">小型固定翼无人机维护保养</td></tr>
<tr><td>需要说明的问题和要求</td><td colspan="9">（1）掌握固定翼无人机在飞行前后、长期放置过程中对飞行记录本以及维修手册的更改。
（2）掌握固定翼无人机在使用过程中，对于备品备件、维修使用工具的管理。
（3）掌握固定翼无人机电池的维护保养知识要求。
（4）掌握固定翼无人机在维护保养后无人机调试（包括软件和硬件调试）。
（5）掌握固定翼无人机维护保养后飞行测试知识。
（6）考生须在 15 分钟之内完成固定翼无人机维护保养</td></tr>
<tr><td>序号</td><td>项目名称</td><td colspan="2">质量要求</td><td>满分</td><td colspan="3">扣分标准</td><td>扣分原因</td><td>得分</td></tr>
<tr><td>1</td><td>飞行记录本和维修手册</td><td colspan="2">掌握小型固定翼无人机在飞行前后、长期放置过程中对飞行记录本以及维修手册的更改</td><td>15</td><td colspan="3">不熟悉的扣 1～15 分</td><td></td><td></td></tr>
<tr><td>2</td><td>备品备件</td><td colspan="2">掌握小型固定翼无人机在使用过程中，对于备品备件、维修使用工具的管理</td><td>20</td><td colspan="3">不熟悉的扣 1～20 分</td><td></td><td></td></tr>
</table>

续表

序号	项目名称	质量要求	满分	扣分标准	扣分原因	得分
3	电池	掌握小型固定翼无人机电池的维护保养知识要求	20	不熟悉的扣 1～20 分		
4	调试	掌握小型固定翼无人机在维护保养后无人机调试（包括软件和硬件调试）	20	不熟悉的扣 1～20 分		
5	飞行测试	掌握小型固定翼无人机维护保养后飞行测试知识	20	不熟悉的扣 1～20 分		
6	时间	必须在 15 分钟之内完成考核任务	5	超出 10 秒扣 1 分，扣完为止		
合计			100			

Jc0001143009　无人机巡检方案编制。（100 分）

考核知识点：无人机巡检方案编制

难易度：难

技能等级评价专业技能考核操作工作任务书

一、任务名称

无人机巡检方案编制。

二、适用工种

无人机巡检工高级技师。

三、具体任务

根据实际无人机巡检作业，完成某一条线路巡检方案编制。

四、工作规范及要求

熟练掌握无人机巡检流程，现场安全措施、技术措施、组织措施；巡检方案编制要点，工作要求及异常处理措施。

五、考核及时间要求

本考核操作时间为 40 分钟，时间到停止考评，每超时 1 分钟扣 1 分。

技能等级评价专业技能考核操作评分标准

工种	无人机巡检工					评价等级	高级技师
项目模块	无人机巡检作业—巡检方案编制				编号	Jc0001143009	
单位			准考证号			姓名	
考试时限	40 分钟		题型	单项操作		题分	100 分
成绩		考评员		考评组长		日期	
试题正文	无人机巡检方案编制						
需要说明的问题和要求	（1）搭载可见光检测设备和机载追踪的油动力或电动无人机一台，油料及电池足够。 （2）常规导线，常规地线、无特殊杆塔，无重要交跨，线路路径为全平原。 （3）单独操作						

序号	项目名称	质量要求	满分	扣分标准	扣分原因	得分
1	组织措施	现场勘查制度、空域申报制度、工作票制度、工作许可制度、工作监护制度、工作间断制度、工作终结制度	5	每缺少一项扣 1 分，扣完为止		

续表

序号	项目名称	质量要求	满分	扣分标准	扣分原因	得分
2	安全措施	（1）工作地点、起降点及起降航线上应避免无关人员干扰，必要时可设置安全警示区。 （2）现场禁止使用可能对无人机巡检系统通信链路造成干扰的电子设备。 （3）带至现场的油料应单独存放，并派专人看守。作业现场严禁吸烟和出现明火，并做好灭火等安全防护措施。 （4）起飞和降落时，现场所有人员应与无人机巡检系统始终保持足够的安全距离，作业人员不得位于起飞和降落航线下。 （5）巡检作业现场所有人员均应正确佩戴安全帽和穿全棉长袖工作服，正确使用安全工器具和劳动防护用品。 （6）工作前8小时及工作过程中不应饮用任何酒精类饮品	30	每缺少一项扣5分，每项中内容不全酌情扣1～5分		
3	技术措施	航线规划，安全策略设置，航线检查，航巡监控，航后检查	5	每缺少一项扣1分		
4	直线杆塔巡检内容及要求	巡检内容：绝缘子的导线侧金具附件和绝缘子杆塔侧的金具附件以及地线金具附件，导线或地线上的防振锤等。 巡检要求：各相在拍摄目标的左侧、右侧角度（大号侧，小号侧）至少各拍摄两张清晰的照片；巡检时需注意拍摄角度，应从下往上或平行拍摄。准确记录所拍摄的杆塔号，拍摄目标所对应的相位指示，均应做好记录	15	根据内容和关键字，酌情扣分		
5	耐张杆塔巡检内容及要求	巡检内容：绝缘子的导线侧金具附件和绝缘子杆塔侧的金具附件以及地线金具附件，跳线绝缘子，导线或地线上的防震锤等。 巡检要求：耐张杆塔分大小号，需在各侧拍摄目标的左侧、右侧角度各拍摄两张清晰照片；巡检时需注意拍摄角度，应从下往上或平行拍摄。准确记录照片所对应的相位及大小号侧	15	根据内容和关键字，酌情扣分		
6	设备异常处理	（1）无人机巡检系统在空中飞行时发生故障或遇紧急意外情况等，应尽可能控制无人机巡检系统在安全区域紧急降落。 （2）无人机巡检系统飞行时，若通信链路长时间中断，且在预设时间里仍未返航，应根据掌握的无人机巡检系统最后的地理坐标位置或机载追踪器发送的报文等信息及时寻找	15	根据内容和关键字，酌情扣分		
7	特殊工况应急处理	（1）巡检作业区域出现雷雨大风、其他飞行器、漂浮物等可能影响作业时，应及时评估作业安全性，在确保安全后方可继续执行巡检作业，否则应采取措施控制巡检系统避让、返航或就近降落。 （2）无人机巡检系统飞行过程中，操作人员出现身体不适或受其他干扰而影响作业时，应迅速采取措施保证无人机系统安全或返航、紧急降落	15	根据内容和关键字，酌情扣分		
合计			100			

Jc0003141010　DJI-御 2 多旋翼无人机航线规划。（100 分）

考核知识点：航线规划

难易度：易

技能等级评价专业技能考核操作工作任务书

一、任务名称

DJI-御 2 多旋翼无人机航线规划。

二、适用工种

无人机巡检工高级技师。

三、具体任务

熟练掌握航线规划要求、内容和注意事项；能根据巡检任务类型、被巡设备布置、多旋翼无人机巡检系统技术性能状况、周边环境等情况正确规划巡检航线，并正确设置安全策略。

四、工作规范及要求

（1）操作人员需正确连接地面站设备，并建立地面站和无人机的通信链路。

（2）根据考官的要求，在地面站上规划航线。

（3）熟练掌握地面站界面上各项指标对应的含义，能准确判断无人机目前的飞行参数。

（4）设置相应的安全措施，包括应急返航以及应急返航点的更改等。

（5）危险点、安全措施和注意事项。

危险点和安全措施：

1）飞行操作人员时刻关注飞机状态，防止无人机失控，造成无人机飞丢或坠机。

2）防止无人机对地面人员及财产造成损失。

3）在地面做好航前和航后检查。

4）与考试无关人员不得进入无人机飞行区域。

5）地面上设置安全员，在无人机发生危险时可以随时接管无人机。

注意事项：掌握地面站相关参数、操作步骤以及连接注意事项。

（6）场地、设备、工具和材料：场地要求满足多旋翼无人机的起飞降落，多旋翼无人机系统、地面站软件及硬件。

五、考核及时间要求

本考核操作时间为 15 分钟。

技能等级评价专业技能考核操作评分标准

<table>
<tr><td>工种</td><td colspan="7">无人机巡检工</td><td>评价等级</td><td>高级技师</td></tr>
<tr><td>项目模块</td><td colspan="6">无人机巡检作业—航线规划</td><td>编号</td><td colspan="2">Jc0003141010</td></tr>
<tr><td>单位</td><td colspan="3"></td><td colspan="2">准考证号</td><td colspan="2"></td><td>姓名</td><td></td></tr>
<tr><td>考试时限</td><td colspan="2">15 分钟</td><td colspan="2">题型</td><td colspan="3">单项操作</td><td>题分</td><td>100 分</td></tr>
<tr><td>成绩</td><td></td><td>考评员</td><td colspan="2"></td><td colspan="2">考评组长</td><td></td><td>日期</td><td></td></tr>
<tr><td>试题正文</td><td colspan="9">DJI-御 2 多旋翼无人机航线规划</td></tr>
<tr><td>需要说明的问题和要求</td><td colspan="9">（1）操作人员需正确连接地面站设备，并建立地面站和多旋翼无人机的通信链路机。
（2）根据考官的要求，在地面站上规划航线。
（3）熟练掌握地面站界面上各项指标对应的含义，能准确判断多旋翼无人机目前的飞行参数。
（4）设置相应的安全措施，包括应急返航以及应急返航点的更改等。
（5）考生须在 15 分钟之内完成航线规划</td></tr>
</table>

续表

序号	项目名称	质量要求	满分	扣分标准	扣分原因	得分
1	航前检查	检查无人机起飞前的各项性能是否正常	5	不检查的扣1～5分		
2	地面站软件、硬件检查	检查地面站软硬件是否正常	5	不检查的扣1～5分		
3	连接DJI-pilot地面站	能够正确连接地面站设备，并建立地面站和无人机通信链路	5	连接不正确的扣1～5分		
4	航线规划					
4.1	地面站界面各项指标含义	熟练掌握地面站界面上各项指标对应的含义	20	掌握不熟练的扣10～20分		
4.2	飞行参数	能准确判断多旋翼无人机目前的飞行参数	20	判断有误的扣1～20分		
4.3	安全策略	设置相应的安全策略，包括应急返航以及应急返航点的更改	20	未设置安全策略的扣1～20分		
5	恶劣天气的应急处置	如遇天气突变情况，能够熟练执行相关应急措施	10	天气突变时，不能够及时合理处置扣1～10分		
6	无人机降落后检查	无人机平稳降落后，应进行航后检查	10	不进行航后检查的扣1～10分		
7	时间	必须在15分钟之内完成考核任务	5	超出10秒扣1分，扣完为止		
合计			100			

Jc0003141011　DJI–精灵4多旋翼无人机航线规划。（100分）

考核知识点：航线规划

难易度：易

技能等级评价专业技能考核操作工作任务书

一、任务名称

DJI–精灵4多旋翼无人机航线规划。

二、适用工种

无人机巡检工高级技师。

三、具体任务

熟练掌握航线规划要求、内容和注意事项；能根据巡检任务类型、被巡设备布置、多旋翼无人机巡检系统技术性能状况、周边环境等情况正确规划巡检航线，并正确设置安全策略。

四、工作规范及要求

（1）操作人员需正确连接地面站设备，并建立地面站和无人机的通信链路。

（2）根据考官的要求，在地面站上规划航线。

（3）熟练掌握地面站界面上各项指标对应的含义，能准确判断无人机目前的飞行参数。

（4）设置相应的安全措施，包括应急返航以及应急返航点的更改等。

（5）危险点、安全措施和注意事项。

危险点和安全措施：

1）飞行操作人员时刻关注飞机状态，防止无人机失控，造成无人机飞丢或坠机。

2）防止无人机对地面人员及财产造成损失。

3）在地面做好航前和航后检查。

4）与考试无关人员不得进入无人机飞行区域。

5）地面上设置安全员，在无人机发生危险时可以随时接管无人机。

注意事项：掌握地面站相关参数、操作步骤以及连接注意事项。

（6）场地、设备、工具和材料：场地要求满足多旋翼无人机的起飞降落，多旋翼无人机系统、地面站软件及硬件。

五、考核及时间要求

本考核操作时间为15分钟。

技能等级评价专业技能考核操作评分标准

工种	无人机巡检工				评价等级	高级技师
项目模块	无人机巡检作业—航线规划			编号	Jc0003141011	
单位		准考证号			姓名	
考试时限	15分钟	题型	单项操作		题分	100分
成绩		考评员		考评组长	日期	
试题正文	DJI–精灵4多旋翼无人机航线规划					
需要说明的问题和要求	（1）操作人员需正确连接地面站设备，并建立地面站和多旋翼无人机的通信链路机。 （2）根据考官的要求，在地面站上规划航线。 （3）熟练掌握地面站界面上各项指标对应的含义，能准确判断多旋翼无人机目前的飞行参数。 （4）设置相应的安全措施，包括应急返航以及应急返航点的更改等。 （5）考生须在15分钟之内完成航线规划					

序号	项目名称	质量要求	满分	扣分标准	扣分原因	得分
1	航前检查	检查无人机起飞前的各项性能是否正常	5	不检查的扣1～5分		
2	地面站软件、硬件检查	检查地面站软硬件是否正常	5	不检查的扣1～5分		
3	连接DJI-pilot地面站	能够正确连接地面站设备，并建立地面站和无人机通信链路	5	连接不正确的扣1～5分		
4	航线规划					
4.1	地面站界面各项指标含义	熟练掌握地面站界面上各项指标对应的含义	20	掌握不熟练的扣10～20分		
4.2	飞行参数	能准确判断多旋翼无人机目前的飞行参数	20	判断有误的扣1～20分		
4.3	安全策略	设置相应的安全策略，包括应急返航以及应急返航点的更改	20	未设置安全策略的扣1～20分		
5	恶劣天气的应急处置	如遇天气突变情况，能够熟练执行相关应急措施	10	天气突变时，不能够及时合理处置扣1～10分		
6	无人机降落后检查	无人机平稳降落后，应进行航后检查	10	不进行航后检查的扣1～10分		
7	时间	必须在15分钟之内完成考核任务	5	超出10秒扣1分，扣完为止		
合计			100			

Jc0003141012 DJI-悟 2 多旋翼无人机航线规划。（100 分）

考核知识点： 航线规划

难易度： 易

技能等级评价专业技能考核操作工作任务书

一、任务名称

DJI-悟 2 多旋翼无人机航线规划。

二、适用工种

无人机巡检工高级技师。

三、具体任务

熟练掌握航线规划要求、内容和注意事项；能根据巡检任务类型、被巡设备布置、多旋翼无人机巡检系统技术性能状况、周边环境等情况正确规划巡检航线，并正确设置安全策略。

四、工作规范及要求

（1）操作人员需正确连接地面站设备，并建立地面站和无人机的通信链路。

（2）根据考官的要求，在地面站上规划航线。

（3）熟练掌握地面站界面上各项指标对应的含义，能准确判断无人机目前的飞行参数。

（4）设置相应的安全措施，包括应急返航以及应急返航点的更改等。

（5）危险点、安全措施和注意事项。

危险点和安全措施：

1）飞行操作人员时刻关注飞机状态，防止无人机失控，造成无人机飞丢或坠机。

2）防止无人机对地面人员及财产造成损失。

3）在地面做好航前和航后检查。

4）与考试无关人员不得进入无人机飞行区域。

5）地面上设置安全员，在无人机发生危险时可以随时接管无人机。

注意事项：掌握地面站相关参数、操作步骤以及连接注意事项。

（6）场地、设备、工具和材料：场地要求满足多旋翼无人机的起飞降落，多旋翼无人机系统、地面站软件及硬件。

五、考核及时间要求

本考核操作时间为 15 分钟。

技能等级评价专业技能考核操作评分标准

工种	无人机巡检工					评价等级	高级技师
项目模块	无人机巡检作业—航线规划				编号	Jc0003141012	
单位			准考证号			姓名	
考试时限	15 分钟		题型	单项操作		题分	100 分
成绩		考评员		考评组长		日期	
试题正文	DJI-悟 2 多旋翼无人机航线规划						
需要说明的问题和要求	（1）操作人员需正确连接地面站设备，并建立地面站和多旋翼无人机的通信链路机。 （2）根据考官的要求，在地面站上规划航线。 （3）熟练掌握地面站界面上各项指标对应的含义，能准确判断多旋翼无人机目前的飞行参数。 （4）设置相应的安全措施，包括应急返航以及应急返航点的更改等。 （5）考生须在 15 分钟之内完成航线规划						

续表

序号	项目名称	质量要求	满分	扣分标准	扣分原因	得分
1	航前检查	检查无人机起飞前的各项性能是否正常	5	不检查的扣 1～5 分		
2	地面站软件、硬件检查	检查地面站软硬件是否正常	5	不检查的扣 1～5 分		
3	连接 DJI-pilot 地面站	能够正确连接地面站设备，并建立地面站和无人机通信链路	5	连接不正确的扣 1～5 分		
4	航线规划					
4.1	地面站界面各项指标含义	熟练掌握地面站界面上各项指标对应的含义	20	掌握不熟练的扣 10～20 分		
4.2	飞行参数	能准确判断多旋翼无人机目前的飞行参数	20	判断有误的扣 1～20 分		
4.3	安全策略	设置相应的安全策略，包括应急返航以及应急返航点的更改	20	未设置安全策略的扣 1～20 分		
5	恶劣天气的应急处置	如遇天气突变情况，能够熟练执行相关应急措施	10	天气突变时，不能够及时合理处置扣 1～10 分		
6	无人机降落后检查	无人机平稳降落后，应进行航后检查	10	不进行航后检查的扣 1～10 分		
7	时间	必须在 15 分钟之内完成考核任务	5	超出 10 秒扣 1 分，扣完为止		
合计			100			

Jc0003141013　固定翼无人机航线规划。（100 分）

考核知识点：航线规划

难易度：易

技能等级评价专业技能考核操作工作任务书

一、任务名称

固定翼无人机航线规划。

二、适用工种

无人机巡检工高级技师。

三、具体任务

熟练掌握航线规划要求、内容和注意事项；能根据巡检任务类型、被巡设备布置、固定翼无人机巡检系统技术性能状况、周边环境等情况正确规划巡检航线，并正确设置安全策略。

四、工作规范及要求

（1）操作人员需正确连接地面站设备，并建立地面站和无人机的通信链路。

（2）根据考官的要求，在地面站上规划航线。

（3）熟练掌握地面站界面上各项指标对应的含义，能准确判断无人机目前的飞行参数。

（4）设置相应的安全措施，包括应急返航以及应急返航点的更改等。

（5）危险点、安全措施和注意事项。

危险点和安全措施：

1）飞行操作人员时刻关注飞机状态，防止无人机失控，造成无人机飞丢或坠机。

2）防止无人机对地面人员及财产造成损失。

3）在地面做好航前和航后检查。

4）与考试无关人员不得进入无人机飞行区域。

5）地面上设置安全员，在无人机发生危险时可以随时接管无人机。

注意事项：掌握地面站相关参数、操作步骤以及连接注意事项。

（6）场地、设备、工具和材料：场地要求满足固定翼无人机的起飞降落，固定翼无人机系统、地面站软件及硬件。

五、考核及时间要求

本考核操作时间为 15 分钟。

技能等级评价专业技能考核操作评分标准

工种	无人机巡检工					评价等级	高级技师
项目模块	无人机巡检作业—航线规划				编号	Jc0003141013	
单位			准考证号			姓名	
考试时限	15 分钟		题型	单项操作		题分	100 分
成绩		考评员		考评组长		日期	
试题正文	固定翼无人机航线规划						
需要说明的问题和要求	（1）操作人员需正确连接地面站设备，并建立地面站和固定翼无人机的通信链路机。 （2）根据考官的要求，在地面站上规划航线。 （3）熟练掌握地面站界面上各项指标对应的含义，能准确判断固定翼无人机目前的飞行参数。 （4）设置相应的安全措施，包括应急返航以及应急返航点的更改等。 （5）考生须在 15 分钟之内完成航线规划						

序号	项目名称	质量要求	满分	扣分标准	扣分原因	得分
1	航前检查	检查无人机起飞前的各项性能是否正常	5	不检查的扣 1～5 分		
2	地面站软件、硬件检查	检查地面站软硬件是否正常	5	不检查的扣 1～5 分		
3	连接地面站	能够正确连接地面站设备，并建立地面站和无人机通信链路	5	连接不正确的扣 1～5 分		
4	航线规划					
4.1	地面站界面各项指标含义	熟练掌握地面站界面上各项指标对应的含义	20	掌握不熟练的扣 10～20 分		
4.2	飞行参数	能准确判断固定翼无人机目前的飞行参数	20	判断有误的扣 1～20 分		
4.3	安全策略	设置相应的安全策略，包括应急返航以及应急返航点的更改	20	未设置安全策略的扣 1～20 分		
5	恶劣天气的应急处置	如遇天气突变情况，能够熟练执行相关应急措施	10	天气突变时，不能够及时合理处置扣 1～10 分		
6	无人机降落后检查	无人机平稳降落后，应进行航后检查	10	不进行航后检查的扣 1～10 分		
7	时间	必须在 15 分钟之内完成考核任务	5	超出 10 秒扣 1 分，扣完为止		
合计			100			

Jc0003141014 330kV 交流输电线路直线杆塔巡检方案编制。(100 分)

考核知识点： 巡检方案编制

难易度： 易

技能等级评价专业技能考核操作工作任务书

一、任务名称

330kV 交流输电线路直线杆塔巡检方案编制。

二、适用工种

无人机巡检工高级技师。

三、具体任务

依据实际无人机作业，完成某一条线路的直线杆塔巡检方案编制。

四、工作规范及要求

(1) 要熟练掌握无人机巡检作业流程，现场安全措施、技术措施和组织措施。

(2) 熟练掌握巡检方案编制要点，工作要求。

(3) 给定条件：书面试题。

(4) 书面问题：

1) 无人机巡检作业中组织措施、安全措施、技术措施等内容；

2) 直线杆塔的巡检内容及巡检要求；

3) 无人机巡检作业中的异常处置措施。

五、考核及时间要求

本考核操作时间为 10 分钟。

技能等级评价专业技能考核操作评分标准

工种	无人机巡检工					评价等级	高级技师
项目模块	无人机巡检作业—巡检方案编制				编号	Jc0003141014	
单位		准考证号				姓名	
考试时限	10 分钟	题型	单项操作			题分	100 分
成绩		考评员		考评组长		日期	
试题正文	330kV 交流输电线路直线杆塔巡检方案编制						
需要说明的问题和要求	(1) 要熟练掌握无人机巡检作业流程，现场安全措施、技术措施和组织措施。 (2) 熟练掌握巡检方案编制要点、工作要求。 (3) 无人机巡检作业中的异常处置措施。 (4) 考生须在 10 分钟之内完成巡检方案编制						

序号	项目名称	质量要求	满分	扣分标准	扣分原因	得分
1	组织措施	熟练掌握现场组织措施	10	不熟练、内容不全的扣 1～10 分		
2	安全措施	熟练掌握现场安全措施	10	不熟练、内容不全的扣 1～10 分		
3	技术措施	熟练掌握现场技术措施	10	不熟练、内容不全的扣 1～10 分		
4	直线杆塔巡检内容及巡检要求	熟练掌握直线杆塔巡检内容及巡检要求	30	不熟练、不明确的扣 10～30 分		

续表

序号	项目名称	质量要求	满分	扣分标准	扣分原因	得分
5	设备异常处理	熟练掌握无人机巡检作业中的异常处置措施	20	不熟练的扣 5～20 分		
6	特殊工况应急处理	熟练掌握无人机巡检作业中的特殊工况处置措施	15	不熟练的扣 5～15 分		
7	时间	必须在 10 分钟之内完成考核任务	5	超出 10 秒扣 1 分，扣完为止		
合计			100			

Jc0003141015　750kV 交流输电线路直线杆塔巡检方案编制。（100 分）

考核知识点： 巡检方案编制

难易度： 易

技能等级评价专业技能考核操作工作任务书

一、任务名称

750kV 交流输电线路直线杆塔巡检方案编制。

二、适用工种

无人机巡检工高级技师。

三、具体任务

依据实际无人机作业，完成某一条线路的直线杆塔巡检方案编制。

四、工作规范及要求

（1）要熟练掌握无人机巡检作业流程，现场安全措施、技术措施和组织措施。

（2）熟练掌握巡检方案编制要点，工作要求。

（3）给定条件：书面试题。

（4）书面问题：

1）无人机巡检作业中组织措施、安全措施、技术措施等内容。

2）直线杆塔的巡检内容及巡检要求。

3）无人机巡检作业中的异常处置措施。

五、考核及时间要求

本考核操作时间为 10 分钟。

技能等级评价专业技能考核操作评分标准

<table>
<tr><td>工种</td><td colspan="6">无人机巡检工</td><td>评价等级</td><td>高级技师</td></tr>
<tr><td>项目模块</td><td colspan="5">无人机巡检作业—巡检方案编制</td><td>编号</td><td colspan="2">Jc0003141015</td></tr>
<tr><td>单位</td><td colspan="3"></td><td>准考证号</td><td colspan="2"></td><td>姓名</td><td></td></tr>
<tr><td>考试时限</td><td colspan="2">10 分钟</td><td>题型</td><td colspan="3">单项操作</td><td>题分</td><td>100 分</td></tr>
<tr><td>成绩</td><td></td><td>考评员</td><td></td><td>考评组长</td><td colspan="2"></td><td>日期</td><td></td></tr>
<tr><td>试题正文</td><td colspan="8">750kV 交流输电线路直线杆塔巡检方案编制</td></tr>
</table>

续表

需要说明的问题和要求	（1）要熟练掌握无人机巡检作业流程，现场安全措施、技术措施和组织措施。 （2）熟练掌握巡检方案编制要点、工作要求。 （3）无人机巡检作业中的异常处置措施。 （4）考生须在10分钟之内完成巡检方案编制

序号	项目名称	质量要求	满分	扣分标准	扣分原因	得分
1	组织措施	熟练掌握现场组织措施	10	不熟练、内容不全的扣1～10分		
2	安全措施	熟练掌握现场安全措施	10	不熟练、内容不全的扣1～10分		
3	技术措施	熟练掌握现场技术措施	10	不熟练、内容不全的扣1～10分		
4	直线杆塔巡检内容及巡检要求	熟练掌握直线杆塔巡检内容及巡检要求	30	不熟练、不明确的扣10～30分		
5	设备异常处理	熟练掌握无人机巡检作业中的异常处置措施	20	不熟练的扣5～20分		
6	特殊工况应急处理	熟练掌握无人机巡检作业中的特殊工况处置措施	15	不熟练的扣5～15分		
7	时间	必须在10分钟之内完成考核任务	5	超出10秒扣1分，扣完为止		
合计			100			

Jc0003141016 220kV交流输电线路直线杆塔巡检方案编制。(100分)

考核知识点：巡检方案编制

难易度：易

技能等级评价专业技能考核操作工作任务书

一、任务名称

220kV交流输电线路直线杆塔巡检方案编制。

二、适用工种

无人机巡检工高级技师。

三、具体任务

依据实际无人机作业，完成某一条线路的直线杆塔巡检方案编制。

四、工作规范及要求

（1）要熟练掌握无人机巡检作业流程，现场安全措施、技术措施和组织措施。

（2）熟练掌握巡检方案编制要点，工作要求。

（3）给定条件：书面试题。

（4）书面问题：

1）无人机巡检作业中组织措施、安全措施、技术措施等内容；

2）直线杆塔的巡检内容及巡检要求；

3）无人机巡检作业中的异常处置措施。

五、考核及时间要求

本考核操作时间为10分钟。

技能等级评价专业技能考核操作评分标准

工种	无人机巡检工					评价等级	高级技师
项目模块	无人机巡检作业—巡检方案编制				编号	Jc0003141016	
单位			准考证号			姓名	
考试时限	10 分钟		题型	单项操作		题分	100 分
成绩		考评员		考评组长		日期	
试题正文	220kV 交流输电线路直线杆塔巡检方案编制						
需要说明的问题和要求	（1）要熟练掌握无人机巡检作业流程，现场安全措施、技术措施和组织措施。 （2）熟练掌握巡检方案编制要点、工作要求。 （3）无人机巡检作业中的异常处置措施。 （4）考生须在 10 分钟之内完成巡检方案编制						

序号	项目名称	质量要求	满分	扣分标准	扣分原因	得分
1	组织措施	熟练掌握现场组织措施	10	不熟练、内容不全的扣 1～10 分		
2	安全措施	熟练掌握现场安全措施	10	不熟练、内容不全的扣 1～10 分		
3	技术措施	熟练掌握现场技术措施	10	不熟练、内容不全的扣 1～10 分		
4	直线杆塔巡检内容及巡检要求	熟练掌握直线杆塔巡检内容及巡检要求	30	不熟练、不明确的扣 10～30 分		
5	设备异常处理	熟练掌握无人机巡检作业中的异常处置措施	20	不熟练的扣 5～20 分		
6	特殊工况应急处理	熟练掌握无人机巡检作业中的特殊工况处置措施	15	不熟练的扣 5～15 分		
7	时间	必须在 10 分钟之内完成考核任务	5	超出 10 秒扣 1 分，扣完为止		
合计			100			

Jc0003141017　110kV 交流输电线路直线杆塔巡检方案编制。（100 分）

考核知识点：巡检方案编制

难易度：易

技能等级评价专业技能考核操作工作任务书

一、任务名称

110kV 交流输电线路直线杆塔巡检方案编制。

二、适用工种

无人机巡检工高级技师。

三、具体任务

依据实际无人机作业，完成某一条线路的直线杆塔巡检方案编制。

四、工作规范及要求

（1）要熟练掌握无人机巡检作业流程，现场安全措施、技术措施和组织措施。

（2）熟练掌握巡检方案编制要点，工作要求。

（3）给定条件：书面试题。

（4）书面问题：

1）无人机巡检作业中组织措施、安全措施、技术措施等内容。

2）直线杆塔的巡检内容及巡检要求。
3）无人机巡检作业中的异常处置措施。

五、考核及时间要求

本考核操作时间为 10 分钟。

技能等级评价专业技能考核操作评分标准

工种	无人机巡检工					评价等级	高级技师
项目模块	无人机巡检作业—巡检方案编制				编号	Jc0003141017	
单位			准考证号			姓名	
考试时限	10 分钟	题型		单项操作		题分	100 分
成绩		考评员		考评组长		日期	
试题正文	110kV 交流输电线路直线杆塔巡检方案编制						
需要说明的问题和要求	（1）要熟练掌握无人机巡检作业流程，现场安全措施、技术措施和组织措施。 （2）熟练掌握巡检方案编制要点、工作要求。 （3）无人机巡检作业中的异常处置措施。 （4）考生须在 10 分钟之内完成巡检方案编制						

序号	项目名称	质量要求	满分	扣分标准	扣分原因	得分
1	组织措施	熟练掌握现场组织措施	10	不熟练、内容不全的扣 1～10 分		
2	安全措施	熟练掌握现场安全措施	10	不熟练、内容不全的扣 1～10 分		
3	技术措施	熟练掌握现场技术措施	10	不熟练、内容不全的扣 1～10 分		
4	直线杆塔巡检内容及巡检要求	熟练掌握直线杆塔巡检内容及巡检要求	30	不熟练、不明确的扣 10～30 分		
5	设备异常处理	熟练掌握无人机巡检作业中的异常处置措施	20	不熟练的扣 5～20 分		
6	特殊工况应急处理	熟练掌握无人机巡检作业中的特殊工况处置措施	15	不熟练的扣 5～15 分		
7	时间	必须在 10 分钟之内完成考核任务	5	超出 10 秒扣 1 分，扣完为止		
合计			100			

Jc0003141018　750kV 转角杆塔巡检方案编制。（100 分）

考核知识点：巡检方案编制

难易度：易

技能等级评价专业技能考核操作工作任务书

一、任务名称

750kV 转角杆塔巡检方案编制。

二、适用工种

无人机巡检工高级技师。

三、具体任务

依据实际无人机作业，完成某一条线路的转角杆塔巡检方案编制。

四、工作规范及要求

（1）要熟练掌握无人机巡检作业流程，现场安全措施、技术措施和组织措施。

（2）熟练掌握巡检方案编制要点，工作要求。

（3）给定条件：书面试题。

（4）书面问题：

1）无人机巡检作业中组织措施、安全措施、技术措施等内容。

2）转角杆塔的巡检内容及巡检要求。

3）无人机巡检作业中的异常处置措施。

五、考核及时间要求

本考核操作时间为10分钟。

技能等级评价专业技能考核操作评分标准

工种	无人机巡检工				评价等级	高级技师
项目模块	无人机巡检作业—巡检方案编制			编号	Jc0003141018	
单位		准考证号			姓名	
考试时限	10分钟	题型	单项操作		题分	100分
成绩		考评员		考评组长	日期	
试题正文	750kV转角杆塔巡检方案编制					
需要说明的问题和要求	（1）要熟练掌握无人机巡检作业流程，现场安全措施、技术措施和组织措施。 （2）熟练掌握巡检方案编制要点、工作要求。 （3）无人机巡检作业中的异常处置措施。 （4）考生须在10分钟之内完成巡检方案编制					

序号	项目名称	质量要求	满分	扣分标准	扣分原因	得分
1	组织措施	熟练掌握现场组织措施	10	不熟练、内容不全的扣1～10分		
2	安全措施	熟练掌握现场安全措施	10	不熟练、内容不全的扣1～10分		
3	技术措施	熟练掌握现场技术措施	10	不熟练、内容不全的扣1～10分		
4	转角杆塔巡检内容及巡检要求	熟练掌握转角杆塔巡检内容及巡检要求	30	不熟练、不明确的扣10～30分		
5	设备异常处理	熟练掌握无人机巡检作业中的异常处置措施	20	不熟练的扣5～20分		
6	特殊工况应急处理	熟练掌握无人机巡检作业中的特殊工况处置措施	15	不熟练的扣5～15分		
7	时间	必须在10分钟之内完成考核任务	5	超出10秒扣1分，扣完为止		
合计			100			

Jc0004141019　编制110kV多旋翼无人机巡检报告。（100分）

考核知识点： 巡检报告编制

难易度： 易

技能等级评价专业技能考核操作工作任务书

一、任务名称

编制110kV多旋翼无人机巡检报告。

二、适用工种

无人机巡检工高级技师。

三、具体任务

规定一个指定的 110kV 架空输电线路现场，完成该现场的无人机巡检工作，并编制无人机巡检报告。

四、工作规范及要求

（1）编制的无人机巡检报告符合相关要求、内容和注意事项。

（2）编制的无人机巡检报告，结构完整、格式规范，且任务描述清楚、数据分析准确、结论正确、运维检修策略完备正确。

五、考核及时间要求

本考核操作时间为 15 分钟，时间到停止考评。

技能等级评价专业技能考核操作评分标准

工种	无人机巡检工					评价等级	高级技师
项目模块	缺陷与隐患查找及原因分析—巡检报告编制				编号	Jc0004141019	
单位			准考证号			姓名	
考试时限	15 分钟		题型	单项操作		题分	100 分
成绩		考评员		考评组长		日期	
试题正文	编制 110kV 多旋翼无人机巡检报告						
需要说明的问题和要求	（1）编制的无人机巡检报告符合相关要求、内容和注意事项。 （2）编制的无人机巡检报告，结构完整、格式规范，且任务描述清楚、数据分析准确、结论正确、运维检修策略完备正确						

序号	项目名称	质量要求	满分	扣分标准	扣分原因	得分
1	工作准备					
1.1	安全劳动防护用品的准备	正确选择佩戴安全帽，穿全套工装，包括工作服、绝缘鞋、棉手套等	5	未按规定正确佩戴安全帽、穿工作服、绝缘鞋、戴棉手套等每项扣 2 分，扣完为止		
1.2	无人机起飞前准备	熟练地做好无人机起飞前的检查与准备工作	5	未正确检查，检查漏一项扣 1 分，扣完为止		
2	工作许可					
2.1	许可方式	向考评员示意准备就绪，申请开始工作	5	未申请开始考试扣 5 分		
3	工作步骤及技术要求					
3.1	完成输电线路现场无人机巡检工作	完成该输电线路现场的无人机巡检工作	20	未完成该输电线路现场的无人机巡检工作扣 20 分		
3.2	根据现场情况编制无人机巡检报告	（1）编制的无人机巡检报告符合相关要求、内容和注意事项。 （2）编制的无人机巡检报告，结构完整、格式规范，且任务描述清楚、数据分析准确、结论正确、运维检修策略完备正确	40	巡检报告编制内容不符合现场实际的，一处扣 10 分； 不全面的，扣 20 分； 未编写完成的，扣 40 分		
4	工作结束					

续表

序号	项目名称	质量要求	满分	扣分标准	扣分原因	得分
4.1	安全劳动防护用品	安全劳动防护用品恢复原位	5	安全劳动防护用品未放到原位扣5分		
4.2	恢复现场	将遥控器恢复原样	5	设备未轻拿轻放，恢复不彻底扣5分		
5	工作终结汇报	向考评员报告工作已结束，场地已清理	5	未汇报扣5分		
6	其他要求					
6.1	动作要求	动作熟练顺畅	5	动作不正确扣5分		
6.2	安全要求	严格遵守“四不伤害”原则，不得损坏工器具和设备	5	损坏工器具扣5分		
合计			100			

Jc0004141020　编制220kV多旋翼无人机巡检报告。（100分）

考核知识点：巡检报告编制

难易度：易

技能等级评价专业技能考核操作工作任务书

一、任务名称

编制220kV多旋翼无人机巡检报告。

二、适用工种

无人机巡检工高级技师。

三、具体任务

规定一个指定的220kV架空输电线路现场，编制无人机巡检报告。

四、工作规范及要求

（1）编制的无人机巡检报告符合相关要求、内容和注意事项。

（2）编制的无人机巡检报告，结构完整、格式规范，且任务描述清楚、数据分析准确、结论正确、运维检修策略完备正确。

五、考核及时间要求

本考核操作时间为15分钟，时间到停止考评。

技能等级评价专业技能考核操作评分标准

<table>
<tr><td>工种</td><td colspan="5">无人机巡检工</td><td>评价等级</td><td>高级技师</td></tr>
<tr><td>项目模块</td><td colspan="4">缺陷与隐患查找及原因分析—巡检报告编制</td><td>编号</td><td colspan="2">Jc0004141020</td></tr>
<tr><td>单位</td><td colspan="3"></td><td>准考证号</td><td></td><td>姓名</td><td></td></tr>
<tr><td>考试时限</td><td colspan="2">15分钟</td><td>题型</td><td colspan="2">单项操作</td><td>题分</td><td>100分</td></tr>
<tr><td>成绩</td><td></td><td>考评员</td><td></td><td>考评组长</td><td></td><td>日期</td><td></td></tr>
<tr><td>试题正文</td><td colspan="7">编制220kV多旋翼无人机巡检报告</td></tr>
<tr><td>需要说明的问题和要求</td><td colspan="7">（1）编制的无人机巡检报告符合相关要求、内容和注意事项。
（2）编制的无人机巡检报告，结构完整、格式规范，且任务描述清楚、数据分析准确、结论正确、运维检修策略完备正确</td></tr>
</table>

续表

序号	项目名称	质量要求	满分	扣分标准	扣分原因	得分
1	工作准备					
1.1	安全劳动防护用品的准备	正确选择佩戴安全帽，穿全套工装，包括工作服、绝缘鞋、棉手套等	5	未按规定正确佩戴安全帽、穿工作服、绝缘鞋、戴棉手套等每项扣2分，扣完为止		
1.2	无人机起飞前准备	熟练地做好无人机起飞前的检查与准备工作	5	未正确检查，检查漏一项扣1分，扣完为止		
2	工作许可					
2.1	许可方式	向考评员示意准备就绪，申请开始工作	5	未申请开始考试扣5分		
3	工作步骤及技术要求					
3.1	完成输电线路现场无人机巡检工作	完成该输电线路现场的无人机巡检工作	20	未完成该输电线路现场的无人机巡检工作扣20分		
3.2	根据现场情况编制无人机巡检报告	（1）编制的无人机巡检报告符合相关要求、内容和注意事项。 （2）编制的无人机巡检报告，结构完整、格式规范，且任务描述清楚、数据分析准确、结论正确、运维检修策略完备正确	40	巡检报告编制内容不符合现场实际的，一处扣10分； 不全面的，扣30分； 未编写完成的，扣40分		
4	工作结束					
4.1	安全劳动防护用品	安全劳动防护用品恢复原位	5	安全劳动防护用品未放到原位扣5分		
4.2	恢复现场	将遥控器恢复原样	5	设备未轻拿轻放，恢复不彻底扣5分		
5	工作终结汇报	向考评员报告工作已结束，场地已清理	5	未汇报扣5分		
6	其他要求					
6.1	动作要求	动作熟练顺畅	5	动作不正确扣5分		
6.2	安全要求	严格遵守“四不伤害”原则，不得损坏工器具和设备	5	损坏工器具扣5分		
合计			100			

Jc0004141021　编制750kV多旋翼无人机巡检报告。（100分）

考核知识点：巡检报告编制

难易度：易

技能等级评价专业技能考核操作工作任务书

一、任务名称

编制750kV多旋翼无人机巡检报告。

二、适用工种

无人机巡检工高级技师。

三、具体任务

规定一个指定的750kV架空输电线路现场，编制无人机巡检报告。

四、工作规范及要求

（1）编制的无人机巡检报告符合相关要求、内容和注意事项。

（2）编制的无人机巡检报告，结构完整、格式规范，且任务描述清楚、数据分析准确、结论正确、运维检修策略完备正确。

五、考核及时间要求

本考核操作时间为15分钟，时间到停止考评。

技能等级评价专业技能考核操作评分标准

工种	无人机巡检工					评价等级	高级技师
项目模块	缺陷与隐患查找及原因分析—巡检报告编制				编号	Jc0004141021	
单位			准考证号			姓名	
考试时限	15分钟		题型	单项操作		题分	100分
成绩		考评员		考评组长		日期	
试题正文	编制750kV多旋翼无人机巡检报告						
需要说明的问题和要求	（1）编制的无人机巡检报告符合相关要求、内容和注意事项。 （2）编制的无人机巡检报告，结构完整、格式规范，且任务描述清楚、数据分析准确、结论正确、运维检修策略完备正确						

序号	项目名称	质量要求	满分	扣分标准	扣分原因	得分
1	工作准备					
1.1	安全劳动防护用品的准备	正确选择佩戴安全帽，穿全套工装，包括工作服、绝缘鞋、棉手套等	5	未按规定正确佩戴安全帽、穿工作服、绝缘鞋、戴棉手套等每项扣2分，扣完为止		
1.2	无人机起飞前准备	熟练地做好无人机起飞前的检查与准备工作	5	未正确检查，检查漏一项扣1分，扣完为止		
2	工作许可					
2.1	许可方式	向考评员示意准备就绪，申请开始工作	5	未申请开始考试扣5分		
3	工作步骤及技术要求					
3.1	完成输电线路现场无人机巡检工作	完成该输电线路现场的无人机巡检工作	20	未完成该输电线路现场的无人机巡检工作扣20分		
3.2	根据现场情况编制无人机巡检报告	（1）编制的无人机巡检报告符合相关要求、内容和注意事项。 （2）编制的无人机巡检报告，结构完整、格式规范，且任务描述清楚、数据分析准确、结论正确、运维检修策略完备正确	40	巡检报告编制内容不符合现场实际的，一处扣10分； 不全面的，扣30分； 未编写完成的，扣40分		
4	工作结束					
4.1	安全劳动防护用品	安全劳动防护用品恢复原位	5	安全劳动防护用品未放到原位扣5分		
4.2	恢复现场	将遥控器恢复原样	5	设备未轻拿轻放，恢复不彻底扣5分		
5	工作终结汇报	向考评员报告工作已结束，场地已清理	5	未汇报扣5分		
6	其他要求					
6.1	动作要求	动作熟练顺畅	5	动作不正确扣5分		
6.2	安全要求	严格遵守“四不伤害”原则，不得损坏工器具和设备	5	损坏工器具扣5分		
合计			100			

Jc0004141022 编制 750kV 固定翼无人机巡检报告。(100 分)

考核知识点： 巡检报告编制

难易度： 易

技能等级评价专业技能考核操作工作任务书

一、任务名称

编制 750kV 固定翼无人机巡检报告。

二、适用工种

无人机巡检工高级技师。

三、具体任务

规定一个指定的 750kV 架空输电线路现场，编制无人机巡检报告。

四、工作规范及要求

（1）编制的无人机巡检报告符合相关要求、内容和注意事项。

（2）编制的无人机巡检报告，结构完整、格式规范，且任务描述清楚、数据分析准确、结论正确、运维检修策略完备正确。

五、考核及时间要求

本考核操作时间为 15 分钟，时间到停止考评。

技能等级评价专业技能考核操作评分标准

工种	无人机巡检工			评价等级	高级技师
项目模块	缺陷与隐患查找及原因分析—巡检报告编制		编号	Jc0004141022	
单位		准考证号		姓名	
考试时限	15 分钟	题型	单项操作	题分	100 分
成绩		考评员		考评组长		日期	
试题正文	编制 750kV 固定翼无人机巡检报告				
需要说明的问题和要求	（1）编制的无人机巡检报告符合相关要求、内容和注意事项。 （2）编制的无人机巡检报告，结构完整、格式规范，且任务描述清楚、数据分析准确、结论正确、运维检修策略完备正确				

序号	项目名称	质量要求	满分	扣分标准	扣分原因	得分
1	工作准备					
1.1	安全劳动防护用品的准备	正确选择佩戴安全帽，穿全套工装，包括工作服、绝缘鞋、棉手套等	5	未按规定正确佩戴安全帽、穿工作服、绝缘鞋、戴棉手套等每项扣 2 分，扣完为止		
1.2	无人机起飞前准备	熟练地做好无人机起飞前的检查与准备工作	5	未正确检查，检查漏一项扣 1 分，扣完为止		
2	工作许可					
2.1	许可方式	向考评员示意准备就绪，申请开始工作	5	未申请开始考试扣 5 分		
3	工作步骤及技术要求					
3.1	完成输电线路现场无人机巡检工作	完成该输电线路现场的无人机巡检工作	20	未完成该输电线路现场的无人机巡检工作扣 20 分		

续表

序号	项目名称	质量要求	满分	扣分标准	扣分原因	得分
3.2	根据现场情况编制无人机巡检报告	（1）编制的无人机巡检报告符合相关要求、内容和注意事项。 （2）编制的无人机巡检报告，结构完整、格式规范，且任务描述清楚、数据分析准确、结论正确、运维检修策略完备正确	40	巡检报告编制内容不符合现场实际的，一处扣 10 分； 不全面的，扣 30 分； 未编写完成的，扣 40 分		
4	工作结束					
4.1	安全劳动防护用品	安全劳动防护用品恢复原位	5	安全劳动防护用品未放到原位扣 5 分		
4.2	恢复现场	将遥控器恢复原样	5	设备未轻拿轻放，恢复不彻底扣 5 分		
5	工作终结汇报	向考评员报告工作已结束，场地已清理	5	未汇报扣 5 分		
6	其他要求					
6.1	动作要求	动作熟练顺畅	5	动作不正确扣 5 分		
6.2	安全要求	严格遵守“四不伤害”原则，不得损坏工器具和设备	5	损坏工器具扣 5 分		
合计			100			

Jc0004163023　利用无人机进行通道巡检，并对巡检对象及巡检内容进行口述。（100 分）

考核知识点：缺陷与隐患查找及原因分析

难易度：难

技能等级评价专业技能考核操作工作任务书

一、任务名称

利用无人机进行通道巡检，并对巡检对象及巡检内容进行口述。

二、适用工种

无人机巡检工高级技师。

三、具体任务

利用无人机进行通道巡检，查找该杆塔段事先设置的缺陷隐患，并进行拍照，同时进行缺陷记录登记，并对巡检对象及巡检内容进行口述。

四、工作规范及要求

（1）按要求准备现场飞行设备。

（2）飞行过程及拍照按照要求进行。巡检拍摄的照片要清晰，满足相关要求，能识记缺陷与隐患分类及分级规则，且能正确评估缺陷与隐患对电力设备运行带来的影响和程度；能准确对缺陷与隐患进行分类和分级，且依据正确，对查找出的缺陷要进行登记。并对巡检对象及巡检内容进行口述。

（3）飞行过程中不得碰塔、导线等。

（4）降落在指定地点。

五、考核及时间要求

（1）本考核操作时间为 30 分钟，时间到停止考评。

（2）巡检对象及巡检内容：

1）建（构）筑物：有无违章建筑、导线与建（构）筑物安全距离不足等。
2）树木（竹林）：树木（竹林）与导线安全距离是否充足等。
3）施工作业：线路下方或附近有无危及线路安全的施工作业等。
4）火灾：线路附近有无烟火现象、有无易燃易爆物堆积等。
5）交叉跨越：有无新建或改建电力、通信线路、道路、铁路、索道、管道等。
6）防洪、排水、基础保护设施：有无坍塌、淤堵、破损等。
7）自然灾害：有无地震、洪水、泥石流、山体滑坡等引起通道环境变化。
8）道路桥梁：巡检道、桥梁有无损坏等。
9）污染区：是否出现新的污染源或污染加重等。
10）采动影响区：有无裂纹、坍塌等情况。

技能等级评价专业技能考核操作评分标准

工种	无人机巡检工					评价等级	高级技师
项目模块	缺陷与隐患查找及原因分析—缺陷与隐患分类及分级				编号	Jc0004163023	
单位			准考证号			姓名	
考试时限	30分钟		题型	单项操作		题分	100分
成绩		考评员		考评组长		日期	
试题正文	利用无人机进行通道巡检，并对巡检对象及巡检内容进行口述						
需要说明的问题和要求	（1）按要求准备现场飞行设备。 （2）飞行过程及拍照按照要求进行。巡检拍摄的照片要清晰，满足相关要求，能识记缺陷与隐患分类及分级规则，且能正确评估缺陷与隐患对电力设备运行带来的影响和程度；能准确对缺陷与隐患进行分类和分级，且依据正确，对查找出的缺陷要进行登记。并对巡检对象及巡检内容进行口述。 （3）飞行过程中不得碰塔、导线等。 （4）降落在指定地点						

序号	项目名称	质量要求	满分	扣分标准	扣分原因	得分
1	工作准备					
1.1	安全劳动防护用品的准备	正确选择佩戴安全帽，穿全套工装，包括工作服、绝缘鞋、棉手套等	5	未按规定正确佩戴安全帽、穿工作服、绝缘鞋、戴棉手套等每项扣2分，扣完为止		
1.2	无人机及相关设备准备与摆放	熟练地做好无人机的检查与准备工作	5	现场凌乱，摆放不整齐，准备不到位，未正确检查，检查漏一项扣1分，扣完为止		
2	工作许可					
2.1	许可方式	向考评员示意准备就绪，申请开始工作	5	未申请开始考试扣5分		
3	工作步骤及技术要求					
3.1	无人机起飞	按要求起飞无人机，起飞前进行检查	10	未检查扣5分； 起飞不成功扣10分		
3.2	提前设置缺陷或隐患，利用无人机进行通道巡检，飞行查找通道类缺陷，并分析及登记缺陷	飞行过程及拍照按照要求进行。巡检拍摄的照片要清晰，满足相关要求，能识记缺陷与隐患分类及分级规则，且能正确评估缺陷与隐患对电力设备运行带来的影响和程度；能准确对缺陷与隐患进行分类和分级，且依据正确，对查找出的缺陷要进行登记。并对巡检对象及巡检内容进行口述	40	未完成扣40分； 超出飞行区域扣5分； 少记录一处事先模拟的缺陷扣10分； 缺陷分类分级错误，一处扣10分； 口述内容不全，一处扣5分； 以上扣分，扣完为止		

续表

序号	项目名称	质量要求	满分	扣分标准	扣分原因	得分
3.3	无人机降落	降落在指定地点内	10	未降落到指定地点，扣10分		
4	工作结束					
4.1	安全劳动防护用品	安全劳动防护用品恢复原位	5	安全劳动防护用品未放到原位扣5分		
4.2	恢复现场	将无人机及设备恢复原样	5	设备未轻拿轻放，恢复不彻底扣5分		
5	工作终结汇报	向考评员报告工作已结束，场地已清理	5	未汇报扣5分		
6	其他要求					
6.1	动作要求	动作熟练顺畅	5	动作不正确扣5分		
6.2	安全要求	严格遵守“四不伤害”原则，不得损坏工器具和设备	5	损坏工器具扣5分		
合计			100			

Jc0004163024　利用无人机进行杆塔巡检，并对巡检对象及巡检内容进行口述。（100分）

考核知识点：缺陷与隐患查找及原因分析

难易度：难

技能等级评价专业技能考核操作工作任务书

一、任务名称

利用无人机进行杆塔巡检，并对巡检对象及巡检内容进行口述。

二、适用工种

无人机巡检工高级技师。

三、具体任务

利用无人机进行通道巡检，查找该杆塔段事先设置的缺陷隐患，并进行拍照，同时进行缺陷记录登记，并对巡检对象及巡检内容进行口述。

四、工作规范及要求

（1）按要求准备现场飞行设备。

（2）飞行过程及拍照按照要求进行。巡检拍摄的照片要清晰，满足相关要求，能识记缺陷与隐患分类及分级规则，且能正确评估缺陷与隐患对电力设备运行带来的影响和程度；能准确对缺陷与隐患进行分类和分级，且依据正确，对查找出的缺陷要进行登记。并对巡检对象及巡检内容进行口述。

（3）飞行过程中不得碰塔、导线等。

（4）降落在指定地点。

五、考核及时间要求

（1）本考核操作时间为30分钟，时间到停止考评。

（2）巡检对象及巡检内容：全塔，包括塔身、塔基、杆号牌、地线支架、金具、绝缘子串等。

技能等级评价专业技能考核操作评分标准

<table>
<tr><td>工种</td><td colspan="4">无人机巡检工</td><td>评价等级</td><td colspan="2">高级技师</td></tr>
<tr><td>项目模块</td><td colspan="4">缺陷与隐患查找及原因分析—缺陷与隐患分类及分级</td><td>编号</td><td colspan="2">Jc0004163024</td></tr>
<tr><td>单位</td><td colspan="2"></td><td>准考证号</td><td></td><td>姓名</td><td colspan="2"></td></tr>
<tr><td>考试时限</td><td>30 分钟</td><td>题型</td><td colspan="2">单项操作</td><td>题分</td><td colspan="2">100 分</td></tr>
<tr><td>成绩</td><td></td><td>考评员</td><td></td><td>考评组长</td><td></td><td>日期</td><td></td></tr>
<tr><td>试题正文</td><td colspan="7">利用无人机进行杆塔巡检，并对巡检对象及巡检内容进行口述</td></tr>
<tr><td>需要说明的问题和要求</td><td colspan="7">（1）按要求准备现场飞行设备。
（2）飞行过程及拍照按照要求进行。巡检拍摄的照片要清晰，满足相关要求，能识记缺陷与隐患分类及分级规则，且能正确评估缺陷与隐患对电力设备运行带来的影响和程度；能准确对缺陷与隐患进行分类和分级，且依据正确，对查找出的缺陷要进行登记。并对巡检对象及巡检内容进行口述。
（3）飞行过程中不得碰塔、导线等。
（4）降落在指定地点</td></tr>
</table>

序号	项目名称	质量要求	满分	扣分标准	扣分原因	得分
1	工作准备					
1.1	安全劳动防护用品的准备	正确选择佩戴安全帽，穿全套工装，包括工作服、绝缘鞋、棉手套等	5	未按规定正确佩戴安全帽、穿工作服、绝缘鞋、戴棉手套等每项扣 2 分，扣完为止		
1.2	无人机及相关设备准备与摆放	熟练地做好无人机的检查与准备工作	5	现场凌乱，摆放不整齐，准备不到位，未正确检查，检查漏一项扣 1 分，扣完为止		
2	工作许可					
2.1	许可方式	向考评员示意准备就绪，申请开始工作	5	未申请开始考试扣 5 分		
3	工作步骤及技术要求					
3.1	无人机起飞	按要求起飞无人机，起飞前进行检查	10	未检查扣 10 分；起飞不成功扣 10 分		
3.2	提前设置缺陷或隐患，利用无人机进行杆塔巡检，飞行查找金具类缺陷，并分析及登记缺陷	飞行过程及拍照按照要求进行。巡检拍摄的照片要清晰，满足相关要求，能识记缺陷与隐患分类及分级规则，且能正确评估缺陷与隐患对电力设备运行带来的影响和程度；能准确对缺陷与隐患进行分类和分级，且依据正确，对查找出的缺陷要进行登记。并对巡检对象及巡检内容进行口述	40	未完成扣 40 分； 超出飞行区域扣 5 分； 少记录一处事先模拟的缺陷扣 10 分； 缺陷分类分级错误，一处扣 10 分； 口述内容不全，一处扣 5 分； 以上扣分，扣完为止		
3.3	无人机降落	降落在指定地点内	10	未降落到指定地点，扣 10 分		
4	工作结束					
4.1	安全劳动防护用品	安全劳动防护用品恢复原位	5	安全劳动防护用品未放到原位扣 5 分		
4.2	恢复现场	将无人机及设备恢复原样	5	设备未轻拿轻放，恢复不彻底扣 5 分		
5	工作终结汇报	向考评员报告工作已结束，场地已清理	5	未汇报扣 5 分		
6	其他要求					
6.1	动作要求	动作熟练顺畅	5	动作不正确扣 5 分		
6.2	安全要求	严格遵守“四不伤害”原则，不得损坏工器具和设备	5	损坏工器具扣 5 分		
合计			100			

Jc0004163025　无人机飞行查找绝缘子类缺陷，并分析及登记缺陷。（100分）

考核知识点：缺陷与隐患查找及原因分析

难易度：难

技能等级评价专业技能考核操作工作任务书

一、任务名称

无人机飞行查找绝缘子类缺陷，并分析及登记缺陷。

二、适用工种

无人机巡检工高级技师。

三、具体任务

现场进行无人机飞行，查找该基杆塔事先设置的绝缘子类缺陷，并进行拍照，同时进行缺陷记录登记。

四、工作规范及要求

（1）按要求准备现场飞行设备。

（2）飞行过程及拍照按照架空输电线路多旋翼无人机巡检影像拍摄指导手册中的要求进行。巡检拍摄的照片要清晰，满足相关要求，能识记缺陷与隐患分类及分级规则，且能正确评估缺陷与隐患对电力设备运行带来的影响和程度；能准确对缺陷与隐患进行分类和分级，且依据正确，对查找出的缺陷要进行登记。

（3）飞行过程中不得碰塔、导线等。

（4）降落在指定地点。

五、考核及时间要求

本考核操作时间为30分钟，时间到停止考评。

技能等级评价专业技能考核操作评分标准

工种	无人机巡检工					评价等级	高级技师
项目模块	缺陷与隐患查找及原因分析—缺陷与隐患分类及分级				编号	Jc0004163025	
单位			准考证号			姓名	
考试时限	30分钟	题型		单项操作		题分	100分
成绩		考评员		考评组长		日期	
试题正文	无人机飞行查找绝缘子类缺陷，并分析及登记缺陷						
需要说明的问题和要求	（1）按要求准备现场飞行设备。 （2）飞行过程及拍照按照架空输电线路多旋翼无人机巡检影像拍摄指导手册中的要求进行。巡检拍摄的照片要清晰，满足相关要求，能识记缺陷与隐患分类及分级规则，且能正确评估缺陷与隐患对电力设备运行带来的影响和程度；能准确对缺陷与隐患进行分类和分级，且依据正确，对查找出的缺陷要进行登记。 （3）飞行过程中不得碰塔、导线等。 （4）降落在指定地点						

序号	项目名称	质量要求	满分	扣分标准	扣分原因	得分
1	工作准备					
1.1	安全劳动防护用品的准备	正确选择佩戴安全帽，穿全套工装，包括工作服、绝缘鞋、棉手套等	5	未按规定正确佩戴安全帽、穿工作服、绝缘鞋、戴棉手套等每项扣2分，扣完为止		
1.2	无人机及相关设备准备与摆放	熟练地做好无人机的检查与准备工作	5	现场凌乱，摆放不整齐，准备不到位，未正确检查，检查漏一项扣1分，扣完为止		

续表

序号	项目名称	质量要求	满分	扣分标准	扣分原因	得分
2	工作许可					
2.1	许可方式	向考评员示意准备就绪，申请开始工作	5	未申请开始考试扣5分		
3	工作步骤及技术要求					
3.1	无人机起飞	按要求起飞无人机，起飞前进行检查	10	未检查扣10分； 起飞不成功扣10分		
3.2	提前设置缺陷，无人机飞行查找绝缘子类缺陷，并分析及登记缺陷	飞行过程及拍照按照架空输电线路多旋翼无人机巡检影像拍摄指导手册中的要求进行。巡检拍摄的照片要清晰，满足相关要求，能识记缺陷与隐患分类及分级规则，且能正确评估缺陷与隐患对电力设备运行带来的影响和程度；能准确对缺陷与隐患进行分类和分级，且依据正确，对查找出的缺陷要进行登记	40	未完成扣40分； 超出飞行区域扣5分； 少记录一处事先模拟的缺陷扣10分； 缺陷分类分级错误，一处扣10分； 以上扣分，扣完为止		
3.3	无人机降落	降落在指定地点内	10	未降落到指定地点，扣10分		
4	工作结束					
4.1	安全劳动防护用品	安全劳动防护用品恢复原位	5	安全劳动防护用品未放到原位扣5分		
4.2	恢复现场	将无人机及设备恢复原样	5	设备未轻拿轻放，恢复不彻底扣5分		
5	工作终结汇报	向考评员报告工作已结束，场地已清理	5	未汇报扣5分		
6	其他要求					
6.1	动作要求	动作熟练顺畅	5	动作不正确扣5分		
6.2	安全要求	严格遵守“四不伤害”原则，不得损坏工器具和设备	5	损坏工器具扣5分		
合计			100			

Jc0004163026　无人机飞行查找金具类缺陷，并分析及登记缺陷。（100分）

考核知识点：缺陷与隐患查找及原因分析

难易度：难

技能等级评价专业技能考核操作工作任务书

一、任务名称

无人机飞行查找金具类缺陷，并分析及登记缺陷。

二、适用工种

无人机巡检工高级技师。

三、具体任务

现场进行无人机飞行，查找该基杆塔事先设置的金具类缺陷，并进行拍照，同时进行缺陷记录登记。

四、工作规范及要求

（1）按要求准备现场飞行设备。

（2）飞行过程及拍照按照架空输电线路多旋翼无人机巡检影像拍摄指导手册中的要求进行。巡检拍摄的照片要清晰，满足相关要求，能识记缺陷与隐患分类及分级规则，且能正确评估缺陷与隐患对电力设备运行带来的影响和程度；能准确对缺陷与隐患进行分类和分级，且依据正确，对查找出的缺陷要进行登记。

（3）飞行过程中不得碰塔、导线等。

（4）降落在指定地点。

五、考核及时间要求

本考核操作时间为30分钟，时间到停止考评。

技能等级评价专业技能考核操作评分标准

<table>
<tr><td>工种</td><td colspan="5">无人机巡检工</td><td>评价等级</td><td>高级技师</td></tr>
<tr><td>项目模块</td><td colspan="4">缺陷与隐患查找及原因分析—缺陷与隐患分类及分级</td><td>编号</td><td colspan="2">Jc0004163026</td></tr>
<tr><td>单位</td><td colspan="2"></td><td>准考证号</td><td colspan="2"></td><td>姓名</td><td></td></tr>
<tr><td>考试时限</td><td colspan="2">30分钟</td><td>题型</td><td colspan="2">单项操作</td><td>题分</td><td>100分</td></tr>
<tr><td>成绩</td><td></td><td>考评员</td><td></td><td>考评组长</td><td></td><td>日期</td><td></td></tr>
<tr><td>试题正文</td><td colspan="7">无人机飞行查找金具类缺陷，并分析及登记缺陷</td></tr>
<tr><td>需要说明的问题和要求</td><td colspan="7">（1）按要求准备现场飞行设备。
（2）飞行过程及拍照按照架空输电线路多旋翼无人机巡检影像拍摄指导手册中的要求进行。巡检拍摄的照片要清晰，满足相关要求，能识记缺陷与隐患分类及分级规则，且能正确评估缺陷与隐患对电力设备运行带来的影响和程度；能准确对缺陷与隐患进行分类和分级，且依据正确，对查找出的缺陷要进行登记。
（3）飞行过程中不得碰塔、导线等。
（4）降落在指定地点</td></tr>
</table>

序号	项目名称	质量要求	满分	扣分标准	扣分原因	得分
1	工作准备					
1.1	安全劳动防护用品的准备	正确选择佩戴安全帽，穿全套工装，包括工作服、绝缘鞋、棉手套等	5	未按规定正确佩戴安全帽、穿工作服、绝缘鞋、戴棉手套等每项扣2分，扣完为止		
1.2	无人机及相关设备准备与摆放	熟练地做好无人机的检查与准备工作	5	现场凌乱，摆放不整齐，准备不到位，未正确检查，检查漏一项扣1分，扣完为止		
2	工作许可					
2.1	许可方式	向考评员示意准备就绪，申请开始工作	5	未申请开始考试扣5分		
3	工作步骤及技术要求					
3.1	无人机起飞	按要求起飞无人机，起飞前进行检查	10	未检查扣10分； 起飞不成功扣10分		
3.2	提前设置缺陷，无人机飞行查找金具类缺陷，并分析及登记缺陷	飞行过程及拍照按照架空输电线路多旋翼无人机巡检影像拍摄指导手册中的要求进行。巡检拍摄的照片要清晰，满足相关要求，能识记缺陷与隐患分类及分级规则，且能正确评估缺陷与隐患对电力设备运行带来的影响和程度；能准确对缺陷与隐患进行分类和分级，且依据正确，对查找出的缺陷要进行登记	40	未完成扣40分； 超出飞行区域扣5分； 少记录一处事先模拟的缺陷扣10分； 缺陷分类分级错误，一处扣10分； 以上扣分，扣完为止		
3.3	无人机降落	降落在指定地点内	10	未降落到指定地点，扣10分		
4	工作结束					
4.1	安全劳动防护用品	安全劳动防护用品恢复原位	5	安全劳动防护用品未放到原位扣5分		
4.2	恢复现场	将无人机及设备恢复原样	5	设备未轻拿轻放，恢复不彻底扣5分		

续表

序号	项目名称	质量要求	满分	扣分标准	扣分原因	得分
5	工作终结汇报	向考评员报告工作已结束，场地已清理	5	未汇报扣5分		
6	其他要求					
6.1	动作要求	动作熟练顺畅	5	动作不正确扣5分		
6.2	安全要求	严格遵守“四不伤害”原则，不得损坏工器具和设备	5	损坏工器具扣5分		
合计			100			

Jc0004163027 无人机飞行查找杆塔类缺陷，并分析及登记缺陷。（100分）

考核知识点：缺陷与隐患查找及原因分析

难易度：难

技能等级评价专业技能考核操作工作任务书

一、任务名称

无人机飞行查找杆塔类缺陷，并分析及登记缺陷。

二、适用工种

无人机巡检工高级技师。

三、具体任务

现场进行无人机飞行，查找该基杆塔事先设置的杆塔类缺陷，并进行拍照，同时进行缺陷记录登记。

四、工作规范及要求

（1）按要求准备现场飞行设备。

（2）飞行过程及拍照按照架空输电线路多旋翼无人机巡检影像拍摄指导手册中的要求进行。巡检拍摄的照片要清晰，满足相关要求，能识记缺陷与隐患分类及分级规则，且能正确评估缺陷与隐患对电力设备运行带来的影响和程度；能准确对缺陷与隐患进行分类和分级，且依据正确，对查找出的缺陷要进行登记。

（3）飞行过程中不得碰塔、导线等。

（4）降落在指定地点。

五、考核及时间要求

本考核操作时间为30分钟，时间到停止考评。

技能等级评价专业技能考核操作评分标准

<table>
<tr><td>工种</td><td colspan="6">无人机巡检工</td><td>评价等级</td><td>高级技师</td></tr>
<tr><td>项目模块</td><td colspan="5">缺陷与隐患查找及原因分析—缺陷与隐患分类及分级</td><td>编号</td><td colspan="2">Jc0004163027</td></tr>
<tr><td>单位</td><td colspan="3"></td><td>准考证号</td><td colspan="2"></td><td>姓名</td><td></td></tr>
<tr><td>考试时限</td><td colspan="2">30分钟</td><td>题型</td><td colspan="3">单项操作</td><td>题分</td><td>100分</td></tr>
<tr><td>成绩</td><td></td><td>考评员</td><td></td><td>考评组长</td><td colspan="2"></td><td>日期</td><td></td></tr>
<tr><td>试题正文</td><td colspan="8">无人机飞行查找杆塔类缺陷，并分析及登记缺陷</td></tr>
</table>

续表

需要说明的问题和要求	（1）按要求准备现场飞行设备。 （2）飞行过程及拍照按照架空输电线路多旋翼无人机巡检影像拍摄指导手册中的要求进行。巡检拍摄的照片要清晰，满足相关要求，能识记缺陷与隐患分类及分级规则，且能正确评估缺陷与隐患对电力设备运行带来的影响和程度；能准确对缺陷与隐患进行分类和分级，且依据正确，对查找出的缺陷要进行登记。 （3）飞行过程中不得碰塔、导线等。 （4）降落在指定地点

序号	项目名称	质量要求	满分	扣分标准	扣分原因	得分
1	工作准备					
1.1	安全劳动防护用品的准备	正确选择佩戴安全帽，穿全套工装，包括工作服、绝缘鞋、棉手套等	5	未按规定正确佩戴安全帽、穿工作服、绝缘鞋、戴棉手套等每项扣2分，扣完为止		
1.2	无人机及相关设备准备与摆放	熟练地做好无人机的检查与准备工作	5	现场凌乱，摆放不整齐，准备不到位，未正确检查，检查漏一项扣1分，扣完为止		
2	工作许可					
2.1	许可方式	向考评员示意准备就绪，申请开始工作	5	未申请开始考试扣5分		
3	工作步骤及技术要求					
3.1	无人机起飞	按要求起飞无人机，起飞前进行检查	10	未检查扣10分； 起飞不成功扣10分； 以上扣分，扣完为止		
3.2	提前设置缺陷，无人机飞行查找杆塔类缺陷，并分析及登记缺陷	飞行过程及拍照按照架空输电线路多旋翼无人机巡检影像拍摄指导手册中的要求进行。巡检拍摄的照片要清晰，满足相关要求，能识记缺陷与隐患分类及分级规则，且能正确评估缺陷与隐患对电力设备运行带来的影响和程度；能准确对缺陷与隐患进行分类和分级，且依据正确，对查找出的缺陷要进行登记	40	未完成扣40分； 超出飞行区域扣5分； 少记录一处事先模拟的缺陷扣10分； 缺陷分类分级错误，一处扣10分； 以上扣分，扣完为止		
3.3	无人机降落	降落在指定地点内	10	未降落到指定地点，扣10分		
4	工作结束					
4.1	安全劳动防护用品	安全劳动防护用品恢复原位	5	安全劳动防护用品未放到原位扣5分		
4.2	恢复现场	将无人机及设备恢复原样	5	设备未轻拿轻放，恢复不彻底扣5分		
5	工作终结汇报	向考评员报告工作已结束，场地已清理	5	未汇报扣5分		
6	其他要求					
6.1	动作要求	动作熟练顺畅	5	动作不正确扣5分		
6.2	安全要求	严格遵守“四不伤害”原则，不得损坏工器具和设备	5	损坏工器具扣5分		
合计			100			

Jc0004163028　无人机精细化巡检——杆塔类缺陷命名与拍照。（100分）

考核知识点：缺陷与隐患查找及原因分析

难易度：难

技能等级评价专业技能考核操作工作任务书

一、任务名称

无人机精细化巡检——杆塔类缺陷命名与拍照。

二、适用工种

无人机巡检工高级技师。

三、具体任务

通过无人机飞行，对已知杆塔类缺陷进行巡视查找拍照，并对缺陷进行规范命名。

四、工作规范及要求

（1）按要求准备现场飞行设备。

（2）飞行过程及拍照按照架空输电线路多旋翼无人机巡检影像拍摄指导手册中的要求进行。巡检拍摄的照片要清晰，满足相关要求，能识记缺陷与隐患分类及分级规则，且能正确评估缺陷与隐患对电力设备运行带来的影响和程度；能准确对缺陷与隐患进行分类和分级，且依据正确，并对缺陷进行规范命名，命名格式一般采用“缺陷位置+缺陷部件+缺陷类别+缺陷程度+缺陷备注+缺陷分级”的格式，例如鸟窝缺陷的标准描述格式为“××线××塔××相横担有鸟窝一个，一般缺陷”。

（3）飞行过程中不得碰塔、导线等。

（4）降落在指定地点。

五、考核及时间要求

本考核操作时间为30分钟，时间到停止考评。

技能等级评价专业技能考核操作评分标准

工种	无人机巡检工					评价等级	高级技师
项目模块	缺陷与隐患查找及原因分析—缺陷与隐患分类及分级			编号	Jc0004163028		
单位		准考证号				姓名	
考试时限	30分钟	题型		单项操作		题分	100分
成绩		考评员		考评组长		日期	
试题正文	无人机精细化巡检——杆塔类缺陷命名与拍照						
需要说明的问题和要求	（1）按要求准备现场飞行设备。 （2）飞行过程及拍照按照架空输电线路多旋翼无人机巡检影像拍摄指导手册中的要求进行。巡检拍摄的照片要清晰，满足相关要求，能识记缺陷与隐患分类及分级规则，且能正确评估缺陷与隐患对电力设备运行带来的影响和程度；能准确对缺陷与隐患进行分类和分级，且依据正确，并对缺陷进行规范命名，命名格式一般采用“缺陷位置+缺陷部件+缺陷类别+缺陷程度+缺陷备注+缺陷分级”的格式，例如鸟窝缺陷的标准描述格式为“××线××塔××相横担有鸟窝一个，一般缺陷”。 （3）飞行过程中不得碰塔、导线等。 （4）降落在指定地点						

序号	项目名称	质量要求	满分	扣分标准	扣分原因	得分
1	工作准备					
1.1	安全劳动防护用品的准备	正确选择佩戴安全帽，穿全套工装，包括工作服、绝缘鞋、棉手套等	5	未按规定正确佩戴安全帽、穿工作服、绝缘鞋、戴棉手套等每项扣2分，扣完为止		
1.2	无人机及相关设备准备与摆放	熟练地做好无人机的检查与准备工作	5	现场凌乱，摆放不整齐，准备不到位，未正确检查，检查漏一项扣1分，扣完为止		
2	工作许可					
2.1	许可方式	向考评员示意准备就绪，申请开始工作	5	未申请开始考试扣5分		
3	工作步骤及技术要求					

续表

序号	项目名称	质量要求	满分	扣分标准	扣分原因	得分
3.1	无人机起飞	按要求起飞无人机，起飞前进行检查	10	未检查扣 10 分； 起飞不成功扣 10 分； 以上扣分，扣完为止		
3.2	通过无人机飞行，对已知杆塔类缺陷进行巡视查找拍照，并对缺陷进行规范命名	飞行过程及拍照按照架空输电线路多旋翼无人机巡检影像拍摄指导手册中的要求进行。巡检拍摄的照片要清晰，满足相关要求，能识记缺陷与隐患分类及分级规则，且能正确评估缺陷与隐患对电力设备运行带来的影响和程度；能准确对缺陷与隐患进行分类和分级，且依据正确，并对缺陷进行规范命名，命名格式一般采用“缺陷位置+缺陷部件+缺陷类别+缺陷程度+缺陷备注+缺陷分级”的格式，例如鸟窝缺陷的标准描述格式为“××线××塔××相横担有鸟窝一个，一般缺陷”	40	未完成扣 40 分； 超出飞行区域扣 5 分； 少记录一处事先模拟的缺陷扣 10 分； 缺陷分类分级错误，一处扣 10 分； 命名不规范扣 10 分； 以上扣分，扣完为止		
3.3	无人机降落	降落在指定地点内	10	未降落到指定地点，扣 10 分		
4	工作结束					
4.1	安全劳动防护用品	安全劳动防护用品恢复原位	5	安全劳动防护用品未放到原位扣 5 分		
4.2	恢复现场	将无人机及设备恢复原样	5	设备未轻拿轻放，恢复不彻底扣 5 分		
5	工作终结汇报	向考评员报告工作已结束，场地已清理	5	未汇报扣 5 分		
6	其他要求					
6.1	动作要求	动作熟练顺畅	5	动作不正确扣 5 分		
6.2	安全要求	严格遵守“四不伤害”原则，不得损坏工器具和设备	5	损坏工器具扣 5 分		
合计			100			

Jc0004163029　无人机精细化巡检——导地线类缺陷命名与拍照。（100 分）

考核知识点： 缺陷与隐患查找及原因分析

难易度： 难

技能等级评价专业技能考核操作工作任务书

一、任务名称

无人机精细化巡检——导地线类缺陷命名与拍照。

二、适用工种

无人机巡检工高级技师。

三、具体任务

通过无人机飞行，对已知导地线类缺陷进行巡视查找拍照，并对缺陷进行规范命名。

四、工作规范及要求

（1）按要求准备现场飞行设备。

（2）飞行过程及拍照按照架空输电线路多旋翼无人机巡检影像拍摄指导手册中的要求进行。巡检拍摄的照片要清晰，满足相关要求，能识记缺陷与隐患分类及分级规则，且能正确评估缺陷与隐患对电力设备运行带来的影响和程度；能准确对缺陷与隐患进行分类和分级，且依据正确，并对缺陷进行规范命名，命名格式一般采用“缺陷位置+缺陷部件+缺陷类别+缺陷程度+缺陷备注+缺陷分级”的格式，例如导线断股缺陷的标准描述格式为“××线××塔××相××号侧××m处××子导线导线断股，断××股，其中有××股已下挂××m（一般/严重/危急）缺陷”。

（3）飞行过程中不得碰塔、导线等。

（4）降落在指定地点。

五、考核及时间要求

本考核操作时间为30分钟，时间到停止考评。

技能等级评价专业技能考核操作评分标准

<table>
<tr><td>工种</td><td colspan="6">无人机巡检工</td><td>评价等级</td><td>高级技师</td></tr>
<tr><td>项目模块</td><td colspan="5">缺陷与隐患查找及原因分析—缺陷与隐患分类及分级</td><td>编号</td><td colspan="2">Jc0004163029</td></tr>
<tr><td>单位</td><td colspan="3"></td><td>准考证号</td><td colspan="2"></td><td>姓名</td><td></td></tr>
<tr><td>考试时限</td><td colspan="2">30分钟</td><td>题型</td><td colspan="3">单项操作</td><td>题分</td><td>100分</td></tr>
<tr><td>成绩</td><td></td><td>考评员</td><td></td><td>考评组长</td><td colspan="2"></td><td>日期</td><td></td></tr>
<tr><td>试题正文</td><td colspan="8">无人机精细化巡检——导地线类缺陷命名与拍照</td></tr>
<tr><td>需要说明的问题和要求</td><td colspan="8">（1）按要求准备现场飞行设备。
（2）飞行过程及拍照按照架空输电线路多旋翼无人机巡检影像拍摄指导手册中的要求进行。巡检拍摄的照片要清晰，满足相关要求，能识记缺陷与隐患分类及分级规则，且能正确评估缺陷与隐患对电力设备运行带来的影响和程度；能准确对缺陷与隐患进行分类和分级，且依据正确，并对缺陷进行规范命名，命名格式一般采用“缺陷位置+缺陷部件+缺陷类别+缺陷程度+缺陷备注+缺陷分级”的格式，例如导线断股缺陷的标准描述格式为“××线××塔××相××号侧××m处××子导线导线断股，断××股，其中有××股已下挂××m（一般/严重/危急）缺陷”。
（3）飞行过程中不得碰塔、导线等。
（4）降落在指定地点</td></tr>
</table>

序号	项目名称	质量要求	满分	扣分标准	扣分原因	得分
1	工作准备					
1.1	安全劳动防护用品的准备	正确选择佩戴安全帽，穿全套工装，包括工作服、绝缘鞋、棉手套等	5	未按规定正确佩戴安全帽、穿工作服、绝缘鞋、戴棉手套等每项扣2分，扣完为止		
1.2	无人机及相关设备准备与摆放	熟练地做好无人机的检查与准备工作	5	现场凌乱，摆放不整齐，准备不到位，未正确检查，检查漏一项扣1分，扣完为止		
2	工作许可					
2.1	许可方式	向考评员示意准备就绪，申请开始工作	5	未申请开始考试扣5分		
3	工作步骤及技术要求					
3.1	无人机起飞	按要求起飞无人机，起飞前进行检查	10	未检查扣10分； 起飞不成功扣10分； 以上扣分，扣完为止		
3.2	通过无人机飞行，对已知导地线类缺陷进行巡视查找拍照，并对缺陷进行规范命名	飞行过程及拍照按照架空输电线路多旋翼无人机巡检影像拍摄指导手册中的要求进行。巡检拍摄的照片要清晰，满足相关要求，能识记缺陷与隐患分类及分级规则，且能正确评估缺陷与隐患对电力设备运行带来的影响和程度；能准确对缺陷与隐患进行分类和分级，且依据正确，并对缺陷进行规范命名，命名格式一般采用“缺陷位置+缺陷部件+缺陷类别+缺陷程度+缺陷备注+缺陷分级”的格式，例如导线断股缺陷的标准描述格式为“××线××塔××相××号侧××m处××子导线断股，断××股，其中有××股已下挂××m（一般/严重/危急）缺陷”	40	未完成扣40分； 超出飞行区域扣5分； 少记录一处事先模拟的缺陷扣10分； 缺陷分类分级错误，一处扣10分； 命名不规范扣10分； 以上扣分，扣完为止		

续表

序号	项目名称	质量要求	满分	扣分标准	扣分原因	得分
3.3	无人机降落	降落在指定地点内	10	未降落到指定地点，扣 10 分		
4	工作结束					
4.1	安全劳动防护用品	安全劳动防护用品恢复原位	5	安全劳动防护用品未放到原位扣 5 分		
4.2	恢复现场	将无人机及设备恢复原样	5	设备未轻拿轻放，恢复不彻底扣 5 分		
5	工作终结汇报	向考评员报告工作已结束，场地已清理	5	未汇报扣 5 分		
6	其他要求					
6.1	动作要求	动作熟练顺畅	5	动作不正确扣 5 分		
6.2	安全要求	严格遵守“四不伤害”原则，不得损坏工器具和设备	5	损坏工器具扣 5 分		
合计			100			

Jc0004163030　无人机精细化巡检——绝缘子类缺陷命名与拍照。（100 分）

考核知识点：缺陷与隐患查找及原因分析

难易度：难

技能等级评价专业技能考核操作工作任务书

一、任务名称

无人机精细化巡检——绝缘子类缺陷命名与拍照。

二、适用工种

无人机巡检工高级技师。

三、具体任务

通过无人机飞行，对已知绝缘子类缺陷进行巡视查找拍照，并对缺陷进行规范命名。

四、工作规范及要求

（1）按要求准备现场飞行设备。

（2）飞行过程及拍照按照架空输电线路多旋翼无人机巡检影像拍摄指导手册中的要求进行。巡检拍摄的照片要清晰，满足相关要求，能识记缺陷与隐患分类及分级规则，且能正确评估缺陷与隐患对电力设备运行带来的影响和程度；能准确对缺陷与隐患进行分类和分级，且依据正确，并对缺陷进行规范命名，命名格式一般采用“缺陷位置+缺陷部件+缺陷类别+缺陷程度+缺陷备注+缺陷分级”的格式，例如绝缘子自爆缺陷的标准描述格式为“××线××塔××相××号侧××串低压端第××片绝缘子自爆，一般缺陷”。

（3）飞行过程中不得碰塔、导线等。

（4）降落在指定地点。

五、考核及时间要求

本考核操作时间为 30 分钟，时间到停止考评。

技能等级评价专业技能考核操作评分标准

工种	无人机巡检工					评价等级	高级技师
项目模块	缺陷与隐患查找及原因分析—缺陷与隐患分类及分级				编号	Jc0004163030	
单位			准考证号			姓名	
考试时限	30 分钟		题型	单项操作		题分	100 分
成绩		考评员		考评组长		日期	
试题正文	无人机精细化巡检——绝缘子类缺陷命名与拍照						
需要说明的问题和要求	（1）按要求准备现场飞行设备。 （2）飞行过程及拍照按照架空输电线路多旋翼无人机巡检影像拍摄指导手册中的要求进行。巡检拍摄的照片要清晰，满足相关要求，能识记缺陷与隐患分类及分级规则，且能正确评估缺陷与隐患对电力设备运行带来的影响和程度；能准确对缺陷与隐患进行分类和分级，且依据正确，并对缺陷进行规范命名，命名格式一般采用“缺陷位置+缺陷部件+缺陷类别+缺陷程度+缺陷备注+缺陷分级”的格式，例如绝缘子自爆缺陷的标准描述格式为“××线××塔××相××号侧××串低压端第××片绝缘子自爆，一般缺陷”。 （3）飞行过程中不得碰塔、导线等。 （4）降落在指定地点						

序号	项目名称	质量要求	满分	扣分标准	扣分原因	得分
1	工作准备					
1.1	安全劳动防护用品的准备	正确选择佩戴安全帽，穿全套工装，包括工作服、绝缘鞋、棉手套等	5	未按规定正确佩戴安全帽、穿工作服、绝缘鞋、戴棉手套等每项扣 2 分，扣完为止		
1.2	无人机及相关设备准备与摆放	熟练地做好无人机的检查与准备工作	5	现场凌乱，摆放不整齐，准备不到位，未正确检查，检查漏一项扣 1 分，扣完为止		
2	工作许可					
2.1	许可方式	向考评员示意准备就绪，申请开始工作	5	未申请开始考试扣 5 分		
3	工作步骤及技术要求					
3.1	无人机起飞	按要求起飞无人机，起飞前进行检查	10	未检查扣 10 分； 起飞不成功扣 10 分； 以上扣分，扣完为止		
3.2	通过无人机飞行，对已知绝缘子类缺陷进行巡视查找拍照，并对缺陷进行规范命名	飞行过程及拍照按照架空输电线路多旋翼无人机巡检影像拍摄指导手册中的要求进行。巡检拍摄的照片要清晰，满足相关要求，能识记缺陷与隐患分类及分级规则，且能正确评估缺陷与隐患对电力设备运行带来的影响和程度；能准确对缺陷与隐患进行分类和分级，且依据正确，并对缺陷进行规范命名，命名格式一般采用“缺陷位置+缺陷部件+缺陷类别+缺陷程度+缺陷备注+缺陷分级”的格式，例如绝缘子自爆缺陷的标准描述格式为“××线××塔××相××号侧××串低压端第××片绝缘子自爆，一般缺陷”	40	未完成扣 40 分； 超出飞行区域扣 5 分； 少记录一处事先模拟的缺陷扣 10 分； 缺陷分类分级错误，一处扣 10 分； 命名不规范扣 10 分； 以上扣分，扣完为止		
3.3	无人机降落	降落在指定地点内	10	未降落到指定地点，扣 10 分		
4	工作结束					
4.1	安全劳动防护用品	安全劳动防护用品恢复原位	5	安全劳动防护用品未放到原位扣 5 分		
4.2	恢复现场	将无人机及设备恢复原样	5	设备未轻拿轻放，恢复不彻底扣 5 分		
5	工作终结汇报	向考评员报告工作已结束，场地已清理	5	未汇报扣 5 分		
6	其他要求					
6.1	动作要求	动作熟练顺畅	5	动作不正确扣 5 分		
6.2	安全要求	严格遵守“四不伤害”原则，不得损坏工器具和设备	5	损坏工器具扣 5 分		
合计			100			

Jc0004163031 无人机精细化巡检——通道类缺陷命名与拍照。(100 分)

考核知识点：缺陷与隐患查找及原因分析

难易度：难

技能等级评价专业技能考核操作工作任务书

一、任务名称

无人机精细化巡检——通道类缺陷命名与拍照。

二、适用工种

无人机巡检工高级技师。

三、具体任务

通过无人机飞行，对已知通道外部隐患进行巡视查找拍照，并对缺陷进行规范命名。

四、工作规范及要求

(1)按要求准备现场飞行设备。

(2)飞行过程及拍照按照架空输电线路多旋翼无人机巡检影像拍摄指导手册中的要求进行。巡检拍摄的照片要清晰，满足相关要求，能识记缺陷与隐患分类及分级规则，且能正确评估缺陷与隐患对电力设备运行带来的影响和程度；能准确对缺陷与隐患进行分类和分级，且依据正确，并对缺陷进行规范命名，命名格式一般采用“隐患位置+隐患分类+隐患子类+隐患程度+隐患备注+隐患分级”的格式，例如档中建房隐患的标准描述格式为“××线××塔××号侧××m 处有施工隐患，久安坊，风偏不足，最大风偏时其值为××m，标准为××m，严重缺陷”。

(3)飞行过程中不得碰塔、导线等。

(4)降落在指定地点。

五、考核及时间要求

本考核操作时间为 30 分钟，时间到停止考评。

技能等级评价专业技能考核操作评分标准

工种	无人机巡检工					评价等级	高级技师
项目模块	缺陷与隐患查找及原因分析—缺陷与隐患分类及分级				编号	Jc0004163031	
单位			准考证号			姓名	
考试时限	30 分钟		题型	单项操作		题分	100 分
成绩		考评员		考评组长		日期	
试题正文	无人机精细化巡检——通道类缺陷命名与拍照						
需要说明的问题和要求	(1)按要求准备现场飞行设备。 (2)飞行过程及拍照按照架空输电线路多旋翼无人机巡检影像拍摄指导手册中的要求进行。巡检拍摄的照片要清晰，满足相关要求，能识记缺陷与隐患分类及分级规则，且能正确评估缺陷与隐患对电力设备运行带来的影响和程度；能准确对缺陷与隐患进行分类和分级，且依据正确，并对缺陷进行规范命名，命名格式一般采用“隐患位置+隐患分类+隐患子类+隐患程度+隐患备注+隐患分级”的格式，例如档中建房隐患的标准描述格式为“××线××塔××号侧××m 处有施工隐患，久安坊，风偏不足，最大风偏时其值为××m，标准为××m，严重缺陷”。 (3)飞行过程中不得碰塔、导线等。 (4)降落在指定地点						

序号	项目名称	质量要求	满分	扣分标准	扣分原因	得分
1	工作准备					
1.1	安全劳动防护用品的准备	正确选择佩戴安全帽，穿全套工装，包括工作服、绝缘鞋、棉手套等	5	未按规定正确佩戴安全帽、穿工作服、绝缘鞋、戴棉手套等每项扣 2 分，扣完为止		

续表

序号	项目名称	质量要求	满分	扣分标准	扣分原因	得分
1.2	无人机及相关设备准备与摆放	熟练地做好无人机的检查与准备工作	5	现场凌乱，摆放不整齐，准备不到位，未正确检查，检查漏一项扣1分，扣完为止		
2	工作许可					
2.1	许可方式	向考评员示意准备就绪，申请开始工作	5	未申请开始考试扣5分		
3	工作步骤及技术要求					
3.1	无人机起飞	按要求起飞无人机，起飞前进行检查	10	未检查扣10分； 起飞不成功扣10分； 以上扣分，扣完为止		
3.2	通过无人机飞行，对已知通道外部隐患进行巡视查找拍照，并对缺陷进行规范命名	飞行过程及拍照按照架空输电线路多旋翼无人机巡检影像拍摄指导手册中的要求进行。巡检拍摄的照片要清晰，满足相关要求，能识记缺陷与隐患分类及分级规则，且能正确评估缺陷与隐患对电力设备运行带来的影响和程度；能准确对缺陷与隐患进行分类和分级，且依据正确，并对缺陷进行规范命名，命名格式一般采用“隐患位置+隐患分类+隐患子类+隐患程度+隐患备注+隐患分级”的格式，例如档中建房隐患的标准描述格式为“××线××塔××号侧××m处有施工隐患，久安坊，风偏不足，最大风偏时其值为××m，标准为××m，严重缺陷”	40	未完成扣40分； 超出飞行区域扣5分； 少记录一处事先模拟的缺陷扣10分； 缺陷分类分级错误，一处扣10分； 命名不规范扣10分； 以上扣分，扣完为止		
3.3	无人机降落	降落在指定地点内	10	未降落到指定地点，扣10分		
4	工作结束					
4.1	安全劳动防护用品	安全劳动防护用品恢复原位	5	安全劳动防护用品未放到原位扣5分		
4.2	恢复现场	将无人机及设备恢复原样	5	设备未轻拿轻放，恢复不彻底扣5分		
5	工作终结汇报	向考评员报告工作已结束，场地已清理	5	未汇报扣5分		
6	其他要求					
6.1	动作要求	动作熟练顺畅	5	动作不正确扣5分		
6.2	安全要求	严格遵守“四不伤害”原则，不得损坏工器具和设备	5	损坏工器具扣5分		
合计			100			

Jc0004163032　无人机飞行查找导地线类缺陷，并分析及登记缺陷。(100分)

考核知识点：缺陷与隐患查找及原因分析

难易度：难

技能等级评价专业技能考核操作工作任务书

一、任务名称

无人机飞行查找导地线类缺陷，并分析及登记缺陷。

二、适用工种

无人机巡检工高级技师。

三、具体任务

现场进行无人机飞行，查找该基杆塔事先设置的导地线类缺陷，并进行拍照，同时进行缺陷记录登记。

四、工作规范及要求

（1）按要求准备现场飞行设备。

（2）飞行过程及拍照按照架空输电线路多旋翼无人机巡检影像拍摄指导手册中的要求进行。巡检拍摄的照片要清晰，满足相关要求，能识记缺陷与隐患分类及分级规则，且能正确评估缺陷与隐患对电力设备运行带来的影响和程度；能准确对缺陷与隐患进行分类和分级，且依据正确，对查找出的缺陷要进行登记。

（3）飞行过程中不得碰塔、导线等。

（4）降落在指定地点。

五、考核及时间要求

本考核操作时间为30分钟，时间到停止考评。

技能等级评价专业技能考核操作评分标准

工种	无人机巡检工					评价等级	高级技师
项目模块	缺陷与隐患查找及原因分析—缺陷与隐患分类及分级				编号	Jc0004163032	
单位			准考证号			姓名	
考试时限	30分钟		题型	单项操作		题分	100分
成绩		考评员		考评组长		日期	
试题正文	无人机飞行查找导地线类缺陷，并分析及登记缺陷						
需要说明的问题和要求	（1）按要求准备现场飞行设备。 （2）飞行过程及拍照按照架空输电线路多旋翼无人机巡检影像拍摄指导手册中的要求进行。巡检拍摄的照片要清晰，满足相关要求，能识记缺陷与隐患分类及分级规则，且能正确评估缺陷与隐患对电力设备运行带来的影响和程度；能准确对缺陷与隐患进行分类和分级，且依据正确，对查找出的缺陷要进行登记。 （3）飞行过程中不得碰塔、导线等。 （4）降落在指定地点						

序号	项目名称	质量要求	满分	扣分标准	扣分原因	得分
1	工作准备					
1.1	安全劳动防护用品的准备	正确选择佩戴安全帽，穿全套工装，包括工作服、绝缘鞋、棉手套等	5	未按规定正确佩戴安全帽、穿工作服、绝缘鞋、戴棉手套等每项扣2分，扣完为止		
1.2	无人机及相关设备准备与摆放	熟练地做好无人机的检查与准备工作	5	现场凌乱，摆放不整齐，准备不到位，未正确检查，检查漏一项扣1分，扣完为止		
2	工作许可					
2.1	许可方式	向考评员示意准备就绪，申请开始工作	5	未申请开始考试扣5分		
3	工作步骤及技术要求					
3.1	无人机起飞	按要求起飞无人机，起飞前进行检查	10	未检查扣10分； 起飞不成功扣10分； 以上扣分，扣完为止		
3.2	提前设置缺陷，无人机飞行查找导地线类缺陷，并分析及登记缺陷	飞行过程及拍照按照架空输电线路多旋翼无人机巡检影像拍摄指导手册中的要求进行。巡检拍摄的照片要清晰，满足相关要求，能识记缺陷与隐患分类及分级规则，且能正确评估缺陷与隐患对电力设备运行带来的影响和程度；能准确对缺陷与隐患进行分类和分级，且依据正确，对查找出的缺陷要进行登记	40	未完成扣40分； 超出飞行区域扣5分； 少记录一处事先模拟的缺陷扣10分； 缺陷分类分级错误，一处扣10分； 以上扣分，扣完为止		
3.3	无人机降落	降落在指定地点内	10	未降落到指定地点，扣10分		

续表

序号	项目名称	质量要求	满分	扣分标准	扣分原因	得分
4	工作结束					
4.1	安全劳动防护用品	安全劳动防护用品恢复原位	5	安全劳动防护用品未放到原位扣5分		
4.2	恢复现场	将无人机及设备恢复原样	5	设备未轻拿轻放，恢复不彻底扣5分		
5	工作终结汇报	向考评员报告工作已结束，场地已清理	5	未汇报扣5分		
6	其他要求					
6.1	动作要求	动作熟练顺畅	5	动作不正确扣5分		
6.2	安全要求	严格遵守“四不伤害”原则，不得损坏工器具和设备	5	损坏工器具扣5分		
合计			100			

Jc0004163033　无人机飞行查找附属设施类缺陷，并分析及登记缺陷。(100分)

考核知识点：缺陷与隐患查找及原因分析

难易度：难

技能等级评价专业技能考核操作工作任务书

一、任务名称

无人机飞行查找附属设施类缺陷，并分析及登记缺陷。

二、适用工种

无人机巡检工高级技师。

三、具体任务

现场进行无人机飞行，查找该基杆塔事先设置的附属设施类缺陷，并进行拍照，同时进行缺陷记录登记。

四、工作规范及要求

（1）按要求准备现场飞行设备。

（2）飞行过程及拍照按照架空输电线路多旋翼无人机巡检影像拍摄指导手册中的要求进行。巡检拍摄的照片要清晰，满足相关要求，能识记缺陷与隐患分类及分级规则，且能正确评估缺陷与隐患对电力设备运行带来的影响和程度；能准确对缺陷与隐患进行分类和分级，且依据正确，对查找出的缺陷要进行登记。

（3）飞行过程中不得碰塔、导线等。

（4）降落在指定地点。

五、考核及时间要求

本考核操作时间为30分钟，时间到停止考评。

技能等级评价专业技能考核操作评分标准

<table>
<tr><td>工种</td><td colspan="5">无人机巡检工</td><td>评价等级</td><td>高级技师</td></tr>
<tr><td>项目模块</td><td colspan="4">缺陷与隐患查找及原因分析—缺陷与隐患分类及分级</td><td>编号</td><td colspan="2">Jc0004163033</td></tr>
<tr><td>单位</td><td colspan="3"></td><td>准考证号</td><td></td><td>姓名</td><td></td></tr>
<tr><td>考试时限</td><td colspan="2">30分钟</td><td>题型</td><td colspan="2">单项操作</td><td>题分</td><td>100分</td></tr>
<tr><td>成绩</td><td></td><td>考评员</td><td></td><td>考评组长</td><td></td><td>日期</td><td></td></tr>
</table>

续表

试题正文	无人机飞行查找附属设施类缺陷，并分析及登记缺陷
需要说明的问题和要求	（1）按要求准备现场飞行设备。 （2）飞行过程及拍照按照架空输电线路多旋翼无人机巡检影像拍摄指导手册中的要求进行。巡检拍摄的照片要清晰，满足相关要求，能识记缺陷与隐患分类及分级规则，且能正确评估缺陷与隐患对电力设备运行带来的影响和程度；能准确对缺陷与隐患进行分类和分级，且依据正确，对查找出的缺陷要进行登记。 （3）飞行过程中不得碰塔、导线等。 （4）降落在指定地点

序号	项目名称	质量要求	满分	扣分标准	扣分原因	得分
1	工作准备					
1.1	安全劳动防护用品的准备	正确选择佩戴安全帽，穿全套工装，包括工作服、绝缘鞋、棉手套等	5	未按规定正确佩戴安全帽、穿工作服、绝缘鞋、戴棉手套等每项扣2分，扣完为止		
1.2	无人机及相关设备准备与摆放	熟练地做好无人机的检查与准备工作	5	现场凌乱，摆放不整齐，准备不到位，未正确检查，检查漏一项扣1分，扣完为止		
2	工作许可					
2.1	许可方式	向考评员示意准备就绪，申请开始工作	5	未申请开始考试扣5分		
3	工作步骤及技术要求					
3.1	无人机起飞	按要求起飞无人机，起飞前进行检查	10	未检查扣10分； 起飞不成功扣10分； 以上扣分，扣完为止		
3.2	提前设置缺陷，无人机飞行查找附属设施类缺陷，并分析及登记缺陷	飞行过程及拍照按照架空输电线路多旋翼无人机巡检影像拍摄指导手册中的要求进行。巡检拍摄的照片要清晰，满足相关要求，能识记缺陷与隐患分类及分级规则，且能正确评估缺陷与隐患对电力设备运行带来的影响和程度；能准确对缺陷与隐患进行分类和分级，且依据正确，对查找出的缺陷要进行登记	40	未完成扣40分； 超出飞行区域扣5分； 少记录一处事先模拟的缺陷扣10分； 缺陷分类分级错误，一处扣10分； 以上扣分，扣完为止		
3.3	无人机降落	降落在指定地点内	10	未降落到指定地点，扣10分		
4	工作结束					
4.1	安全劳动防护用品	安全劳动防护用品恢复原位	5	安全劳动防护用品未放到原位扣5分		
4.2	恢复现场	将无人机及设备恢复原样	5	设备未轻拿轻放，恢复不彻底扣5分		
5	工作终结汇报	向考评员报告工作已结束，场地已清理	5	未汇报扣5分		
6	其他要求					
6.1	动作要求	动作熟练顺畅	5	动作不正确扣5分		
6.2	安全要求	严格遵守“四不伤害”原则，不得损坏工器具和设备	5	损坏工器具扣5分		
合计			100			

Jc0004143034　无人机精细化巡检——金具类缺陷命名与拍照。（100分）

考核知识点：缺陷与隐患查找及原因分析

难易度：难

技能等级评价专业技能考核操作工作任务书

一、任务名称

无人机精细化巡检——金具类缺陷命名与拍照。

二、适用工种

无人机巡检工高级技师。

三、具体任务

通过无人机飞行，对已知金具类缺陷进行巡视查找拍照，并对缺陷进行规范命名。

四、工作规范及要求

（1）按要求准备现场飞行设备。

（2）飞行过程及拍照按照架空输电线路多旋翼无人机巡检影像拍摄指导手册中的要求进行。巡检拍摄的照片要清晰，满足相关要求，能识记缺陷与隐患分类及分级规则，且能正确评估缺陷与隐患对电力设备运行带来的影响和程度；能准确对缺陷与隐患进行分类和分级，且依据正确，并对缺陷进行规范命名，命名格式一般采用“缺陷位置+缺陷部件+缺陷类别+缺陷程度+缺陷备注+缺陷分级”的格式，例如开口销锈蚀缺陷的标准描述格式为“××线××塔××相××号侧××与××连接处开口销锈蚀，一般缺陷”。

（3）飞行过程中不得碰塔、导线等。

（4）降落在指定地点。

五、考核及时间要求

本考核操作时间为30分钟，时间到停止考评。

技能等级评价专业技能考核操作评分标准

工种	无人机巡检工					评价等级	高级技师
项目模块	缺陷与隐患查找及原因分析—缺陷与隐患分类及分级				编号	Jc0004142034	
单位			准考证号			姓名	
考试时限	30分钟		题型	单项操作		题分	100分
成绩		考评员		考评组长		日期	
试题正文	无人机精细化巡检——金具类缺陷命名与拍照						
需要说明的问题和要求	（1）按要求准备现场飞行设备。 （2）飞行过程及拍照按照架空输电线路多旋翼无人机巡检影像拍摄指导手册中的要求进行。巡检拍摄的照片要清晰，满足相关要求，能识记缺陷与隐患分类及分级规则，且能正确评估缺陷与隐患对电力设备运行带来的影响和程度；能准确对缺陷与隐患进行分类和分级，且依据正确，并对缺陷进行规范命名，命名格式一般采用“缺陷位置+缺陷部件+缺陷类别+缺陷程度+缺陷备注+缺陷分级”的格式，例如开口销锈蚀缺陷的标准描述格式为“××线××塔××相××号侧××与××连接处开口销锈蚀，一般缺陷”。 （3）飞行过程中不得碰塔、导线等。 （4）降落在指定地点						

序号	项目名称	质量要求	满分	扣分标准	扣分原因	得分
1	工作准备					
1.1	安全劳动防护用品的准备	正确选择佩戴安全帽，穿全套工装，包括工作服、绝缘鞋、棉手套等	5	未按规定正确佩戴安全帽、穿工作服、绝缘鞋、戴棉手套等每项扣2分，扣完为止		
1.2	无人机及相关设备准备与摆放	熟练地做好无人机的检查与准备工作	5	现场凌乱，摆放不整齐，准备不到位，未正确检查，检查漏一项扣1分，扣完为止		
2	工作许可					

续表

序号	项目名称	质量要求	满分	扣分标准	扣分原因	得分
2.1	许可方式	向考评员示意准备就绪，申请开始工作	5	未申请开始考试扣 5 分		
3	工作步骤及技术要求					
3.1	无人机起飞	按要求起飞无人机，起飞前进行检查	10	未检查扣 10 分； 起飞不成功扣 10 分； 以上扣分，扣完为止		
3.2	通过无人机飞行，对已知金具类缺陷进行巡视查找拍照，并对缺陷进行规范命名	飞行过程及拍照按照架空输电线路多旋翼无人机巡检影像拍摄指导手册中的要求进行。巡检拍摄的照片要清晰，满足相关要求，能识记缺陷与隐患分类及分级规则，且能正确评估缺陷与隐患对电力设备运行带来的影响和程度；能准确对缺陷与隐患进行分类和分级，且依据正确，并对缺陷进行规范命名，命名格式一般采用“缺陷位置+缺陷部件+缺陷类别+缺陷程度+缺陷备注+缺陷分级”的格式，例如开口销锈蚀缺陷的标准描述格式为“××线××塔××相××号侧××与××连接处开口销锈蚀，一般缺陷”	40	未完成扣 40 分； 超出飞行区域扣 5 分； 少记录一处事先模拟的缺陷扣 10 分； 缺陷分类分级错误，一处扣 10 分； 命名不规范扣 10 分； 以上扣分，扣完为止		
3.3	无人机降落	降落在指定地点内	10	未降落到指定地点，扣 10 分		
4	工作结束					
4.1	安全劳动防护用品	安全劳动防护用品恢复原位	5	安全劳动防护用品未放到原位扣 5 分		
4.2	恢复现场	将无人机及设备恢复原样	5	设备未轻拿轻放，恢复不彻底扣 5 分		
5	工作终结汇报	向考评员报告工作已结束，场地已清理	5	未汇报扣 5 分		
6	其他要求					
6.1	动作要求	动作熟练顺畅	5	动作不正确扣 5 分		
6.2	安全要求	严格遵守“四不伤害”原则，不得损坏工器具和设备	5	损坏工器具扣 5 分		
合计			100			

Jc0004143035　无人机精细化巡检——附属缺陷类缺陷命名与拍照。（100 分）

考核知识点：缺陷与隐患查找及原因分析

难易度：难

技能等级评价专业技能考核操作工作任务书

一、任务名称

无人机精细化巡检——附属缺陷类缺陷命名与拍照。

二、适用工种

无人机巡检工高级技师。

三、具体任务

通过无人机飞行，对已知的附属设施类缺陷进行巡视查找拍照，并对缺陷进行规范命名。

四、工作规范及要求

（1）按要求准备现场飞行设备。

（2）飞行过程及拍照按照架空输电线路多旋翼无人机巡检影像拍摄指导手册中的要求进行。巡检拍摄的照片要清晰，满足相关要求，能识记缺陷与隐患分类及分级规则，且能正确评估缺陷与隐患对电力设备运行带来的影响和程度；能准确对缺陷与隐患进行分类和分级，且依据正确，并对缺陷进行规范命名，命名格式一般采用“缺陷位置+缺陷部件+缺陷类别+缺陷程度+缺陷备注+缺陷分级”的格式，例如防鸟刺锈蚀脱落的标准描述格式为“××线××塔××相横担防鸟刺锈蚀脱落，严重缺陷”。

（3）飞行过程中不得碰塔、导线等。

（4）降落在指定地点。

五、考核及时间要求

本考核操作时间为30分钟，时间到停止考评。

技能等级评价专业技能考核操作评分标准

<table>
<tr><td>工种</td><td colspan="6">无人机巡检工</td><td>评价等级</td><td>高级技师</td></tr>
<tr><td>项目模块</td><td colspan="5">缺陷与隐患查找及原因分析—缺陷与隐患分类及分级</td><td>编号</td><td colspan="2">Jc0004142035</td></tr>
<tr><td>单位</td><td colspan="3"></td><td>准考证号</td><td colspan="2"></td><td>姓名</td><td></td></tr>
<tr><td>考试时限</td><td colspan="2">30 分钟</td><td>题型</td><td colspan="3">单项操作</td><td>题分</td><td>100 分</td></tr>
<tr><td>成绩</td><td></td><td>考评员</td><td></td><td>考评组长</td><td colspan="2"></td><td>日期</td><td></td></tr>
<tr><td>试题正文</td><td colspan="8">无人机精细化巡检——附属缺陷类缺陷命名与拍照</td></tr>
<tr><td>需要说明的问题和要求</td><td colspan="8">（1）按要求准备现场飞行设备。
（2）飞行过程及拍照按照架空输电线路多旋翼无人机巡检影像拍摄指导手册中的要求进行。巡检拍摄的照片要清晰，满足相关要求，能识记缺陷与隐患分类及分级规则，且能正确评估缺陷与隐患对电力设备运行带来的影响和程度；能准确对缺陷与隐患进行分类和分级，且依据正确，并对缺陷进行规范命名，命名格式一般采用“缺陷位置+缺陷部件+缺陷类别+缺陷程度+缺陷备注+缺陷分级”的格式，例如防鸟刺锈蚀脱落的标准描述格式为“××线××塔××相横担防鸟刺锈蚀脱落，严重缺陷”。
（3）飞行过程中不得碰塔、导线等。
（4）降落在指定地点</td></tr>
</table>

序号	项目名称	质量要求	满分	扣分标准	扣分原因	得分
1	工作准备					
1.1	安全劳动防护用品的准备	正确选择佩戴安全帽，穿全套工装，包括工作服、绝缘鞋、棉手套等	5	未按规定正确佩戴安全帽、穿工作服、绝缘鞋、戴棉手套等每项扣2分，扣完为止		
1.2	无人机及相关设备准备与摆放	熟练地做好无人机的检查与准备工作	5	现场凌乱，摆放不整齐，准备不到位，未正确检查，检查漏一项扣1分，扣完为止		
2	工作许可					
2.1	许可方式	向考评员示意准备就绪，申请开始工作	5	未申请开始考试扣5分		
3	工作步骤及技术要求					
3.1	无人机起飞	按要求起飞无人机，起飞前进行检查	10	未检查扣10分； 起飞不成功扣10分； 以上扣分，扣完为止		

续表

序号	项目名称	质量要求	满分	扣分标准	扣分原因	得分
3.2	通过无人机飞行，对已知附属设施类缺陷进行巡视查找拍照，并对缺陷进行规范命名	飞行过程及拍照按照架空输电线路多旋翼无人机巡检影像拍摄指导手册中的要求进行。巡检拍摄的照片要清晰，满足相关要求，能识记缺陷与隐患分类及分级规则，且能正确评估缺陷与隐患对电力设备运行带来的影响和程度；能准确对缺陷与隐患进行分类和分级，且依据正确，并对缺陷进行规范命名，命名格式一般采用“缺陷位置+缺陷部件+缺陷类别+缺陷程度+缺陷备注+缺陷分级”的格式，例如防鸟刺锈蚀脱落的标准描述格式为“××线××塔××相横担防鸟刺锈蚀脱落，严重缺陷”	40	未完成扣40分； 超出飞行区域扣5分； 少记录一处事先模拟的缺陷扣10分； 缺陷分类分级错误，一处扣10分； 命名不规范扣10分； 以上扣分，扣完为止		
3.3	无人机降落	降落在指定地点内	10	未降落到指定地点，扣10分		
4	工作结束					
4.1	安全劳动防护用品	安全劳动防护用品恢复原位	5	安全劳动防护用品未放到原位扣5分		
4.2	恢复现场	将无人机及设备恢复原样	5	设备未轻拿轻放，恢复不彻底扣5分		
5	工作终结汇报	向考评员报告工作已结束，场地已清理	5	未汇报扣5分		
6	其他要求					
6.1	动作要求	动作熟练顺畅	5	动作不正确扣5分		
6.2	安全要求	严格遵守“四不伤害”原则，不得损坏工器具和设备	5	损坏工器具扣5分		
合计			100			

Jc0003141036　DJI-精灵4RTK多旋翼无人机自主航线规划。（100分）

考核知识点：航线规划

难易度：易

技能等级评价专业技能考核操作工作任务书

一、任务名称

DJI-精灵4RTK多旋翼无人机自主航线规划。

二、适用工种

无人机巡检工高级技师。

三、具体任务

熟练掌握航线规划要求、内容和注意事项；能根据巡检任务类型、被巡设备布置、多旋翼无人机巡检系统技术性能状况、周边环境等情况正确规划巡检航线，并正确设置安全策略。

四、工作规范及要求

（1）操作人员需正确连接地面站设备，并建立地面站和无人机的通信链路。

（2）根据考官的要求，在地面站上规划航线。

（3）熟练掌握地面站界面上各项指标对应的含义，能准确判断无人机目前的飞行参数。

（4）设置相应的安全措施，包括应急返航以及应急返航点的更改等。

（5）危险点、安全措施和注意事项。

危险点和安全措施：

1）飞行操作人员时刻关注飞机状态，防止无人机失控，造成无人机飞丢或坠机。

2）防止无人机对地面人员及财产造成损失。

3）在地面做好航前和航后检查。

4）与考试无关人员不得进入无人机飞行区域。

5）地面上设置安全员，在无人机发生危险时可以随时接管无人机。

注意事项：掌握地面站相关参数、操作步骤以及连接注意事项。

（6）场地、设备、工具和材料：场地要求满足多旋翼无人机的起飞降落，多旋翼无人机系统、地面站软件及硬件。

五、考核及时间要求

本考核操作时间为 15 分钟。

技能等级评价专业技能考核操作评分标准

<table>
<tr><td>工种</td><td colspan="5">无人机巡检工</td><td>评价等级</td><td>高级技师</td></tr>
<tr><td>项目模块</td><td colspan="5">无人机巡检作业—航线规划</td><td>编号</td><td>Jc0003141036</td></tr>
<tr><td>单位</td><td colspan="2"></td><td>准考证号</td><td colspan="2"></td><td>姓名</td><td></td></tr>
<tr><td>考试时限</td><td colspan="2">15 分钟</td><td>题型</td><td colspan="2">单项操作</td><td>题分</td><td>100 分</td></tr>
<tr><td>成绩</td><td></td><td>考评员</td><td></td><td>考评组长</td><td></td><td>日期</td><td></td></tr>
<tr><td>试题正文</td><td colspan="7">DJI-精灵 4RTK 多旋翼无人机自主航线规划</td></tr>
<tr><td>需要说明的问题和要求</td><td colspan="7">（1）操作人员需正确连接地面站设备，并建立地面站和多旋翼无人机的通信链路机。
（2）根据考官的要求，在地面站上规划航线。
（3）熟练掌握地面站界面上各项指标对应的含义，能准确判断多旋翼无人机目前的飞行参数。
（4）设置相应的安全措施，包括应急返航以及应急返航点的更改等。
（5）考生须在 15 分钟之内完成航线规划</td></tr>
</table>

序号	项目名称	质量要求	满分	扣分标准	扣分原因	得分
1	航前检查	检查无人机起飞前的各项性能是否正常	5	不检查的扣 1～5 分		
2	地面站软件、硬件检查，RTK 信号检查	检查地面站软硬件是否正常，RTK 信号是否正常	5	不检查的扣 1～5 分		
3	连接地面站	能够正确连接地面站设备，并建立地面站和无人机通信链路	5	连接不正确的扣 1～5 分		
4	航线规划					
4.1	地面站界面各项指标含义	熟练掌握地面站界面上各项指标对应的含义	20	掌握不熟练的扣 10～20 分		
4.2	飞行参数	能准确判断多旋翼无人机目前的飞行参数	20	判断有误的扣 1～20 分		
4.3	自主飞行安全策略	设置相应的安全策略，包括应急返航以及应急返航点的更改	20	未设置安全策略的扣 1～20 分		
5	恶劣天气的应急处置	如遇天气突变情况，能够熟练执行相关应急措施	10	天气突变时，不能够及时合理处置扣 1～10 分		
6	无人机降落后检查	无人机平稳降落后，应进行航后检查	10	不进行航后检查的扣 1～10 分		
7	时间	必须在 15 分钟之内完成考核任务	5	超出 10 秒扣 1 分，扣完为止		
合计			100			

Jc0003141037　DJI-经纬 M300RTK 多旋翼无人机自主航线规划。（100 分）

考核知识点：航线规划

难易度：易

技能等级评价专业技能考核操作工作任务书

一、任务名称

DJI-经纬 M300RTK 多旋翼无人机自主航线规划。

二、适用工种

无人机巡检工高级技师。

三、具体任务

熟练掌握航线规划要求、内容和注意事项；能根据巡检任务类型、被巡设备布置、多旋翼无人机巡检系统技术性能状况、周边环境等情况正确规划巡检航线，并正确设置安全策略。

四、工作规范及要求

（1）操作人员需正确连接地面站设备，并建立地面站和无人机的通信链路。

（2）根据考官的要求，在地面站上规划航线。

（3）熟练掌握地面站界面上各项指标对应的含义，能准确判断无人机目前的飞行参数。

（4）设置相应的安全措施，包括应急返航以及应急返航点的更改等。

（5）危险点、安全措施和注意事项。

危险点和安全措施：

1）飞行操作人员时刻关注飞机状态，防止无人机失控，造成无人机飞丢或坠机。

2）防止无人机对地面人员及财产造成损失。

3）在地面做好航前和航后检查。

4）与考试无关人员不得进入无人机飞行区域。

5）地面上设置安全员，在无人机发生危险时可以随时接管无人机。

注意事项：掌握地面站相关参数、操作步骤以及连接注意事项。

（6）场地、设备、工具和材料：场地要求满足多旋翼无人机的起飞降落，多旋翼无人机系统、地面站软件及硬件。

五、考核及时间要求

本考核操作时间为 15 分钟。

技能等级评价专业技能考核操作评分标准

<table>
<tr><td>工种</td><td colspan="8">无人机巡检工</td><td>评价等级</td><td>高级技师</td></tr>
<tr><td>项目模块</td><td colspan="7">无人机巡检作业—航线规划</td><td>编号</td><td colspan="2">Jc0003141037</td></tr>
<tr><td>单位</td><td colspan="3"></td><td colspan="2">准考证号</td><td colspan="3"></td><td>姓名</td><td></td></tr>
<tr><td>考试时限</td><td colspan="2">15 分钟</td><td colspan="2">题型</td><td colspan="4">单项操作</td><td>题分</td><td>100 分</td></tr>
<tr><td>成绩</td><td></td><td>考评员</td><td colspan="2"></td><td colspan="2">考评组长</td><td colspan="2"></td><td>日期</td><td></td></tr>
<tr><td>试题正文</td><td colspan="10">DJI-经纬 M300RTK 多旋翼无人机自主航线规划</td></tr>
<tr><td>需要说明的问题和要求</td><td colspan="10">（1）操作人员需正确连接地面站设备，并建立地面站和多旋翼无人机的通信链路机。
（2）根据考官的要求，在地面站上规划航线。
（3）熟练掌握地面站界面上各项指标对应的含义，能准确判断多旋翼无人机目前的飞行参数。
（4）设置相应的安全措施，包括应急返航以及应急返航点的更改等。
（5）考生须在 15 分钟之内完成航线规划</td></tr>
</table>

续表

序号	项目名称	质量要求	满分	扣分标准	扣分原因	得分
1	航前检查	检查无人机起飞前的各项性能是否正常	5	不检查的扣 1～5 分		
2	地面站软件、硬件检查，RTK 信号检查	检查地面站软硬件是否正常，RTK 信号是否正常	5	不检查的扣 1～5 分		
3	连接地面站	能够正确连接地面站设备，并建立地面站和无人机通信链路	5	连接不正确的扣 1～5 分		
4	航线规划					
4.1	地面站界面各项指标含义	熟练掌握地面站界面上各项指标对应的含义	20	掌握不熟练的扣 10～20 分		
4.2	飞行参数	能准确判断多旋翼无人机目前的飞行参数	20	判断有误的扣 1～20 分		
4.3	自主飞行安全策略	设置相应的安全策略，包括应急返航以及应急返航点的更改	20	未设置安全策略的扣 1～20 分		
5	恶劣天气的应急处置	如遇天气突变情况，能够熟练执行相关应急措施	10	天气突变时，不能够及时合理处置扣 1～10 分		
6	无人机降落后检查	无人机平稳降落后，应进行航后检查	10	不进行航后检查的扣 1～10 分		
7	时间	必须在 15 分钟之内完成考核任务	5	超出 10 秒扣 1 分，扣完为止		
合计			100			

Jc0003141038　利用 DJI–精灵 4RTK 多旋翼无人机开展自主巡检。（100 分）

考核知识点：自主巡检

难易度：易

技能等级评价专业技能考核操作工作任务书

一、任务名称

利用 DJI-精灵 4RTK 多旋翼无人机开展自主巡检。

二、适用工种

无人机巡检工高级技师。

三、具体任务

熟练掌握航线规划要求、内容和注意事项；能根据巡检任务类型、被巡设备布置、多旋翼无人机巡检系统技术性能状况、周边环境等情况正确规划巡检航线，并正确设置安全策略。

四、工作规范及要求

（1）操作人员需正确连接地面站设备，并建立地面站和无人机的通信链路。

（2）根据考官的要求，在地面站上规划航线。

（3）熟练掌握地面站界面上各项指标对应的含义，能准确判断无人机目前的飞行参数。

（4）设置相应的安全措施，包括应急返航以及应急返航点的更改等。

（5）危险点、安全措施和注意事项。

危险点和安全措施：

1）飞行操作人员时刻关注飞机状态，防止无人机失控，造成无人机飞丢或坠机。

2）防止无人机对地面人员及财产造成损失。

3）在地面做好航前和航后检查。

4）与考试无关人员不得进入无人机飞行区域。

5）地面上设置安全员，在无人机发生危险时可以随时接管无人机。

注意事项：掌握地面站相关参数、操作步骤以及连接注意事项。

（6）场地、设备、工具和材料：场地要求满足多旋翼无人机的起飞降落，多旋翼无人机系统、地面站软件及硬件。

五、考核及时间要求

本考核操作时间为15分钟。

技能等级评价专业技能考核操作评分标准

工种	无人机巡检工					评价等级	高级技师
项目模块	无人机巡检作业—航线规划				编号	Jc0003141038	
单位			准考证号			姓名	
考试时限	15分钟		题型	单项操作		题分	100分
成绩		考评员		考评组长		日期	
试题正文	利用DJI-精灵4RTK多旋翼无人机开展自主巡检						
需要说明的问题和要求	（1）操作人员需正确连接地面站设备，并建立地面站和多旋翼无人机的通信链路机。 （2）根据考官的要求，在地面站上规划自主巡检航线。 （3）熟练掌握地面站界面上各项指标对应的含义，能准确判断多旋翼无人机目前的飞行参数。 （4）设置相应的安全措施，包括应急返航以及应急返航点的更改等。 （5）考生须在15分钟之内完成航线规划						

序号	项目名称	质量要求	满分	扣分标准	扣分原因	得分
1	航前检查	检查无人机起飞前的各项性能是否正常	5	不检查的扣1～5分		
2	地面站软件、硬件检查，RTK信号检查	检查地面站软硬件是否正常，RTK信号是否正常	5	不检查的扣1～5分		
3	连接地面站	能够正确连接地面站设备，并建立地面站和无人机通信链路	5	连接不正确的扣1～5分		
4	航线规划					
4.1	地面站界面各项指标含义	熟练掌握地面站界面上各项指标对应的含义	20	掌握不熟练的扣10～20分		
4.2	飞行参数	能准确判断多旋翼无人机目前的飞行参数	20	判断有误的扣1～20分		
4.3	自主飞行安全策略	设置相应的安全策略，包括应急返航以及应急返航点的更改	20	未设置安全策略的扣1～20分		
5	前往目标点进行工作	无人机能够按照预规划自主完成任务	10	任务失败扣1～10分		
6	无人机降落后检查	无人机平稳降落后，应进行航后检查	10	不进行航后检查的扣1～10分		
7	时间	必须在15分钟之内完成考核任务	5	超出10秒扣1分，扣完为止		
合计			100			

Jc0003141039　利用DJI-经纬M300RTK多旋翼无人机开展自主巡检。（100分）

考核知识点：自主巡检

难易度：易

技能等级评价专业技能考核操作工作任务书

一、任务名称

利用 DJI-经纬 M300RTK 多旋翼无人机开展自主巡检。

二、适用工种

无人机巡检工高级技师。

三、具体任务

熟练掌握航线规划要求、内容和注意事项；能根据巡检任务类型、被巡设备布置、多旋翼无人机巡检系统技术性能状况、周边环境等情况正确规划巡检航线，并正确设置安全策略。

四、工作规范及要求

（1）操作人员需正确连接地面站设备，并建立地面站和无人机的通信链路。

（2）根据考官的要求，在地面站上规划航线。

（3）熟练掌握地面站界面上各项指标对应的含义，能准确判断无人机目前的飞行参数。

（4）设置相应的安全措施，包括应急返航以及应急返航点的更改等。

（5）危险点、安全措施和注意事项。

危险点和安全措施：

1）飞行操作人员时刻关注飞机状态，防止无人机失控，造成无人机飞丢或坠机。

2）防止无人机对地面人员及财产造成损失。

3）在地面做好航前和航后检查。

4）与考试无关人员不得进入无人机飞行区域。

5）地面上设置安全员，在无人机发生危险时可以随时接管无人机。

注意事项：掌握地面站相关参数、操作步骤以及连接注意事项。

（6）场地、设备、工具和材料：场地要求满足多旋翼无人机的起飞降落，多旋翼无人机系统、地面站软件及硬件。

五、考核及时间要求

本考核操作时间为 15 分钟。

技能等级评价专业技能考核操作评分标准

工种	无人机巡检工				评价等级	高级技师	
项目模块	无人机巡检作业—航线规划			编号	Jc0003141039		
单位		准考证号			姓名		
考试时限	15 分钟	题型	单项操作		题分	100 分	
成绩		考评员		考评组长		日期	
试题正文	利用 DJI-经纬 M300RTK 多旋翼无人机开展自主巡检						
需要说明的问题和要求	（1）操作人员需正确连接地面站设备，并建立地面站和多旋翼无人机的通信链路机。 （2）根据考官的要求，在地面站上规划自主巡检航线。 （3）熟练掌握地面站界面上各项指标对应的含义，能准确判断多旋翼无人机目前的飞行参数。 （4）设置相应的安全措施，包括应急返航以及应急返航点的更改等。 （5）考生须在 15 分钟之内完成航线规划						

序号	项目名称	质量要求	满分	扣分标准	扣分原因	得分
1	航前检查	检查无人机起飞前的各项性能是否正常	5	不检查的扣 1～5 分		

续表

序号	项目名称	质量要求	满分	扣分标准	扣分原因	得分
2	地面站软件、硬件检查，RTK 信号检查	检查地面站软硬件是否正常，RTK 信号是否正常	5	不检查的扣 1～5 分		
3	连接地面站	能够正确连接地面站设备，并建立地面站和无人机通信链路	5	连接不正确的扣 1～5 分		
4	航线规划					
4.1	地面站界面各项指标含义	熟练掌握地面站界面上各项指标对应的含义	20	掌握不熟练的扣 10～20 分		
4.2	飞行参数	能准确判断多旋翼无人机目前的飞行参数	20	判断有误的扣 1～20 分		
4.3	自主飞行安全策略	设置相应的安全策略，包括应急返航以及应急返航点的更改	20	未设置安全策略的扣 1～20 分		
5	前往目标点进行工作	无人机能够按照预规划自主完成任务	10	任务失败扣 1～10 分		
6	无人机降落后检查	无人机平稳降落后，应进行航后检查	10	不进行航后检查的扣 1～10 分		
7	时间	必须在 15 分钟之内完成考核任务	5	超出 10 秒扣 1 分，扣完为止		
合计			100			